生态文明建设大辞典

主　编

祝光耀　张　塞

第四册

附　录

江西科学技术出版社

2016·南昌

附　　目

附录一　生态学名词 *

* 据科学出版社2007年出版全国科学技术名词审定委员会审定《生态学名词》第一版第一次印刷版重新排录。

附录二 中国生态环境与教育基础情况概览

附录一

生态学名词

全国科学技术名词审定委员会
第五届委员会委员名录

特邀顾问　吴阶平　钱伟长　朱光亚　许嘉璐

主　　任　路甬祥

副 主 任（按姓氏笔画为序）

于永湛　朱作言　刘　青　江蓝生　赵沁平　程津培

常　　委（按姓氏笔画为序）

马　阳　王永炎　李宇明　李济生　汪继祥　张礼和　张先恩
张晓林　张焕乔　陆汝钤　陈运泰　金德龙　宣　湘　贺　化

委　　员（按姓氏笔画为序）

马大猷　王　夔　王大珩　王玉平　王兴智　王如松　王延中
王虹峥　王振中　王铁琨　卞毓麟　方开泰　尹伟伦　叶笃正
冯志伟　师昌绪　朱照宣　仲增墉　刘　民　刘　斌　刘大响
刘瑞玉　祁国荣　孙家栋　孙敬三　孙儒泳　苏国辉　李文林
李志坚　李典谟　李星学　李保国　李焯芬　李德仁　杨　凯
肖序常　吴　奇　吴凤鸣　吴兆麟　吴志良　宋大祥　宋凤书
张　耀　张光斗　张忠培　张爱民　陆建勋　陆道培　陆燕荪
阿里木·哈沙尼　阿迪亚　陈有明　陈传友　林良真　周　廉
周应祺　周明煜　周明鑑　周定国　郑　度　胡省三　费　麟
姚　泰　姚伟彬　徐　僖　徐永华　郭志明　席泽宗　黄玉山
黄昭厚　崔　俊　阎守胜　葛锡锐　董　琨　蒋树屏　韩布新
程光胜　蓝　天　雷震洲　照日格图　鲍　强　鲍云樵　窦以松
蔡　洋　樊　静　潘书祥　戴金星

生态学名词审定委员会委员名录

顾　　问（按姓氏笔画为序）

刘建康　阳含熙　李文华　宋永昌　张新时　庞雄飞

主　　任　王祖望

副 主 任（按姓氏笔画为序）

刘瑞玉　孙儒泳　肖笃宁　沈佐锐　张知彬　陈灵芝　蒋志刚

委　　员（按姓氏笔画为序）

王如松　王孟本　王德华　王德铭　方精云　刘锡兴　孙铁珩

李明德　李典谟　杨奇森　张大勇　张德兴　陈永林　陈昌笃

尚玉昌　周　禾　周庆强　周纪伦　周启星　孟宪佐　钟文勤

闻大中　徐汝梅　黄玉瑶　康　乐　蔡晓明　颜景松　魏　伟

秘　　书　王德华（兼）　杨俊成

生态学名词前言

生态学是一门发展迅速并与自然和社会科学进行着广泛交叉且相互渗透着的自然科学，其影响所及已远远超出了生态学本身的学科范畴。伴随着生态学的迅猛发展，除了其原有的术语外，又产生了大量的新术语。其原有的术语，也因为学科本身的发展而赋予了某些新的科学内涵。为了满足国内外日益频繁的学术交流，使用科学内涵明确、字义简明易懂、用词规范统一的生态学名词，实属一项紧迫的基础工作。

我国生态学名词的编撰与审定工作起步较晚，在 20 世纪 50 年代曾由中国科学院编译局委托北京大学生物系林昌善教授编写《动物生态学名词》，并邀请沈嘉瑞、林昌善、武兆发、马世骏、曹骥、费鸿年、蔡邦华、刘崇乐等 8 位专家组成动物生态学名词审查小组，花了一年多时间完成审查工作并于 1955 年由中国科学院正式出版。1999 年，中国生态学会受全国科学技术名词审定委员会（以下简称全国科技名词委）的委托，于当年 11 月组成生态学名词审定委员会，根据生态学学科发展的具体情况，分成 17 个分支学科组，即总论，生理生态学，行为生态学，进化生态学，种群生态学，群落生态学，生态系统生态学，景观生态学，全球生态学，数学生态学，化学生态学，分子生态学，保护生态学，污染生态学，农业生态学（包括农、林、牧、草原），水域生态学（包括淡水、海洋、湿地），城市生态学、生态工程学和产业生态学。

生态学名词审定工作共分四个阶段。第一阶段为确定生态学选词原则和范围。我们参考了国内外生态学辞书、专著、教科书和杂志，从中选用的生态学名词共计 14 008 条，编印了《生态学名词》（草稿）。第二阶段为对已选入的名词进行精选，筛选出拟进行释义的词条共计 5 800 条，并确定了释义的注意事项和格式。第三阶段为专家初审阶段，组织 4 ～ 5 位相关领域的专家，对各分支学科完成的释义词条进行初步逐条审定并提出修改意见，由各分支学科组主要负责专家按照初审专家的意见进行修订；然后再召开生态学名词定稿会，由 17 位分支学科组主要负责专家对初审后提交的 4 082 条名词进行集体审定。第四阶段为终审阶段，由全国科学技术名词审定委员会委托张新时院士、刘建康院士、李文华院士、宋永昌教授、周曾铨教授、赵成华研究员、蒋高明研究员等 7 位专家，对《生态学名词》（释义稿）进行复审，最终由生态学名词审定委员会主任会议终审定稿，经全国科技名词委审核批准，予以公布出版。

这次公布的生态学名词共计 3 414 条，按上述 17 个分支学科组，分别列出。同一名词可能与几个分支学科相关，但在公布时只在某一分支学科中出现，不重复列出。各部分的词条大体上按概念体系排列，词条包括汉文名、定义和对应的英文名三部分。上述名词审定均遵照科学技术名词审定的原则及方法，从科学概念出发，确定规范的汉文名，在审定过程中力求体现名词的科学性、单义性、系统性、简明通俗和约定俗成等原则。对于交叉学科的名词，以保证本学科及分支学科的完整性和系统性作为选词的原则。在审定过程中，有以下几个问题需要予以说明：

（1）对于同一英文名词有几种汉文名，如metapopulation，现有异质种群、麦塔种群、联种群、复合种群、聚合种群、集合种群等汉文名。经有关专家反复讨论决定，采用统一的汉文名：集合种群。

（2）淘汰长期不用、过时的或缺乏广泛性的生态学名词，如偶合（accidental union）；群聚（adoption societies）等。

（3）鉴于生态学名词中有不少是从相邻学科“借来的”，此类名词应服从主学科的含义，如 transpiration（蒸腾作用）和 evapotranspiration（蒸散作用）等。

参与本项审定工作的专家来自 11 个研究机构和高等院校，共 37 位专家。各分支学科组主要负责专家是，总论：王祖望、杨奇森；生理生态学：王德华、王孟本；行为生态学：尚玉昌；进化生态学：蒋志刚；种群生态学：张知彬、孙儒泳；群落生态学：张大勇；生态系统生态学：王祖望、蔡晓明、陈灵芝；景观生态学：肖笃宁；全球生态学：方精云；数学生态学：李典谟；化学生态学：孟宪佐；分子生态学：魏伟；保护生态学：蒋志刚；污染生态学：周启星、孙铁珩；农业生态学：沈佐锐、闻大中；水域生态学：黄玉瑶、刘建康、刘瑞玉、李明德；城市生态学、生态工程学和产业生态学：颜京松、王如松。

在四年多的审定过程中，全国科学技术名词审定委员会、中国生态学会、中国科学院动物研究所以及全国生态学界许多专家、学者一直给予热情的支持和关怀，对《生态学名词》（初稿）提出了十分有益的意见和建议，在此表示衷心的感谢。在本次审定工作中，除了生态学名词审定委员会委员外，还有 39 位生态学专家积极参加了生态学名词各分支学科名词的释义工作或以专家身份对某个分支学科的初稿进行了审定。他们是（按姓氏笔画为序）：于春普、马祖飞、王文兴、王仰麟、任景明、刘少伯、刘鸿雁、孙玉军、李克让、李秀珍、李银心、李锋、杨建新、肖红、闵庆文、汪小全、沈泽昊、沈德中、宋玉芳、张金屯、张建旭、陆贻通、陈利顶、林光辉、罗天祥、胡聃、胡远满、娄安如、贺金生、高林、唐艳鸿、崔海亭、葛颂、韩存儒、程序、傅伯杰、曾辉、裴克全、翟宝辉。他们那种不辞劳苦，无私奉献的精神，值得我们敬佩和赞颂。全国科学技术名词审定委员会高素婷同志和生态学名词审定委员会秘书杨俊成同志为生态学名词审定做了大量组织协调工作，对他们默默无闻的奉献，我们深表感谢。

由于生态学科发展迅速，涉及面广，加之名词审定工作难度大，本次公布的名词难免有不足之处，我们殷切希望各界人士在使用过程中多赐宝贵意见，以便今后不断修改、增补，使之日臻完善。

生态学名词审定委员会

2006 年 6 月

生态学名词编排说明

一、本书公布的是生态学名词，共 3414 条，每条词均给出了定义或注释。

二、全书分 17 部分：总论，生理生态学，行为生态学，进化生态学，种群生态学，群落生态学，生态系统生态学，景观生态学，全球生态学，数学生态学，化学生态学，分子生态学，保护生态学，污染生态学，农业生态学，水域生态学，城市生态学、生态工程学和产业生态学。

三、正文按汉文名词所属学科的相关概念体系排列，定义一般只给出其基本内涵，注释则扼要说明其特点。汉文名后给出了与该词概念相对应的英文名。

四、当一个汉文名有不同概念时，其定义或注释用（1）、（2）分开。

五、一个汉文名对应几个英文同义词时，英文词之间用“，”分开。

六、凡英文词的首字母大、小写均可时，一律小写；英文除必须用复数者，一般用单数。

七、“[ ]”中的字为可省略部分。

八、主要异名和释文中的条目用楷体表示。“简称”、“全称”、“又称”、“俗称”可继续使用，“曾称”为被淘汰的旧名。

九、正文后所附的英汉索引按英文字母顺序排列；汉英索引按汉语拼音顺序排列。所示号码为该词在正文中的序码。索引中带“*”者为规范名的异名或释文中出现的条目。

01. 总　论

01.001　**生态学**

ecology

研究生命系统与其环境之间相互关系的学科。

01.002　**植物生态学**

plant ecology

研究植物与其环境之间相互关系的学科。

01.003　**动物生态学**

animal ecology

研究动物与其环境之间相互关系的学科。

01.004　**微生物生态学**

microbial ecology

研究微生物与其环境之间相互关系的学科。

01.005　**分子微生物生态学**

molecular microbial ecology

利用分子生物学技术手段研究自然界微生物与环境之间相互关系及其相互作用的学科。

01.006　**基因工程微生物生态学**

genetically engineered microorganism ecology

在分子水平上探讨基因工程微生物学与环境及环境中本地生物种之间相互关系的学科。

01.007　**微生态学**

microecology

以微生物学和实验动物学为基础，研究正常微生物菌群与其宿主的相互关系及其作用机制的新兴边缘学科。

01.008　**动物微生态学**

animal microecology

研究动物胃肠道微生物群落在胃肠道特定的生态系统中的发生、发展及变化过程，胃肠道微生物生态系统的特点和微生物区系的组成及其生理与营养功能等问题的学科。

01.009　**分子生态学**

molecular ecology

用分子生物学的原理与方法在分子水平上研究生态学问题的一门分支学科。

01.010 **个体生态学**

autecology, individual ecology

研究生物个体与其环境之间相互关系的学科。

01.011 **种群生态学**

population ecology

研究种群变动规律和种群分布及其影响因子的一门学科。

01.012 **种群生物学**

population biology

研究种群的结构、形成、发展和运动变化过程规律的学科。包括种群生态学和种群遗传学。

01.013 **群落生态学**

community ecology

又称"群体生态学（synecology）"。研究栖息于同一地域中所有种群集合体的组成特点、彼此之间及其与环境之间的相互关系、群落结构的形成及变化机制等问题的学科。

01.014 **生态系统生态学**

ecosystem ecology

研究生态系统的组成要素、结构与功能、发展与演替、系统内和系统间的能流和物质循环以及人为影响与调控机制的学科。

01.015 **景观生态学**

landscape ecology

研究景观生态系统结构、功能、演化与管理的科学，属于生态学与地理学的交叉学科。

01.016 **实验景观生态学**

experimental landscape ecology

利用实验手段进行景观生态学研究的分支学科。

01.017 **全球生态学**

global ecology

又称"生物圈生态学（biosphere ecology）"。研究全球范围内生物机体与其周围环境相互影响的过程，亦即生物圈与岩石圈、水圈和大气圈之间相互作用过程的学科。

01.018 **陆地生态学**

terrestrial ecology

研究陆地生物与其环境之间关系的学科。

01.019 **森林生态学**

forest ecology

研究森林及其与环境之间相互关系，阐明森林的结构、功能和动态及其调控机制的学科。

01.020 **林火生态学**

forest fire ecology

研究森林中火的特性和后果以及火对森林生态系统、环境系统及其相互作用影响的学科。

01.021 **荒漠生态学**

desert ecology

研究栖息于特殊干旱环境下的生物适应机制及其与环境相互关系的学科。

01.022 **草地生态学**

grassland ecology

研究草地恢复、草地界面、草地放牧、草地健康诊断及其价值评估的学科。

01.023 **水域生态学**

aquatic ecology

又称"水生生态学"。研究水域中生命系统与环境系统相互作用规律及机制的科学。包括内陆水域生态学、河口生态学和海洋生态学。

01.024 **海洋生态学**

marine ecology

研究海洋生物的生存、发展、消亡规律及其与理化、生物环境间相互关系的科学。

01.025 **潮间带生态学**

intertidal ecology

研究海岸带高低潮线间自然环境，特别是在潮汐变化和干湿交替条件与生物群落及个体活动相互关系的学科。

01.026 **上升流生态学**

upwelling ecology

研究海洋上升流区域内特定的生物及与周围环境的独特关系的学科。

01.027 **深海生态学**

deep-sea ecology

研究在大陆架（水深大约 200 m）以外深层水域及海底生活的生物在高压、无光、低温条件下栖息活动及其与环境因子间相互关系的学科。

01.028 **淡水生态学**

freshwater ecology

研究生物有机体与淡水环境之间相互关系的学科。

01.029 **湖泊生态学**

lake ecology

研究湖泊等静水水域中生物群落结构、功能关系、发展规律及其与环境（理化、生物）间相互作用机制的学科。

01.030 **流域生态学**

watershed ecology

研究流域范围内陆地和水体生态系统相互关系的学科。

01.031 **河流生态学**

river ecology，stream ecology

研究河流等流水水域中生物群落结构、功能关系、发展规律及其与环境（理化、生物）间相互作用机制的学科。

01.032 **河口生态学**

estuarine ecology，estuary ecology

研究河口水域中生物群落结构、功能关系、发展规律及其与环境（理化、生物）间相互作用机制的学科。

01.033 **湿地生态学**

wetland ecology

研究内陆和沿海各种类型沼泽湿地生态系统群落结构、功能关系、生态过程和演化规律及其与环境（理化因子、生物组分）之间相互作用机制的学科。

01.034 **浮游生物学**

planktology

研究浮游生物的形态分类、繁殖发育、生理生化、种群动态和群落结构、功能及其与环境理化和生物因子之间相互关系的学科。

01.035 **底栖生物学**

benthology

研究底栖生物的分类区系、繁殖发育、生长、种群动态和群落结构与功能及其与理化和生物环境条件间相互关系的学科。

01.036 **空间生态学**

spatial ecology

研究长期空间生存或广泛的地球大气圈外环境的生态过程与空间格局所需生命更新系统的学科。

01.037 **宇宙生态学**

cosmic ecology

研究宇宙航行中宇宙环境对生物影响的学科。如失重、寂静、振动、高温、低温、节律变化、密闭对生物色素、生物行为、生理生化、生长发育、繁殖等方面的影响。

01.038 **生理生态学**

physiological ecology，physioecology

又称“生态生理学（ecological physiology，ecophysiology）”。研究有机体对其环境生理功能反应的学科。

01.039 **动物生理生态学**

animal physiological ecology，animal physioecology

研究动物对其环境生理功能反应的学科。

01.040 **植物生理生态学**

plant physiological ecology，plant physioecology

研究植物对其环境生理功能反应的学科。

01.041 **数学生态学**

mathematical ecology

介于生态学与数学之间的边缘学科。以数学的方法研究和解释生态学的问题，并对与生态学有关的数学方法进行理论研究的学科。

01.042 **物理生态学**

physical ecology

研究有机体和物理环境之间相互关系的学科。如声、热、光、辐射与能量动态的效应，包括模拟生态系统的能流和生物系统相对稳定的理论探讨等。

01.043 **化学生态学**

chemical ecology

研究生物之间以及生物与环境之间化学联系与作用的学科。

01.044 **动物化学生态学**

zoochemical ecology

研究动物之间以及动物与环境之间化学联系及作用机制的学科。

01.045 **植物化学生态学**

plant chemical ecology

研究植物之间以及植物与环境之间化学联系及作用机制的学科。

01.046 **行为生态学**

behavioral ecology

研究生物行为的生态学意义和进化意义，即动物的行为功能、存活值、适合度和进化过程的学科。

01.047 **植物行为生态学**

plant behavioral ecology

将行为生态学的基本原理应用于植物的性选择、繁殖体扩散等方面的学科。从行为生态学的观点对植物的杂交和双受精问题进行了较好的解释。

01.048 **遗传生态学**

genetic ecology

又称“基因生态学（genecology）”。从突变、适应、选择和基因流动等方面，研究物种形成、演化和分布的学科。

01.049 **生态遗传学**

ecological genetics

用遗传学的方法研究生物体适应环境的一门分支学科，是种群遗传学与种群生态学的结合。

01.050 **进化生态学**

evolutionary ecology

研究地球上众多物种如何在复杂的生物和物理环境中，不断地演变并获得完美的结构和相互适应能力的学科。

01.051 **生态免疫学**

ecological immunology

一门正在快速发展的新兴分支学科，主要探讨生物在进化和生态学过程中免疫功能变化的原因和结果。

01.052 **比较生态免疫学**

comparative ecological immunology

一门新兴的边缘学科。对生活史特征有地理变异的物种进行种内免疫能力的比较研究；或者在家养和野生动物的动物中进行个体发育过程免疫状况的比较研究。

01.053 **保护生态学**

conservation ecology

研究生物多样性保护的科学，即研究从保护生物物种及其生存环境着手来保护生物多样性的学科。

01.054 **理论生态学**

theoretical ecology

提出合理的假说解释自然界中观察到的模式（规律性的现象），并在此基础上做出理论预测以引导人们进行有目的的观察或实验的学科。

01.055 **应用生态学**

applied ecology

运用生态学的基本原理与方法解决自然、社会、经济中实际问题的学科。

01.056 **污染生态学**

pollution ecology

研究生物与其污染环境相互作用基本规律的学科。生态学的主要分支学科之一，应用生态学的重要组成部分。

01.057 **污染生态化学**

pollution ecochemistry

研究生物体与其污染环境相互作用的化学机制与化学过程及其调控的学科，是生态学与环境化学的交叉学科。

01.058 **生态毒理学**

ecological toxicology，ecotoxicology

研究有毒物质对生物种群和生物群落所产生的毒性影响，污染物在环境中的行为及其与环境因子相互作用的学科。

01.059 **农业生态学**

agricultural ecology，agroecology

研究农业生物之间以及其与自然环境之间在物质循环和能量流动上相互关系的学科。侧重研究建立良好的大农业生产体系，以达到物质循环和能量流动的动态平衡，使农业生产取得最佳效果。

01.060 **农业生态地理学**

agricultural ecological geography

研究农业生态条件、结构特征、地区分布及其与周围环境关系的学科。

01.061 **农业生态经济学**

agroecological economics

研究农业经济系统中经济再生产的作用机制和运动规律，探索提高农村生产力的途径，并用于具体指导农业经济发展的学科。

01.062 **放牧生态学**

grazing ecology

研究草地生态系统中的草畜关系，主要解决草畜失衡、草地退化以及探讨优化放牧理论的学科。

01.063 **鱼类生态学**

ecology of fishes

研究鱼类的生活方式、鱼类与环境之间相互作用关系的学科。

01.064 **人类生态学**

human ecology，anthropoecology

研究人类与环境之间相互关系的学科。

01.065　**人口生态学**

population ecology

研究人口的发展进程法则和规律性、人口和环境相互联系、相生相克关系以及法则的相互作用，人的正常活动的必备条件——环境的形成逻辑及其在生态形势发生变化过程中的人口行为的学科。

01.066　**民族生态学**

ethnoecology

研究民族群体在其居住的自然环境及社会－文化环境中保障生命的传统特点以及已经形成的生态联系对人的影响；还有民族利用自然环境的特点和合理利用自然资源的传统以及民族生态系统形成和发挥作用规律的学科。

01.067　**产业生态学**

industrial ecology

一门研究社会生产活动中自然资源从源、流到汇的全代谢过程，组织管理体制以及生产、消费、调控行为的动力学机制、控制论方法及其与生命支持系统相互关系的系统学科。

01.068　**旅游生态学**

touristy ecology

研究旅游资源、旅游设施、旅游者、旅游经营者、本底生态系统以及旅游点当地居民间相互关系及其规划、建设、管理的学科。包括生态哲学、生态科学、生态工程和生态美学四个层次。

01.069　**扩散生态学**

dispersal ecology

研究在多种时间和空间尺度上所有生物扩散的过程、途径和策略，测度扩散的方法学，引起扩散的原因及其后果，扩散与物种形成和进化的关系以及扩散与种群、群落和生态系统的结构和功能的关系等问题的学科。

01.070　**生产力生态学**

productivity ecology

研究生态系统中，生物有机体在能量代谢过程中，将能量、物质重新组合，形成新的产品（糖类、脂肪和蛋白质等）过程的分支学科。

01.071　**生态系统服务生态学**

ecology of ecosystem services

一门以研究自然系统的生境、物种、生物学状态、性质和生态过程所生产的物质及其所维持的良好生活环境对人类的服务性能及其价值评估的新兴分支学科。

01.072　**信息生态学**

information ecology

生态学与信息科学交叉渗透所形成的新兴分支学科，其研究对象是生态系统的信息流，即对能流和物质循环的信息化知识进行分析和研究。

01.073　**系统生态学**

systems ecology

把系统分析的方法应用于生态学，被称为系统生态学。

01.074　**生态基因组学**

ecological genomics

研究环境条件与基因组的结构、功能、动态及进化相互关系的学科。

01.075　**生态经济学**

eco-economics，ecological economics

从经济学角度研究生态系统和经济系统复合而成的结构、功能及其运动规律的学科。

01.076　**森林生态经济学**

forest-ecological economics

以生态学和经济学相结合，生态效益和经济效益相统一的观点为主体的一门边缘学科。以森林生态系统与人类经济系统之间的关系、作用及其发展规律为研究对象。

01.077　**城市生态学**

urban ecology

研究城市或城市化环境下人类活动与其物理和生命环境关系的学科。其研究层次可以包括从分子、细胞、个体、社区到城市、城市群乃至城市化区域不同尺度内部和其之间的生态关系。主要研究以人类活动为主导的复合生态系统的结构、功能、演化、过程的基本规律、生态服务的机制和规划、建设、管理的系统方法。

01.078　**城市自然生态学**

urban natural ecology

研究城市的人类活动对所在地域自然生态系统的积极和消极影响以及地域自然要素对人类活动的影响，即人的城市活动与地域的自然生态系统要素之间相互关系的学科。

01.079　**城市景观生态学**

urban landscape ecology

从景观尺度研究城市不同生态系统之间代谢过程的物流、能流和信息流的转化、利用效率等问题的学科。

01.080　**城市经济生态学**

urban economic ecology

从经济学角度重点研究城市代谢过程的物流、能流和信息流的转化、利用效率等问题的学科。

01.081　**城市生态经济学**

urban eco-economics

为生态经济学的一门分支学科。从人口、经济、能源、资源和生态环境结合上，探索城市发生、发展过程中经济系统与城市生态环境（包括资源）之间的矛盾统一的关系，协调其发展的规律性，以提高城市整体的生态、经济和社会效益。

01.082　**城市水文学**

urban hydrology

研究城市水体及地表、空中和地下水文循环与城市人类活动关系的水生态服务学科，可用城市水文模型表述，并研究气候变化的水文影响及水资源的可持续利用。

01.083　**城市社会生态学**

urban socioecology

研究城市环境对人的生理和心理的影响、效应及人在建设城市、改造自然的过程中所遇到的人口、交通、能源等问题的学科。

01.084　**住宅生态学**

house ecology

运用生态学的理论和方法以城市住宅与外部空间的关系为研究对象的边缘学科。

01.085　**人类群居学**

ekistics

以乡村、集镇、城市等人类聚居地为研究对象，探讨其间人与环境相互关系的动力学机制和规划管理方法。强调把人类聚居作为一个整体，从政治、经济、社会、文化、技术等各个方面进行系统、综合研究的学科。

01.086　**恢复生态学**

restoration ecology

研究受损生态系统退化的原因和过程，修复和重建适应于当地自然环境、符合可持续发展需要、能够自我维持的生态系统的理论和技术的学科。

01.087　**生态动力学**

eco-dynamics，eco-kinetics

研究生物、环境和人类社会的相互作用及可持续发展的动力学机制与途径的学科。

01.088　**生态预报**

ecological forecasting
预测生物的、化学的、物理的以及人类活动引起的变化对生态系统及其组成的影响，是 21 世纪生态学研究的一个前沿领域。

01.089 **生态气候学**
ecoclimatology
研究动植物生理生态的气候适应性以及气候条件对动植物的地理分布影响等问题的学科。

01.090 **生态工程学**
ecological engineering sciences，ecoengineering sciences
运用物种共生与物质循环再生原理，发挥资源的生产潜力，防止污染，采用分层多级系统的可持续发展能力的整合工程技术并在系统范围内同步获取高的经济、生态和社会效益的学科。

01.091 **环境生态工程**
ecological engineering of environment
用生态学的原理、工程学手段来防治污染、保护环境的一门技术科学。

01.092 **界面生态学**
interface ecology
研究生物与生物、生物与环境交界面上的物质和能量交换、信息传递及与介质间相互作用关系的学科。

01.093 **森林界面生态学**
forest-boundary ecology，ecology of forest boundary
以森林与环境间构成的各种界面（包括森林生物间的界面）为对象，主要研究界面的生态过程及动力学机制问题的一门正在兴起的生态学分支学科。

01.094 **乡村生态学**
village ecology
研究村落形态、结构、行为及其与环境背景统一体客观存在的生态学分支学科。

01.095 **文化生态学**
cultural ecology
又称“人文生态学”。研究文化体制适应其总体环境的方法和某一文化的各项制度相互适应的方法，并阐明不同文化图式是如何出现、持续和转化的一门边缘学科。

01.096 **文艺生态学**
art ecology
从人、自然、社会、文化等各种变量关系中，研究文艺的产生、分布以及发展规律的一门学科。

01.097 **生态哲学**
ecophilosophy
生态学和哲学辩证综合而形成的一门边缘学科，是高度概括的自然科学和社会科学的综合理论。

01.098 **生态伦理学**
ecological ethics
研究生态的伦理价值和人类对待自然的行为规范的一门边缘学科。

01.099 **生态政治学**
ecopolitics
以社会生态的政治问题及其影响为研究对象，探讨社会生态系统与社会政治系统的相互关系及其规律性的学科。

01.100 **生态美学**
ecoaesthetics
从生态哲学的视野、生态科学的原理、生态伦理学的情怀和自然美学的方法研究人与自然、社会、艺术的审美关系，强调生克互济、形神和谐的整体美，对环境开拓适应、协同进化的共生美，物质循环、信息反馈的动态美的一门学科。

01.101　**生物能［量］学**

bioenergetics

研究能量在生命系统内转换的学科。

01.102　**生理能量学**

physiological energetics

研究动物个体水平上的能量转换的学科。

01.103　**生态能量学**

ecological energetics

研究生态系统不同营养级之间能量转换的学科。

01.104　**生态系统生理学**

ecosystem physiology

研究生态系统水平上的生理学过程，如生态系统对二氧化碳浓度增加反应的机制、生态系统生物地球化学循环的生理学过程、植被变化对生态系统水分和能量通量的影响等问题的学科。

01.105　**生态系统能量学**

ecosystem energetics

研究生态系统中，生命系统与环境系统之间的能量关系以及能量流动规律的学科。

01.106　**生态植物地理学**

ecological plant geography

研究植物和植物群落的水平和垂直地理分布规律与自然环境条件之间相互关系的学科。

01.107　**生态动物地理学**

ecological zoogeography

研究动物界在不同地域中分布的种类数量以及不同的生态条件对动物有机体生活、形态等的影响及动物与地理环境之间相互关系的学科。

02. 生理生态学

02.001 **生态因子**

ecological factor

对生物生长、发育、生殖、行为和分布等生命活动有直接或间接影响的环境因子。

02.002 **限制因子**

limiting factor

生态因子中对生物生长、发育、繁殖或扩散等起限制作用的因子。

02.003 **利比希最低量法则**

Liebig's law of minimum

又称“利比希最小因子定律”。植物的生长发育及整个健康情况都取决于那些处于最少量状态的必需的营养成分。现在这个概念已经扩展为关于所有有机体限制因子的一般模型。

02.004 **谢尔福德耐受性定律**

Shelford's law of tolerance

有机体在一个地区的出现和成功生存依赖于气候、地质和生物需求等复合条件所满足的程度，接近有机体耐受极限的任何一种因子无论在数量和质量上的不足还是过剩都会影响有机体的生存。

02.005 **近因**

proximate cause

又称“直接原因”。引起生物生殖、换羽、迁徙等过程的直接环境因子。

02.006 **远因**

ultimate cause

又称“终极导因”，“最终原因”。在物种进化过程中对保证物种生存和繁衍有决定性意义的环境因子。

02.007 **广温性生物**

eurytherm，eurythermal organism

能忍受较大温度范围的生物。

02.008 **中温生物**

mesophile

在适中温度下（20 ~ 50℃）生存的生物。通常不能在低于 5℃时生长。

02.009 **狭温性生物**

stenotherm

不能忍受较大温度范围而只能在狭窄的温度范围内生存的生物。

02.010 **嗜冷生物**

psychrophilic organism

能抵抗低温，并在很低温度下生长的生物。一般能在 3 ~ 20℃或 0℃以下生长，最适生长温度不超过 15℃，最高生长温度不超过 20℃。

02.011 **光［能］自养生物**

photoautotroph

能利用光能将无机化合物合成自身营养物的生物。包括绿色植物、蓝藻和光合细菌。

02.012 **光［能］异养生物**

photoheterotroph

以光为能源，以有机物为碳源的生物。

02.013 **化能自养生物**

chemoautotroph

借氧化无机物取得能量，进而能够合成有机化合物的生物。

02.014 **光能有机营养生物**

photoorganotroph

以光为能源，以有机物作为光合作用的电子供体，以有机物和二氧化碳作为碳源的生物。

02.015 **无机营养生物**

lithotroph

靠氧化无机物获得能量来生存的生物。

02.016 **广氧性动物**

euryoxybiotic animal

能够耐受较大氧气浓度范围的动物。

02.017 **变温动物**

poikilotherm，poikilothermal animal

又称“*外温动物*（ectotherm）”。不能依靠自身代谢产热维持恒定的体温，体温随环境温度的变化而变化的动物。

02.018 **恒温动物**

homeotherm，homoiotherm

又称“*内温动物*（endotherm）”。具有完善的体温调节机制，在温度变化的环境中，体温维持在较窄范围内变化的动物。

02.019 **长日照植物**

long-day plant

又称“*短夜植物*”。每天日照时间在 12 h 以上（黑夜短于 12 h）才能开花的植物。

02.020 **短日照植物**

short-day plant

又称“*长夜植物*”。需要一定的短日照（通常每天 12 h 以上黑夜）才能开花的植物。

02.021 **日［照］中性植物**

day neutral plant

无论长日照还是短日照都能开花的植物。

02.022 **长短日照植物**

long-short-day plant

在连续长日照条件后，如不给予短日照条件花芽便不能形成的植物。

02.023 **短长日照植物**

short-long-day plant

一直处于短日照条件下而得不到长日照条件时花芽便不能形成的植物。

02.024 **冻敏感植物**

freezing-sensitive plant

组织结冰不久便致死的植物。

02.025 **耐冻植物**

freezing-tolerant plant

即使组织大量结冰也不会立即致死的植物。

02.026 **适寒植物**

hekistotherm

生活于年平均温度低于 0℃地域的耐冷植物。

02.027 **旱生盐土植物**

xerohalophyte

在内陆含有大量可溶性盐的土壤上生长的植物。

02.028 **旱生植物**

xerophyte

适宜在干旱环境中生长，可耐受较长期或较严重干旱的植物。

02.029 **湿生植物**

hygrophyte

在潮湿环境中生长，不能忍受较长时间水分亏缺的植物。

02.030 **中生植物**

mesophyte

适宜在中等湿度和温度条件下生长的植物。

02.031 **酸土植物**

oxylophyte，oxyphile

在酸性土壤上生长很好或限于在酸性土壤上生长的植物。

02.032 **嫌酸植物**

oxyphobe

酸性土壤上生长不良的植物。

02.033 **钙土植物**

calciphyte，calciphilous plant

适宜生长在富含碳酸钙的土壤上的植物。

02.034 **嫌钙植物**

calciphobe，calcifuge

适宜生长在缺钙的酸性土上的植物。

02.035 **适氮植物**

nitrophyte

适宜在富氮土壤上生长的植物。

02.036 **适锌植物**

zincophyte

能适应或忍耐土壤中高含锌量的植物。

02.037 **C3 植物**

C_3 plant

在光合作用的初始阶段，一个分子二氧化碳与一个分子五碳糖结合，生成两个分子的三碳糖的植物。

02.038 **C4 植物**

C_4 plant

在光合作用的初始阶段，一个二氧化碳分子与一个三碳分子结合，生成一个四碳分子的植物。

02.039 **耐火植物**

pyrophyte

对火有较强的抵抗或适应能力的植物。

02.040 **广盐种**

euryhaline species

能生活在含盐量变化幅度较大的水环境中，或者能由淡水移入海水，由海水移入淡水生活的物种。

02.041 **耐受极限**

limits of tolerance

一个生物能够存活的特定环境因子的上限和下限。

02.042 **避性**
avoidance
通过防御来抵御恶劣环境条件的一种生存对策。

02.043 **耐性**
tolerance
对不利环境条件的忍耐力。

02.044 **避逆性**
stress avoidance，stress evasion
生物通过自身结构或代谢活动来避免胁迫的能力。

02.045 **抗逆性**
stress resistance
生物在不利环境因子下的存活能力。

02.046 **耐逆性**
stress tolerance
生物通过阻止、减小或修复胁变而不受伤害的能力。

02.047 **寒害**
chilling damage，chilling injury
植物受0℃以上低温侵袭造成的灾害。

02.048 **寒害敏感性**
chilling sensitivity
植物对冰点以上低温（0 ~ 20℃）侵袭的敏感程度。

02.049 **耐旱性**
drought tolerance
在干旱胁迫下仍能进行基本正常的生理活动，不受或极少受到伤害，即使受到伤害也能加以修复的特性。

02.050 **抗旱性**
drought resistance
通过形态、生理的变化，以不同方式适应干旱环境，在干旱条件下存活而很少或不受伤害的特性。

02.051 **抗寒性**
cold resistance
在0℃以下温度中仍能存活的能力。

02.052 **耐冻性**
freezing tolerance
生物能够忍受体内水分结冰而不致死亡的特性。

02.053 **抗冻性**
freezing resistance
被冷却的生物，在体内已出现冰晶的状态下仍能生存的特性。

02.054 **避干燥性**
desiccation avoidance
在大气或土壤干旱情况下生物维持组织适当含水量而延缓干化的特性。

02.055 **抗干燥性**
desiccation resistance
在十分干旱条件下生物延缓脱水或忍耐脱水的特性。

02.056 **耐干燥性**
desiccation tolerance
忍耐原生质脱水而不受损害的能力。

02.057 **抗盐性**
salt resistance
生物在盐性生境中能维持正常结构和功能的特性。

02.058 **耐盐性**
salt tolerance，salinity tolerance
生物耐受高浓度盐分而生长发育的特性。

02.059 **盐胁迫**

salt stress

植物由于生长在高盐度生境而受到的高渗透势的影响。

02.060 **聚盐**

salt accumulation

某些植物可从土壤中吸收大量盐分并积累在体内而不受伤害的现象。

02.061 **排盐**

salt elimination

植物通过释放气态卤化物、泌盐、积盐器官脱落等途径把吸收的过多盐分排出体外的现象。

02.062 **拒盐**

salt exclusion

植物通过根系超滤作用或中断运输而避免过量盐分进入体内的现象。

02.063 **泌盐**

salt excretion

植物通过茎、叶表面上密布的盐腺把吸收过多的盐分排出体外的现象。

02.064 **盐腺**

salt gland

某些植物茎、叶上的由原表皮细胞分化而来，多由两个或两个以上细胞构成的一种向外分泌盐类的结构。

02.065 **盐调节**

salt regulation

植物通过拒盐和排盐以避免盐分过多造成危害的机制。

02.066 **盐肉质化**

salt succulence

在盐性生境中植物细胞体积随吸收盐分增多而增大，从而使盐分浓度基本不变的现象。

02.067 **趋水性**

hydrotaxis

生物向最适湿度或水分条件的运动。

02.068 **向水性**

hydrotropism

植物对水的刺激的生长反应。

02.069 **外温性**

ectothermy

动物从环境获得热能，依赖于行为调节以适应环境温度变化的体温调节特性。

02.070 **内温性**

endothermy

动物利用自身的代谢产热调节和维持体温的特性。

02.071 **恒温性**

homeothermy

在温度变化的环境中，具有能维持恒定体温的能力。

02.072 **变温性**

poikilothermy

动物体温随环境温度变化而变化的特性。

02.073 **胁迫**

stress

条件不利于生物生长、繁殖的环境。

02.074 **适应**

adaptation

有机体面对所有的环境胁迫成分所采取的降低生理压力的改变。

02.075 **表型适应**

phenotypic adaptation

在有机体的生命周期内产生的适应。

02.076 **基因型适应**

genotypic adaptation

由于一个种或亚种遗传选择的结果而产生的适应。

02.077 **[风土]驯化**

acclimatization

又称“气候驯化”。在自然气候条件下，有机体在其一生中为了降低由于外界压力变化所导致的紧张状态而产生的生理或行为变化。

02.078 **[实验]驯化**

acclimation

在实验条件下面对某些气候因素的改变，有机体所产生的生理或行为变化。这些变化可以降低由于胁迫引起的紧张状态或增强其对紧张状态的耐受性。

02.079 **休眠**

dormancy

有机体在不利环境条件下所处的一种不活动状态。如冬眠、蛰伏、滞育等。

02.080 **冬眠**

hibernation

一些恒温动物在冬季长时间不活动、不摄食而进入睡眠状态并伴随着体温和代谢速率降低的一种越冬对策。

02.081 **夏眠**

estivation

某些动物在干热季节的一种昏睡状态，常伴随体温和代谢水平的下降，多在变温动物中发生。

02.082 **蛰伏**

torpor

动物暂时失去运动能力、对外界刺激敏感性降低的状态，通常伴随着代谢率、体温和呼吸率的明显降低。

02.083 **滞育**

diapause

昆虫生长和发育过程中的暂时性停滞状态。

02.084 **昼夜节律**

circadian rhythm

生命活动随昼夜 24 h 或大约每 24 h 的周期性变化。

02.085 **生殖努力**

reproductive effort

有机体为增加生殖力而花费的时间和分配的资源以及承担的风险。

02.086 **发育反应**

developmental response

生物在生长期受环境条件影响，在其基本结构和外表上发生的不可逆变化反应。

02.087 **异速生长**

allometry

生物体某一部分比其他部分生长快的现象。

02.088 **相对生长**

relative growth

生物体的整体生长与部分（器官）生长，体重与身长，或某一部分的生长与其他部分生长的相对关系。

02.089 **相对生长速率**

relative growth rate

在单位时间内生物的增长量与初始量之比值。

02.090 **发育起点温度**

developmental threshold temperature

又称“生物学零点（biological zero）”，“发育零点（developmental zero）”。生物生长和发育的下限温度。低于该温度，生物就停止生长发育。高于该温度，生物才开始生长发育。

02.091 **过冷却点**

supercooling point

昆虫体液过冷却与结冰导致其死亡之间的临界温度。

02.092 **相对干旱指数**

relative drought index

表征植物在其生境中受干旱影响程度的指标。用实际水分饱和亏缺与物种水分饱和亏缺临界值之比计算。临界值指干旱损害刚出现或对某个功能的干扰刚开始等。

02.093 **旱生形态**

xeromorphy

旱生植物器官的结构特征或形态特征。

02.094 **直接测热法**

direct calorimetry

利用一定量的水吸收受试动物在一定时间内产生的热量，通过测量水温的改变可算出总的产热量的方法。

02.095 **间接测热法**

indirect calorimetry

根据一定时间内动物的耗氧量、二氧化碳和尿氮排泄量来推算所耗用的代谢物质的成分和数量，再计算出总产热量的方法。

02.096 **特殊动力效应**

specific dynamic effect

又称“特殊动力作用（specific dynamic action）”。动物摄食后，代谢能转换的暂时性增加。

02.097 **能量代谢**

energy metabolism

有机体在物质代谢过程中能量的释放、转换和利用过程。

02.098 **无氧代谢**

anaerobic metabolism

没有氧参与的物质和能量的转化过程。

02.099 **有氧代谢**

aerobic metabolism

有氧参与的物质和能量的转化过程。

02.100 **快速代谢**

tachymetabolism

具有较高水平的基础代谢，能够控制体核温度的代谢类型。

02.101 **慢速代谢**

bradymetabolism

代谢速率较慢，主要通过行为来进行体温调节的代谢类型。

02.102 **代谢率**

metabolic rate

又称“代谢能转化（metabolic energy transformation）”。机体内通过有氧和无氧代谢活动，将化学能转化为热和机械功的速率。

02.103 **基础代谢率**

basal metabolic rate，BMR

恒温动物在静止、清醒、空腹状态下，其热中性区内的代谢率。

02.104 **标准代谢率**

standard metabolic rate，SMR

变温动物在某特定环境温度下的代谢率。

02.105 **持续代谢率**

sustained metabolic rate

动物在足够长的时间内，能量摄入与能量消耗相平衡而体重保持不变的平均代谢率。在此期间，动物的能量来源于食物摄入，而不是体内储存。

02.106 **［活动］最大代谢率**

maximum metabolic rate，MMR

动物在做功的特定时间内，与持续有氧代谢相比（血液中没有乳酸的累积），所达到的最大的代谢率。

02.107 **［冷诱导］最大代谢率**

peak metabolic rate，PMR

静止的动物在冷环境条件下诱导产生的最高的代谢率。

02.108 **代谢范围**

metabolic scope

动物的最大代谢率与基础代谢率之比。

02.109 **产热**

thermogenesis，heat production

有机体在能量代谢过程中，将化学能转化成热能释放的过程。

02.110 **冷诱导产热**

cold-induced thermogenesis

恒温动物在低温环境下，为维持恒温而增加的产热。包括颤抖性产热和非颤抖性产热。

02.111 **食物诱导产热**

diet-induced thermogenesis，DIT

当动物取食高度适口的食物时，专性产热能力增加的现象。

02.112 **颤抖性产热**

shivering thermogenesis

动物暴露于低温环境时，没有自律性活动和外功的参与，通过骨骼肌收缩而导致的产热方式。

02.113 **非颤抖性产热**

nonshivering thermogenesis

由于代谢能量转换导致的产热，产热过程没有骨骼肌的颤抖，主要产热部位是褐色脂肪组织。

02.114 **体温**

body temperature

机体内深部的平均温度。

02.115 **体核温度**

core temperature

机体深部（包括心脏、肺、腹腔器官和脑）的温度。

02.116 **低体温**

hypothermia

恒温动物的体核温度降到正常体温以下的状态。

02.117 **体温过高**

hyperthermia

又称“过热”。处于正常活动状态下的物种，其体核温度高于既定范围时的温度调节状态。是热负荷与散热能力之间临时或永久不平衡的结果。

02.118 **体热平衡**

body heat balance

机体产生的热量与失散到环境中的热量处于相等时的稳定状态。

02.119 **热原**

pyrogen

引入或释放到体内后能引起发热的物质。

02.120 **内源性热原**

endogenous pyrogen

细胞产生的一类热不稳定性多肽，可引起多细胞生物的发热。

02.121　外源性热原

exogenous pyrogen

进入宿主的内环境后，可引起发热的物质。

02.122　发烧

fever

动物或人发生的使体核温度升高的一种状态。

02.123　体温调节

temperature regulation，thermoregulation

在变化的内外热负荷条件下，机体体温维持在一个严格的范围之内。

02.124　温度顺应者

temperature conformer，thermoconformer

不能通过自主或行为的途径有效进行体温调节的动物，如变温动物。

02.125　温度调节者

temperature regulator，thermoregulator

能够通过自主或行为的途径来进行某种程度的体温调节的动物。

02.126　化学体温调节

chemical temperature regulation

通过产热能力的变化进行体温调节的方式。

02.127　物理体温调节

physical temperature regulation

通过对流、传导、蒸发等物理方法进行体温调节的方式。

02.128　行为温度调节

behavioral temperature regulation

动物通过行为过程与环境之间进行热交换以维持一定体温的调节方式。

02.129　温度常数

thermal constant

当反应速率的对数与温度成近乎线性关系时，某种生理过程在一个特定温度下的速率与低于10℃时的速率之比。用符号“Q_{10}”表示。

02.130　褐色脂肪

brown fat，brown adipose tissue，BAT

存在于恒温动物的新生个体、冷环境中的啮齿动物和越冬前的冬眠动物体内的一种呈黄色至浅褐色的产热力强的脂肪组织。

02.131　热中性区

thermal neutral zone，TNZ

恒温动物只通过控制可感觉的热量散失而进行体温调节的温度范围，在此范围内代谢产热或蒸发散热没有产生调节性变化。

02.132　上临界温度

upper critical temperature

又称“*蒸发散热临界温度*（critical temperature for evaporative heat loss）”。当环境温度超过处于静止状态时，恒温动物通过向外界环境传递热量进行体温调节的能力时的温度。热中性温度区的上端。

02.133　下临界温度

lower critical temperature

又称“*产热临界温度*（critical temperature for heat production）”。当环境温度低于恒温动物静止代谢产热所能维持的温度时，动物必须通过增加产热能力以维持身体的热平衡时的温度。热中性温度区的下端。

02.134　适宜环境温度

preferred ambient temperature

自由活动的人或动物所处的一个温度范围。此范围与特定的辐射强度、湿度和风速相关，此时人或动物不再寻求向更温暖或更冷的环境移动。

02.135　**蒸发散热**

evaporative heat loss

通过皮肤或呼吸道表面的水分蒸发导致的热能散失。

02.136　**干燥散热**

dry heat loss

由辐射、对流和传导导致的从身体到环境的总热量散失。

02.137　**热量收支**

heat budget

有机体的全部热量的获得和散失，包括代谢、蒸发、辐射、传递和对流。

02.138　**贝格曼律**

Bergman's rule

恒温动物在其分布区较冷地区比在较暖地区身体趋于变大、相对体表面积减小的现象。

02.139　**艾伦律**

Allen's rule

恒温动物身体的突出部分，如四肢、尾巴、外耳等在气候寒冷的地方趋向于变短的现象。

02.140　**乔丹律**

Jordan's rule

关于生活在低温水域的鱼类个体较生活在温暖水域的同种个体倾向于有更多的脊椎骨。

02.141　**格洛格尔律**

Gloger's rule

在同种或亲缘动物物种个体之间，生活在温暖而潮湿地区的个体较生活在干燥而寒冷地区的个体具有较深的体色。

02.142　**选择性脑冷却**

selective brain cooling

恒温动物适应高温环境，大脑局部或整个温度降低，使之低于动脉血的温度。

02.143　**食物可利用性假说**

food availability hypothesis

代谢极限是由食物的可利用性制约，而与动物个体本身的特征无关。

02.144　**外周限制假说**

peripheral limitation hypothesis

动物的能量收支极限与动物个体本身有关，与动物的能量消耗方式相联系，外周器官对能量的实际消耗能力制约着动物的持续能量收支。

02.145　**中心限制假说**

central limitation hypothesis

中心供能器官是主要制约因子，这些器官的作用是为所有耗能器官获取、处理和分配能量。

02.146　**有效温度**

effective temperature

对生物生长发育起积极作用的温度，即活动温度与生物学最低温度之差。

02.147　**有效积温**

effective accumulated temperature

某时段内有效温度的逐日累积值。

02.148　**日度**

degree day

某一时段内每日平均温度和基准温度之差的代数和。

02.149　**透性**

permeability

生物膜允许某种溶质分子或离子从一侧流到另一侧的特性。

02.150　**选择透性**

selective permeability

生物膜（质膜、液泡膜等）是否允许某种溶质分子或离子透过的特性。

02.151 **半透性**

semipermeability

膜或膜状结构只允许溶剂（通常是水）或部分溶质（一般为小分子物质）透过，而不允许其他溶质（一般为大分子物质）透过的特性。

02.152 **透性系数**

permeability coefficient

溶质通过薄膜或类似结构物的速率的一种定量测度。以单位水力梯度下单位时间单位面积的流量来表示。

02.153 **渗透［作用］**

osmosis

溶剂（如水分）通过半透膜从溶质浓度低的溶液向溶质浓度高的溶液的转移现象。

02.154 **渗透调节**

osmoregulation，osmotic regulation

细胞、器官或生物体根据其环境液体的溶质浓度来调整自身液体的溶质浓度的过程。

02.155 **渗透压调节者**

osmoregulator

通过自身调节而维持一定体液渗透浓度的生物。

02.156 **低渗压调节**

osmotic hyporegulation

生物在高盐度水域中生存而维持一定的低渗透势的现象。

02.157 **生理干旱**

physiological drought

环境中并不缺水，但由于植物自身（如代谢减弱）或土壤因子（如温度过低），植物根系吸水受到阻碍，水分代谢失去平衡，产生缺水胁迫，甚至萎蔫死亡的现象。

02.158 **生理时间**

physiological time

生物生理活动实际发生的时间。

02.159 **呼吸**

respiration

有机体利用氧气通过代谢分解有机化合物释放化学能的过程。

02.160 **呼吸根**

pneumatophore

在某些水生植物中的一种特殊的起呼吸作用的根结构。

02.161 **共质体**

symplast

活原生质体通过胞间连丝联系形成的连续体。

02.162 **质外体**

apoplast

除细胞质和液泡以外的细胞壁、木质部死组织等植物组织。

02.163 **示踪剂**

tracer

为阐明生物体内物质的运行情况而添加的某种物质。如便于追踪的色素、荧光物质，尤其是各种同位素。

02.164 **蒸散**

evapotranspiration，ET

植物群落土壤水分蒸发和植物蒸腾的总称或总失水量。

02.165 **潜在蒸散**

potential evapotranspiration，PET

又称“参比蒸散”。土壤在无限供水时的蒸发和蒸腾总和。

02.166　**蒸腾**

transpiration

植物体内水分通过体表（气孔或角质膜）以气态向外界大气输送的过程。

02.167　**潜在蒸腾**

potential transpiration

土壤在无限供水时由大气因子决定的植物蒸腾失水量。

02.168　**蒸腾系数**

transpiration coefficient

植物制造 1g 物质所消耗的水分克数。

02.169　**蒸腾效率**

transpiration efficiency

植物消耗 1kg 水所能积累的干物质克数。

02.170　**蒸腾速率**

transpiration rate

单位时间单位叶面积的蒸腾失水量。

02.171　**蒸腾拉力**

transpiration pull

由于植物的蒸腾作用而产生的自叶子至根系的水势梯度所带来的根系吸水力和水分向上输导力。

02.172　**蒸腾流**

transpiration stream，transpiration current

由于叶面蒸腾使叶片产生了吸水力，在导管和管胞内形成的连续水流。

02.173　**蒸腾冷却**

transpiration cooling

植物通过蒸腾失水使体温降低的作用。有时可使植物比大气低 4 ~ 6℃，甚至 10 ~ 15℃。

02.174　**气孔**

stomata

植物表皮上两个保卫细胞及其围绕形成的孔隙的总称。

02.175　**气孔蒸腾**

stomatal transpiration

水蒸气通过植物叶表气孔向外扩散的过程。

02.176　**气孔导度**

stomatal conductance

气孔对水蒸气、二氧化碳等气体的传导度。

02.177　**气孔阻力**

stomatal resistance

水蒸气、二氧化碳等气体穿过气孔时的扩散阻力。

02.178　**吐水**

guttation

植物通过水孔、吐水组织，排水毛等以水滴的形式排出水分的现象。

02.179　**相对含水量**

relative water content

植物或土壤绝对含水量占其饱和含水量的百分比。

02.180　**水代谢**

water metabolism

在动物的生命过程中，有机体与环境之间的水分交换过程。

02.181　**代谢水**

metabolic water

动物通过体内脂肪的完全代谢或碳水化合物的代谢而获得的水分。

02.182 **无知觉失水**

insensible water loss

通过皮肤和呼吸失水造成的水分流失的总和，不包括任何分泌的水分（如汗液，尿液和粪便中的水分）。

02.183 **体积含水量**

volumetric water content

以体积为单位计算的含水量。

02.184 **水分收支**

water budget

又称“*水分差额*”。特定系统在一定时段内收入和支出的水量之差。

02.185 **水分输导**

water conduction

水分在植物体内的长距离运输。植物根系吸收的水分主要通过维管组织输导至茎和叶。

02.186 **水分临界期**

water critical period

植物对水分不足最敏感、最易受害的时期。

02.187 **水分饱和亏缺**

water saturation deficit，WSD

与水分完全饱和时相比的缺水量。

02.188 **水分胁迫**

water stress

因土壤水分不足或外液的渗透压高，植物可利用水分缺乏而生长明显受到抑制的现象。

02.189 **水分利用效率**

water use efficiency，WUE

单位蒸腾耗水量的光合作用量或生长量。

02.190 **光合水分利用效率**

photosynthetic water use efficiency

植物光合作用与蒸腾作用之比。

02.191 **生产水分利用效率**

water use efficiency of productivity

植物干物质生产量与耗水量之比。

02.192 **水势**

water potential

在恒温恒压下，一偏摩尔容积的水与纯水之间的化学势差。

02.193 **渗透势**

osmotic potential

又称“*溶质势*”。溶液中由溶质存在所产生的水势。因为溶质对水分子的吸附作用，使水的活性下降，所以和纯水相比，含有溶质的水做功的能力降低了，故渗透势为负值。

02.194 **衬质势**

matric potential

因衬质成分表面吸附力（细胞胶体物质亲水性和毛细管对自由水束缚）而产生的水势。

02.195 **清晨水势**

predawn water potential

在清晨时对植物叶子或小枝水势进行测定所得的值。

02.196 **压力势**

pressure potential

细胞的原生质体吸水膨胀，引起富有弹性的细胞壁产生一种限制原生质体膨胀的反作用力。

02.197 **水势梯度**

water potential gradient

含水体系（植物或土壤等）内两点间水势的逐渐升高或下降的变化现象。可用两点间水势之差与两点间距之比来表示。

02.198　**水分关系**

water relations

生物如何保持向环境的失水量与摄水量的平衡。

02.199　**需水量**

water requirement

植物在生长季吸收的水量与同期生成的干物质的数量之比。

02.200　**压力室**

pressure chamber

借密封小室内混合氮气压力测定植物枝条或叶片水势的一种仪器。

02.201　**压力－容积曲线**

pressure-volume curve

又称“PV曲线”。在研究植物水分状况时，利用压力室测定平衡压与植物样品（如植物小枝）含水量减少而相应改变的情况，根据两者的对应关系所绘的曲线图。

02.202　**萎蔫**

wilting

植物水分亏缺，不能维持细胞刚性致使茎、叶等幼嫩部分下垂、皱缩或卷曲的现象。

02.203　**暂时萎蔫**

temporary wilting

蒸腾作用减弱后，植物便恢复挺立状态的萎蔫。

02.204　**永久萎蔫**

permanent wilting

土壤可利用水分亏缺，即使植物降低蒸腾仍不能恢复原状的萎蔫。

02.205　**萎蔫湿度**

wilting moisture

土壤水分减少到使植物叶片开始呈现萎蔫状态时的土壤湿度。

02.206　**界面层导度**

boundary layer conductance

叶面与大气之间的二氧化碳、水蒸气或热量的传导度。

02.207　**界面层阻力**

boundary layer resistance

叶面与大气之间的二氧化碳、水蒸气或热量的扩散阻力。

02.208　**冠层导度**

canopy conductance

植物冠层与大气之间的二氧化碳、水蒸气或热量的传导度。

02.209　**冠层阻力**

canopy resistance

植物冠层与大气之间的二氧化碳、水蒸气或热量的扩散阻力。

02.210　**气穴现象**

cavitation

植物木质部导管内局部出现气泡的现象。气穴的形成导致导管堵塞，致使输水通道导水率降低。

02.211　**内聚力学说**

cohesion theory

又称“内聚力－张力学说（cohesion-tension theory）”。植物叶子具有蒸腾拉力，由于水分子间存在内聚力（即相互吸引作用），便产生蒸腾流，从而实现了水分自根系向上运动。

02.212　**分室化［作用］**

compartmentation，compartmentalization

内质网将细胞分隔成许多小室，使细胞内的物质处于特定的环境，从而使各种生化反应高效率地进行。

02.213 **再吸收**

resorption

植物的衰老组织即将脱落之前，其营养物质和可溶性有机化合物向其他组织的转运过程。

02.214 **同向转运**

symport

两种溶质朝相同方向穿过生物膜的相连运输。

02.215 **逆向转运**

antiport

两种溶质以相反方向穿过生物膜的相连运输。

02.216 **集流**

mass flow

（1）植物体内随水流发生的溶质的大量运输。（2）植物体内水流自根部向叶部的流动过程。

02.217 **长距离运输**

long distance transport

物质通过植物的维管系统在根部与地上部之间进行运移的过程。

02.218 **奢侈吸收**

luxury absorption

植物吸收的某一养分量超过其生长的需要而使植物组织内该元素含量较高，但植物生长或产量并不相应增减的现象。

02.219 **营养保存策略**

nutrient-conserving strategy

植物在不利环境条件下通过减少生产和限制生长来延长养分利用时间的对策。

02.220 **生物发光**

bioluminescence

某些生物体内的萤光素在酶作用下氧化而产生光的现象。

02.221 **色素适应**

chromatic adaptation

植物通过色素变化以适应光谱变化，从而最大限度地吸收辐射能量的能力。

02.222 **景天酸代谢**

crassulacean acid metabolism，CAM

景天科植物夜间同化二氧化碳，形成的苹果酸储藏在液泡中；白天由苹果酸释放出二氧化碳参与卡尔文循环的光合作用途径。

02.223 **景天酸代谢植物**

crassulacean acid metabolism plant，CAM plant

又称“CAM 植物”。夜间吸收大量的二氧化碳产生苹果酸，白天苹果酸中的二氧化碳释放出来用于光合作用的植物。

02.224 **叶面积密度**

leaf area density，foliage density

单位群落体积的总植物叶面积。常以 m^2/m^3 表示。

02.225 **叶质量密度**

leaf mass density

单位鲜叶量（或单位鲜叶体积）的干叶重量。

02.226 **叶面积持续期**

leaf area duration，LAD

某个时期（通常为一个生长季）的叶面积指数的积分值。

02.227 **叶面积指数**

leaf area index，LAI

单位土地面积上的总植物叶面积。

02.228　**叶面积比**

leaf area ratio，LAR

总植物叶面积与总植物干重之比。即植物单位干重的叶面积。

02.229　**比叶面积**

specific leaf area

叶的单面面积与其干重之比。

02.230　**比叶重**

specific leaf mass，specific leaf weight

叶的干重与其单面面积之比。

02.231　**叶重比**

leaf mass ratio，leaf mass fraction，leaf weight ratio

叶生物量与整个植株生物量之比。

02.232　**叶面积等级**

leaf size class

根据叶面积大小划分的叶的类型。

02.233　**大量元素**

macroelement，major element

又称“常量元素”。生物正常生长发育需要量较多的元素。如碳、氢、氮等。

02.234　**微量元素**

microelement，minor element

植物正常生长发育需要极少量，为植物体重 10^{-8} ~ 10^{-5} 的元素。如铁、铜、锌等。

02.235　**矿质营养**

mineral nutrient

植物正常生长发育所必需的营养元素中，除碳、氢、氧三种元素外，氮、磷、钾、硫、钙、镁、铁、铜、锰、锌、硼、钼、氯等 13 种元素的统称。

02.236　**光周期**

photoperiod

（1）生物每天在太阳升起和降落之间的总时间长度内暴露于阳光的时间。（2）一天之内，相对于黑夜而言，白天的时间长度。

02.237　**光周期现象**

photoperiodism

生物对昼夜周期变化发生各种生理、生态反应的现象。

02.238　**光损害效应**

photodestructive effect

光辐射在一定条件下变为胁迫因子时所起的作用。

02.239　**光稳态效应**

photohomeostatic effect

植物通过调节枝叶排列和叶的发育，在光照梯度较大时仍能获得较稳定光照的作用。

02.240　**光周期诱导**

photoperiodic induction

在一定时间内给予适宜的光周期影响，以后即使置于不适宜的光周期条件下，光周期影响仍可持续下去的现象。

02.241　**光照阶段**

photophase，photostage

植物完成某一发育过程所需的一定光照时间长度影响的阶段。

02.242　**光合 / 呼吸比**

photosynthesis / respiration ratio，P/R ratio

光合作用速率与呼吸速率的比率。

02.243　**光合能力**

photosynthetic capacity

在辐射能饱和、大气二氧化碳和氧气浓度正常、其他生态因子最适时的植物光合作用速率。

02.244 **潜在光合能力**

potential photosynthetic capacity

二氧化碳饱和点的光合速率。

02.245 **光合能量利用效率系数**

photosynthetic energy utilization efficiency coefficient

在二氧化碳转化为碳水化合物中以化学键的形式固定的能量占吸收的能量的百分比。

02.246 **光合有效辐射**

photosynthetically active radiation

太阳辐射光谱中可被绿色植物的质体色素吸收、转化并用于合成有机物质的 400 ~ 700nm 波段的辐射能。

02.247 **光呼吸**

photorespiration

植物绿色组织在光照下吸收氧和放出二氧化碳的过程。

02.248 **光合作用**

photosynthesis

植物利用光能合成有机物的过程。

02.249 **总光合作用**

gross photosynthesis

植物的二氧化碳总固定量。

02.250 **净光合作用**

net photosynthesis

又称“表观光合作用（apparent photosynthesis）”。植物的二氧化碳净固定量，等于总固定的二氧化碳量减呼吸消耗的二氧化碳量。

02.251 **C3 光合途径**

C_3 photosynthetic pathway

光合作用最初产物为 3- 磷酸甘油酸（一种三碳酸）的光合途径。

02.252 **C4 光合途径**

C_4 photosynthetic pathway

光合作用最初产物为草酰己酸、苹果酸或天冬氨酸（一种四碳酸）的光合途径。

02.253 **光合效率**

photosynthetic efficiency

植物总初级生产量同化的太阳能占可利用太阳能的百分比。

02.254 **光合“午休”**

midday depression of photosynthesis

植物的光合速率日变化呈双峰曲线时，大的峰出现在上午，小的峰出现在下午，中午前后光合速率下降的现象。

02.255 **光合商**

photosynthetic quotient

光合作用时吸收的二氧化碳与放出氧的摩尔比。

02.256 **光合速率**

photosynthetic rate

光合作用固定二氧化碳的速率。即单位时间单位叶面积的二氧化碳固定（或氧气释放）量。

02.257 **单位叶面积速率**

unit leaf rate，ULR

单位叶面积的净光合速率。

02.258 **光［合］系统**

photosynthetic system

能够吸收光能并参与光合作用光反应的一种光合色素或一组色素。叶绿体的光合反应在光系统 I 和光系统 Ⅱ 中进行。

02.259 **光温潜力**

photo-temperature potential productivity

单位时间、单位面积上，植物群体在其他自然条件均适宜，以光能和温度条件为决定因素时产生的干物质量。

02.260 **量子产额**

quantum yield

植物通过一个光量子所固定的二氧化碳分子数或放出的氧分子数。

02.261 **光抑制**

photoinhibition

在强光下光合作用受到抑制的现象。

02.262 **光动性**

photokinesis

在阳光下非定向活动加强的现象。

02.263 **感光性**

photonasty

植物因光强变化的刺激而发生的感性生长运动或感性膨压运动。

02.264 **光罗盘定向**

light-compass orientation

与太阳成一固定角度定向或行进的现象。

02.265 **太阳跟踪**

solar tracking

植物器官（尤其是叶或花）随白天太阳位移而改变其定向以接受最适入射辐射的现象。

02.266 **光饱和点**

light saturation point

当光照强度增加到某一点后，再增加光照强度，光合强度也不增加。这一点的光照强度称光饱和点。

02.267 **光补偿点**

light compensation point

植物同化器官中，光合作用吸收的二氧化碳与呼吸作用释放的二氧化碳相等时的光照强度。

02.268 **二氧化碳补偿点**

CO_2 compensation point

当光合吸收的二氧化碳量与呼吸放出的二氧化碳量相等时的外界的二氧化碳浓度，称二氧化碳补偿点。

02.269 **碳损失**

carbon loss

植物通过暗呼吸、光呼吸等消耗碳的过程。

02.270 **碳同化作用**

carbon assimilation

二氧化碳被固定和变为有机物的过程。包括绿色植物的光合作用、细菌光合作用和化能合成作用三种类型。其中光合作用最为普遍和重要。

02.271 **碳获取**

carbon acquisition

植物通过光合作用固定二氧化碳而获得碳的过程。

02.272 **氮利用效率**

nitrogen use efficiency，NUE

光合作用或生长相对于叶含氮量或植物含氮量的一种测度。

02.273 **光合氮利用效率**

photosynthetic nitrogen-use efficiency

光合作用与单位叶面积含氮量之比。

02.274 **生产氮利用效率**

nitrogen use efficiency of productivity

一定时期的干物质增加量与光合器官含氮量之比。

02.275 **净同化**

net assimilation

又称“表观同化”。植物同化器官光合作用与此期的呼吸作用之差。

02.276 **净同化速率**

net assimilation rate，NAR

植物在单位时间和单位同化面积的干物质增加量。

02.277 **放射性示踪物质测定法**

radioactive tracer method

利用放射性同位素示踪技术，借测定植物放射活性而确定光合作用固碳量，从而估算初级生产力的方法。

02.278 **生物量密度**

biomass density

单位鲜重生物量（或单位体积）的干重生物量。

02.279 **根质量密度**

root mass density

单位鲜根重量（或单位鲜根体积）的根干重量。

02.280 **根质量比**

root mass ratio

根生物量与整个植株生物量之比。

02.281 **根压**

root pressure

根产生的水压。具有把导管内的水压上去的作用。

02.282 **根面积指数**

root-area index

单位地面的植物根系面积（m^2/m^2）。

02.283 **比根长**

specific root length

单位根重的根的长度。

02.284 **吸集**

sequestration

植物或土壤等对物质（如二氧化碳）的吸收与固定或吸收与束缚。

02.285 **汇源关系**

sink-source relationship

光合作用器官是物质生产的源，而不断生长的器官和贮藏器官则是消耗利用有机物的汇，这两者的相互制约关系称汇源关系。

03. 行为生态学

03.001 **行为**

behavior

动物所做的有利于眼前自身存活和未来基因存活（包括利他活动）的一切事情，或者说是在个体层次上，动物对来自体内的生理变化和来自体外的环境变化所做出的整体性反应。

03.002 **欲求行为**

appetitive behavior

一个复杂的行为通常分为两个阶段，欲求行为是第一个阶段，如取食行为的寻找食物阶段和生殖行为的求偶阶段，直到找到了食物或配偶，此阶段才算完成并过渡到第二阶段。

03.003 **完成行为**

consummatory behavior

一个复杂的行为通常分为两个阶段，完成行为是第二个阶段，如取食行为的进食和生殖行为的交配，只有完成了此阶段，才能达到这一复杂行为的生物学目的。

03.004 **探索行为**

investigative behavior

一个新刺激和新物体常可吸引动物（特别是幼小动物）去接近、触摸和试探性地去抓和咬的现象，这种玩耍的兴趣将随着对新事物熟悉程度的增加而下降。

03.005 **本能行为**

instinctive behavior

在进化过程中形成的可遗传的复杂反射或反射链。

03.006 **固定行为型**

fixed action pattern

按一定时空顺序进行的肌肉收缩活动，表现为一定的运动形式并能达到某种生物学目的。如孵卵灰雁的回收蛋行为和青蛙伸舌捕虫行为。

03.007 **行为痕迹**

behavioral rudiment

已丧失了功能但却能反映其祖先过去的行为。如在树上营巢的秧鸡仍表现有地面鸟类所特有的回收蛋行为，但这种行为已不再有任何生物学意义。

03.008 **习惯化**

habituation

当刺激连续或重复发生时，动物行为的频次与强度所发生的持久性衰减甚至消失的过程。广义来说，就是动物学会对一个特定的刺激不发生反应。

03.009 **学习**

learning

能够使动物的行为对特定的环境条件发生适应性变化的所有过程，或者说是动物借助于个体生活经历和经验使自身的行为发生适应性变化的过程。

03.010 **试错学习**

trial and error learning

个体经历尝试—错误—再尝试—再错误而使错误率逐渐减少，成功率不断增加的过程。

03.011 **顿悟学习**

insight learning

动物最高级的学习行为，包括了解问题、思考问题和解决问题。最简单的顿悟学习是绕路问题，即在动物和食物之间设置一个屏障，动物只有先远离食物绕过屏障才能接近食物。

03.012 **印记**

imprinting

又称“印痕”。发生在动物个体发育早期阶段的一种不可逆转的学习类型，很多幼小动物在其出世的早期阶段不仅会对其遇到的任何移动着的物体产生依附性，而且以后还会对这一物体表现出性行为和社会行为。

03.013 **斯金纳箱**

Skinner box

行为心理学派在实验室内研究动物（主要是鼠和鸽）学习能力的箱形实验装置，因最初是由斯金纳（B. F. Skinner）发明而得名。

03.014 **使用工具**

tool using

动物从周围环境中拿取某些非生命物体作为自身生理器官的延伸物加以利用。如啄木地雀用一根仙人掌刺探取深藏在树洞中的昆虫。

03.015 **比较研究法**

comparative approach

通过对近缘物种的行为进行对比分析，以了解行为适应和进化的重要方法。

03.016 **扩展协同进化**

diffuse coevolution

一个猎物群体（包括很多物种）与一个捕食者群体之间的协同进化关系。

03.017 **趋性**

taxis

接近或离开一个刺激源的定向运动，依据刺激源的性质可区分为趋光性、趋地性、趋触性和趋流性等。

03.018 **昼行性**

diurnality

动物白天外出活动夜晚休息的习性。

03.019 **自私基因**

selfish gene

是指基因在生物进化中的绝对自私性，是对动物行为功能的基本解释。即动物的行为可以是利他的，但基因是绝对自私的，基因同其等位基因竞争，只有自私基因方能被自然选择所保存，利他基因必然被淘汰。

03.020 **存活值**

survival value

某一特定行为对个体存活的价值，属于行为功能的研究范畴。

03.021　**经济权衡**

economic trade-off

在两种行为对策或两种以上行为对策所获得的利益之间求得的平衡。如很多动物都要在取食和安全之间求得一种最佳平衡。

03.022　**稳定进化对策**

evolutionary stable strategy，ESS

一旦被种群大多数成员采取，且不会被其他任何可选行为对策所取代的对策。

03.023　**最优化理论**

optimality theory

自然选择总是倾向于使动物最有效地传递其基因，因而也是最有效地从事各种活动，包括使它们活动时的时间分配和能量利用达到最佳状态。

03.024　**最适模型**

optimality model

依据最优化理论建立的数学模型，可用于预测在投入和收益之间做出何种权衡才能使个体获得最大净收益。

03.025　**亲缘选择**

kin selection

基因水平上的自然选择，是选择广义适合度最大的个体，而不管这个个体的行为是否对自身的存活和生殖有利。

03.026　**亲缘辨别**

kin discrimination

动物行为水平上对亲属的识别，即对亲属和非亲属个体所做出的不同行为反应。

03.027　**亲缘系数**

coefficient of relatedness

衡量个体之间亲缘关系远近或共占某一特定基因概率的一种测度，用符号“r”表示。如：父子之间的 r=0.5，即父子共占某一特定基因的概率是50%或两者有一半的基因是相同的。

03.028　**汉密尔顿法则**

Hamilton’s rule

只有 $rB - C > 0$，支配利他行为的基因在种群基因库中的频率才会增加，其中 r 是利他者与受益者的亲缘系数，B 是受益者所得的利益，C 是利他者所付出的代价。

03.029　**亲缘识别**

kin recognition

亲缘关系个体之间的相互辨识机制，已知的辨识机制有：① 靠识别等位基因；②把同巢或同窝个体都看成是自己的亲属；③靠学习认识自己的亲属；④靠表型匹配。

03.030　**识别等位基因**

recognition allele

在表型上的表达能使基因携带者识别出其他个体体内的同样基因，而且能使基因携带者对后者表现出利他倾向。

03.031　**利他行为**

altruistic behavior

有利于其他个体存活和生殖而不利于自身存活和生殖的行为，这种行为在自然界普遍存在，可用广义适合度和亲缘选择加以解释。

03.032　**绿胡须效应**

green beard effect

如果是一个基因使其携带者生有绿胡须，而且这个携带者又能对其他生有绿胡须的个体表现出利他行为，那么自然选择就会有利于这个基因在种群中得到传布。这种现象被称为绿胡须效应。

03.033 **表型匹配**

phenotype matching

一只雌鼠对一只表型上与自己最相像（如气味）的同窝雌鼠表现出更强烈的利他行为，借此可以区别对待全同胞姐妹和半同胞姐妹。

03.034 **基因频率**

gene frequency

特定基因在种群中所占的比例。进化过程主要是基因频率发生变化的过程。

03.035 **遗传预先倾向性**

genetic predisposition

先天决定的某些行为的易发性。如哺乳动物雌性个体更多地参与亲代抚育有其先天的解剖学基础。

03.036 **频率制约**

frequency dependent

种群中每一种行为对策所得到的报偿都受种群中其他行为对策的制约，各行为对策在种群中所占的比例是互相牵制的。

03.037 **群选择**

group selection

通过种群内各群体之间存在的生殖能力差异而进行的选择。

03.038 **觅食行为**

foraging behavior

动物搜寻、捕捉和加工处理食物的过程。

03.039 **食性**

feeding habit

动物所吃食物的性质。如食植性、食肉性、食虫性、食腐性等。

03.040 **乞食**

food begging

幼小动物向成年动物（通常是双亲）要求喂食的行为。

03.041 **食物选择**

food selection

在动物的进化过程中，自然选择总是倾向于使动物选择对自身生存更有利的最适食物和食谱。

03.042 **食物共享**

food sharing

将所猎得的食物与亲缘群中的其他个体共同食用的现象。在社会性食肉类哺乳动物中常见，如狮子、鬣狗、狼和獴。

03.043 **运量的经济学原理**

economics of carrying a load

用经济学的投资—效益分析法研究鸟类育雏期间一次运食量的最佳权衡。

03.044 **选择猎物的经济学原理**

economics of prey choice

用经济学的投资—效益分析法研究动物对猎物大小和食谱的最佳选择。

03.045 **处理时间**

handling time

捕食者从捕获猎物到吃下猎物所花费的时间。

03.046 **贮藏**

hoarding

动物埋藏、贮存一些食物以备未来之需的行为。在啮齿动物中常见，也见于其他动物类群，如山雀科、鸦科、伯劳、鹰隼、猫头鹰、美洲狮和狐狸等。

03.047 **食物净值**

net food value

觅食者所得的食物总能量减去觅食者搜寻和消化食物所消耗能量的差值。

03.048 **最适返回时间**

optimal return time

觅食动物应当以一种适当的方式在其觅食区域内巡行，为获取最大的能量收益从离开一个斑块到重新回到这个斑块所经历的时间就是最适返回时间。

03.049 **最适搜寻率假说**

optimal search rate hypothesis

捕食者在环境斑块中的搜寻时间与斑块中食物密度相关。在特定的食物密度下，存在一个最适搜寻时间。

03.050 **辨认时间**

recognize time

捕食者确认一种猎物所花的时间。包括辨认失败、放弃一种猎物所用的时间。

03.051 **取样和信息**

sampling and information

动物觅食行为的一种适应，即从周围环境中获取食物分布的样品，并依据这种样品中的信息而做出觅食决策。

03.052 **选型交配**

assortative mating

个体选择与自己同型的个体交配的方式。进化中如果个体间长期选型交配，则最终可能导致两类型之间的生殖隔离，并发展形成两个不同的种。

03.053 **非选型交配**

disassortative mating

个体选择与自己不同型的个体交配的方式。非选型交配可以避免发生近交并有利于增加后代的遗传多样性。

03.054 **求偶场**

lek

动物每年生殖季节进行集体求偶的固定场所。在鸟类和哺乳动物中最常见。

03.055 **求偶行为**

courtship behavior

伴随着性活动和作为性活动前奏的所有行为表现。求偶行为有吸引异性、防止种间杂交、激发对方的性欲望和选择高质量配偶的生物学功能。

03.056 **集体求偶**

communal courtship

动物求偶的一种形式。雄性个体在生殖季节聚集在求偶场上共同向雌性个体求偶的现象。在鸟类和哺乳动物中常见。

03.057 **求偶喂食**

courtship feeding

雄性个体求偶时向求偶对象递送食物的现象。求偶喂食具有多种功能，在昆虫和蜘蛛中较为常见，如蝎蛉、舞虻和盗蛛。

03.058 **求偶反应链**

courtship reaction chain

雌雄求偶时的相互行为反应。每一种行为对对方来说都是一个信号，可刺激释放出求偶程序中的下一步反应。

03.059 **求偶礼物**

nuptial gift

雄性动物求偶时递送给雌性动物的一件礼品，通常是可食的猎物，也可以是其他物件（如丝球）。

03.060 **假梳理**

mock preening

雄鸭用嘴梳理羽毛的功能已从最初的整理羽毛演变为求偶的现象。假梳理是演变后的梳理动作。

03.061 **炫耀**

display

个体以表情、动作、鸣叫和气味向同种其他个体发出信息，意在引起其他个体的行为改变。炫耀具有通信功能，包括行为炫耀、声音炫耀和气味炫耀等。

03.062 **婚后飞行**

post-nuptial flight

交尾中雄蝶把被动的雌蝶带向空中飞行，最终雌雄蝶要在植被稠密的隐蔽处保持交尾状态数小时。如王蝶属（*Danaus*）的蝶。

03.063 **婚飞**

nuptial flight

社会性膜翅目昆虫（主要是蜜蜂和蚂蚁）交配前后的群飞。这些昆虫在高空追逐飞翔中完成交配。

03.064 **婚羽**

nuptial plumage

鸟类（特别是雄鸟）生殖季节换上的鲜艳羽衣，其主要功能是求偶。

03.065 **水草仪式**

weed ceremony

大鸊鷉的复杂求偶动作，即雌雄鸟双双潜入水下，从水底衔一些水草后浮出水面，彼此迅速靠近并向上跃出水面，此时胸对胸，身体和脖颈尽力向上伸展并不停地踩水和左右摆头。

03.066 **发现仪式**

discovery ceremony

大鸊鷉的一种仪式化行为，通常是在一对雌雄鸟分离一定时间后才会表现，与水草仪式不同的是只有一只鸟潜入水下，并在另一只鸟面前浮出水面和转体 180°，这种仪式有助于巩固两性之间的联系。

03.067 **散布多态现象**

dispersal polymorphism

一个同龄群中的一些个体有翅，适合于散布，而另一些个体则无翅，不能散布的现象。散布多态现象适合于用来分析散布的利和弊，借此可以对同一地点、同一物种的散布个体和非散布个体进行比较分析。

03.068 **离巢幼鸟**

fledgling

从出巢到独立生活这一发育阶段，常需成鸟喂食的鸟。

03.069 **亲代投资**

parental investment

双亲在繁殖后代中所投入的能量和花费的时间。通常是雌性的亲代投资大于雄性的，但也有例外。

03.070 **雄性投资**

male investment

雄性个体在亲代抚育中所投入的能量和花费的时间。雄性投资通常小于雌性投资，但有例外。

03.071 **局域配偶竞争**

local mate competition

同胞兄弟之间的配偶竞争，这种竞争会导致其母亲把性比率投资偏向女儿，偏斜程度则取决于局部配偶竞争的激烈程度。

03.072 **局域资源竞争**

local resource competition

大多数哺乳动物雌性个体的散布距离较雄性个体的扩散距离短，因此在雌兽的巢域范围内常常会因母女或姐妹之间对食物资源的竞争而引起死亡，这种局域资源竞争会导致性比例投资偏向雄性。

03.073 **配偶选择**

mate choice

从众多的求偶者中选择配偶，通常是雌性选择雄性，因为雌性的生殖投资大于雄性，所以通常雄性是求偶者，但有极少数例外。

03.074　**保卫配偶**

mate guarding

有些种类的雄性动物一旦找到雌性动物就将其独占并加以看护，不允许其他个体接近。如豆娘、喜鹊和一种端足目甲壳动物（*Gommarus*）等。

03.075　**性选择**

sexual selection

通过自然选择过程使一个性别个体（通常是雄性）在寻求配偶时获得比同性其他个体更有竞争力的形态和行为特征。建立在主动择偶基础上的性选择可以导致性二态特征的进化。

03.076　**性二态**

sex dimorphism

同种两性个体通过性选择在大小、形态和色型上所产生的差异。

03.077　**性别转变**

sex change

动物在个体发育过程中的性别逆转现象。在鱼类中常见，如蓝头锦鱼（*Thalassoma bifasciatum*）个体的性别是先雌后雄，而双锯鱼（*Amphiprion akallopisos*）是先雄后雌。

03.078　**性角色逆转**

sex role reversal

在少数一雌多雄制鸟类中，雌性个体展开竞争来争夺雄性动物，使两性角色发生了逆转的现象。如三趾鹬（*Calidris alba*）和斑点矶鹬（*Actitis macularia*）等。

03.079　**两性冲突**

sexual conflict

雄性个体和雌性个体利益的不一致。包括对最适交配体制要求的不一致；两性交配决策的不一致以及雄性在杀婴行为上与雌性的矛盾等。

03.080　**性皮肿胀**

sexual swilling

生活在多雄群中的雌性灵长类个体发情期外阴皮肤的红肿现象。这种带有广告色彩的皮肤红肿是发情标志，有助于雌性灵长动物与多个雄性灵长动物进行交配。

03.081　**顺序雌雄同体**

sequential hermaphrodite

个体先以雌性或雄性参与繁殖活动，然后再以雄性或雌性参与生殖活动的情况。如在鱼类中当一个个体生殖的成功与其身体大小或年龄相关时常发生这种现象。

03.082　**同时雌雄同体**

simultaneous hermaphrodite

个体在同一个时刻具有雌性和雄性生殖器官与功能的情况。

03.083　**单配制**

monogamy

一雄配一雌的交配体制或一雌一雄制。在鸟类中常见。

03.084　**多配制**

polygamy

一雄配多雌的交配体制或一雌多雄制。在哺乳动物中常见。

03.085　**一雄多雌制**

polygyny

一种交配模式，一个雄体同时或先后快速地与多个雌体交配。

03.086　**一雌多雄制**

polyandry

一种交配模式，一个雌体同时或先后快速地与多个雄体交配。

03.087 **保卫雌兽的一雄多雌制**

female defense polygamy

雄兽靠独占和保卫多只雌兽而形成的多配制。只有雌兽的巢域面积小于雄兽所能保卫的面积时，才能形成这种交配体制。

03.088 **眷群**

harem

又称“妻妾群”。一雄多雌制哺乳动物中，一只雄性动物在生殖期所占有并保卫的一群雌性动物。

03.089 **性内竞争**

homosexual competition

交配前的性内竞争形式是雄性动物独占异性或独占一个可吸引异性的领域；交配后的性内竞争形式是设法使雌性个体不使用从其他雄性个体那里接受的精子。如蜻蜓（*Orthetrum cancellatum*）和钝口螈（*Ambystoma maculatum*）等。

03.090 **性内交配**

homosexual copulation

在雄性个体之间进行的交配。如蟢象有时会把精子射入另一雄蟢象体内（刺破体壁），待精子游动到精巢时便开始等待机会，一旦该竞争对手与一只雌蟢象交配时，便会把这些精子注入雌虫体内。

03.091 **生殖对策**

reproductive strategy

生物繁殖后代时所面临的各种抉择。如对生殖和生长各投入多少资源为适宜；生殖的资源如何在后代之间分配；在什么年龄生殖；要不要育幼；是让后代在家庭中长大，还是让它们早早地离开家庭去独立地生活。

03.092 **生殖行为**

reproductive behavior

与繁殖后代有关的所有行为。如求偶、交配、筑巢、孵卵和亲代抚育等。

03.093 **精子竞争**

sperm competition

在雌性个体可能与多个雄性个体交配的情况下，不同个体精子之间竞争使卵子受精的机会，雄性动物为此产生了很多形态和行为适应。

03.094 **精子取代机制**

sperm displacement mechanism

可增强精子竞争能力的形态和行为适应。如灰蜻蜓（*Orthetrum cancellatum*）的阴茎末端有一个带倒钩的附器，交配时先用它把雌蜻蜓体内来自其他雄蜻蜓的精子刮出来，然后再把自己的精子送入受精囊。

03.095 **亲代抚育**

parental care

亲代对子代的保护、照顾和喂养，包括一切有利于子代生存的活动。

03.096 **亲代操纵**

parental manipulation

社会性昆虫中王虫完成第一次生殖后再产第二批卵，并诱使从第一批卵中孵出的雌性后代留在巢中帮助完成第二次生殖的现象。这对亲子两代都有遗传利益。

03.097 **雄性先熟**

protandry

某些昆虫羽化季节中雄性个体的出现早于雌性个体的现象。

03.098 **共占巢**

nest sharing

膜翅目昆虫社会性起源的一种假说。社会性起源于多个王虫彼此合作共建一巢，在多数情况下这些王虫是姐妹关系。

03.099 **异双亲**

alloparents

参与抚育幼小动物的非双亲成年动物。在很多食肉类哺乳动物、啮齿动物和大约 300 种鸟类中存在异双亲。

03.100 **帮手**

helper

帮助自己的双亲、姐妹或其他亲缘个体喂养后代的成年动物。这种利他行为在哺乳动物和鸟类中最常见。

03.101 **巢中帮手**

helper at the nest

有生殖能力的个体不进行生殖，而是帮助其他个体进行生殖的现象。通常是帮助其他个体喂养巢中的后代。

03.102 **集体生殖**

communal breeding

一窝幼小动物有多个父亲或多个母亲的现象，常常是几个雌性个体共同抚育一群幼仔。如缟獴(*Mungos mungo* ）和犀鹃（ *Crotophaga sulci-rostris* ）。

03.103 **窝卵数**

clutch size

又称“窝仔数”。鸟类或哺乳动物一次生殖中的产卵数或产仔数。窝卵数或窝仔数的大小是对各自生态条件适应的结果，通常是最佳的。

03.104 **出生扩散**

natal dispersal

年幼动物从其出生地迁移到其第一次生殖地的过程。

03.105 **永久性社群**

permanent group

喜群居的动物如狮子、獴、多数灵长动物和一些鸟类所形成的稳定、长期的个体组合。

03.106 **社会性昆虫**

social insect

由很多成虫形成一个群体、合作筑巢和育幼、世代重叠、存在明显的生殖优势和等级的昆虫。

03.107 **独居蜜蜂**

solitary bees

蜜蜂总科中非社会性的独栖种类。如切叶蜂。蜜蜂总科中多数种类都是独栖的，社会性蜜蜂只占少数，常见的是蜜蜂属（ *Apis* ）。

03.108 **营养卵**

trophic egg

织叶蚁属（ *Oecophylla* ）中只要蚁王存在，工蚁就不会产出任何有活性的卵，而只能产出非活性卵，这些卵是蚁王重要的食物来源，故名营养卵。

03.109 **优势等级**

dominance hierarchy

依据个体在社群中的优势程度所分的级别，最简单的可区分为优势个体和从属个体。

03.110 **优势序位**

dominance order，rank order

依据个体在社群中的优势程度由高到低所排列的顺序。

03.111 **啄位**

peck order

又称“啄食等级”。特指鸟类（主要是鸡形目）的优势序位，优势个体有优先啄食权。

03.112 **社会等级**

social hierarchy

主要是指社会性昆虫群体中个体之间的分工和形态分化。如蚂蚁群体中有蚁王、雄蚁、小工蚁、中工蚁、大工蚁和兵蚁等不同的等级，它们形态各异，各司其职。

03.113　**多化性**

multivoltine

昆虫一年有多个世代。

03.114　**次生单雌性**

secondarily monogynous

一个社会性昆虫群体中只有一头有生育能力的王虫，但这种单雌性是由最初来源于同一世代的几头王虫（多雌制）通过战斗转变而来的。

03.115　**不育等级**

sterile caste

社会性昆虫中生殖腺不发育和不能生殖的雌性个体，包括所有职虫。如工蜂，工蚁和兵蚁等。

03.116　**等级分化**

caste differentiation

一个社会性昆虫群体中通常只有一个能进行生殖的个体，其他多数个体则不能生殖并在形态上分化为不同的等级和从事不同的工作。

03.117　**等级决定**

caste determination

社会性昆虫决定等级分化的因素。在社会性膜翅目昆虫中，一个个体将来是发育为王虫（蜂王或蚁王）还是发育为职虫（工蜂，工蚁，兵蚁等），主要决定于食物的数量和质量、在发育期间所接触到的化学物质以及蜂巢（或蚁巢）内部的条件等。

03.118　**单倍二倍性**

haplodiploidy

所有社会性膜翅目昆虫特有的一种性决定方式，即由未受精卵发育为单倍体的雄虫和由受精卵发育为二倍体的雌虫。

03.119　**最适群体大小**

optimal group size

群体内个体因群体生活而获得最大利益的群体大小。

03.120　**多雄群**

multi-male group

由几只成年雄猴、几只成年雌猴及其后代组成的群体。如棕狐猴（*Lemur fulvus*），吼猴（*Alouatta villosa*）和恒河猴（*Macaca mulatta*）。

03.121　**单雄群**

one-male group，uni-male group

由一只成年雄猴、多只成年雌猴及其后代组成的群体，是灵长动物中最常见的社群类型。如长尾猴（*Cercopithecus martini*）、叶猴（*Presbytis entellus*）和大猩猩（*Gorilla gorilla*）。

03.122　**双亲家庭群**

parental family group

又称“单配制家庭群（*monogamous family groups*）”。一只雄猴和一只雌猴连同它们的子女共同生活在一起并占有同一个巢域。如大狐猴（*Indri indri*）和所有长臂猿（*Hylobates*）。

03.123　**巢寄生**

brood parasitism

动物生活在其他种类动物的巢中并得到巢主人的保护和喂养，直到完成整个发育的现象。如杜鹃生活在其他种类的鸟巢中靠养父母把它养大，一些隐翅虫生活在蚂蚁巢中靠工蚁喂养。

03.124　**稀释效应**

dilution effect

个体生活所在的群体越大，群体中每一个个体被猎杀的机会越小的现象。

03.125 **避稀行为**

apostatic behavior

很多捕食者捕食时倾向于更多地攻击常见的猎物类型，而忽视稀有的猎物类型的现象。

03.126 **防御行为**

defense behavior

任何一种能够减少来自其他动物伤害的行为。

03.127 **化学防御**

chemical defense

借助于分泌有毒的或难闻的化学物质达到防御目的。如绿蝗从胸部分泌出难闻的黄色泡沫，鞭蝎把腹部末端对准攻击方向喷射分泌物。

03.128 **眼斑**

eye spot

动物表面类似脊椎动物眼睛的图形，在蝶蛾类翅上最常见。大眼斑的作用是威吓捕食者，小眼斑的功能是吸引捕食者啄食以便保护身体的要害部位。

03.129 **集体防御**

group defense

又称“结群防卫”。身体较大或具有专门防御武器的动物常常靠几个或更多个体联合一致地行动共同抵挡捕食动物的进攻。如红嘴鸥（*Larus ridibundus*）和麝牛（*Ovibos moschatus*）等。

03.130 **群体灭绝假说**

group extinction hypothesis

自然界之所以能够看到很多稳定的捕食者–猎物系统，是因为所有不稳定系统都已经灭绝了。

03.131 **活命 –一餐原理**

life-dinner principle

猎物比捕食者跑得快是因为猎物快跑是为了活命，而捕食者快跑是为了获得食物，因此快跑的进化压力对猎物比对捕食者大得多，所以在捕食者和猎物的协同进化中，猎物总是超前一步适应。

03.132 **激怒反应**

mobbing reaction

当捕食动物出现时猎物群体的激动情绪及所做出的行为反应，在鸟类和哺乳动物中常见。激动情绪可向其他个体传递捕食者的信息，并可导致对捕食者发动直接攻击。

03.133 **拟态集团**

mimicry ring

由于趋同进化，具有警戒色的很多物种的色型变得越来越相似，以至捕食动物把它们认为同一物种，这些相似的物种群就被称为拟态集团，其成员可来自不同的科和目。

03.134 **单利现象**

one-upmanship

猎物比捕食者有更大的发现距离，所以总是猎物先发现捕食者。

03.135 **精明捕食假说**

prudent predation hypothesis

有些动物个体通过占有领域而排他性地独占一部分资源，并为了长远需要而节省食物资源，因此成为精明的捕食者。

03.136 **搜寻印象**

search image

捕食动物找到稀有猎物的概率很低，但一旦找到一个就会对这一猎物的大小、形状和颜色留下深刻记忆，此后靠这种记忆就会大大提高对这种猎物的搜寻效率。

03.137 **惊吓效应**

startle effect

具有鲜艳后翅的蛾或具有大眼斑的猎物在面临捕

食者攻击时会突然展示鲜艳的色彩和大眼斑，从而把捕食者吓跑或赢得逃跑的时间。

03.138 **凝视时间假说**

star duration hypothesis

捕食者延长在斑块内有利区域的注视时间，是捕食者在生境斑块内增加觅食收益的方法之一。

03.139 **专化防御**

specialized defense

又称“特化防御”。两个物种在防御方面的协同进化过程中所做出的特定进化反应。如加纳圆蛛黄昏时把网织成，而到黎明时又把网拆毁以对付猎蛛蜂白天对其捕食。

03.140 **反专化防御**

specialized counter-defense

又称“反特化防御”。与专化防御相对而言。如猎蛛蜂的反专化防御措施就是渐渐改为在傍晚时出来猎食。

03.141 **进化军备竞赛**

evolutionary arms race

进化过程会不断提高捕食者发现和捕获猎物的效率，另一方面自然选择也会不断改进猎物及时发现和逃避捕食者的能力，这种复杂的适应和反适应关系就称为进化军备竞赛。

03.142 **领域**

territory

动物占有和保卫的一定区域，其中含有占有者所需要的各种资源，是动物竞争资源的方式之一。

03.143 **领域行为**

territorial behavior

又称“领域性（territoriality）”。动物占有领域的行为和现象。

03.144 **巢域**

home range

动物正常活动所达到的范围，其中受到动物保卫的区域是领域。

03.145 **核域**

core area

巢域内动物经常活动的那部分区域。

03.146 **暂时领域**

temporal territory

个体靠气味标记暂时扩大个体间的距离，以减少外来干扰，因此，个体间隔常被看作是移动着的领域和领域起源的前身。

03.147 **生境选择**

habitat selection

动物对生活地点类型的偏爱。生境选择可使动物只生活在某一特定环境中，这有利于动物积累生活经验和表型的定向改变。

03.148 **标记行为**

marking behavior

领域占有者为了识别自己的领域边界或让其他个体知道自己的领域范围而表现出的一些活动。包括行为炫耀、鸣叫发声、气味释放和放电等。

03.149 **种间领域**

interspecific territory

用于排斥异种动物的领域。如黄头黑鹂（*Xanthocephalus xanthocephalus*）和红翅黑鹂（*Agelaius phoeniceus*）的领域就是互相排斥的，因为它们都捕捉相似种类的昆虫喂养幼鸟。

03.150 **最适领域大小**

optimal territory size

刚好能满足领域占有者对各种资源需要的领域面积。

03.151 **气味标记**

scent marking

嗅觉发达的哺乳动物经常用有气味的物质对其领域所做的标记。这些物质可以是尿、粪便、唾液以及由特定腺体所分泌的气味物质。如鼬科动物的肛腺。有蹄动物的眶前腺和雄蜂的上颚腺。

03.152 **时间预算**

time budget

动物对觅食、求偶、交配、警戒、保卫领域等各项活动的时间分配。

03.153 **反捕行为**

antipredator behavior

动物防御捕食者捕食的各种行为。主要有警戒色、视觉色多态、尾斑信号、报警鸣叫、激怒反应和分散捕食者注意力的炫耀行为等。

03.154 **保护色**

protective color

动物色型与环境背景色一致，是属于隐蔽的防御方法。

03.155 **隐蔽**

crypsis

动物的一种避免被捕食的方法，指猎物的色型与环境背景色相似或模拟枯叶、竹枝和鸟粪等，难以被捕食者识别。

03.156 **警戒色**

aposematic coloration

很多有毒和不可食的动物（尤其是昆虫）具有的鲜艳夺目的体色。实验证明：鲜艳夺目的色型对捕食者可以起到警告和广告的作用，可减少被捕食的风险。

03.157 **拟态**

mimicry

动物在外形、姿态、颜色、斑纹或行为等方面模仿他种生物或非食生物以躲避天敌的现象。

03.158 **攻击［性］拟态**

aggressive mimicry

靠模拟行为诱导信号接受者犯错误并从中获得好处的现象。如兰花螳螂模拟盛开的兰花诱使昆虫接近并捕而食之。

03.159 **贝氏拟态**

Batesian mimicry

一个无毒可食的物种在形态、色型和行为上模拟一个有毒不可食的物种，从而获得安全上的好处。

03.160 **米勒拟态**

Müllerian mimicry

不可食程度较弱的物种在形态、色型和行为上模拟一个强烈不可食物种，从而使两物种共同分担因捕食者取样而造成的死亡率。

03.161 **报警鸣叫**

alarm call

当捕食动物接近一个鸟类和哺乳动物的群体时，群体中首先发现捕食者的个体所发出的叫声。对其功能存在各种解释，一般认为报警鸣叫是一种利他行为。

03.162 **实力较量**

contest of strength

当动物双方战斗力相等，彼此都有获胜的信心时，那就只有靠真正的战斗来决定胜负了，此时的战斗就是实力较量。

03.163 **实力信息**

information for strength

动物在战斗中通过炫耀行为向对方传递自己的实际战斗力。如兽吼和蛙鸣都是一种可靠的信号，代表着发声者的潜在战斗实力。

03.164 **意向信息**

information for intention

个体在战斗中的意图。博弈论预测：动物不会借助于炫耀行为向对方传递自己的真实意图。所有研究都已说明，战斗双方的意向信息是隐而不露和不进行传递的。

03.165 **鹰 – 鸽模型**

Hawk-Dove model

研究动物种群内鹰对策和鸽对策两种行为对策的博弈过程：鸽对策者在面对敌手时只以攻击姿态威吓对方，但当敌手发动攻击时则逃跑；鹰对策者则是宁可冒严重受伤的风险，也要攻击对方。

03.166 **鹰 – 鸽 – 应变者模型**

Hawk-Dove-Bourgeois model

研究动物种群内鹰、鸽和应变者三种行为对策的博弈过程，应变者是指在占有资源时扮演鹰，在不占有资源而成为入侵者时扮演鸽（即采取鸽对策）。

03.167 **鹰 – 鸽 – 反击者模型**

Hawk-Dove-Retaliator model

研究动物种群内鹰 - 鸽和反击者三种行为对策的博弈过程，反击者实际上是以鸽对策对抗鸽，以鹰对策对抗鹰，除非对手选择使战斗升级的对策，否则它总是采取鸽对策。

03.168 **不对称战斗**

asymmetric fighting

战斗实力存在差异的战斗。

03.169 **生死战**

serious fight

残酷而激烈并常常引起负伤和死亡的战斗，如每年雄性麝牛有 5% ~ 7% 死于激烈的争偶战斗，雄性榕小蜂常为争夺雌蜂而进行致命的战斗。

03.170 **报偿不对称**

payoff asymmetry

双方所争夺的资源对一方的价值比对另一方高，资源价值高的一方的战斗力往往比资源价值低的一方的战斗力要强。

03.171 **资源占有潜力不对称**

resource-holding potential asymmetry, RHP asymmetry

博弈双方存在着资源占有能力方面的差异。

03.172 **无关联不对称**

uncorrelated asymmetry

解决争议的标准与争议双方的相对竞争力和报偿值无关，如果战斗双方是均等无差异的，而且所争夺的资源值较小，那么双方就有可能利用这种专断的法则来确定胜负，以免浪费时间。这就像两个人靠掷硬币决定谁胜谁负一样。

03.173 **尊重所有权**

respect for ownership

资源、领域和配偶一旦被一个个体拥有或占有就会受到其他个体的认可，不再发生争夺。这是动物之间决定战斗胜负的法则之一，有利于减少因战斗造成的伤亡。如雄狮对雌狮的争夺和黄斑眼蝶对领域的争夺。

03.174 **仪式化**

ritualization

通信行为在进化过程中发生的适应性变化，以增强其作为社会信号的效果。

03.175 **仪式化战斗**

ritualized fight

动物的战斗行为在进化中演变为一种既能决定胜负又能减少伤亡的固定仪式。如偶蹄动物总是用角互相推顶以比试力量，但从不攻击对方的要害部位。

03.176 **等待博弈**

wait game

又称“消耗战（*war of attrition*）”。动物在战斗中的胜负只简单地决定于等待时间的长短，好像是一场“等待竞赛”。如雄性粪蝇靠在粪堆上等待而寻求配偶。

03.177 **对抗行为**

agonistic behavior

同种个体为争夺资源而发生的冲突和战斗。包括攻击、退却和威吓等。

03.178 **攻击行为**

aggressive behavior

又称“侵犯行为”。一切威吓和伤害其他个体的行为，主要表现在种内领域行为、优势等级、性侵犯和亲子关系方面。广义来说也可包括种间的捕食、反捕食和种间竞争。

03.179 **威吓行为**

threat behavior

动物在战斗中摆出进攻姿态，意在把对方吓跑以避免真正的战斗。这种行为既能达到真正战斗的效果，又可避免双方受伤，是减少战斗双方伤亡的一种行为适应。

03.180 **对抗竞争**

contest competition

竞争一方独占一块领地或资源，不允许另一方侵入或侵占的竞争形式。竞争者在战斗中所付出的代价将随竞争对手所采取的不同对策而有所变化。

03.181 **屈服炫耀**

submissive display

个体在战斗中表示认输和服从的一种身体姿态和动作，其功能是抑制和减少对方攻击所造成的伤害。

03.182 **一报还一报式合作**

tit-for-tat co-operation

建立在互相回报的利他行为基础上的合作对策。具有两个特点：①报复性，即只要对方表现出欺骗行为就不再坚持合作；②宽容性，即对于对方的一次欺骗行为只给予一次报复。这种对策有利于恢复双方的合作并从中得到更大的报偿。

03.183 **听觉通信**

auditory communication

动物之间利用声音信号传递、交流信息。声音有一定的作用距离并可指示声音信号的方向，还可表明发音者的状态。

03.184 **化学通信**

chemical communication

动物之间利用向环境释放或排放的化学物质或气味物质并借助于嗅觉器官进行信息交流。包括所有的信息素和其他气味物质，如粪、尿等。

03.185 **视觉通信**

visual communication

动物之间靠视觉信号传递信息和进行交流。它有一定的作用距离，有确定的方向性并可被光感受器官所感受。

03.186 **触觉通信**

tactile communication

个体靠身体接触、感知震动来传递信息和进行交流。

03.187 **电通信**

electrical communication

电鱼借助于电器官的放电和制造电场进行信息交流。如雄电鳗可借助改变自己电波释放形式向雌电鳗求偶。电鱼的电信号同其他动物的视觉信号、听觉信号和气味信号一样是具有明确的社会含义的。

03.188 **信号**

signal

动物用于交流信息的形态特征、行为方式、化学物质以及声音等。

03.189 **信号－反应关系**

signal-response relationship

由一系列的信号和反应组成，其中一方的反应又可成为另一方的信号。这些信号和反应具有高度的可预测性。

03.190 **信号刺激**

sign stimulus

能代表发出刺激的整个主体的刺激。如对生殖期的雄性三刺鱼来说，红色就代表着另一只侵入其领域的雄性三刺鱼，因此它会攻击红色花瓣和一切红色物体。

03.191 **物种识别**

species recognition

近缘物种使用基本相同但又有差异的信号以便于物种的辨识。如五种招潮蟹的雄蟹都用挥动大螯的方式吸引异性，但动作细节具有种的特异性。

03.192 **鸟类方言**

dialects in birds

很多鸟类的鸣叫声都表现出文化继承现象，虽然鸟类鸣叫具有先天遗传的一面，但很多鸟类都形成了地方性特有的叫声，即鸟类方言。

03.193 **舞蹈语言**

dance language

蜜蜂的侦察蜂回巢后靠在蜂箱内走圆圈或走 8 字以传递其所找到的蜜源地的方位和距离的信息。

03.194 **生态位变异假说**

niche variation hypothesis

具有广生态位的物种比具有狭生态位的物种更容易发生变异的假说。

03.195 **偷窃寄生现象**

kleptoparasitism

两只鸟出现在同一生境斑块时，优势鸟从从属鸟那里抢夺食物的现象。

03.196 **个体发育生态位**

ontogenetic niche

能够为某一年龄个体提供最大可能报偿的生境斑块类型。可以是生境中存在差异的部分，如食物数量和质量的差异或存在捕食风险的差异等。

03.197 **截平分布**

truncated distribution

在存在个体发育生态位的条件下，不同年龄个体在生境不同部分之间的一种分布现象。即在身体大小对适合度影响最小的生境部分可望找到最年轻的个体，而在身体大小对适合度影响最大的生境部分可望找到最老的个体。

03.198 **部分迁移**

partial migration

一些鸟类仅部分个体迁移的现象。如乌鸫和欧歌鸲。

03.199 **输入匹配法则**

input matching rule

生境斑块内竞争者的数量与资源输入量呈正比例关系，这种关系可用公式 $n_i = Q_i / C$ 表示，其中 n_i 是第 i 个斑块内竞争者的数量，Q_i 是第 i 个斑块的资源输入量，C 对所有斑块来说都是一个常数。

04. 进化生态学

04.001 **进化**

evolution

生物的演化过程。生物与其生存环境相互作用，其遗传结构发生改变，并产生相应的表型。

04.002 **微［观］进化**

microevolution

是指在比较短的时期内出现的基因频率的变化。通常是指种内的进化，最终可导致亚种形成。

04.003 **宏［观］进化**

macroevolution

是指导致出现种以上较高分类单元起源的进化。

04.004 **定向进化**

orthogenesis，directed evolution

认为不论进化的动力是由于外来原因还是内在动力，进化是有目的的，进化最终朝着一定方向进行的学说。

04.005 **间断进化**

punctuated evolution

在大突变、遗传漂变及其他偶然因素的影响下，种群内的少数个体快速分异而形成新种的跳跃式进化过程。

04.006 **爆发式进化**

explosive evolution

在比较短的地质时期内，某一生物种类产生许多新种类的现象。

04.007 **量子进化**

quantum evolution

由美国遗传学家戈尔德施密特（R. B. Goldschmidt）于 1940 年提出的学说，认为高级分类单元的起源不是通过变异的缓慢积累，而是通过大突变或跳跃式的进化而产生的。

04.008 **协同进化**

coevolution

由美国生态学家埃利希（P. R. Ehrlich）和雷文（P. H. Raven）于 1964 年研究植物和植食昆虫的关系

时提出的学说，指一个物种的性状作为对另一物种性状的反应而进化，而后一物种的性状又对前一物种性状的反应而进化的现象。

04.009 **趋同进化**

convergent evolution

不同物种在相似的环境中发育出相似的性状的进化过程。

04.010 **趋异进化**

divergent evolution

同一物种由于适应不同的环境而呈现出表型差异的进化过程。

04.011 **平行进化**

parallel evolution

具有共同祖先的两个或多个生物类群因有大体相近的进化方向而分别独立地进化出相似特征的现象。

04.012 **突生进化**

emergent evolution

在进化的过程中，新的性状或者特征以更复杂的组织水平出现的现象。

04.013 **多型进化**

polytypic evolution

一个种同时在不同环境中产生的表型变化。

04.014 **分子钟**

molecular clock

由美国进化生物学家朱克坎德尔（E. Zuckerkandl）和波林（L. Pauling）于 1963 年提出，用 DNA 链中核酸序列替换速率推导进化事件发生时间的方法。

04.015 **进化时间尺度**

evolutionary time scale

生物进化的时间尺度，通常以万年、百万年计。

04.016 **进化迟滞**

evolutionary retardation

又称“进化延滞”。由于无性生殖或单性生殖、低突变率、近亲交配、没有隔离、无激烈竞争等原因，物种在长时期内只发生缓慢进化的现象。

04.017 **退化**

regression

又称“退行”。动物发育到一定阶段后，具体型出现退缩性变化的现象。退化可出现在组织分化过程，也可出现于生长过程，前者为分化退化，后者为生长退化。

04.018 **进化逆行**

evolutionary reversion

进化过程中发生的性状倒退的现象，如已形成的复杂器官的简化或丧失。

04.019 **退行演化**

regressive evolution

又称“逆行演化”。由美国古生物学家科普（E. D. Cope）于 1868 年提出，是进化的反义词。指一种生物产生与某一持续进化方向相反的形态变化。

04.020 **趋异适应**

cladogenic adaptation

生物对各种不同环境的适应，它可以导致共同的祖先发生分化。

04.021 **目的论**

teleology

认为生物的适应是绝对完善的，生物体的结构与功能严格对应，生物体的结构是为一定的功能目的而设计的，各部分的结构又是按最合理的方式组合成整体的一种理论。

04.022 **大陆漂移假说**

continental drift hypothesis

解释大陆和海洋的分布以及大陆之间存在的构造、地质和物理相似性的假说，1912 年由德国地质学家、气象学家韦格纳（A. Wegener）提出。此假说认为各大陆是由一个巨大的陆块漂移、分开而形成的。

04.023　自然发生说

abiogenesis，abiogeny

苏联化学家奥巴林（O. A. Oparin）于 1938 年提出的关于生命可在适宜的环境条件下从非生命物质直接产生的假说。

04.024　进化论

evolutionary theory

研究生物界发展规律的理论。认为生物最初从非生物演化而来，现存的各种生物是从共同祖先通过变异、遗传和自然选择等演化而来。

04.025　特创论

theory of special creation

用来解释生命起源的一种理论。将生命起源归因于超自然力量的干预，并认为物种是互不相关的，且永恒不变的。

04.026　自然选择说

theory of natural selection

由英国生物学家达尔文（C. Darwin）和华莱士（A. R. Wallace）于 1858 年共同提出关于自然环境会固定那些对物种生存繁衍有利的变异或淘汰那些不利的变异的学说。

04.027　中性学说

neutrality hypothesis

又称“中性突变理论（neutral mutation theory）”。由日本遗传学家木村资生（M. Kimura）于 1968 年提出的一种学说，认为由突变产生的等位基因对于物种生存既无利也无害，这些突变在自然选择上是中性的，因此，在分子水平进化中自然选择几乎不起作用。

04.028　筛选说

sieve selection hypothesis

关于自然选择能筛除掉有害突变的学说。

04.029　平衡选择说

balancing selection hypothesis

关于自然选择保持种群内遗传多态性的学说。

04.030　灾变说

catastrophism

认为生物灭绝是由周期性的、剧烈的、大规模的灾难事件造成的学说。原来的生物种类在灾难之中灭绝，新的生物占据了灭绝物种的生态位。

04.031　间断平衡说

punctuated equilibrium theory

由美国生物学家埃尔德雷奇（N. Eldredge）和古尔德（S. J. Gould）于 1972 年提出的学说，认为在进化中新物种会突然出现，快速形成，随之而来的是长时间的进化停滞，直到下一次物种的快速形成。

04.032　红皇后假说

Red Queen hypothesis

根据爱丽丝奇遇记中的故事由美国芝加哥大学进化生物学家范瓦伦（L. van Valen）于 1973 年提出的假说。即在环境条件稳定时，一个物种的任何进化改进可能构成对其他物种的竞争压力，即使物理环境不变，种间关系也可能推动生物进化。

04.033　拉马克学说

Lamarckism

由法国生物学家拉马克（J. B. Lamarck）于 1809 年提出的关于生物进化的学说。认为物种由其他物种变化而来，生物存在由简单到复杂的等级，强调生物内因为进化动力，主张“用进废退”和“获得性遗传”。

04.034 **新拉马克学说**

neo-Lamarckism

由美国动物学家帕卡德（A. S. Packard）发展的拉马克学说，这个学派以获得性遗传主张为中心，新拉马克学派学者中间也有各种见解。

04.035 **达尔文学说**

Darwinism

达尔文于 1859 年提出的。认为地球上所有生物都是从一个或几个不同的原始生物进化而来，生物变异的自然选择是生物进化的根本动力。

04.036 **新达尔文学说**

neo-Darwinism

又称“现代综合理论（modern synthetic theory）”。通过综合达尔文学说和现代遗传理论而形成的学说。该学说强调生存斗争，综合变异遗传理论，否定获得性遗传。

04.037 **物种不变论**

theory of species immutability

物种一经创造出来之后不再改变的观点。

04.038 **科普法则**

Cope’s rule

由美国古生物学家科普（E. D. Cope）于 1871 年提出的，在生物进化的过程中，一些动物体型随时间演进而逐渐增大的规律性。

04.039 **陆桥假说**

continental bridge hypothesis

大陆之间曾经存在过“陆桥”，生物可以通过这种桥梁从一个大陆迁移到另一个大陆。这一假说用来解释互不相连的大陆上缘何分布有相同的动植物区系。

04.040 **拟人主义**

anthropomorphism

用人类的特征或属性来描述、理解非人类（如动物等）的特征或属性。

04.041 **系统发生学**

phylogenetics

研究生物类群之间进化关系的一门学科。

04.042 **系统发生生物地理学**

phylogeography

又称“系统地理学”。用种群或者物种的地理分布来预测生物的系统发生并进行比较研究的学科。

04.043 **自发突变**

spontaneous mutation

自然情况下产生的基因突变。

04.044 **大突变**

macromutation

生物整个染色体组的突变。被认为是高级分类单元起源的原因之一。

04.045 **个体发生**

ontogeny

又称“个体发育”。个体从合子到性成熟的发育过程。

04.046 **系统发生**

phylogeny

又称“系统发育”。生物类群的演化过程。

04.047 **生物发生律**

biogenetic law

由德国学者黑克尔（E. Haeckel）于 1900 年提出来的学说，认为个体发生是其系统发生简单而迅速的重演。

04.048 **分化**

differentiation

生物体发育过程中细胞和组织的结构和功能的变化。

04.049 **同源性**

homology

又称“同种性”。来自于共同祖先的生物类群的性状特征的相似性。

04.050 **同功器官**

analogy

功能相同，外表类似，但来源上不相同，结构不相同的器官。同功器官不是说在进化上有共同来源，只是具有相似的功能。

04.051 **变异**

variation

亲代与子代间或群体内不同个体间基因型或表型的差异。

04.052 **前适应**

preadaptation

又称“预适应”。有利的性状变异在适应发生之前就已经存在或者新器官的结构基础在新器官产生之前就已存在。

04.053 **共适应**

coadaptation

又称“互适应”。一个物种在进化中产生了一种性状，生活在相同生态系统中的另一种物种也随之产生相关适应的过程。

04.054 **适应变异**

adaptive variation

进化过程中为适应环境变化而发生以遗传变化为基础的变异。

04.055 **适应退化**

adaptative regression

产生不能适应环境的性状的过程。

04.056 **亲族**

kin group

具有亲缘关系的一个生物群体。

04.057 **世代**

generation

具有共同祖先并在谱系上处于同一等级水平的一群生物个体。

04.058 **世代时间**

generation time

生物从一次繁殖结束到下一次繁殖结束的时间间隔。

04.059 **生活史**

life cycle

指从一个世代的合子形成到下一个世代合子形成所经历的个体的生长、发育、生殖的全过程。

04.060 **生存力**

viability

又称“生活力”。生物存活的能力。

04.061 **性状**

character

生物或者种群的任何可识别的特征和特性。

04.062 **痕迹性状**

rudimentary character

没有功能的祖先性状。

04.063 **获得性状**

acquired character

个体在生命过程中由于重复利用或者废弃不用或受环境影响而得到的性状。

04.064 **祖征**

plesiomorphy

与祖先特征相似的性状。

04.065 **衍征**

apomorphy，apomorph

又称“离征”。由祖征演化而来的，但表型不同的特征。

04.066 **性状趋异**

character divergence

同类生物各自适应不同环境时产生不同性状的现象。

04.067 **性状趋同**

character convergence

没有亲缘关系的物种之间产生相似的形态或行为的现象。

04.068 **性状替换**

character displacement

两个亲缘关系密切的种类若在异域性分布中，它们的特征往往很相似，甚至难以区别；但在同域分布中，它们之间的区别就很明显，彼此之间必然出现明显的生态分离，从而表现出一个或几个特征的互相替换现象。

04.069 **物种**

species

基本的分类单元。能相互繁殖、享有一个共同基因库的一群个体，并和其他种生殖隔离。

04.070 **支序种**

cladistic species

将两个线系的衍征的产生作为物种的识别标准，线系的两个分支点之间的全部生物个体称为支序种。

04.071 **附属种**

satellite species

从寄生物种进化而来的非寄生性物种，与原来的寄主物种形成了物种对。

04.072 **新特有种**

neo-endemic species

在进化中相对形成较晚，且分布范围有限的物种称为新特有种。

04.073 **直接成种**

directed speciation

不是因为突变压力较高而是以一种直接方式形成的新的物种。

04.074 **替代种**

substitute species，vicarious species

在地理分布上彼此替代的两个或多个生态习性相似的物种。

04.075 **亚种**

subspecies

种下分类单位。通常由于地理隔离造成。亚种内个体间互相交流基因的可能性大于同一物种其他亚种的个体。若地理隔离保持不变，亚种将最终演变为新种。

04.076 **同域［共存］种**

sympatric species

分布区域相同，但不相互杂交的物种。

04.077 **生态种**

ecospecies

由美国植物学家图雷森（G. W. Turesson）于 1992 年提出的概念。是指适应不同生态环境而形成的物种。生态种内可以自由交配。

04.078 **生态型**

ecotype

由美国植物学家图雷森（G. W. Turesson）于 1992 年提出的概念。指物种表型在特定的生境中产生的变异群，是同种中最小单位的种群，位于种群之下。

04.079 **替代现象**

vicarism

关系密切的亲缘种和生态等价的分类单位，在地理分布上相互取代的现象。

04.080 **物种形成**

speciation

由于自然选择的作用，物种的遗传结构变化而形成新种的过程。

04.081 **同域物种形成**

sympatric speciation

新种形成时不涉及地理隔离。由于生态位分离，生殖隔离，在种群分布区内部逐渐建立起若干子种群，子种群基因库的分离而形成新种的方式。

04.082 **异域物种形成**

allopatric speciation

种群由于地理隔离屏障的存在而彼此分离，各自独立演化并形成生殖隔离机制，从而产生新种的方式。

04.083 **跳跃式物种形成**

saltational speciation

由于大突变、遗传漂变及其他偶然因素造成的突变的、间断式的物种形成方式。

04.084 **邻域物种形成**

parapatric speciation

一个分布区域很广的物种，由于边缘栖息地环境上的差别，使种群边缘的群体分化、独立，虽然没有出现地理隔离屏障，也能成为基因流动的障碍，在自然选择的作用下，逐渐形成生殖隔离机制而形成新种的方式。

04.085 **量子式物种形成**

quantum speciation

种群内一部分个体，因遗传机制或随机因素的变化，如突变，遗传漂变等，而相对快速地产生生殖隔离，并形成新种的方式。

04.086 **地区效应物种形成**

area-effect speciation

某些生物（如蜗牛）由于扩散力低，与其他种群相距很近时，也会产生个体形态趋异，形成新种的方式。

04.087 **地理物种形成学说**

geographical theory of speciation

关于新物种是通过种群间地理隔离、独立进化和生殖隔离而形成的学说。

04.088 **地理分隔模式**

vicariance model

由于地理的、地形的隔离，物种被分成若干相互隔离的种群，由于基因交流下降或完全隔断，致使种群间遗传差异逐渐增大，形成生殖隔离，最终形成新种的过程。

04.089 **隔离机制**

isolating mechanism

生物的生殖隔离机制。通常分为合子前隔离与合子后隔离。前者指受精阻碍和不能形成合子，后者指虽然两性配子可以形成合子但不能发育，或杂种不育。

04.090 **性隔离**

sexual isolation

由于种间的形态、生理或行为性状的不同而阻止种间个体杂交或降低杂交可能性的机制。

04.091 **地理隔离**

geographic isolation

由于地理屏障（如河流，山脉，海洋或类似的障碍）使两个种群彼此隔开，阻碍了种群间个体的自由交换，从而使基因交流受阻的隔离。

04.092 **生殖隔离**

reproductive isolation

在自然界由于某些机制阻碍了不同种群个体间的相互交配，即使能交配也不能繁殖后代。

04.093 **适应辐射**

adaptive radiation

一定进化时间内，物种因适应不同的生态位而分化出新的物种的过程。

04.094 **哈迪－温伯格定律**

Hardy-Weinberg Law

在一个无限大的群体里，在没有迁入、迁出突变和自然选择时，若个体间随机交配，该群体中基因和基因型频率将在未来世代中保持不变。

04.095 **适合度**

fitness

又称“适应值（adaptive value）”。在某种环境条件下，某已知基因型的个体将其基因传递到其后代基因库中的相对能力，是衡量个体存活和生殖机会的尺度。适合度越大，存活和生殖机会越高。

04.096 **广义适合度**

inclusive fitness

衡量个体传布自身基因（包括亲属体内的相同基因）能力的尺度。能够最大限度地把自身基因传递下去的个体，则具有最大的广义适合度。

04.097 **间接适合度**

indirect fitness

一个个体通过帮助亲属的存活、繁殖而得到的适合度。

04.098 **达尔文适合度**

Darwinian fitness

一个基因型的个体对下一代基因库的相对贡献大小，称之为达尔文适合度。

04.099 **适应程度**

adaptedness

生物的结构和功能适合于其所在的环境的程度。

04.100 **适应性地形**

adaptive landscape

美国学者赖特（S. Wright）于 1932 年用地形模型来形象地描述生物的适应性。该模型用峰表示高适应性，谷表示低适应性。地形中的每一个位置由具有特定频率的基因型所占据。

04.101 **选择压［力］**

selection pressure

有利于具有某些性状的个体生存繁殖而不利于具有另一些性状的个体生存繁殖的自然环境条件。

04.102 **选择差**

selection differential

选择前后表型平均值之间的差异。

04.103 **选择系数**

selective coefficient

测量某基因型在群体中不利于生存程度的数值。是表示自然选择强度的指标。

04.104 **基因库**

gene pool

一定时间内一个物种全部个体所拥有的全部基因。

04.105 **地理变异**

geographical variation

广布种的形态、生理、行为和生态特征往往在不同地区或不同种群间出现了显著的差异。

04.106　**定向性变异**

orthogenetic variation

突变可能是非随机产生的，环境使有利的突变频率增高，使突变本身具有适应性。这类变异被称为定向性变异。

04.107　**梯度变异**

cline

又称“渐变群”。选择压力的空间变化导致不同地点中不同基因型或表型种群基因频率或表现型的空间分布梯度。

04.108　**选择**

selection

任何作用于一个群体中某个基因型个体生存力和繁殖力的自然或人工过程。

04.109　**人工选择**

artificial selection

人类对养殖动物或种植作物的性状进行选择的过程。

04.110　**定向选择**

directional selection，orthoselection

在一定时期内使个体的性状朝一个适应方向发展的选择。

04.111　**分裂选择**

disruptive selection

又称“歧化选择”。种群中两种或多种极端表型的适应度大于中间型的表型适应度将造成种群内表型的分异，最终形成不同种群的选择。

04.112　**稳定选择**

stabilizing selection

保留靠近种群的性状平均值的那些个体，而淘汰偏离性状平均值的极端个体的选择方式。

04.113　**截断选择**

truncated selection

又称“平截选择”。对种群内具有超过种群性状平均值的个体的生存与繁殖有利的选择。

04.114　**失控性选择**

runaway sexual selection

雌性交配时倾向于选择与那些具有某些突出性状的雄性交配，而导致这些性状在进化中被强化放大的现象。如孔雀的尾羽。

04.115　**密度制约性自然选择**

density-dependent natural selection

指自然选择压力随密度发生变化。

04.116　**非密度制约性自然选择**

density-independent natural selection

指自然选择压力的变化与密度无关。

04.117　**生态对策**

bionomic strategy，ecological strategy

又称“生活史对策（life history strategy）”。指各种生物在进化过程中形成针对不同环境的各种特有的对策。

04.118　**K 选择**

K-selection

在相对稳定环境中生活的生物，通过自然选择，向降低繁殖力和母体哺育后代的方向发展，称为 K 选择。

04.119　**K 对策**

K-strategy

采用发育慢、高竞争力、生殖开始迟，体型大、数量稳定和寿命长的策略。

04.120　**K 对策者**

K-strategist

进行 K 选择的生物。即出生率低，寿命长，个体大，具有较完善的保护后代机制，一般扩散能力较弱，即把有限的能量资源多投入在提高竞争能力上。

04.121　**r 选择**

r-selection

在严酷的不稳定环境中生活的生物，通过自然选择，向尽量增大繁殖力、母体不哺育后代的方向发展，称为 r 选择。

04.122　**r 对策**

r-strategy

出生率高，寿命短，个体小，一般缺乏保护后代的机制，竞争力弱，但一般具有很强的扩散能力。

04.123　**r 对策者**

r-strategist

一种具有出生率高，寿命短，个体小，子代死亡率高，具有较强的扩散能力，适应于多变的栖息生境的对策者。

04.124　**r-K 对策连续体**

r-K continuum of strategy

生物的生态对策存在许多中间过渡类型，从极端的 r 对策者到极端的 K 对策者之间有一个连续的谱，称为 r-K 对策连续体。

04.125　**r 灭绝**

r- extinction

生物种群未接近饱和种群的水平时便灭绝的现象。

04.126　**工业黑化现象**

industrial melanism

由于工业黑烟及污染，白色或浅色体色个体的被捕食概率增高，导致黑化型个体频率增加的现象。如尺蛾。

04.127　**白化体**

albino

自身不能合成黑色素的变异个体。

04.128　**白化［现象］**

albinism

由于基因发生突变，不能形成酪氨酸酶，使得酪氨酸不能转化为黑色素，导致黑色素缺乏的现象。

04.129　**变异中心**

center of divergence

曾发生过或正在发生物种分化的地理区域。

04.130　**起源中心**

center of origin

物种或者其他分类单元最初发生的地理区域。

04.131　**多境起源现象**

polytopism

同类生物分别从多个起源中心进化而来的现象。

04.132　**多境起源种**

polytopic species

由多个起源中心直接进化产生的物种。

04.133　**邻域分布**

parapatry

个体在邻近的或者不重叠的区域内生活。

04.134　**残遗中心**

relic center

保存有大量残遗特有物种的区域。

04.135　**残遗分布区**

relic area

生物区系没有受到邻近区域地质变化影响的区域。

04.136　**种群衰老**

phylogerontism

种群中多数个体因不适应环境变化而失去进化的潜力，其形态与进化初始阶段相似的现象。

04.137 **瓶颈效应**

bottleneck effect

由于种群变小，有害基因被清除，种群基因频率与种群数量急剧减少前的基因频率相差很大的现象。通常发生在那些种群数量先急剧减少，后又增加的种群中。

04.138 **银勺效应**

silver spoon effect

又称“*幼期优育效应*”。生物生长初期的条件对其以后的生长产生的影响，较好的环境条件有助于大多数基因型表现的现象。

04.139 **表型多态**

phenotypic polymorphism

同一种群中存在着两个或者多个生活型或者表型的现象。

04.140 **生态同源**

ecological homologue

生物体占据着相同生态位的现象。

04.141 **生态时间**

ecological time

生态过程发生的时间跨度，通常用几十年、几百年或者几千年计。

04.142 **生态表型**

ecophene

由环境条件所造成的表型的非遗传性改变。

04.143 **生态变异**

ecological variation

物种、群落类型对不同环境条件综合反应的差异。

05. 种群生态学

05.001 **种群**

population

在一定空间中生活、相互影响、彼此能交配繁殖的同种个体的集合。

05.002 **单种种群**

single population

由单一物种的不同个体所组成的集合。

05.003 **混合种群**

mixed population

由几种不同种个体所组成的集合。

05.004 **边缘种群**

peripheral population

由居于核心区外围的同种个体所形成的低密度种群。

05.005 **源种群**

source population

不断补充迁移个体到其他种群的种群。

05.006 **汇种群**

sink population

依赖外来个体迁入而存在的种群。

05.007 **集合种群**

metapopulation

又称“*异质种群*”。在空间上互相隔离，但功能上又有联系的若干地方种群通过扩散和定居而组成的种群。

05.008 **地方种群**

local population

又称“*局域种群*”，“*亚种群*（subpopulation）”。斑块中的种群。某一特定生境或局部条件的某一种的所有个体。

05.009 **繁殖群**

deme

又称“*同类群*”。同种在地理或空间上不连续的一群。所有雌雄个体均可以自由交配，各繁殖群间在遗传、细胞学等方面有明显区别。

05.010 **渐变混交群**

clinodeme

地理区域种群特征或适应性发生逐渐变化的混交群体。

05.011 **个体空间**

individual space

个体占用的空间。定居生物与运动的生物间有很大区别。

05.012 **局域斑块**

local patch

许多个体占用的空间斑块。

05.013 **空间尺度**

space scale

一般是指开展研究所采用的空间大小的量度。

05.014 **区域尺度**

regional scale

包括许多地方种群，或通过扩散而由许多斑块联结而成的相当大的地区。

05.015 **生物地理学尺度**

biogeographical scale

不同的植被、地貌和气候的空间尺度。

05.016 **空间异质性**

spatial heterogeneity

生态学过程和格局在空间分布上的不均匀性及其复杂性，一般可理解为斑块性和梯度的总和。

05.017 **基株**

genet

又称“基体(module)”。种群中每一个独立的个体。是由构件组成的。

05.018 **分株**

ramet

由无性系或基株进行克隆生长产生的在遗传上一致的植株。

05.019 **克隆生长**

clonal growth

在自然条件下通过营养方式产生具有潜在独立性分株的过程。

05.020 **构件**

module

每个基株上与生死过程相关的可重复的结构单位。

05.021 **克隆植物**

clone plant

能进行无性繁殖的植物。

05.022 **单体生物**

unitary organism

一个合子经胚胎发育成熟后的生物体，其器官、组织各个部分的数目在整个生活周期中各个阶段均保持不变。

05.023 **构件生物**

modular organism

一个合子发育成幼体以后，在其生长发育的各个阶段，可通过其基本的结构单位的反复形成得到进一步发育，其组织、器官等各个部分是可以改变的。

05.024 **分株种群**

ramet population

在某一空间内，由许多根茎、匍匐茎等相连的无性系分株组成的集合。

05.025 **无性系种群**

clonal population

一个或数个无性系和基株在特定时间和一定空间

内构成的集合。

05.026 **构件种群**

modular population

某一生境内同一植物体的某种构件的集合。

05.027 **植物的建筑学结构**

architecture of plant

植物分枝角度、节间及其长度以及在地上和地下的分布等构件重复出现的空间排列方式。

05.028 **种群动态**

population dynamics

种群大小或数量、遗传结构或年龄结构在时间和空间上的变动。

05.029 **种群密度**

population density

单位面积或空间中同种生物个体的数量。

05.030 **绝对密度**

absolute density

单位面积或空间中同种生物全部的个体数目。

05.031 **相对密度**

relative density

单位面积或空间中反映生物数量多少的相对指标。

05.032 **多度指数**

index of abundance

又称“丰度指数”。种群相对密度测定中表示种群数量相对多少的数值指标。

05.033 **总数量调查**

total count

计数一定空间中某种生物的全部数量。

05.034 **取样方法**

sampling method

通过调查种群的部分，根据所得数据推广用于估计种群整体的方法。

05.035 **样方法**

use of quadrat，quadrat method，quadrat sampling method

在若干样方中计数全部个体，然后将其平均数推广，来估计种群总体数量的方法。

05.036 **标记重捕法**

mark-recapture method

又称“标志重捕法”。在调查某地段中，捕获一部分个体进行标记，然后放回，经一定期限后进行重捕。根据重捕中的标记个体数的比例，估计该地段中个体的总数。

05.037 **去除取样法**

removal sampling

标记重捕法的一个简单化的变形，即在一个封闭的种群里，随着连续地捕捉，种群数量逐渐减少，捕获数也逐渐降低，捕捉的累积数就逐渐增大。当单位努力地捕捉数等于零时，捕获累积数就是种群数量的估计值。

05.038 **乔利－塞贝尔法**

Jolly-Seber method

由英国科学家乔利（G. M. Jolly）和新西兰科学家塞贝尔（G. A. Seber）于 1965 年建立的一种适用于估算开放种群（有出生、死亡和迁入、迁出的种群）的相关参数的随机模型。

05.039 **贝利三次［标记］重捕法**

Bailey’s triple catch

由瑞士科学家贝利（N. T. J. Bailey）于 20 世纪 50 年代提出的一种估计动物种群大小的方法。通过两次捕捉、标记、释放动物，然后再通过第三次捕捉，根据捕获的标记动物信息即可估计种群大小。

05.040 **活捕器**

live-trap

又称“活捕陷阱”。用于捕捉活体动物的装置。如捕鼠笼等。

05.041 **环志**

banding

动物标记法之一。在动物身体上佩带刻有特定标记的金属或塑料环，用以观察研究其活动规律的一种方法。

05.042 **剪趾法**

toe-clipping

对小型动物进行个体标记的一种方法。通过剪趾，对个体编号，常用于动物的标记重捕。

05.043 **夹捕法**

snap-trap method

用夹捕工具对野外小型哺乳动物进行相对密度调查统计的工作方法。

05.044 **诱捕率**

trappability

某种生物被诱捕器捕捉到的概率。

05.045 **嗜捕性**

trap addictedness

在标记重捕中，动物再次捕获的概率增加的现象。

05.046 **羞捕性**

trap shyness

在标记重捕中，动物再次捕获的概率降低的现象。

05.047 **标准最小值法**

standard minimum method

在 16×16 的网格点上放置夹子，点距 15m，每点上放两个夹子，正式调查前预诱 3 天，以吸引小哺乳类，正式捕捉期 5 天，然后以逐日捕获数对捕获累积数作图的方法。

05.048 **粪堆计数**

pellet count

通过对样方或线路上的粪堆计数，以估计中、大型动物的种群数量的一种方法。常用于调查兔、鹿等中、大型狩猎动物。

05.049 **鸣叫计数**

call count

利用鸟类的鸣叫声调查其种群数量的一种方法。

05.050 **毛皮收购记录**

pelt record

通过某种动物皮毛的收购记录，分析不同年份以估计其种群数量的变动。

05.051 **单位捕捞努力量渔获量**

catch per unit fishing effort

每单位捕鱼工具在单位时间内的捕鱼量。

05.052 **出生率**

natality，birth rate

单位时间内种群新出生的个体数与该种群总数之比。

05.053 **最大出生率**

maximum natality

又称“生理出生率（physiological natality）”。种群处于理想条件下（即无任何生态因子的限制作用，生殖只受生理因子所限制）所能达到的出生率。

05.054 **瞬时出生率**

instantaneous birth rate

某一种群在一无限短的时间间隔中出生的个体数占此时个体总数的比例。

05.055 **生态出生率**

ecological natality

又称“实际出生率（realized natality）”。在一定时期内，在某种特定环境条件下种群的出生率。

05.056　**死亡率**

mortality，death rate

单位时间内个体死亡数占初始个体数的比例。

05.057　**瞬时死亡率**

instantaneous mortality，instantaneous death rate

某一种群在一无限短的时间间隔中死亡的个体数占此时个体总数的比例。

05.058　**最低死亡率**

minimum mortality

又称“生理死亡率（physiological mortality）”。在最适的环境条件下，种群中的个体都是由于衰老而死亡，即动物都活到了生理寿命才死亡情况下的死亡率。

05.059　**生态死亡率**

ecological mortality

又称“实际死亡率（realized mortality）”。种群在特定条件下的平均死亡率。

05.060　**生理寿命**

physiological longevity

种群处于最适条件下的平均寿命。

05.061　**生态寿命**

ecological longevity

种群在特定环境条件下的平均实际寿命。

05.062　**迁入**

immigration

生物个体进入某种群的单方向移动。

05.063　**迁出**

emigration

生物个体从某种群中分离出去的单方向移动。

05.064　**生物遥测**

biotelemetry

利用无线电波等遥测技术研究动物行为和生理学的方法。

05.065　**年龄分布**

age distribution

又称“年龄结构（age structure）”。各年龄组个体在种群中所占的比例。

05.066　**稳定年龄分布**

stable age distribution

不随时间而变化的年龄分布，每一年龄群出生率和死亡率保持不变，即年龄锥体的形状不随时间而变化。

05.067　**固定年龄分布**

stationary age distribution

稳定年龄分布的一个特例。当种群增长达到一个常数，既不增长也不下降，此种群稳定年龄分布就是一个固定年龄分布。

05.068　**年龄组**

age class

对研究对象按年龄分组，如年龄、月龄等。对于不能确定实际年龄的，可以按其他指标如牙齿磨损度、体重划分相对年龄组。

05.069　**性比**

sex ratio

又称“性别结构（sexual structure）”。种群中雄性和雌性个体数目的比例。

05.070　**年龄锥体**

age pyramid

又称“年龄金字塔”。用从下到上的一系列不同宽度的横柱做成的图。横柱的高低位置表示由幼年到老年的不同年龄组，横柱的宽度表示各年龄组的个体数或所占的百分比。

05.071　增长型种群

expanding population

其年龄锥体呈典型金字塔形，基部宽阔而顶部狭窄，种群中有大量的幼体，而老年个体却很少，出生率大于死亡率，迅速增长的种群。

05.072　稳定型种群

stable population

又称“固定型种群（stationary population）”。其年龄锥体大致呈钟形，种群中幼年个体与老年个体数量大致相等，其出生率与死亡率也大致相平衡，数量趋于稳定的种群。

05.073　下降型种群

diminishing population

又称“衰退型种群（declining population）”。其年龄锥体呈壶形，基部比较狭窄而顶部较宽，种群中幼体所占的比例很小，而老年个体的比例较大，种群的死亡率大于出生率，数量趋于下降的种群。

05.074　同生群

cohort

又称“同龄群”。在种群统计学中常把同一时间段中出生的动物称为同生群。

05.075　生命期望

life expectance

又称“估计寿命”。一个群体中进入某一龄期的个体，平均还能活多长时间的估计值。

05.076　生命表

life table

系统描述同期出生的一生物种群在各发育阶段存活过程的一览表。

05.077　动态生命表

dynamic life table

又称“特定年龄生命表（age-specific life table）”，“水平生命表（horizontal life table）”，“同生群生命表（cohort life table）”。根据观察一群同一时间出生的生物的死亡或存活动态过程编制的生命表。

05.078　静态生命表

static life table

又称“特定时间生命表（time-specific life table）”，“垂直生命表（vertical life table）”。根据某一特定时间，对种群作一个年龄结构的调查，并根据其结果而编制成的生命表。

05.079　图解生命表

diagrammatic life table

以图表等直观形式表述的生物死亡和存活过程的一种生命表。

05.080　存活率

survival rate

生物群体在一定发育阶段存活个体数占总个体数的百分率。

05.081　存活时间

survival time

个体生命持续的平均时间。

05.082　存活曲线

survivorship curve，survival curve

又称“生存曲线”。描述同期出生的生物种群个体存活过程与其年龄关系的曲线。

05.083　存活曲线类型

survivorship curve type

美国科学家迪维（E. S. Deevey）于 1947 年把存活

曲线划分为三种基本类型。A型：凸型的存活曲线，表示种群几乎所有个体都能达到生理寿命。B型：成对角线形的存活曲线，表示各年龄期的死亡率是相等的。C型：凹型的存活曲线，表示幼期的死亡率很高，随后死亡率低而稳定。

05.084 **关键因子分析**

key factor analysis

根据某害虫连续多年的自然种群生命表资料，用图解法分析各致死因子中最可能解释总致死率变化的因子。

05.085 **增长率**

rate of increase

单位时间内种群增长数与种群总数量之比。

05.086 **内禀增长率**

intrinsic rate of increase

在特定条件下，具有稳定年龄组配的生物种群不受其他因子限制时的最大瞬时增长率。

05.087 **瞬时增长率**

instantaneous rate of increase

种群在任意小的时间段内的增长率，该增长率是连续的和瞬时的。

05.088 **种群周转率**

population turnover rate

种群个体全部更新的速度，即为 $1/r$，r 为内禀增长率。

05.089 **特定年龄出生率**

age-specific natality，age-specific fecundity

又称“特定年龄生殖力”。特定年龄组中平均每个雌体的产雌率。

05.090 **净生殖率**

net reproduction rate

又称“世代净生殖率”。种群在一定条件下经过一个世代后的增殖倍数。

05.091 **世代平均长度**

mean length of a generation

母世代生殖到子世代生殖的平均时间。

05.092 **自然增长率**

rate of natural increase

一定时期内种群自然增长数（出生数量减死亡数量）与种群总数量之比。

05.093 **生殖价**

reproductive value

某年龄雌体平均地对未来种群增长所做出的贡献。

05.094 **繁殖成功率**

breeding success rate

常指存活到羽翼丰满或断乳期的幼体数目与母体所产幼体总数之比。

05.095 **育雏数**

brood size

鸟类繁殖一窝中所哺育的雏鸟数量。

05.096 **空间需求**

space requirement

每个生物都需要有一定的最小空间，以保证其生活的需要，称为空间需求。

05.097 **分布型**

distribution pattern，distribution type

又称“分布格局”。组成种群的个体在其生存空间中的相对位置及格局。

05.098 **负载力**

carrying capacity

又称“环境容纳量”。一个环境条件所允许的最大种群数量。以符号 K 表示。

05.099 **剩余空间**

residual space

又称“未利用的增长机会（unutilized opportunity for growth）”。逻辑斯谛种群增长模型中，种群尚未利用的还有“剩余”的、可供种群继续增长用的空间（或机会）。

05.100 **自然反应时间**

natural response time

瞬时增长率的倒数。指种群在受到干扰后返回平衡所需时间的长短。

05.101 **具时滞的种群连续增长模型**

population continuous growth model with time lag

考虑到种群密度对种群增长的时滞作用而改进的一个种群连续增长模型。

05.102 **时滞**

time lag，time delay

种群密度增加的时刻与该密度产生影响效应时刻之间的一段时间差。

05.103 **超越**

overshoot

种群数量通过一定增长后，因为时滞作用，使抑制性影响后延，超过平衡密度后还继续上升。

05.104 **超补偿**

overcompensate

种群数量增长达到超越后急剧降低，且降低到平衡点以下。

05.105 **反应时滞**

reaction time lag

从环境条件改变，到相应的种群增长率改变之间的时滞。

05.106 **单调阻尼稳定点**

monotonically damped stable point

具时滞的逻辑斯谛产生振荡，在某一条件下，种群动态单调地趋向一个平衡水平，这个平衡水平称为单调阻尼稳定点。

05.107 **振荡阻尼稳定点**

oscillatorily damped stable point

具时滞的逻辑斯谛产生振荡，在某一条件下，种群表示为减幅的振荡，并最终回到平衡水平，这个平衡水平称为振荡阻尼稳定点。

05.108 **稳定极限环**

stable limit cycle

具有时滞的连续种群增长模型中，当 $rT>1/2\pi$ 时（r 表示种群增长率，T 表示反应时滞），种群表现为周期性振荡，称为稳定极限环。

05.109 **种群过程**

population process

种群从发生到衰落的发展过程。

05.110 **种群变动轨迹**

population trajectory

种群数量在一维或二维空间中围绕平衡点连续变动曲线。

05.111 **种群平衡**

population equilibrium，population balance

种群死亡率和出生率相等，在一定时期维持相同的数量水平的状态。

05.112 **种群灭绝**

population extinction

种群衰落到一定临界点，如果继续衰落，就进入种群消失的现象。

05.113　**种群暴发**

population eruption

又称“**种群大发生**（population outbreak）”。某一地区某种生物种群数量在短时期内迅速增长的现象。

05.114　**种群崩溃**

population crash

种群暴发后，往往出现个体的大批死亡，导致种群数量剧烈下降的现象。

05.115　**生物入侵**

biological invasion

某种外来生物进入新分布区成功定居，并得到迅速扩展蔓延的现象。

05.116　**定居**

colonization

又称“**建群**”。生物由原分布区迁入新分布区，并能在新分布区生长发育，成功繁殖的过程。

05.117　**定居速率**

colonization rate

单位时间内生物经扩散到新地区之后成功定居的个体数。

05.118　**种群扩散**

population dispersal

生物寻找更广阔生活区域的一种方式。

05.119　**迁移**

migration

动物周期性的长距离更换住处的现象，且通常是定向性和群体性的。

05.120　**种群的季节消长**

seasonal change in number

在特定空间内，种群数量随全年季节变动而起伏的波动形式。

05.121　**季节性繁殖**

seasonal breeding

动物繁殖具有明显的季节性，多在有利的季节繁殖。

05.122　**季节波动**

seasonal fluctuation

一年四季内种群数量的变动。

05.123　**多态现象**

polymorphism

同一个物种内的个体具有明显的形态上区别的现象。如东亚飞蝗具有群居相和散居相。

05.124　**群居相**

gregaria phase

直翅目蝗虫以高度活跃，强的迁飞能力和喜群居为特征。形态学上和散居相不同，在自然条件下两型交替出现。

05.125　**散居相**

solitaria phase

某些直翅目昆虫（如蝗虫）的多态现象之一，与群居相相对而言，其特点是种群增长率高，有利于种群数量的增加和恢复。

05.126　**平衡多态现象**

balanced polymorphism

一个群体中各种变异类型的比例长期保持不变的现象。

05.127　**种群调节**

population regulation

当种群偏离平衡密度时，使种群回到原来平衡密度的调节作用。

05.128　**灾变性因子**

catastrophic factor

不管种群密度如何，几乎总是杀死一定比例的个体的因子。主要是指气候因子。

05.129　**密度制约**

density dependence

系统中种群大小的调节机制受该种群密度制约的现象。

05.130　**非密度制约**

density independence

系统中种群的大小与密度无关的现象。

05.131　**密度制约因子**

density-dependent factor

系统中对种群的作用大小随种群本身密度变化而变化的因子。如竞争者和疾病等生物因子。

05.132　**非密度制约因子**

density-independent factor

系统中对种群的作用大小与密度变化无关的因子。如天气和污染物等非生物因子。

05.133　**逆密度制约性死亡率**

inverse density-dependant mortality

随种群密度增加，死亡率反而降低的现象。

05.134　**逆密度制约因子**

inverse density-dependent factor

在影响有机体生活和发育的环境因子中，其影响程度随种群密度上升而表现出死亡率反而降低的反比变化关系的因子。

05.135　**生殖潜能**

reproductive potential

生物固有的不变的增殖能力。种群增长 = 生殖潜能 – 环境阻力。

05.136　**种群的平衡密度**

equilibrium population density

由于生态因子的作用使种群在生物群落中，与其他生物成比例地维持在某一特定密度水平上。这一密度水平称为种群的平衡密度。

05.137　**调节**

regulation

种群离开其平衡密度后又返回到这一平衡密度的过程。

05.138　**自然调节**

natural regulation

在自然条件下，特定种个体数的变化，被限定于一定振幅内，保持一定数量的平衡机制。

05.139　**自我调节学派**

self-regulation school

该学派强调种群调节的内源性因素，认为种群的自我调节是各种物种所具有的适应性特征。

05.140　**种群稳定性**

population stability

种群抵御外界环境干扰，维持、回到平衡点的特性。

05.141　**种群持续性**

population persistence

种群长期生存能力。

05.142　**种群波动**

population fluctuation

种群数量随机或有规律变动的现象。

05.143　**不规则波动**

irregular fluctuation

在自然种群中其数量在不同年份间表现出无规律性（或周期性）变动的现象。

05.144 **规则波动**

regular fluctuation

又称“周期性波动（cyclic fluctuation）”，“振荡（oscillation）”。种群数量变动随时间呈现出有规律的、周而复始的波动现象。

05.145 **种群衰落**

population decline

当种群长久地处于不利的条件下，或在人类过度捕猎，或栖息地被破坏的情况下，其种群数量出现持续下降的现象。

05.146 **种群限制**

population limitation

使种群数量减少到最小值或不至于出现过度上升的过程。

05.147 **种群管理**

population management

对种群数量增长和种群质量的一种控制。

05.148 **生育控制**

birth control

减少种群生育率的各类措施。

05.149 **雄性不育释放技术**

sterile-male release technique

控制有害生物的方法之一，把自然或人工处理后的不育雄性个体释放入自然种群，以降低其繁殖率，从而减少危害的技术。

05.150 **多平衡点**

multiple stable point

生态系统动态或种群动态不止一个平衡点。如，低密度下，种群有一个平衡点，受捕食者所调节；高密度下，种群逃脱了捕食者的控制，出现另一个平衡点，转而受食物竞争所控制。

05.151 **种内关系**

intraspecific relationship

同种个体之间的相互关系。

05.152 **种内攻击**

intraspecific aggression

同一种群内个体间因资源竞争而发生的各种形式打斗行为。

05.153 **种间关系**

interspecific relationship

异种个体之间的相互关系。

05.154 **种群间相互作用**

population interaction

异种种群间的相互关系。

05.155 **正相互作用**

positive interaction

在两个物种的相互作用中，对两者的任何一方均不产生不利影响的相互作用。包括偏利共生、原始协作和互利共生。

05.156 **负相互作用**

negative interaction

在两个物种的相互作用中，至少对两者的一方会产生不利影响的相互作用。包括竞争、捕食、寄生和偏害等。

05.157 **偏利共生**

commensalism

两个物种生活在一起，对一方有益，对另一方无利也无害的共生现象。

05.158 **互利共生**

mutualism

又称“互惠共生”。两物种长期共同生活在一起，彼此相互依赖，双方获利且达到了彼此不能离开独立生存的程度的一种共生现象。

05.159 **偏害共生**

amensalism

两个物种生活在一起时，一个物种的存在可以对另一物种起到抑制作用，而自身却不受影响的共生现象。

05.160 **竞争**

competition

同种或不同种生物因争夺食物、空间等资源而发生的负面影响。分为种内竞争和种间竞争两种。

05.161 **种内竞争**

intra-specific competition

同种个体间利用同一资源而发生的相互妨碍作用。

05.162 **种间竞争**

inter-specific competition

两种或更多种生物共同利用同一资源而产生的相互妨碍作用。

05.163 **争夺竞争**

scramble competition

竞争者在利用同一种资源时可以看到对方，每一方都试图做出最大努力，以便能获得尽可能多的资源，但竞争者不会发生直接冲突和对抗。

05.164 **干扰竞争**

interference competition

一个个体的直接对抗影响另一个的竞争形式。个体间存在直接的干涉。植物的他感作用是一种典型的干扰性竞争。

05.165 **似然竞争**

apparent competition

又称“表观竞争”。两个物种通过拥有共同捕食者而产生的竞争，其性质与两个物种通过对资源利用所产生的资源利用性竞争类似。

05.166 **竞争释放**

competitive release

一个物种的实际生态位因不存在其他物种竞争而得以扩展的现象。

05.167 **竞争系数**

coefficient of competition

用于定量表示处于竞争关系的生物间竞争程度的一种数值指标。

05.168 **竞争排除原理**

principle of competitive exclusion

生态位上相同的两个物种不可能在同一地区内长期共存，如果生活在同一地区，其中一个物种最终将另一个物种完全排除。

05.169 **竞争替代原理**

competitive displacement principle

处于相互竞争关系的生物，由于对系统的适应能力存在差异，适应能力较强的物种逐渐替代适应能力较差的物种。

05.170 **竞争共存**

competitive coexistence

两种或者两种以上处于竞争关系的生物能够稳定地共存于某个系统中的现象。

05.171 **人工去除**

artificial removal

人为除去种群中的部分或全部个体的过程。

05.172 **自疏**

self-thinning

因种内竞争，植物种群随着年龄增长和个体增大，种群密度减小的现象。

05.173 **寄生**

parasitism

一种生物从另一种生物的体液、组织或已消化物质获取营养并造成对宿主危害的现象。

05.174 **拟寄生物**

parasitoid

幼虫期寄生宿主体内，后期并将宿主杀死，成虫营自由生活的生物。是介于寄生和捕食之间的中间关系。如寄生蜂。

05.175 **超寄生物**

hyperparasite

又称“重寄生物（superparasite）”。寄生在寄生物上的生物。

05.176 **尸养寄生物**

necrotrophic parasite

以尸体作为营养物来源的寄生物。

05.177 **活养寄生物**

biotrophic parasite

只能从活的有机体获取营养的寄生物。

05.178 **典型寄主**

typical host

被另一种生物侵入体内或体表吸取营养而不被致死的生物。

05.179 **捕食**

predation

一种生物以另一种生物为食的现象。

05.180 **捕食效率**

predation efficiency

捕食者搜寻猎物到处理和消化猎物的时间。

05.181 **捕食避难所**

predation refuge

猎物避开捕食者的一个场所。

05.182 **捕食风险**

predation risk

生物个体为生存所面临的被同种或其他种生物捕食的风险。

05.183 **回避捕食者效应**

predator avoidance

猎物对天敌及其附属物的回避反应。

05.184 **捕食者饱和效应**

predator satiation

猎物数量过度，使天敌捕食饱和，从而一部分猎物可以逃逸捕食作用的现象。

05.185 **捕食者转换**

predator switching

当某种猎物数量变得稀少时，天敌便转向另一种数量较多被捕食者的现象。

05.186 **同种相残**

cannibalism

又称“同类相食”。捕食者所捕食的猎物为与自身相同物种动物的现象。

05.187 **特化**

specialization

物种仅适应特定生态位的现象。

05.188 **特化种**

specialized species，specialist

只能在特定生态位中生存的物种，如只摄取一种类型猎物的捕食者。

05.189 **单食者**

monophage

只吃一种类型食物的食草动物。

05.190 **寡食者**

oligophage

吃少数几种食物类型的食草动物。

05.191 **广食者**

polyphage

又称“多食者”。可以取食多种植物的食草动物。

05.192 **捕食补偿**

predation compensation

生物被捕食后所具有的一种自我保护和修复功能。

05.193 **精明捕食者**

prudent predator

捕食者在进化过程中能够形成自我约束能力，对猎物不造成过捕，能保持其食物源。

05.194 **过捕**

overharvesting

指猎物种群在遭到捕食者有效的猎捕后其个体、种群的生长率、繁殖率明显下降或被消灭，随后捕食者也因饥饿而死亡的现象。

05.195 **最优觅食理论**

optimal foraging theory，OFT

动物为获得最大的觅食效率所采取的各种方法和措施。如选择最有利的食物，或最优食谱，或选择最有利的生态小区等等。

05.196 **斑块停留时间**

patch residence time

动物在其生境内一个斑块用于觅食所花的时间。

05.197 **生态位**

niche

生物在生物群落或生态系统中的作用和地位，以及与栖息、食物、天敌等多环境因子的关系。

05.198 **多维生态位**

multidimensional niche

英国科学家哈钦森（G. E. Hutchinson）于 1957 年提出的概念。是指 *n* 维资源空间中一个物种能够存活和增殖的范围。

05.199 **潜在生态位**

potential niche

现实生态位中尚未被生物利用的生态位。

05.200 **温度生态位**

temperature niche

生物在温度上的不同适应范围。

05.201 **生态位宽度**

niche breadth

生物所利用的各种各样不同资源的总和。

05.202 **生态位重叠**

niche overlap

不同种生物对同一生态位的共享或对同一资源的共同利用。

05.203 **生态位互补性**

niche complementarity

生境中不同生物的生态位存在分异和互补，也就是在资源利用上存在差异（时间和空间上）。

05.204 **资源谱**

resource spectrum

生物可利用资源的宽度及强度分布情况。

05.205 **栖息地**

habitat

生物出现在环境中的空间范围与环境条件总和。

05.206 **小生境**

microhabitat

栖息地中的一个特定部分，是一个个体在特定时间里所处的空间与环境。

05.207 **栖息地岛屿**

habitat island

又称“生境岛屿”。限制同种个体相互交换和基因流的不连续的岛状栖息地。

05.208 **资源利用曲线**

resource utilization curve

生物在某一生态因子维度上的分布曲线。常呈正态曲线。

05.209 **零增长等值线**

zero net growth isoline，ZNGI

在相平面中，指种群增长率为零的曲线。根据两曲线相交情况，可以分析两相互作用物种的种群动态稳定性和平衡点。

05.210 **种子库**

seed bank，seed pool

土壤基质中有活力的种子的总和。

05.211 **种子扩散**

seed dispersal

种子离开母株的运动过程。

05.212 **地表种子库**

surface seed bank

土壤表面种子的总和。

05.213 **土壤种子库**

soil seed bank，soil seed pool

存在于土壤上层凋落物和土壤中全部存活种子的总和。

05.214 **瞬时土壤种子库**

transient soil seed bank

种子在土壤中存在不超过一年就萌发的土壤种子库。

05.215 **永久土壤种子库**

permanent soil seed bank

种子在土壤中的存留期超过一年的土壤种子库。

05.216 **扩散前死亡率**

predispersal mortality

植物种子在成熟扩散前由于早期死亡，种子发育停止和动物捕食等而造成的死亡率。

05.217 **扩散前种子捕食**

predispersal seed predation

昆虫及其他动物对成熟扩散前植物的种子和果实的取食。

05.218 **动物散布**

synzoochory

由动物传布种子、果实等方式。

05.219 **大量结实**

masting

某些年份内植物同步生产大量种子，食种子动物不能全部消耗掉，使一些种子存活下来的现象。

05.220 **定量防卫**

quantitative defense

植物产生的化学物质能在食草动物体内不断积累并抑制食草动物食物消化的现象。如丹宁和树脂。

05.221 **定性防卫**

qualitative defense

指非常有毒的物质，只需要很小剂量就足以杀死草食动物的现象。如阿托品。

05.222 **诱导防卫**

induced defense

植物在同种或异种个体的刺激条件下才产生防御的现象。

05.223 **放牧促进**

grazing facilitation

一种食草动物的放牧活动能改善另一种食草动物的食物供应的现象。

05.224 **放牧系统**

grazing system

由植物和食草动物构成的一个相互作用的整体系统。

05.225 **相互作用的放牧系统**

interactive grazing system

食草动物的食草作用会对其所吃的植物的生产量和增长率产生影响的放牧系统。

05.226 **非相互作用的放牧系统**

non-interactive grazing system

某些雀类吃禾本或草本植物的种子，但其吃食活动却不会影响到这些植物的生产力的放牧系统。

05.227 **风险分摊**

spreading of risk

伴随着克隆生长，基株的死亡风险（或概率）被分摊到各个克隆分株或分株系统，降低了基株的死亡概率，从而具有进化上的优势。

05.228 **母体效应**

maternal effect

母体所经受的环境胁迫会影响到子代的生长、发育、行为和生理等特征的现象。

06. 群落生态学

06.001 **生物群落**

biotic community，biocommunity，biocoenosis

简称“*群落*（community）”。在相同时间聚集在一定地域或生境中各种生物种群的集合。

06.002 **群落组成**

community composition

一个群落的物种构成成分。

06.003 **物种组成**

species composition

又称“*种类组成*”。构成一个群落的所有物种。

06.004 **优势种**

dominant species

（1）对群落其他种有很大影响而本身受其他种的影响最小的物种。（2）在群落中具有最大密度、盖度和生物量的物种。

06.005 **建群种**

constructive species，edificato

在群落中处于优势层的优势种。

06.006 **从属种**

subordinate species

群落中除优势种以外的其他物种。

06.007 **亚优势种**

subdominant species

个体数量和生态作用都次于优势种，但在决定群落性质和生态过程方面起着一定作用的物种。

06.008 **伴生种**

companion species

在群落中经常出现，但不起主要作用的植物种。

06.009 **偶见种**

accidental species，incidental species，casual species

在群落中出现频率很低的种类。

06.010 **稀有种**

rare species

在群落中出现频度较低的种类，比偶见种常见。

06.011 **恒有种**

constant species

能在 90% 以上的群落地段内出现的物种。

06.012 **构造种**

structural species

对群落结构起着最重要作用的物种。

06.013 **随遇种**

indifferent species

不固定在某一群落中出现的物种或对任何生态系统没有显著影响的物种。

06.014 **土著种**

indigenous species，native species

某一地区原来就有而不是从其他地区迁移或引入的物种。它可以是这一地区的固有种，也可以是特有种或孑遗种。

06.015 **机会种**

fugitive species，opportunist species

占据临时性生境，仅存活、生长有限世代的物种。一般生活史较短，个体较小，散布能力强。

06.016 **区别种**

differential species

在某个群落中虽不是特征种，但却占有一定优势的物种，其在各群落型的多度差异可以区分出不同的群落型。

06.017 **指示种**

index species，indicator species

生态幅狭窄而局限于某一群落或生境中，并对群落或生境有一定的指示作用的物种。

06.018 **杂草种**

ruderal species

多为一年生和生活周期短的杂草，能够急速生长，并产生大量的种子，竞争能力小，出现在资源丰富的临时生境中。

06.019 **植物群落数量特征**

quantitative phytosociological character

组成群落的植物的多度、密度、盖度、高度、重量、体积、同化面积和吸收面积等可以用数量来度量的特征。

06.020 **多度**

abundance

表示一个种群在群落中个体数目的多少或丰富程度的指标。

06.021 **物种相对多度**

relative abundance of species

群落中某一物种的多度占所有物种的多度之和的百分比。

06.022 **物种多度曲线**

species-abundance curve

又称“物种丰度曲线”。以多度为纵坐标、以物种多度从大到小排序为横坐标所得到的曲线。

06.023 **密度**

density

单位面积或单位空间内的个体数。

06.024 **密度比**

density ratio

某一物种的密度占群落中密度最高的物种密度的百分比。

06.025 **盖度**

cover

植物地上器官垂直投影面积占样地面积的百分比。

06.026　**相对盖度**

relative coverage

某个种的盖度占全部种类盖度之和的百分比。

06.027　**基盖度**

basal cover，basal coverage

植物基部断面的覆盖面积占样地面积的百分比。

06.028　**投影盖度**

projective cover degree

植物地上部分垂直投影面积占样地面积的百分比。

06.029　**频度**

frequency

群落中某种植物出现的样方数占整个样方数的百分比。

06.030　**频度定律**

frequency law

如果将频度在 1% ~ 20%、21% ~ 40%、41% ~ 60%、61% ~ 80%、81% ~ 100% 的物种分别划归入 A、B、C、D、E 五个等级，那么这五个频度级将满足关系式：A ＞ B ＞ C ≥ D ＜ E。

06.031　**植被覆盖百分率**

percentage of vegetation

一定区域内绿色植物所覆盖的面积占总面积的百分率。

06.032　**郁闭**

crown closure

林分中林木树冠彼此互相衔接的状态。

06.033　**郁闭度**

crown density

单位面积上林冠覆盖林地面积与林地总面积之比。

06.034　**优势度**

dominance

某个种在群落中所具有的作用和地位的大小。经常用相对多度来表示。

06.035　**重要值**

importance value

研究某个种在群落中的地位和作用的综合数量指标。是相对密度、相对频度、相对优势度的总和。其值一般介于 0 ~ 300 之间。

06.036　**优势度指数**

dominance index

表明群落内优势种集中程度的指标，等于群落内各物种的重要值与全部物种的重要值之比的平方和。

06.037　**存在度**

presence

某种生物在属于同一群落类型且空间上彼此分隔的各个群落中出现的百分率。

06.038　**恒有度**

constance

在样地面积大小相同时某一种出现的样地占全部样地的百分率。

06.039　**确限度**

fidelity

某个种局限于某一群落类型的局限性程度。

06.040　**群集度**

sociability，colonizality，gregariousness

对种在群落内水平分布状况的度量，常采用布朗—布朗凯（Braun-Blanquet）的五级制进行目测。

06.041　**均匀度**

evenness

一个群落或生境中全部物种个体数目的分配状况。

反映的是各个物种个体数目分配的均匀程度。

06.042 **物种均匀度**

species evenness

一个群落中全部物种个体数目的分配状况。

06.043 **物种丰富度**

species richness

一个群落或生境中的物种数目。

06.044 **物种饱和度**

species saturation

群落最小面积内所出现的种类的最大数目，或当种—面积曲线趋于稳定时所拥有的种类数目。

06.045 **物种多样性**

species diversity

一定时间一定空间中全部生物或某一生物类群的物种数目与各个物种的个体分布特点。一般是指物种丰富度和物种均匀度。

06.046 **物种多样性指数**

index of species diversity

表征物种多样性的指数，是物种丰富度和均匀度的综合指标。代表性的多样性指数有辛普森多样性指数和香农—威纳多样性指数。

06.047 **群落内多样性**

within-community diversity

某一群落内的物种多样性和生境多样性。

06.048 **α 多样性**

alpha diversity

又称“α 丰富度（alpha richness）”。群落或生境内物种的数量。

06.049 **β 多样性**

beta diversity

又称“β 丰富度（beta richness）”。在一个环境梯度上，从一个生境到另一个生境之间所发生的物种的多度变化，即群落间的物种多样性。

06.050 **γ 多样性**

gamma diversity

又称“γ 丰富度（gamma richness）”。在一个地理区域内一系列生境中物种的多度，是这些生境的 α 多样性和生境之间的 β 多样性的综合。

06.051 **生境内多样性**

within-habitat diversity

某一具体生境内的物种多样性。

06.052 **进化时间学说**

evolutionary time theory

该学说认为物种多样性的高低与群落的进化时间有关，如进化时间长，环境条件稳定，灾难性气候变化少，群落的多样性高。反之，则低。

06.053 **生态时间学说**

ecological time theory

该学说认为物种把分布区扩大到尚未占有的地区需要一定时间，温带地区的群落是处于尚未饱和的状态，比热带地区物种多样性低。

06.054 **空间异质性学说**

spatial heterogeneity theory

该学说认为物理环境越复杂、越多样，即异质性越高，则其动物和植物的区系就越复杂，特种多样性越高。

06.055 **气候稳定学说**

climatic stability theory

该学说认为气候越稳定，变化越小，动植物的种类就越丰富。

06.056 **竞争学说**

competition theory

解释群落间多样性差异的一种假说，认为温带和极地的自然选择主要受物理因素所控制，而在热带地区，生物之间的竞争则是物种进化和生态位特化的动力，即热带地区的物种比温带地区的物种具有更狭窄的生态位，从而允许有更多的物种共存在一起。

06.057 **捕食学说**

predation theory

关于物种多样性关系的观点之一，认为热带区有较多的捕食者和寄生者，由于捕食者的捕食作用使猎物的数量处于较低水平 , 从而减少了猎物相互之间的竞争，竞争的减少又允许有更多种类的猎物共存，这又转而支持了新的捕食者。

06.058 **生产力学说**

productivity theory

美国动物生态学家康奈尔（J. H. Connell）和美国学者奥里亚斯（E. Orians）于 1964 年提出：群落的多样性高低决定于通过食物网的能流量，通过食物网的能流量越大，种的多样性就越高。

06.059 **特异反应假说**

idiosyncratic response hypothesis

认为生物群落的功能随着物种多样性的变化而变化，但变化的强度和方向是不可预测的。

06.060 **零假说**

null hypothesis

认为生物群落的功能与物种多样性无关，即物种的增减不影响生物群落功能的正常发挥。

06.061 **种间关联**

species association

不同物种在数量上和空间分布上的相互关联性。

06.062 **关联系数**

association coefficient，AC

描述种间连接程度的指标之一。

06.063 **随机生态位假说**

random niche hypothesis

群落中物种的资源分割是随机的，假定生态位是一维的，分享生态位的物种，像随机折棒一样，折断的每节长度就是某一物种的生态位大小。

06.064 **生态位优先占领假说**

niche-preemption hypothesis

该假说认为第一位优势种首先占领生态位空间的大部，第二位的占领其余下的大部空间，依此类推，到末位的只能占留下的很少空间。这种分布多出现在群落生境严酷，种数相对较少的群落，如荒漠等。

06.065 **对数 – 正态假说**

log-normal hypothesis

物种对生态位的占有情形，决定于影响种间竞争的一系列条件，诸如气候、食物、空间等。符合这种分布的群落多属于环境条件优越，物种丰富度高的群落。

06.066 **群落结构**

structure of community

群落中所有生物及其个体在空间和时间上的分布状态。主要包括物理外貌（植物生长型、层片、垂直分层与季相）与生物组成（物种组成和多样性、演替、种间相互作用）。

06.067 **生活型**

life form

不同物种对于相同生境进行趋同适应而形成的外貌上相同或相似的类型。

06.068 **植物生活型**

plant life form

植物长期适应外界环境而形成的植物类型。

06.069　**高位芽植物**

phanerophyte

在不利时期休眠芽位于距地面 25cm 以上的植物。

06.070　**地上芽植物**

chamaephyte

芽或顶端嫩枝位于地表或很接近地表的植物。一般不高出土表 25cm 以上，能被地表的植物凋落物或积雪覆盖而得到保护。

06.071　**地面芽植物**

hemicryptophyte

更新芽位于近地面土层内的植物。在不利季节时，平卧于地面的残存苗系为枯死枝条残留物所保护，到生长季时再从这些残存苗系上萌生出枝条。

06.072　**隐芽植物**

cryptophyte

又称“地下芽植物（geophyte）”。更新芽位于较深土层中或水中，多为鳞茎类、块茎类和根茎类多年生草本植物或水生植物。

06.073　**一年生植物**

therophyte

在一个生长季内完成生活史的植物。

06.074　**二年生草本**

biennial herb

在两个生长季内完成生活史的草本植物。第一个生长季仅由种子萌发后产生根、茎、叶等营养器官，越冬后，在第二个生长季开花、结实，产生种子后死亡。

06.075　**多年生型**

perennial form

一般指个体寿命超过两年以上的植物，其中大多数在一生中能够开花结实多次。

06.076　**生活型谱**

life form spectrum

某一地区或某一群落中，属于各种生活型的生物所占百分率。可以反映某一地区或某一群落中植物与环境（尤其是气候）之间的关系。

06.077　**生长型**

growth form

生物对外界环境适应的外部表现形式，同一生长型的生物在体态上、适应特点上是相似的。

06.078　**乔木**

tree

具有直立主干、树冠广阔、成熟植株在 3 m 以上的多年生木本植物，是描述植物和用于植物分类的主要概念之一。

06.079　**灌木**

shrub

成熟植株在 3 m 以下的多年生木本植物。

06.080　**下木**

underwood

森林中林冠之下的大灌木和低矮乔木的总称。

06.081　**草本**

herb

一般指具有木质部不甚发达的草质或肉质的茎，而其地上部分大都是当年枯萎的植物。

06.082　**垂直结构**

vertical structure

群落中不同物种个体在垂直空间上的分化与配置方式。

06.083　**垂直成层**

vertical stratification

群落在垂直方向上的结构分化。

06.084 **层片**

synusium

由占据一定小环境的相同生活型或相近生活型植物组成的具有一定空间、时间特征和植物环境的群落亚单位。

06.085 **层次**

stratum，layer

群落中根据植物同化器官高度来划分的垂直结构。

06.086 **林冠**

canopy

又称“*冠层*”，“*树冠*”。距地面一定距离，由乔木的枝、小枝和叶所形成的一个层。

06.087 **乔木层**

tree layer

森林群落中由高大的乔木树冠构成的一层。

06.088 **灌木层**

shrub layer，brushwood layer

位于乔木层之下，由灌木树种和一些未长到乔木层高度的幼年乔木共同构成的覆盖层。

06.089 **草本层**

herb layer

位于灌木层之下，一般由草本植物和低矮的半灌木构成。

06.090 **地面植被层**

field layer，field stratum，grand

植物群落中的草本和小型灌木组成的层次。

06.091 **活地被物层**

living mulch，ground vegetation

位于群落的最下层，一般由遮蔽地面的苔藓、地衣、菌类等组成。

06.092 **郁闭林冠**

closed canopy

乔木的冠层彼此重叠，形成一个连续的、郁闭度0.8以上的冠层结构。

06.093 **纯林**

pure forest

林冠仅由一个乔木树种组成的森林。

06.094 **混交林**

mixed forest

林冠由两个或多个优势乔木树种或不同生活型的乔木所组成的森林。

06.095 **水平结构**

horizontal structure

群落在空间的水平分化或内部小聚群的镶嵌现象。

06.096 **水平格局**

horizontal pattern

构成群落的成员在水平方向上的分布格局。

06.097 **镶嵌性**

mosaic

两种或多种群落在二维空间的相间分布格局。

06.098 **斑块性**

patchiness

斑块的空间格局及其变异。通常表现在斑块大小、密度、多样性、排列状况、结构和边界特征等方面。

06.099 **小群落**

microcommunity，microcenose

群落内的种类组成和外貌与所在群落明显不同的小聚群。

06.100　**时间结构**

temporal structure

由于不同植物种类的生命活动在时间上的差异，导致的结构部分在时间上的相互配置。

06.101　**时空结构**

temporal-spatial structure

群落在时间与空间上表现出来的变化特点。

06.102　**时空格局**

spatial and temporal pattern

群落在空间（水平和垂直）的位置以及随时间变化的动态。

06.103　**时间格局**

temporal pattern

时间（昼夜与季节）上表现出的群落结构变化。

06.104　**时间尺度**

temporal scale

时间长短的度量。

06.105　**空间生态位**

spatial niche

每个种在群落内中所处的空间位置。

06.106　**时间生态位**

temporal niche

不同物种对资源的利用在时间上的分化。

06.107　**季相**

aspect

群落在一年中因各种植物的不同物候进程而在不同季节里表现出来的不同外貌。

06.108　**暂时季相**

temporary aspect

植物群落并非每年都重复出现的季节性外貌。

06.109　**生态过渡带**

ecotone

又称“群落交错区”，“生态交错带”。两个不同群落交界的区域。

06.110　**边缘效应**

border effect，edge effect

（1）在生态过渡带中生物种类和种群密度增加的现象。（2）指在群落边缘的生物个体因得到更多的光照等资源而生长特别旺盛的现象。

06.111　**关键种**

keystone species

对群落结构和功能有重要影响的物种。这些物种从群落中消失会使得群落结构发生严重改变，可能导致物种的灭绝和多度剧烈变化。

06.112　**抽彩式竞争**

lottery competition

一个物种的个体先于另一个物种到达空斑块或萌发会造成先到达个体在以后的竞争中占据非常有利的位置，使得谁先到谁就可以占据空斑块。

06.113　**利用性竞争**

exploitation competition

又称“资源竞争（resource competition）”。利用共同有限资源的不同生物个体之间的妨害作用，通过使资源总量减少而使得竞争对手的存活、生殖和生长受到间接影响。在资源利用性竞争中，生物之间没有直接的干涉。

06.114　**根系竞争**

root competition

植物地下部分对水分、营养物质等资源的竞争。

06.115　**逃命共存**

fugitive coexistence

物种共存的一种机制。物种如果在竞争能力和扩散能力上存在负耦联，竞争弱者如果是扩散与侵占上的强者，则可以作为逃亡种首先侵占生境中产生的空白地块、定居并繁殖后代，从而实现与竞争强者的共存。

06.116 **中度干扰假说**

intermediate disturbance hypothesis

由美国生态学家康奈尔（J. H. Connell）于 1978 年等人提出的一个假说，认为中等程度的干扰频率能维持较高的物种多样性。如果干扰频率过低，少数竞争力强的物种将在群落中取得完全优势；如果干扰频率过高，只有那些生长速度快、侵占能力特强的物种才能生存下来；只有当干扰频率中等时，物种生存的机会才是最多的，群落多样性最高。

06.117 **麦克阿瑟平衡说**

MacArthur equilibrium theory

麦克阿瑟（R. H. MacArthur）和威尔逊（E. O. Wilson）于 1967 年提出的均衡理论。认为某个区域内物种数目的多少由新物种的迁入和原有物种消亡或迁出之间动态变化所决定，它们遵循着一种动态平衡的规律。

06.118 **平衡说**

equilibrium theory

把生物群落视为存在于不断变化着的物理环境中相对稳定实体的一种假说。

06.119 **非平衡说**

non-equilibrium theory

认为组成群落的物种始终处于变化之中，群落不能达到平衡状态，自然界中的群落不存在全局稳定性，有的只是群落的抵抗性（群落抵抗外界干扰的能力）和恢复性（受干扰后恢复到原来状态的能力）。

06.120 **群落动态**

community dynamics

群落形成、变化、演替及进化的过程。

06.121 **群落系统发生**

phylocoenogenesis

又称“群落系统发育”，“植被演化（vegetation evolution）”。与地质年代中的环境变迁相联系的、彼此间存在着一定的亲缘关系的森林、草原、草甸、荒漠、沼泽等一切植被类型的演化形成过程。

06.122 **演替**

succession

某一地段上群落由一种类型自然演变为另一类型的有顺序的更替过程。

06.123 **世纪演替**

era succession

延续时间以地质年代计算的植物群落演替，也就是与大陆和植物区系进化相联系的演替。

06.124 **快速演替**

quick succession，rapid succession

演替延续时间为几年或十几年的演替。

06.125 **长期演替**

prolonged succession

需要很长时间才能达到顶极群落的演替，一般为原生演替。

06.126 **短期演替**

temporary succession

短时间达到顶极群落的快速演替。

06.127 **原生演替**

primary succession

开始于原生裸地（完全没有植被并且也没有任何植物繁殖体存在的裸露地段）的群落演替。

06.128 **次生演替**

secondary succession

在原有群落被去除的次生裸地上开始的演替。

06.129 **采伐演替**

logging succession

森林采伐后所发生的演替，是森林群落最重要的次生演替类型之一。

06.130 **弃耕地演替**

succession on abandoned field

在弃耕地上发生的群落次生演替。

06.131 **水生演替**

hydroarch succession

开始于水生环境中的演替。

06.132 **旱生演替**

xerarch succession

开始于干旱基质上的原生演替。

06.133 **内因［性］演替**

endogenetic succession

群落演替如果发生在气候以及其他条件相当稳定的情况下，演替的原因来自群落内部，这种演替称为内因［性］演替。

06.134 **外因［性］演替**

exogenetic succession

又称“异发演替（allogenic succession）”。由于外界环境因子的作用所引起的群落变化。其中包括气候发生演替、地貌发生演替、土壤发生演替、火成演替和人为发生演替。

06.135 **火后演替**

post-fire succession

发生在火烧后所形成的次生裸地上的演替。

06.136 **火成演替**

pyrogenic succession

由于火因子而引起的演替。

06.137 **土壤演替**

soil succession

又称“土壤演化（soil evolution）”。土壤在其发展过程中从一个阶段到另一个阶段的顺序更替过程。

06.138 **自养演替**

autotrophic succession

在生态系统发育早期，如果初级生产力或总光合量大于群落呼吸的被称为自养演替。

06.139 **异养演替**

heterotrophic succession

在生态系统发育早期，如果初级生产力或总光合量小于群落呼吸的被称为异养演替。

06.140 **自发演替**

autogenic succession

由植物本身生命活动造成的环境变化所引起的演替。

06.141 **周期性演替**

periodic succession

由于环境因子的周期性干扰而引起的演替。

06.142 **群落的周期性演替**

cycling change in community

某些群落由一个类型转变为另一个类型，最后又回到原有类型的周期性变化过程。

06.143 **群落发生演替**

succession of syngenesis

组成未来群落的植物在早期生境定居的过程。

06.144 **进展演替**

progressive succession

植物个体数量增多、群落结构复杂化、群落利用自然界的生产力不断增强的过程。

06.145 **退化演替**

retrogressive succession

又称“逆行演替”。由于自然的或者人为的原因而使群落发生与原来演替方向相反的演替的现象。群落结构趋于简化、群落利用自然界的生产力降低、植物种类减少，并出现了一些能够适应不良环境的种类。

06.146 **区域性演替**

regional succession

又称“景观演替”。大范围的植被演替。

06.147 **季节演替**

seasonal succession，aspection

又称“季相演替”。群落结构和外貌随着季节的更迭依次出现的改变。

06.148 **动物区系演替**

faunal succession

在一定地理区域内动物区系由一种类型转变为另一种类型的有顺序的演变过程，这种演替是由化石证据揭示的。

06.149 **群落演替**

community succession

在一定地段上，群落由一个类型转变为另一类型的有顺序的演变过程。

06.150 **演替格局**

succession pattern

整个演替过程的演变顺序与规律。

06.151 **演替趋同**

successional convergence

不同的群落向相同或相似顶极发展的现象。

06.152 **演替动态**

successional dynamics

群落演替过程中生物组成与优势种的变动。

06.153 **演替速率**

successional rate

演替过程中群落更替的快慢。

06.154 **演替替代**

successional replacement

演替过程中，群落类型转变为另一类型。

06.155 **演替阶段**

succession stage，stage of succession

群落演替过程中的一个相对稳定的时期。

06.156 **先锋阶段**

pioneer stage

演替初期的过渡性群落。某一地段的演替初期阶段，由先锋群落所占据。

06.157 **先锋种**

pioneer species

在演替过程中首先出现的、能够耐受极端局部环境条件且具有较高传播力的物种。

06.158 **重建阶段**

phase of regeneration

在原生或次生裸地上使植物定居并最终形成群落的过程。

06.159 **演替系列**

successional series，sere

一个完整的演替过程中群落取代的序列。在特定地点顺序发生的一系列群落。

06.160 **小演替系列**

microsere

又称“*小演替序列*”。一个群落内部在动态上相关联的一些斑块序列。

06.161 **古演替系列**

eosere

地质年代中曾经存在过的演替系列。

06.162 **原生演替系列**

primary sere

又称“*初级演替系列*”。在原生裸地上开始的植物群落演替系列。

06.163 **次生演替系列**

subsere

在次生裸地上开始的演替的全过程。

06.164 **旱生演替系列**

xerosere

在旱生生境开始的演替系列。

06.165 **演替系列群落**

seral community

在演替过程各阶段具有过渡性质的群落。

06.166 **演替系列群丛**

associes

通常指演替系列中的亚顶极群落。

06.167 **[演替]顶极群系**

climax formation

顶极群落中的一个成熟的、稳定的植物群落类型。

06.168 **演替系列顶极[群落]**

serclimax，sereclimax

演替发展过程中最后形成的相对稳定的成熟群落。

06.169 **顶极[群落]**

climax

在一定气候、土壤、生物、人为或火烧等条件下，演替最终形成的稳定群落。

06.170 **单顶极**

single climax

在一个气候区域内只有一个顶极群落。

06.171 **气候顶极群落**

climatic climax

在一定区域气候条件下演替发展最终形成的结构稳定的群落。

06.172 **多顶极**

polyclimax

在一个气候区域内除气候顶极外还存在着其他因子所决定的顶极类型。

06.173 **泛顶极**

panclimax

两个或更多个有亲缘关系、具有共同的气候条件、相同的生活型以及属于同一属优势种的演替顶极。

06.174 **地带性顶极**

zonal climax

与当地地带性气候协调稳定的顶极群落。

06.175 **前[演替]顶极**

proclimax

在一个特定气候区内，由于局部气候比较适宜而产生的较优越气候区的顶极。

06.176 **亚[演替]顶极**

subclimax

群落演替过程中由于特殊原因出现停止在气候顶极之前的一个稳定群落状态。

06.177 **偏途演替顶极**

disclimax

由于某种干扰因素使真正的演替顶极群落改变，其植物组成由另外的种代替成为优势种，形成相对稳定的耐干扰的群落。

06.178 **后顶极**

post climax

在一个特定的气候区内由于局部气候条件较差（热、干燥）而产生的稳定群落。

06.179 **优势顶极**

prevailing climax

在连续变化的顶极群落格局中，通常位于格局中心、分布最广泛、最能反映该地区气候特征的顶极群落。

06.180 **潜在顶极**

potential climax

演替过程中可能达到的顶极群落。

06.181 **火烧［演替］顶极**

fire climax

在火成为群落结构决定性因子的情况下，演替的顶极群落。

06.182 **土壤［演替］顶极**

edaphic climax

由土壤因子决定的顶极群体，如受碱性、盐分或干燥度等土壤因子的影响而不受气候或地理特征影响。

06.183 **土壤顶极群落**

edaphic climax community

土壤演替最后到达的相对稳定的群落。

06.184 **地形土壤顶极**

topo-edaphic climax

在当地地形和土壤性质作用下，能较长时间保持稳定状态的植物群落。

06.185 **地形顶极**

topographic climax

局部地形影响了小气候而产生的演替顶极群落。

06.186 **动物［演替］顶极**

zootic climax

在动物的主导作用下，演替产生的优势动物与植被密切联系的顶极群落。

06.187 **［演替］顶极群落复合体**

climax complex

一群相互有关的演替顶极群落类型。

06.188 **单顶极学说**

monoclimax hypothesis

由美国生态学家克莱门茨（F. E. Clements）于 20 世纪初提出，认为任何一个特定的气候区只有一个潜在的演替顶极，它是这种气候所能生长的最中性的群落。

06.189 **多顶极学说**

polyclimax theory

由英国生态学家坦斯利（A. G. Tansley）提出，认为某一气候区域的物理环境远不是同一的，因此在该气候区域内的不同生境中就会有各种不同类型的顶极群落。

06.190 **顶极－格局假说**

climax- pattern hypothesis

美国学者惠特克（R. H. Whittaker）于 1953 年根据多顶极学说提出的一种假说。认为随着环境梯度的变化，各种类型的顶极群落也连续变化，彼此之间难以彻底划分开来，形成顶极群落连续变化的格局。

06.191 **气候顶极植被**

climatic climax vegetation

在特定的气候条件下处于平衡状态的植被。

06.192 **更新**

regeneration

被破坏或利用后重新恢复到受破坏前的原生植被状态，并趋向于重新建立顶极群落的过程。

06.193 **群落分类**

community classification

依据群落在物种组成等方面的相似或相异程度将其划分和归纳为不同类别。

06.194 **群落复合体**

community complex

在一定地段上，不同植物群落及其片段在不同生境下重复出现，呈现出相互交错分布的植物群落总体。

06.195 **群落最小面积**

minimum community area

在种—面积曲线中，曲线开始平伸的一点就是群落最小面积。在该面积里，群落的组成得以充分的表现。

06.196 **镶嵌复合体**

mosaic complex

一个比较狭小的空间内由不同群落类型构成的不规则的、但有一定规律的分布格式。

06.197 **群落镶嵌**

community mosaic

一个群落内部的水平分化。群落片层在二维空间的不均匀配置，使群落在外形上表现为斑块相间的现象。

06.198 **植被镶嵌**

vegetation mosaic

植被与植被之间群落相互交错的现象。

06.199 **结构斑块**

structural patch

群落中不同类型形成的镶嵌。

06.200 **共生**

symbiosis

生物间密切联系、互有益处地共同生活在一起的现象。

06.201 **社群**

society

同种动物个体共同生活在一起，通过社会等级、领域行为和社会分工而相互作用形成的群体组织。

06.202 **集落**

colony

同种生物的个体在特定的环境空间和特定时间内的集聚群体。

06.203 **群落外貌分类**

physiognomic classification of community

以群落外貌或生态—外貌为依据的分类。

06.204 **植被型**

vegetation type

具有相同生活型群系的结合。是我国植被分类体系的高级分类单位。

06.205 **群系**

formation

相近群丛的联合，其优势种是同一个种或几个种。是我国植被分类体系的中级单位。在英美等国，群系类同于我国的植被型。

06.206 **亚群系**

subformation

生态幅度比较宽的群系中，根据优势层片及其反映的生境条件的差异而划分的亚级分类单位。

06.207 **群丛**

association

具有相似种类组成、优势种、结构和外貌的同类群落的集合。是植物群落的基本分类单位。

06.208 **亚群丛**

subassociation

群丛内由于生态条件的差异，或发育上的差异产生的群丛以下的低（亚）级单位。

06.209 **植物群系**

plant formation

共建种或建群种相同的植物群落的联合，是植物群落的基本分类单位。

06.210 **荒漠群系**

psammoeremion

建群种或共建种相同的荒漠植物群落联合。

06.211 **疏林群系**

woodland formation

相近疏林群丛的复合体。

06.212 **两栖生物群落**

amphibiome

可居于水体和陆地上的群落。如在委内瑞拉和巴西的潮湿地境与干旱地境镶嵌分布地区形成的一种特殊的沼泽生物群落，在永久潮湿的地区生长着棕榈科植物，而在黑色、酸性的泥炭土上生长有禾草。

06.213 **植物群落**

phytocoenosis，phytocoenosium，phytocommunity

在特定空间和时间范围内，具有一定的植物种类组成和一定的外貌及结构与环境形成一定相互关系并具有特定功能的植物集合体。

06.214 **原生植物群落**

primary phytocoenosium

未受人类影响和改变的原始植物群落。

06.215 **植物地理群落**

phytogeocoenosis

地球表面的某一地段内植物群落与自然地理环境因素相互作用、相互影响而形成的统一整体。

06.216 **稳定植物群落**

stable phytocoenosium

处于稳定平衡状态下的植物群落。

06.217 **陆生草本群落**

terrestrial herbaceous community

陆地上以草本植物占优势，木本植物极少的植被类型。

06.218 **旱生植物群落**

xerophytia

干旱基质上建立的植物群落。

06.219 **木本植物群落**

woody plant community，xylium

以木本植物为优势种的群落。

06.220 **极地植物群落**

polar plant community

由苔藓、地衣和某些特别适应于干冷环境的少数草本、灌木和灌木型的乔木所构成的植物群落。

06.221 **荒地群落**

wasteland community

在人类荒废的土地上自然发生的群落。

06.222 **疏林群落**

woodland community

树高 5m 以上、树冠盖度至少为 20%，但树冠不衔接的稀疏乔木群落。

06.223 **撒勃尔群落**

subor

分布在中欧和东欧地区沙土上的含有低矮栎树的松林群落。

06.224 **常绿群落**

evergreen community

以常绿植物为主构成的植物群落，包括常绿林、常绿灌丛等。

06.225 **多优种群落**

polydominant community

具有两个或两个以上同等重要的建群种的群落。

06.226 **单优种群落**

consociation，monodominant community

只有一个优势种的群落。通常这个优势种的多度、盖度等数量特征在 80% 以上。

06.227 **先锋群落**

pioneer community

演替初期由先锋种所组成的群落。

06.228 **指示群落**

indicator community

能表征某一生境所有因子的综合影响的群落。

06.229 **动物群落**

zoocoenosis

在特定生态系统中，与环境和植物相互作用下形成的不同动物种群组成的复合体。

06.230 **陆生动物群落**

terrestrial animal community

陆地动物种群相互联系形成的群落。

06.231 **土壤群落**

edaphic community

由土壤因子决定形成的群落。

06.232 **原生群落**

primary community

未受人类影响和改变之前就已存在的自然群落。

06.233 **次生群落**

secondary community

原有群落遭到破坏后经过次生演替形成的群落。

06.234 **次生裸地**

secondary barren

原有植被被破坏，但原有植被影响下的土壤条件仍然存在或受到很少破坏，甚至还残留原有植被的种子或繁殖体的裸地。

06.235 **衍生群落**

derived community

由于人类活动产生的和经营过的群落。

06.236 **同源群落**

vicarious community

分布在地理隔离区域的相似群落。这种相似性由各自群落中有亲缘关系的生物造成。

06.237 **集合群落**

metacommunity

由多个局域群落构成的，且这些局域群落相互之间存在着多个物种个体的迁移。

06.238 **短期群落**

temporary community

演替过程中快速经过的不稳定的群落阶段。

06.239 **地带性群落**

zonal community

又称“显域群落”。因环境条件的气候地带性而呈相应带状分布的群落。

06.240 **盐生群落**

salt community

在盐生生境中由耐盐或适盐程度不同的植物所形成的群落。

06.241 **水生群落**

aquatic community

生长在一定水域中彼此相互作用并与环境有一定联系的不同种类生物的集合体。

06.242 **寄生群落**

opium

寄生生物与其所依赖的寄主构成的生物群落。

06.243 **草甸**

meadow

分布在气候和土壤湿润、无林地区或林间地段上的多年生中生草本植物群落。

06.244 **高山草甸**

alpine meadow

亚高山带以上由寒生草类构成的低草草甸。

06.245 **盐生草甸**

salt meadow

在海滨湿润区、湖边、河岸或地下水位较高的局部低洼处，由耐盐或适盐程度不同的植物所形成的一种低密的植物群落。

06.246 **冻原**

tundra

分布在极地树木线以外，主要由矮灌木、苔藓、地衣、禾草和苔草组成的种类丰富的植物群落，土壤具永冻层。

06.247 **草原**

steppe

温带半干旱气候下的有旱生或半旱生草本植物组成的植被。

06.248 **草原火**

steppe fire

草原上火灾。由于草原特性火往往蔓延迅速，造成严重破坏。

06.249 **泰加林**

taiga

横跨亚洲、欧洲和北美寒温带的针叶林。

06.250 **热带稀树草原**

savanna

又称“萨瓦纳”。分布于热带、亚热带，其特点是在高大禾草的背景上常散生一些不高的乔木。在具有较长期干旱季节的热带或亚热带地区，以旱生草本植物为优势，并星散分布着旱生乔木或灌木的植物群落。

06.251 **稀树干草原**

steppe savanna

出现在季节性干旱地区的具有稀疏乔木和灌木的高草草原。

06.252 **热带稀树干草原**

tropodendropoion

分布在热带和亚热带，以高大禾本科植物为主并散生乔木和灌木的干草原。

06.253 **北美高草草原**

true prairie

分布于加拿大与美国中部的高草草原。

06.254 **[热带]高山矮曲林**

elfin forest，elfin woodland

森林上限由矮小匍匐和扭曲树木形成的疏林或散生孤立木。

06.255 **高山湿原**

alpine mat

又称“高山植毡”。在阿尔卑斯山积雪覆盖但首次降雪时并未冻结的高山带上由稠密的灌木植物组成的一种植被类型。

06.256 **真草原**

true steppe

以旱生密丛禾草植物等旱生或广旱生植物为建群种的典型草原。

06.257 **草原灌丛**

steppe scrub

草原上分布的灌木丛。

06.258 **撒哈拉沙漠**

Sahara desert

位于非洲北部的广大沙漠，一般年降雨量少于50mm。

06.259 **植被**

vegetation

某一地段全部植物群落的总和。

06.260 **植被图**

vegetation map

又称“植物群落分布图”。将某地区各级植被分类单位的分布状况按比例绘制而成的图。

06.261 **植被分类**

vegetation classification

根据植被外貌和结构、物种构成、生态地理特征以及动态特征等区分植被的不同类型。

06.262 **半自然植被**

seminatural vegetation

在天然植被的基础上，运用农业技术措施加以改造的植被。

06.263 **嗜酸性植被**

acidophilous vegetation

又称“喜酸植被”。在酸性环境中生长得更好或仅限于在酸性环境中生长的植被。

06.264 **嗜碱性植被**

basophilous vegetation

又称“喜碱植被”。在碱性环境中生长得更好或仅限于在碱性环境中生长的植被。

06.265 **高山植被**

alpine vegetation

位于高山森林线以上的植被。如高山灌丛、高山草甸及高山冻原。广义的高山植被还包括亚高山植被与亚冰雪植被，即亚高山—真高山—亚冰雪带植被。

06.266 **旱生植被**

xeromorphic vegetation

在干旱基质上生长的由旱生植物构成的植被。

06.267 **荒漠植被**

desert vegetation

极端大陆性干旱地区的地带性植被类型。

06.268 **沼泽植被**

swamp vegetation

由某片地表常年过度湿润的地段（沼泽）上所有群落组成的复合体。

06.269 **沙丘植被**

sand dune vegetation

发生在流动或不甚稳定的沙质基质上，多具发达的根系及水平匍匐茎或有强大营养繁殖能力的耐旱植物组成的植物群落。

06.270 **冻原植被**

tundra vegetation

生长于冻原的植被，通常为常绿多年生草本。

06.271 **复原植被**

restored plant cover

受到人类影响和改变之后又恢复到原来状态的植被。

06.272 **原始林地**

virgin woodland

自然发育来的、未被采伐过的原始林地。

06.273 **公园疏林**

park woodland

在草地上具有疏开树冠树木的疏林地。

06.274 **高山植物**

alpine plant

高山或高原上在森林线以上和常年积雪带下限之间的植物。

06.275 **固沙植物**

sand binder

用来固持沙土以免被风吹走的各种植物。

06.276 **短命植物**

ephemeral

短生命周期的植物。

06.277 **植物地理区划**

plant geographic division

根据植物空间分布及其组成并结合其形成因素而划分的不同地区。

06.278 **植被区划**

vegetation regionalization

根据植被空间分布及其组合等区域特征而划分的植物地带性区域。

06.279 **地带性植被**

zonal vegetation

在地球表面，与水热条件相适应，呈带状分布的植被。

06.280 **非地带性植被**

azonal vegetation

不限于某一地理带内的植被或群落类型。

06.281 **植被格局**

vegetation pattern

植被中各群落的空间分布与相互作用。

06.282 **植被动态**

vegetation dynamics

植被随着时空变化而呈现出的规律变动。

06.283 **植被异质性**

vegetation heterogeneity

组成植被的群落多样性。

06.284 **植被连续体**

vegetation continuum

植被间因边界不明显而形成的连续变化的整体。

06.285 **植被地带性**

zonation of vegetation

植被在地球表面因气候带而呈带状更替的分布现象，主要有纬度地带性、经度地带性和垂直地带性。

06.286 **纬度地带性**

latitudinal zonality

环境因子、生命现象或及其组合因辐射与热量变化按纬度呈带状分布的地理规律性。

06.287 **经度地带性**

longitudinal zonality

环境因子、生命现象或及其组合因水分梯度或大陆度变化而沿经度呈带状分布的地理规律性。

06.288 **垂直地带性**

vertical zonality

随着海拔高度升高，因热量与温度变化而发生的群落垂直更替的分布现象。

06.289 **植被区**

vegetation region

大范围分布的、有一个群落为优势群落、但变化较大的自然群落复合体。

06.290 **生物地理区**

biotic province

整个地球表面按照生物区系的性质和特点所划分的若干生物地理区域。

06.291 **生物区系**

biota

一定区域内的所有生物种类。

06.292 **陆生生物区系**

terrestrial biota

在某一陆地区域内的所有植物区系、动物区系和微生物区系。

06.293 **区域性生物区系**

regional biota

分布区限于某一有限地区或某种局部特有生境而不在其他地区出现的生物区系。

06.294 **动物区系**

fauna

生活在某一地区的全部动物种类。

06.295 **动物区系屏障**

faunal barrier

不同动物区系之间的地理隔离。

06.296 **动物区系带**

faunizone

以某些种类的动物居住为特征的区域。

06.297 **微生物区系**

microbiota，microfauna，microflora

与一定的气候、土壤、动植物体以及其他微生物等条件相联系的微生物类群的总体。

06.298 **植物区系**

flora

某一地区所有植物种类的总和。是组成各种植被类型的基础，也是研究自然历史特征和变迁的依据之一。

06.299 **植物区系成分**

floral element，floristic element

根据植物的分布类型、种的发生地和迁移路线等所划分的若干群，称为植物区系成分。

06.300 **植物区**

floral region，floral kingdom，floristic area

植物区系分区的最高级单位，具有一组特有科和共同的发展历史的植物地理区域。主要以古地理因素为依据划分植物区的界线。

06.301 **植物区系区划**

floristic division

根据各地植物区系与生态条件变化的一致性，以及区系的形成、发展的共同性等特征，划分出从小到大、彼此从属的单位。如植物区系（植物区）、植物区系亚区等。

06.302 **亚高山植物区系**

subalpine flora

在无树的高山区之下，组成以矮曲林、灌丛、草甸和草原为主要特征的亚高山植被的植物类群。

06.303 **北极第三纪植物区系**

Arcto-Tertiary flora

第三纪时期分布在 N35° ～（45°）～ 60°（北美）以及 N45° ～ 55°（欧亚）之间广大地区的所有植物种类。

06.304 **物种分布区域性**

provinciality

物种分布仅限于某一地区范围内，而不在其他地区自然分布。

06.305 **随机空间分布**

random spatial distribution

种群个体在群落内每个位置出现的机会是相等的，且某一个体的存在并不影响其他个体的分布。

06.306 **窄域分布**

stenochory

某生物因为对某一生态因子的生态适应幅度小，分布局限在较小的区域的现象。

06.307 **带状分布**

zonal distribution

又称“显域分布”。由于环境条件的影响使得群落按一定方向有规律的带状更替现象。

06.308 **动物地理带**

zoogeographical zone

地球表面按照动物区系性质与特点划分的成带状分布的动物群落分布。

06.309 **垂直分布**

vertical distribution

群落垂直方向上的生物分布状态。

06.310 **垂直带**

altitudinal zone，altitudinal belt

在山地和高原地区，根据海拔高度的变化所引起的气候、土壤、生物群落的差异而划分出来的垂直方向上的条带。

06.311 **分布区**

range of distribution

某一动植物科、属、种或群落类型在地球表面的整个分布范围。

06.312 **间断分布区**

range disjunction

因气候变化、海陆变迁以及人为活动等使原来的连续分布区隔断成若干彼此相隔很远、繁殖体不能借助于现存自然条件进行传播的分布区。

06.313 **垂直生境选择**

vertical habitat selection

生物在群落垂直方向上的生态位分布。

06.314 **聚集**

aggregation

由于受环境资源吸引而形成的个体聚群现象。

06.315 **寄生物－寄主间相互关系**

parasite-host interaction

寄生物与寄主间通过寄生与反寄生作用而协同进化的过程。

06.316 **丛生指标**

clumping index

用于比较两个总体为*N*的取样集聚程度的检验方法。

06.317 **相似性指数**

index of similarity

又称“群落系数”。测量群落间或样方间相似程度指数指标。

06.318 **属相似性指数**

index of generic similarity

两个地区植物区系所共有的非世界性属数与其中某一地区的非世界性属数之比。可以表示不同地区植物区系的相似性程度。

06.319 **极限相似性**

limiting similarity

在共存的物种之间，生态位重叠程度存在着一个上限，超过这个上限，物种不能稳定共存在一起。这种相似性称为极限相似性。

06.320 **物种相似性**

species similarity

群落间或取样间植物种类组成的相似程度或相异程度。

06.321 **相似系数**

coefficient of similarity

根据物种的重量、数量等指标比较两个群落或取样的相似程度的变量。

06.322 **惠特克指数**

Whittaker's index

判断两个群丛相似程度的指数，表达式为共有物种数 /（两群丛物种总数—共有物种数）。

06.323 **排序**

ordination

近代群落生态学研究的一种方法，通过排序可以把很多实体例如森林的林分作为点，并以属性为坐标轴，在一维或多维空间中，按其相似关系将它们排列起来。

06.324 **植被排序**

vegetational ordination

为分析植被之间以及与生境之间的关系，将某地区的植被样地按相似程度排列顺序。

06.325 **数值分类**

numerical classification

对实体（或属性）集合，按其属性（或实体）数据所反映的相似关系进行的分组，或者说是基于物种分布或取样组成的数据，对植物群落或环境因子进行比较客观的分类，找出物种之间、植被之间，或植被与环境因子之间的相互关系。

06.326 **格局分析**

pattern analysis

按一定模式对植物个体生长状况造成的形态格局、植物种群对环境变化直接反应而产生的生态格局、植物间相互关系以及植物和动物间相互关系而产生的群落格局、大的植被类型以及分类单位在全球范围内的景观格局进行分析，寻找规律的方法。

06.327 **无样地取样**

plotless sampling

在植被取样中，不事先选定样地，而只选择一个起始点，然后，从起始点起，沿某一方向进行的样线、点四分法及邻近个体法等非样方法取样。

06.328 **收获法**

harvest method

通过收割称量生物量来测量群落或生态系统生产力的一种方法。

06.329 **小气候**

microclimate

又称“微气候”。地表以上 1.5 ~ 2.0 m 空气层内因局部地形、土壤和植被等影响所产生的特殊气候。

06.330 **季节性栖息地**

seasonal habitat

又称“季节性生境”。由于环境因子的限制，只能在一年内的某个时期或季节被生物所利用的生境。

06.331 **暂时栖息地**

temporary habitat

又称“暂时生境”。群落中短暂存在的小块生境。

06.332 **暂时异步性**

temporary asynchrony

同步现象中出现的短暂的不对应现象。

06.333 **机体论学派**

organismic school

该学派认为群落是一个真实的、有机的实体，是组成群落的各个种群的有组织的集体。

06.334 **个体论学派**

individualistic school

该学派认为群落在自然界中并非一个实体，而只是生态学家从一个呈连续地变化着的植被中收集来的一组生物而已。

07. 生态系统生态学

07.001 **生态系统**

ecosystem

在一定空间范围内，植物、动物、真菌、微生物群落与其非生命环境，通过能量流动和物质循环而形成的相互作用、相互依存的动态复合体。

07.002 **生物地理群落**

biogeocoenosis

苏联植物生态学家苏卡乔夫（V. N. Sukachev）于1944年指出，一个地段内，动物、植物、微生物与其地理环境组成的功能单元。该词多见于苏联、中欧等一些文献中。1965年在哥本哈根召开的国际学术会议上认定该词和生态系统是同义词。

07.003 **生态系统环境**

ecosystem environment

存在于生态系统外部与系统发生作用的各种因子的总称。是为系统提供输入的或接受系统输出的环境。生态系统是开放系统，所以环境的属性、状态和变化都对系统产生影响。

07.004 **陆地生态系统**

terrestrial ecosystem

特定陆地生物群落与其环境通过能量流动和物质循环所形成的一个彼此关联、相互作用并具有自动调节机制的统一整体。如温带森林生态系统、热带雨林生态系统、针叶林生态系统、典型草原生态系统、高寒草甸生态系统、荒漠生态系统、冻原生态系统等。

07.005 **土地生态系统**

land ecosystem

在陆地上，岩石、水文、植被、土壤、地貌和气候等要素与人类相互作用而形成的统一整体。

07.006 **森林生态系统**

forest ecosystem

具有一定郁闭度的，乔木为其外貌特征的生态系统。

07.007 **草原生态系统**

grassland ecosystem

以各种多年生草本植物占优势的生物群落与其环境构成的功能综合体。

07.008 **荒漠生态系统**
desert ecosystem
由耐干旱的植物、动物、微生物及其干旱环境所组成的生态系统。

07.009 **半干旱生态系统**
semiarid ecosystem
在年降水量为 250 ～ 450 mm 区域内的生态系统。

07.010 **沙丘生态系统**
dune ecosystem
沙丘生长的沙生植物、动物、微生物所组成的生态系统。

07.011 **冻原生态系统**
tundra ecosystem
由极地平原和高山的生物群落与其生存环境所组成的综合体。

07.012 **高寒草甸生态系统**
alpine meadow ecosystem
在高山寒冷生境下发育的，以多年生中生草本植物占优势为其外貌特征的生态系统。

07.013 **水域生态系统**
aquatic ecosystem
又称“水生生态系统”。水域系统中生物与生物、生物与非生物因子之间相互作用的统一体。包括内陆水域（湖泊、水库、河流、湿地等）、河口和海洋生态系统等。

07.014 **海洋生态系统**
marine ecosystem
海洋生物群落与海底区和水层区环境之间进行不断物质交换与能量传递所形成的统一整体。

07.015 **大洋生态系统**
large marine ecosystem，LME
接近大陆边缘的广阔海域的生态系统。其面积大，具有独特的海洋学特征和种群生产力特征，生物种群组成一个自我发展的循环系统，对污染、人类捕捞和海洋环境的压力具有相同的反应。

07.016 **深海生态系统**
deep-sea ecosystem
大陆架以外深水水域的海底区和水层区所有海洋生物群落与其周围无光、低温、压力大而无植物分布的环境进行物质交换和能量传递所形成的统一整体。

07.017 **大陆架生态系统**
shelf ecosystem
大陆架内海底区和水层区所有海洋生物群落与其周围环境进行物质交换、能量传递和流动所形成的统一整体。

07.018 **上升流生态系统**
upwelling ecosystem
上升流区域由特定的生物及周围的环境构成的生态系统。一般食物链较短而生产力很高。

07.019 **湖泊生态系统**
lake ecosystem
湖泊生物群落与大气、湖水及湖底沉积物之间连续进行物质交换和能量传递，形成结构复杂、功能协调的基本生态单元。

07.020 **河流生态系统**
river ecosystem
河流生物群落与大气、河水及底质之间连续进行物质交换和能量传递，形成结构、功能统一的流水生态单元。

07.021 **河口生态系统**

estuary ecosystem

河口水层区与底栖带所有生物与其环境进行物质交换和能量传递所形成的统一整体。

07.022 湿地生态系统

wetland ecosystem

介于水、陆生态系统之间的一类生态单元。其生物群落由水生和陆生种类组成，物质循环、能量流动和物种迁移与演变活跃，具有较高的生态多样性、物种多样性和生物生产力。

07.023 珊瑚生态系统

coral reef ecosystem

热带、亚热带海洋中由造礁珊瑚的石灰质遗骸和石灰质藻类堆积而成的礁石及其生物群落形成的整体。是全球初级生产量最高的生态系统之一。

07.024 红树林生态系统

mangrove ecosystem

热带、亚热带海滩以红树林为主的生物群落所形成独特的海陆边缘生态系统。在全球生态平衡中起着不可替代的作用。

07.025 藻菌生态系统

algae-bacteria ecosystem

藻类与菌类彼此协同形成的自然生态系统。有时，人们运用其共生作用，形成净化污水的人工生态系统。

07.026 人类生态系统

human ecosystem

人口密集并以燃料供能的生态系统。包括经济系统和社会系统的复合生态系统。

07.027 关键生态系统

keystone ecosystem

对景观的结构与功能比其预计面积产生更大影响的生态系统。

07.028 隔离生态系统

isolated ecosystem

一种有严格边界的生态系统，其边界能阻止任何物质和能量的输入和输出。

07.029 开放生态系统

open ecosystem

与外界环境发生能量与物质交换的生态系统。

07.030 封闭生态系统

closed ecosystem

与外界环境只有能量交换的生态系统。在自然界十分罕见。

07.031 人工封闭生态系统

artificial closed ecosystem

人工建立的完全封闭的生态系统。如宇宙舱生态系统等。

07.032 自然生态系统

natural ecosystem

在没有人类干扰的特定环境中形成的生态系统。

07.033 半自然生态系统

seminatural ecosystem

介于人工生态系统和自然生态系统之间，既有人类干扰，同时又受自然规律支配的生态系统。

07.034 人工生态系统

artificial ecosystem

由人类所建立的生态系统。

07.035 受控实验生态系统

controlled experimental ecosystem

受人类控制的体积较大的实验生态系统。实验装置直接悬浮在海上研究现场，较接近自然，可同时研究污染物的生物效应、行为与归宿。

07.036 **围隔生态系统**

enclosure ecosystem

用塑料薄膜等材料在水体中围出一定体积，内含实验现场水、泥和各种生物群落的可控生态单元。用于现场研究静水生态系统中各种重要成分之间相互作用与重要生态学过程。

07.037 **温室生态系统**

greenhouse ecosystem

一定空间内，由玻璃、塑料膜等装置利用太阳能构建生物群落生长的人工生态系统。

07.038 **保护的生态系统**

protective ecosystem

合法建立，通过经营和管理，以达到特定目标的生态系统。

07.039 **弹性生态系统**

elastic ecosystem

对干扰有敏感反应，能较快恢复到原有状态，并保持其结构和功能的生态系统。

07.040 **自持生态系统**

self-maintaining ecosystem

能适应环境，持久地维持完整的结构和功能的生态系统。

07.041 **可持续生态系统**

sustainable ecological system

将经济发展与环境保护协调一致，使之满足当代人的需求，又不对后代人需求的发展构成危害的永续的生态系统。

07.042 **易火生态系统**

fire-prone ecosystem

积累了易燃凋落物常常引发低强度的火灾，从而避免强度很大火灾发生的生态系统。

07.043 **自然补加太阳能生态系统**

natural subsidized solar-powered ecosystem

由自然提供辅助能的生态系统。如河口生态系统有潮汐、海浪和洋流为其提供了新的能量。

07.044 **自然无补加太阳能生态系统**

natural unsubsidized solar-powered ecosystem

基本上依赖于太阳的直接照射，一般没有或只有极少补加能量的生态系统。

07.045 **顶极系统**

climax system

由演替发展形成的最终的成熟系统。

07.046 **受损生态系统**

damaged ecosystem

受到损害的生态系统。

07.047 **退化生态系统**

degraded ecosystem

在自然因素、人为因素干扰下，导致生态要素和生态系统整体发生不利于生物和人类生存的量变和质变。

07.048 **濒危生态系统**

endangered ecosystem

由于各种威胁而处于濒危状态的生态系统。

07.049 **微宇宙**

microcosm

又称“小宇宙”，“微型生态系统(microecosystem)”。人为设计建造的具有生态系统水平的生态学实验研究单元。大小、形式多样，用以研究湖泊、海洋和河流生态系统中各种重要成分之间相互作用与重要生态学过程。

07.050 **小环境**

microenvironment

又称“微环境”。在一定时间里接近生物个体表面或不同部位的各种生态因子的综合。

07.051 **中国生态系统研究网络**

Chinese ecosystem research network , CERN

1992年在中国科学院的组织下，由各生态系统定位研究站所组成的，具有统一观察指标体系的研究网络。

07.052 **国际生物学计划**

International Biological Programme，IBP

1964 ~ 1974年，有54个国家参加该项研究计划，主要研究自然生态系统的结构、功能和生产力等，计划实施取得了重要进展，是人类大规模研究自然生态系统的开端。

07.053 **生态元**

ecological unit

从基因到生物圈内任何一种具有一定生命力或生态学结构和功能的组织单元，是构成上一层次生态系统的基本组分。

07.054 **生态库**

ecological pool

能为目标生态系统提供、运输和贮存物质、能量、信息或人才，或能降解、缓冲、消纳目标生态系统输出的不利影响，并对该系统的生存、发展和演替发挥重要作用的外部系统。

07.055 **耗散结构**

dissipative structure

系统在远离平衡态条件下，通过与外界进行交换及组分间非线性关系所形成的一种新型有序组织结构。

07.056 **反馈机制**

feedback mechanism

生态系统种群以及群落与环境之间存在着多种多样的联系。主要通过正、负反馈相互交替，相辅相成，自行调节，使系统维持着稳态。

07.057 **反馈环**

feedback loop

又称“反馈回路（feedback circuit）”。系统在输出端通过一定通道反送到输入端，所形成的闭合的回路。

07.058 **负反馈**

negative feedback

系统对付外部施加变化的响应及返回到一种稳定状态的过程。

07.059 **正反馈**

positive feedback

系统的输出促进系统的输入，使系统偏离强度愈来愈大，不能维持稳态的过程。

07.060 **控制论系统**

cybernetic system

开放系统如果具有能调节其功能的反馈机制，该系统就称为控制论系统。

07.061 **双重等级**

dual hierarchies

即生态系统具有的结构与功能两者之间相互依存、相互制约、相互转化、密不可分的辩证关系。

07.062 **等级组织**

hierarchical organization

生态系统是多层次的组织，每一级层次都有一定的特征和行为符合于等级系统原理。

07.063 **等级系统**

hierarchical system

又称“层级系统”。包括两个或两个以上层次的综合系统，其较高级层次系统在一定程度上控制较低级层次系统的活动。

07.064 **包含型等级系统**

nested hierarchy

一层级的成分都被上一层所包含的等级系统。

07.065 **非包含型等级系统**

nonnested hierarchy

一层级的成分并没有被上一层级所包含的等级系统，高层级与低层级具有不同的实体。如食物网。

07.066 **分层现象**

stratification

生态系统无论是生物还是非生物的空间结构具有明显层次的现象。

07.067 **网络式结构**

network structure

生态系统组分间的联系及其功能过程形成的多层次的结构，构成了生态系统的整体性。

07.068 **网络分析**

network analysis

美国理论生态学家乌拉诺维茨（R. E. Ulanowicz）于 2000 年根据生态系统组分间的联系进行的统计分析，对生态系统健康和整体性用数量表示并计算胁迫的影响。

07.069 **网络支配指数**

index of network ascendancy

生态系统健康状况评估所采用的一种指数。该指数由物种丰度、生态位的特化、完善的循环与反馈以及整体活力四个属性组合而成。

07.070 **铆钉假说**

rivet-popper hypothesis

美国生态学家埃利希（P. R. Ehrlich）等人于 1981 年提出，认为生态系统中每个物种都具有同样重要的功能，每一个物种好比一架精制飞机上的每颗铆钉，任何一个的丢失或灭绝都会导致严重的事故或系统的变故。

07.071 **冗余种假说**

species redundancy hypothesis

澳大利亚生态学家沃克（B. H. Walker）于 1992 年最早提出，认为某些物种在生态功能上有相当程度的重叠，因此其中某一个物种的丢失不会给生态系统带来太大影响的一种假说。那些高冗余的物种对于保护生物学工作来说，则有较低的优先权。冗余是对生态系统功能丧失的一种保险。

07.072 **功能冗余性**

functional redundancy

某些物种在生态功能上有相当程度的重叠，其中某一个物种被去除后，生态系统功能应保持不变或接近正常状态。

07.073 **冗余种**

species redundancy

存在与否对整个群落和生态系统的结构和功能不会造成太大影响的物种。

07.074 **功能群**

functional group

又称“同资源种团（guild）”。在生态系统内一些具有相似特征，在行为上也表现相似的物种，尽可能地组合成一个集团，即功能群。

07.075 **等值种**

equivalent species

在不同生物地理区域中的相类似的生物群落之间，虽然其物种组成有很大区别，但在相近生态位上，却存在一些生态特征很相似的物种。

07.076　**非生物因子**

abiotic factor

又称“非生物成分（abiotic component）”。生态系统中的物理、化学因子和其他非生命物质。

07.077　**生物因子**

biotic factor

又称“生物成分（biotic component）”。生态系统中有生命的组分，如生产者（植物）、消费者（动物）、分解者（微生物等）。

07.078　**生命支持系统**

life support system

又称“支持生命的环境”。包括太阳辐射热、气、水、土和营养物等。它们提供了生物生存的场所、食物和能量。

07.079　**非生物环境**

abiotic environment

生态系统中非生物因子的总称。由物理、化学因子和其他非生命物质组成。

07.080　**生产者**

producer

能利用无机物质合成为有机物质的生物，是自养者。

07.081　**初级生产者**

primary producer

又称“第一性生产者”。能利用二氧化碳、水和营养物质，通过光合作用固定太阳能，合成有机物质的绿色生物，如生态系统中的绿色植物。

07.082　**分解者**

decomposer

又称“还原者”。以动植物残体、排泄物中的有机物质为生命活动能源，并把复杂的有机物逐步分解为简单的无机物的生物，主要是细菌、真菌等微生物和一些无脊椎动物。

07.083　**消费者**

consumer

吃其他生物的生物，即一切异养生物。

07.084　**食草动物**

herbivore

又称“初级消费者（primary consumer）”。以自养生物为食物的动物。

07.085　**食肉动物**

carnivore

又称“次级消费者（secondary consumer）”。主要以食草动物为食物的动物。

07.086　**顶级食肉动物**

top carnivore

又称“三级消费者（tertiary consumer）”。以食肉动物为食的动物。通常是位于食物链的最高营养级的物种。

07.087　**食碎屑动物**

detritivore

又称“食碎屑者（detritus feeder）”。以动植物残体为食的生物。

07.088　**汁食性者**

sap feeder

又称“吸汁液者（juice sucker）”。以针状口器刺破植物组织吸取汁液的昆虫。如蚜虫、蝽象、蝉等。

07.089　**食腐动物**

saprophage

吃死的或腐烂有机物质的动物。

07.090　**渗养者**

osmotroph

分解死的原生质并吸收某些分解产物，释放无机营养物、能量和其他物质的异养生物。主要指细菌和真菌。

07.091 **小型消费者**

microconsumer

又称“*微消费者*”。生态系统中营腐生生活的微生物，主要是细菌和真菌。

07.092 **消费者－资源相互作用**

consumer-resource interaction

消费者和资源（被食者）在长期历史演化进程中，形成协同进化的关系。

07.093 **关键竞争者**

keystone competitor

由于其进入而导致其他物种消失的一种竞争能力很强的物种。

07.094 **关键食草动物**

keystone herbivore

一种使植物群落结构与组成发生变化的以食植物为生的动物。如非洲象。

07.095 **关键互利共生者**

keystone mutualist

某一生物为其他生物提供重要的生活物质，亦依赖其他物种为其传播、繁衍后代，当该物种消失，可导致依赖其生存的物种消失。

07.096 **关键捕食者**

keystone predator

某种捕食者（物种）的消失，会改变被捕食者的多度，这种捕食者为关键捕食者。

07.097 **关键被食者**

keystone prey

由于被食者（物种）消失，严重影响捕食者的生存称之为关键被食者。

07.098 **关键病原体**

keystone pathogen

某种病原体侵入关键捕食者或竞争者，导致其灭绝，并使生态系统发生变化，这类病原体称之为关键病原体。

07.099 **关键寄生物**

keystone parasite

某种寄生物侵入关键捕食者或竞争者而导致它们灭绝，并使生态系统发生变化，这类寄生物称之为关键寄生物。

07.100 **食物链**

food chain

由生产者和各级消费者组成的能量运转序列，是生物之间食物关系的体现。

07.101 **牧食食物链**

grazing food chain

又称“*捕食食物链*（predatory food chain）”。以活的绿色植物为基础，从食草动物开始的食物链。如小麦→蚜虫→瓢虫→食虫鸟。

07.102 **碎屑食物链**

detrital food chain

又称“*腐食食物链*”。以死的动植物残体为基础，从真菌、细菌和某些土壤动物开始的食物链。

07.103 **腐生食物链**

saprophagous food chain

以腐烂的动植物尸体为基础而取得能量，并在不同生物中传递的食物链。

07.104 **寄生食物链**

parasite food chain

以活的动植物有机体为基础，从某些专门营寄生生活的动植物开始的食物链。如鸟类—跳蚤—鼠疫细菌。

07.105　**微生物食物环**

microbial food loop，microbial loop

以自养微生物为基础的食物链。异养微生物可将光合作用中释放出的溶解有机体转化为细菌本身，然后被微型浮游动物所利用。

07.106　**食物网**

food web

根据能量利用关系，不同的食物链彼此相互联结而形成复杂的网络结构。形象地反映了生态系统内各生物有机体间的营养位置和相互关系。

07.107　**功能食物网**

functional food web

在消费者对资源种群动态影响的基础上，对于群落中物种之间相互关系的描述。

07.108　**级联模型**

cascade model

群落食物网随机理论的一种数学模型，该模型完全放弃了一个物种取食任一物种的潜在假设，并以三角矩阵描述了食物网中严格的营养等级关系。

07.109　**碎屑食物途径**

detrital pathway

碎屑在生态系统中的流动和去向。

07.110　**碎屑**

detritus

植物和动物残体被分解成的破碎的颗粒状有机物质。

07.111　**腐殖化作用**

humification

土壤有机质在微生物作用下，一些分解的中间产物重新合成复杂高分子聚合物的过程。

07.112　**泛化种**

generalist

又称“广幅种”。食性和栖息地广泛的物种。

07.113　**基位种**

basal species

在食物网中不取食任何其他生物的物种。 包括一种或数种被食者。

07.114　**中位种**

intermediate species

在食物网中，既是捕食者，又是被食者。

07.115　**顶位种**

top species

在食物网中，不被任何其他天敌捕食的物种。

07.116　**基位－中位链**

basal-intermediate link

联系基位种和中位种的链。

07.117　**基位－顶位链**

basal-top link

联系基位种和顶位种的链。

07.118　**中位－中位链**

intermediate-intermediate link

联系中位种和中位种的链。

07.119　**营养级**

trophic level

生物在生态系统食物链中所处的层次。

07.120　**营养联系**

trophic linkage

生态系统内或生态系统间，生产者、消费者、分解者及其非生物环境之间的营养传输和交流的关系。

07.121　**营养互利共生**

trophic mutualism

两种生物在食物的联系中双方都能从中获益的共生现象。

07.122 **营养信号**

trophic signals

生物中存在的多种传递有关食物种类、数量和质量的复杂信号。

07.123 **营养谱**

trophic spectrum

把消费者一生中取食不同营养级上的多种食物类型加以分析和总结。

07.124 **营养结构**

trophic structure

生态系统中生产者、各级消费者和分解者之间的取食和被取食的关系网络。

07.125 **营养级联**

trophic cascade

在多营养级中的自上而下的链式反应。

07.126 **下行控制**

top-down control

又称"下行效应（top-down effect）"。由美国生态学家海尔斯顿（N. G. Hairston）等于1968年提出，较低营养级的种群结构（多度、生物量、物种多样性等）依赖于较高营养级物种（捕食者）的影响。

07.127 **上行控制**

down-up control

又称"上行效应（bottom-up effect）"。较低营养级的密度、生物量等（食物资源）可决定较高营养级的种群结构。

07.128 **生态场**

ecological field

生物与生物之间以及生物与环境之间相互作用形成生态势的时空范围。是由光、温、水、二氧化碳、营养成分等物质性因子构成的作用空间，生态场的物质性是其最基本的属性。

07.129 **生态势**

ecological potential

生态场的基本特征函数。

07.130 **生态场图形**

graph of ecological field

采用生态场绘图方法，直观形象地反映或部分再现相互作用的形成与过程。

07.131 **生物地理理论**

biogeographic theory

主要阐明物种分布大尺度地理格局，以及形成这种分布的原因及其历史的理论。

07.132 **生物矿化**

biomineralization

有机物质在微生物作用下分解，释放能量，转化为简单无机物质的过程。

07.133 **生物能**

biotic energy

太阳能通过绿色植物的光合作用转换成化学能，储存在生物体内部的能量。

07.134 **氢能**

hydrogenic energy

氢原子在高温高压下聚变成一个氦原子反应所产生巨大的能量。是人类社会未来极重要的能源。

07.135 **碳水化合物胁迫**

carbohydrate stress

由于不良环境导致植物体内碳水化合物的稀缺现象。

07.136 **隐花植物种**

cryptogenic species

无花、果及种子等繁殖器官的植物种。它们用孢子进行繁殖。

07.137 **累积效应**

cumulative effect

某些物质被多次吸收进入生物体后产生蓄积、累加作用的现象。

07.138 **凋落物**

litter

又称“枯枝落叶”。最近从植物体上落下的植物物质，覆盖在土壤表面，只有部分分解，其中植物器官可被辨认。

07.139 **凋落物分解**

litter decomposition

凋落物经过代谢、降解变成简单的有机物或无机物的过程。

07.140 **根际**

rhizosphere

由植物根系与土壤微生物之间相互作用所形成的独特圈带。它以植物的根系为中心聚集了大量的细菌、真菌等微生物和蚯蚓、线虫等土壤动物，形成了一个特殊的生物群落。

07.141 **分解作用**

decomposition

有机物质经过代谢降解变成简单的有机和无机物质的过程。

07.142 **分解速率**

decomposition rate

有机物质在单位时间内的分解速度。

07.143 **废物分解**

decomposition of waste

生物的残株、尸体等弃置物，通过碎化、淋溶和降解作用，分解为简单无机物的过程。

07.144 **木质素浓度**

lignin concentration

凋落物或其他植物组织中木质素的含量。

07.145 **木质纤维素降解**

ligocellulose degradation

细菌和真菌对木质纤维素进行分解，使之分解为葡萄糖、二氧化碳和水的过程。

07.146 **粗纤维分解率**

crude fiber resolvability

微生物分解粗纤维生成二氧化碳和水或醇和有机酸的速率。

07.147 **微生物分解**

microbial decomposition

微生物把有机物质经过代谢降解，变成简单有机物或无机物质的过程。

07.148 **反硝化作用**

denitrification

在厌氧条件下，把硝酸盐及亚硝酸盐作为电子受体而生成氮气的过程。

07.149 **生物谱**

biological spectrum

标明某个地区或群落中所有的物种名称及其百分比多度的一个表格。常以植物群落为主要内容。

07.150 **生物量**

biomass

在一定时间内，生态系统中某些特定组分在单位面积上所产生物质的总量。

07.151　**生物量累积比**

biomass accumulation ratio

生态系统的生物量对年生产量的比率。

07.152　**生物量增量**

biomass increment

在一定面积内单位时间干物质增加的量。

07.153　**生物量方法**

biomass method

测定在单位面积或体积内生物物质数量的方法。

07.154　**［生物］生产量**

［biological］production

一定时间内生物产生的有机物质的总量。

07.155　**总生产量**

gross production

个体、种群和群落在单位体积或面积上所形成的有机物质总量。

07.156　**净生产量**

net production

个体、种群或群落所形成的有机物质总量，扣除生物呼吸消耗后，所剩余的有机物质的总量。

07.158　**初级生产量**

primary production

又称“第一性生产量”。生态系统中植物通过光合作用将无机物质转化为有机物质的总量。

07.159　**次级生产量**

secondary production

又称“第二性生产量”。动物采食植物或捕食其他动物之后，经体内消化和吸收，把有机物再次合成的总量。

07.160　**总初级生产量**

gross primary production，GPP

又称“总第一性生产量”。一定时间内绿色植物把无机物质合成为有机物质的总数量或固定的总能量。其中包括同期间植物呼吸所引起的有机物质的消耗量。

07.161　**总次级生产量**

gross secondary production

又称“总第二性生产量”。动物采食植物或其他动物后经过体内消化和吸收把有机物再次合成的数量。包括其呼吸消耗的能量。

07.157　**净初级生产量**

net primary production，NPP

又称“净第一性生产量”。由植物群落的总生产量扣除植物器官呼吸消耗后的剩余量。即一定时间内，以植物组织或其贮藏物质表现出来的蓄积的有机物质数量。

07.162　**净次级生产量**

net secondary production

又称“净第二性生产量”。消费者的个体或种群所形成的有机物质总量扣除呼吸作用所消耗的量，其所剩余的有机物质的总量。

07.163　**被食者生产量**

prey production

被其他生物所食的生物，在一定时间内所产生的有机物质总量。

07.164　**［生物］生产力**

［biological］productivity

单位面积、单位时间内生物群落所产生的有机物质总量。

07.165　**初级生产力**

primary productivity

又称“第一性生产力”。生态系统中植物群落在单位时间内、单位面积上所产生有机物质的总量。

07.166　**次级生产力**

secondary productivity

又称“第二性生产力”。在单位时间内，各级消费者所形成动物产品的量。

07.167　**总初级生产力**

gross primary productivity

又称“总第一性生产力”。单位时间、单位面积内植物把无机物质合成为有机物质的总量或固定的总能量。

07.168　**净初级生产力**

net primary productivity

又称“净第一性生产力”。植物群落的总初级生产力扣除植物呼吸消耗所剩余的有机物的数量。

07.169　**总生产效率**

gross production efficiency

个体或种群在转化为新的生物量过程中所消耗能量的百分比。

07.170　**净地上生产力**

net aboveground productivity，NAP

植物地上部分的总生产力减去单位面积、单位时间内植物呼吸消耗后所剩余的有机物质数量。

07.171　**净生产效率**

net production efficiency

（1）生产量占同化量的百分比。（2）光合同化能量转化为动物生长和发育的比例。

07.172　**现存量**

standing crop

生态系统特定时刻全部活有机体的总重量。

07.173　**现存产量**

standing yield

单位时间（$t_1 \rightarrow t_2$）内生态系统（单位空间）中，生产者的有机物质的生产量。

07.174　**Miami 模型**

Miami model

第一个全球生态系统初级生产量模型。由德国生态学家利思（H. Lieth）于 1972 年根据自然生态系统温度和降水，用最小二乘法建立的全球初级生产量模型。用该模型估算的结果可靠性达 66% ~ 75%。

07.175　**内岛模型**

Chikugo model

日本内岛于 1985 年通过将辐射干燥度与净辐射统计分析拟定出半理论半经验的方法，并综合考虑了诸多因子的作用而建立的模型。该模型是估算自然生态系统植被净初级生产力较好的方法而被广泛应用。

07.176　**林德曼定律**

Lindeman's law

又称“百分之十定律”。由美国学者林德曼（R. L. Lindeman）于 1942 年提出，他认为在生态系统中，一个营养级到另一个营养级的能量转化效率通常为 10% 左右。

07.177　**生态效率**

ecological efficiency

又称“林德曼效率（Lindeman's efficiency）”。n+1 营养级所获得的能量占 n 营养级获得能量之比。它相当于同化效率、生长效率和消费效率的乘积。

07.178　**生长效率**

growth efficiency，GE

又称“生产效率（production efficiency）”。同一营养级的净生产量与同化量的比值。

07.179 **同化效率**

assimilation efficiency，AE

衡量生态系统中有机体或营养级利用能量的效率。

07.180 **消费效率**

consumption efficiency，CE

又称“利用效率（exploitation efficiency）”。一个营养级所消费的能量占前一个营养级的净生产量的百分比。

07.181 **消耗量**

consumption

又称“摄食量（ingestion）”。被食者被消费者所取食的部分。

07.182 **生产力－多样性关系**

productivity-diversity relationship

生态系统群落生产力与多样性之间存在的广泛联系。一个具有中等生产力的生态系统常具有较高的物种多样性。

07.183 **生物量锥体**

pyramid of biomass

又称“生物量金字塔”。在一个生态系统中，生产者的生物量，一般大于食草动物的生物量，食草动物的生物量一般又大于食肉性动物的生物量，形成一个金字塔状。有时呈倒置状。

07.184 **能量锥体**

pyramid of energy

又称“能量金字塔”。在一个生态系统中能量通过营养级逐级减少，如果把通过各营养级的能流量，由低到高制成图，就成为一个金字塔状，称为能量锥体。

07.185 **数量锥体**

pyramid of numbers

又称“数量金字塔”。在一个生态系统中，生产者的数量总是大于食草动物，食草动物的数量又大于食肉动物，而顶级食肉动物的数量，往往是最小的，这样就形成金字塔状。多呈倒置状。

07.186 **生态锥体**

ecological pyramid

又称“生态金字塔”。是生物量锥体、能量锥体和数量锥体三者的合称。

07.187 **边缘效应理论**

edge effect theory

该理论认为两种生境交汇处或者两类生态系统的过渡带，此处由于异质性高，往往潜藏着重要资源和许多特殊物种，即导致物种多样性高。

07.188 **热动态**

thermodynamics

能量（热）流动及能量从一种形式转换为另一种形式的全过程。

07.189 **年热能收支**

annual heat budget

一个生态系统全年中热量的输入和输出的统计分析。

07.190 **辅助能**

auxiliary energy

生态系统由外部环境输入除太阳能以外的风能、海洋能、地热能等。

07.191 **能质**

energy quality

能量的性质，其大小用能值表示。

07.192 **能值**

emergy

又称“体现能（embodied energy）”。由美国生态学家奥德姆（H.T. Odum）于1986年创立，他认为：一种流动或贮存的能量中所包含的另一种类别能量的数量，称为该能量的能值。如属不同类的能，一般可以按照其产生或作用过程中直接或间接使用的太阳能的总量来衡量，以其实际能含量乘以太阳能转化率来比较。

07.193 **能谱**

energy spectrum

用以表征生态系统能量分配格局和动态的图。纵坐标表示能流的数量，横坐标表示能量的质量。

07.194 **新质**

emergent property

又称“新生特性”。多个组分结合形成整体的生态系统，出现了各组分单独存在时所没有的特点和性质。

07.195 **能量**

energy

生命系统的基础和生态系统的动力，一切生命活动都存在着的能量流动和转化。

07.196 **能量分析**

energy analysis

以能量作为共同尺度，对系统中能量的流动、转化和储存等过程所进行的分析和研究。

07.197 **能值分析**

emergy analysis

以能值为基准，把生态系统或生态经济系统中不同种类、不可比较的能量转换成同一标准的能值来衡量和分析，评价其在系统中的作用和地位。

07.198 **能值转换率**

emergy transformity

单位能量（*J*）或物质（*g*）所具有的能值。它是从生态系统食物链和热力学原理引申出来的重要概念，是衡量不同类别能量的能质的尺度。

07.199 **有效能**

available energy

具有做功能力的潜能，其数量在做功过程中减少。

07.200 **太阳能值**

solar emergy

任何流动或储存的能量所包含太阳能的数量即为该能量的太阳能值。任何能量均始于太阳能，故以此作为标准。

07.201 **太阳能值转换率**

solar transformity

单位能量（物质）所含的太阳能值之量。

07.202 **能值功率**

empower

单位时间内的能值流量。

07.203 **能量等级系统**

energy hierarchy

生态系统及组分的能量具有的等级层次的关系。

07.204 **能量收支**

energy budget

在一个生态系统中的能量收入、使用和损失的估算。

07.205 **能量守恒**

energy conservation

能量可由一种形式转化为其他形式的能量，其总量不变。

07.206 **能量消耗**

energy dissipation

能量在营养级间转化过程中的耗损与散失。

07.207 **能[量]流[动]**

energy flow

从太阳能被生产者(绿色植物)转变为化学能开始，经过食草动物、食肉动物和微生物参与的食物链而转化，从某一营养级向下一个营养级过渡时部分能量以热能形式而失掉的单向流动。

07.208 **单向能流**

one way flow of energy

能量以光能的状态进入生态系统后，就不能再以光的形式存在，而是以热的形式不断地逸散于环境之中的不可逆的流动。

07.209 **能流假说**

energetic hypothesis

该假说认为只要有较高的初级生产力的系统，食物链就有可能变得更长。

07.210 **能流通道**

energy flow pathway

生态系统中能量流动的渠道——食物链。

07.211 **能流速率**

energy flow rate

单位时间（$t_1 \rightarrow t_2$）能量流经生态系统的平均速度。

07.212 **能量流通**

energy flux

生态系统中能量在不同营养级生物内或生物间以单一方向流动和传递的状态和变化。

07.213 **能量分配**

energy partition

太阳辐射能进入生态系统后，能量通过不同营养级，进入各组分的流动、转化、储存等一系列量化过程。

07.214 **能量库**

energy sink

能量被吸收储存的集中场所。

07.215 **辅加能量**

energy subsidy

又称“能量补助”。对一个生态系统补加除太阳能以外的其他能量（水肥、农药等）。

07.216 **能量符号语言**

energy symbol language

由美国生态学家奥德姆（H.T.Odum）于 1983 年创建的一整套能量的符号语言，用于描述复杂的生态系统。

07.217 **能量转化者**

energy transformer

又称“能量转换器”。生态系统中进行着能量传递和转化的各类生物。

07.218 **能量枯竭**

energy drain

生态系统由于耗散和其他一些胁迫所引发能量极度耗尽的现象。

07.219 **能量流程图**

energy-flow diagram

生产者、消费者、分解者之间的输送能量、物质的流动方向及其流量的图式。

07.220 **能量转化率**

energy transformation ratio

某营养级所固定的能量与前一营养级所持有的能量之比。

07.221 **能量利用系数**

utilization coefficient of energy

生态系统中输出能量与输入能量的比率。

07.222 **平衡状态**

equilibrium state

生态系统处于或接近于成熟期，系统中能量和物质的输入和输出趋于相等的状态。

07.223　**物质循环**

mater cycle，material cycle

又称“物流（matter flow，material flow）”。地球表面物质在自然力和生物活动作用下，在生态系统内部或其间进行储存、转化、迁移的往返流动。

07.224　**生物地球化学循环**

biogeochemical cycle

化学物质在生物圈中的生物部分与非生命环境之间的转移、转化等往返过程。

07.225　**生物地球化学效应**

biogeochemical effect

生物地球化学循环对生态系统所产生的复杂作用和影响。

07.226　**生物地球化学过程**

biogeochemical process

物质在自然界岩石圈、水圈、大气圈和生物圈中的循环过程。

07.227　**生物地球化学反应**

biogeochemical reaction

生态系统对生物地球化学循环产生多方面的影响和作用。

07.228　**水循环**

hydrological cycle

大气降水通过蒸发、蒸腾又进入大气的往返过程。全球水循环是由太阳能驱动的，水是地球上一切物质循环和生命活动的介质，没有水循环，生态系统就无法启动，生命就会死亡。

07.229　**气态物循环**

gaseous type cycle

又称“气体型循环”。氮、二氧化碳和氧等气体元素的循环。流动性较大，在生物地球化学循环中与大气和海洋密切相关，不会发生元素过分聚集或短缺的现象。

07.230　**气体调节**

gas regulation

自然生态系统在不同空间尺度上对大气化学成分产生的效应，它有利于生物的生存。

07.231　**碳循环**

carbon cycle

绿色植物（生产者）在光合作用时从大气中取得碳，合成为碳水化合物，然后经过消费者和分解者，通过呼吸作用和残体腐烂分解，碳又返回大气的过程。

07.232　**氮循环**

nitrogen cycle

氮在大气、土壤和生物体中迁移和转化的往返过程。大气是最大的氮气（N_2）库，但一般生物不能直接利用大气中的氮，必须通过高能、生物和工业三个主要途径固氮。

07.233　**沉积型循环**

sedimentary cycle

主要是磷、钾、钠、镁等元素的循环。这些物质主要以固体状态参与循环，其主要储存库是岩石、土壤和沉积物。

07.234　**磷循环**

phosphorus cycle

在生物地球化学循环中，磷几乎没有气态成分，主要以固态成分依赖于缓慢的地质过程和人类活动而流动的过程。

07.235　**硫循环**

sulfur cycle

硫在大气、土壤和生物体中迁移和转化的往返过程。

07.236 **矿物质循环**

mineral cycle

矿物质在环境、生态系统中的生产者、消费者和分解者之间传递和循环过程。

07.237 **矿化作用**

mineralization

在生态系统的分解过程中，无机的营养元素从有机物中释出的过程。

07.238 **物质良性循环**

element beneficial cycle

生态系统通过物种共生和物质不断循环，朝向高效、无污染和可持续的方向发展的过程。

07.239 **物质收支**

material budget

生态系统单位时间中物质不断输入和输出的统计分析。

07.240 **汞循环**

Hg cycle

汞在大气、降水、生物、土壤、湖泊、河流和海洋中转移的循环系统。

07.241 **硝化作用**

nitrification

化能菌将氨化物和氨转化为硝酸根（NO_3^-）或亚硝酸根（NO_2^-）离子的过程。

07.242 **固氮作用**

nitrogen fixation

由物理—化学过程（闪电）和微生物把大气中的氮转变为硝态氮、亚硝态氮和铵态氮的过程。

07.243 **氮状况**

nitrogen status

自然生态系统氮循环的基本状态以及人类活动对氮循环的影响。

07.244 **固氮生物**

diazotroph

又称“氮养生物（diazotrophic organism）”。能把大气中的氮合成为含氮有机化合物的生物。

07.245 **循环库**

cycling pool

在生物地球化学循环过程中，某种元素集合达到一定数量的场所。

07.246 **交换库**

exchanging pool

生物因子（如植物库、动物库等）所在的场所。容量小、活跃。

07.247 **储存库**

reservoir pool

非生物因子（如岩石、沉积物等）所在的场所。容积大，活动慢。

07.248 **有机碳库**

organic carbon pool

有机物质的集中场所。

07.249 **干湿循环**

wetting-drying cycle

物质在生物地球化学循环中，有时以干，有时以湿或者以干干湿湿的状态出现。

07.250 **非保持流通**

nonconservative flux

元素在生物地球化学循环中，在生物体及环境介质中进行不断的流动和交换。

07.251 **失汇**

missing sink

元素在生物地球化学循环中，部分下落不明的现象。

07.252 **养分**

nutrient

生物在生长发育过程中不断地吸收、摄食赖以生存的各种物质。

07.253 **养分有效性**

nutrient availability

能够被植物吸收利用的养分性质。一般指水溶性、交换性和易活化的养分。

07.254 **养分平衡**

nutrient balance

生态系统在某一时间，养分（单种或多种）输入与输出量基本相等的状态。

07.255 **养分流**

nutrient flow

生态系统中养分以一定数量由一个库转移到另一个库的过程。

07.256 **营养输出**

nutrient export

营养物质通过水、风、气体和动植物的收获物等途径，由生态系统移出的过程。

07.257 **养分收支**

nutrient budget

生态系统中的养分在养分库中的输入与输出的比较。

07.258 **平衡等值线**

equilibrium isoline

一定时间或一个区域中，水、氮等可利用性元素在生物地球化学循环中所具有输入输出数值的等值线，显示生态系统中动态的平衡性。

07.259 **自溶**

autolysis

动植物尸体、残株和粪便等不经过微生物的作用就能释放出营养物质的现象。

07.260 **周转**

turnover

进入生态系统的物质的通过量与总存量之比。

07.261 **周转率**

turnover rate

流通率与库中营养物质总量之比。

07.262 **流通率**

flow rate

物质或能量在单位时间、单位面积（或单位体积）内的转移量。

07.263 **营养周转率**

nutrient turnover rate

流通率与存在于生态系统营养物质的储存量的比率。

07.264 **自然周转率**

natural turnover rate

生态系统的物质在自然的过程中的流通量与总存量之比。

07.265 **周转期**

turnover time

又称“周转时间”。周转率的倒数即为周转期。

07.266 **滞留时间**

residence time

分室大小对于通过分室的流的比率，以时间单位表示，是能量或物质在分室中停留的时间。

07.267 **循环指数**

recycle index

生态系统中营养物质再循环量与通过总量的比率。

07.268　**输出环境**

output environment

接纳生态系统向外送出物质、能量的场所。

07.269　**输入环境**

input environment

向生态系统内送入物质、能量的场所。

07.270　**植物功能型**

plant functional type

由具有确定的植物功能特征的一系列植物组成，是研究植被随环境动态变化的基本单元。目前广泛用来寻找全球变化中不同尺度上植物有机体与环境相互作用的普遍模式。

07.271　**形态 – 功能关系**

form-function relationship

有机体或群落的物理化学特征与形态和结构的关系。

07.272　**功能收敛假说**

functional convergence hypothesis

任何一种资源的短缺，会导致植物调节其对光的获取，因而光的俘获可当作资源状况二氧化碳同化的生物化学能力的整合器。

07.273　**地质过程**

geological process

地球物质的发生、形成、变化和破坏以及与这些事件形成有关的过程。

07.274　**物质流通率**

ratio of material flow

生态系统中的物质在单位时间、单位面积或体积的移动量。

07.275　**组织流动与转化理论**

tissue flow and turnover theory，TFT theory

由新西兰生态学家霍奇森（J. Hodgson）等人提出，他认为草地植物的生长与积累、家畜对植物的利用和畜产品的生产是草地放牧生态系统物质循环的三个主要转化环节，各环节既相互独立又相互影响。

07.276　**热源**

heat source

放出或吸入一些热量一般并不引起温度发生变化的系统。太阳就是各类生态系统最终的热源。

07.277　**信息流**

information flow

生态系统中产生着大量、复杂的信息，经过信道不断运送和交流汇成了信息流。

07.278　**信息容量**

information capacity

信道在单位时间内运送、传递的最大信息量。

07.279　**信息量**

information content

信源消除信宿不确定性所需要的量，是信息定量表征。

07.280　**信息反馈**

information feedback

信息从信源发出，经信道传递到信宿，有一部信息回授给输出端的过程。

07.281　**信息处理系统**

information processing system

为了不同目的而实施的对信息进行的加工和变换。

07.282　**信息再生**

information regeneration

一个利用已有的信息来产生信息的过程，即由客观信息转变为主观信息为主的过程。

07.283 **有信息的贝叶斯决策方法**

information Bayes decision method

以贝叶斯定理为基础的一种统计模式识别决策的方法。它按照统计期望值对备选方案做出比较和评价，实现决策最优化。

07.284 **界面**

interface

又称“接触面”。两个或多个不同物相之间的分界面。如气 / 水界面。

07.285 **生态系统边界**

ecosystem boundary

生态系统与环境的分界线。边界的确定既要考虑能量与物质的输入输出，也要注意植物群落的巨大变化，在空间尺度上作调整。边界的划定是实施生态系统管理的关键要素之一。

07.286 **生态系统结构**

ecosystem structure

生态系统生物和非生物组分保持相对稳定的相互联系，相互作用而形成的组织形式、结合方式和秩序。

07.287 **生态系统功能**

ecosystem function

又称“生态系统过程（ecosystem process）”。生态系统整体在其内部和外部的联系中表现出的作用和能力。随着能量和物质等的不断交流，生态系统也产生不断变化和动态的过程。

07.288 **生态系统复杂性**

ecosystem complexity

生态系统由大量单元组成，单元之间存在大量非线性联系，形成具有开放性、自维持、自调控功能的极其复杂的网络系统。

07.289 **生态系统整体性**

ecosystem holism

生态系统是一个整体的功能单元，其存在方式、目标和功能都表现出统一的整体性，是生态系统最重要的特征之一。

07.290 **生态系统不确定性**

ecosystem indeterminacy

生态系统的随机性和不可预知性。

07.291 **生态系统稳定性**

ecosystem stability

生态系统抵抗外界环境变化、干扰和保持系统平衡的能力。

07.292 **生态系统动态**

ecosystem dynamic

生态系统在发育过程中，生物群落不断发生变化，使生态系统的外貌和内部结构发生不断演变的过程。

07.293 **动态稳定状态**

dynamic steady state

进入生态系统的能量和物质与输出的量处于相对平衡的状态。

07.294 **生态冲击**

ecological backlash

又称“生态报复（ecological boomerang）”。人类对自然生态系统干扰、破坏，常常造成始料未及的有害后果，抵消了原计划想得到的效益，环境恶化甚至产生了人们难以处置的灾难。

07.295 **生态系统开发**

ecosystem exploitation

人类对生态系统适度的开采和利用。

07.296　**生态系统化学计量**

ecosystem stoichiometry

测算生态系统内产生的化学反应与产物间的定量关系。

07.297　**生态平衡**

ecological balance

生态系统处于成熟期的相对稳定状态，此时，系统中能量和物质的输入和输出接近于相等，即系统中的生产过程与消费和分解过程处于平衡状态。

07.298　**生态系统进化**

ecosystem evolution

生态系统在地球环境逐步发展、改善中形成的演变过程。

07.299　**生态系统发育**

ecosystem development

生态系统从幼年期到成熟期的发育过程。

07.300　**生态系统演替**

ecosystem succession

在同一空间内，一类生态系统被另一类生态系统替代的过程。

07.301　**干扰**

disturbance

在不同空间和时间尺度上偶然发生的，不可预知的自然事件。它直接影响着生态系统的演变过程并具有破坏性。

07.302　**土壤物理干扰**

soil disturbance

土地的翻耕、平整等的干扰，对农业生态系统影响较小，对自然生态系统影响较大。可导致地表粗糙度增加，有利于外来种的入侵，并减少物种丰富度。

07.303　**扰动**

perturbation

一般是指系统在正常范围内的波动。它往往有一定的规律可循，并具有可预知性，为一般意义上的环境波动行为。

07.304　**生物扰动**

bioturbation

由生物引起的生物多样性丧失或生态系统结构和功能的破坏。

07.305　**蝴蝶效应**

butterfly effect

初始值的极微小的扰动就会造成系统巨大变化的现象。

07.306　**恢复力**

resilience

又称“弹性”。生态系统维持结构与格局的能力，即系统受干扰后恢复原来功能的能力。

07.307　**抵抗力**

resistance

又称“抗性”。生态系统受到干扰后产生变化的大小。为衡量系统受外界干扰而保持原状的能力。

07.308　**局域稳定性**

local stability

描述生态系统在经受一小干扰后回复到原来状态的能力。

07.309　**全域稳定性**

global stability

描述生态系统在经受一较大干扰后回复到原来状态的能力。

07.310　**脆弱性**

fragility

生态系统抗外界干扰能力低、自身稳定性差，在环境改变不大的条件下保持稳定的状态。

07.311　**强壮性**

robustness

生态系统在环境急剧的大变化中保持稳定的状态。

07.312　**恒定性**

constancy

在特定时间内，生态系统的物种数量、结构、群落配置或环境的物理特征等参数没有发生变化的特性。

07.313　**持久性**

persistence

生态系统在一定边界范围内，保持恒定或维持某一特定状态的持续时间。

07.314　**滞后性**

hysteresis

干扰移走后系统的恢复时间。

07.315　**活力**

vigor

生态系统的能量输入和营养循环容量。具体指标是生态系统的初级生产力和物质循环等。在一定范围内，能量输入越多，物质循环越快，活力就越高。

07.316　**整体活力**

overall activity

生态系统具有结构与功能的基本指标和多项服务的能力。

07.317　**惯性**

inertia

生态系统对外部的干扰，如风、火、食草动物及病虫害的数量剧增等干扰时，仍能保持干扰前的状态。

07.318　**稳态**

homeostasis

生态系统在面对变化着的外部条件下，能保持稳定的内部状态。

07.319　**基［础］态**

ground state，base state

表明生态系统是处于最初的、基本的状态。

07.320　**生物整体性指数**

index of biotic integrity

根据鱼类群落诸多特征，概括出的生物指数。对河流生态系统状况能做出客观的评估。

07.321　**长期生态研究**

long-term ecological research，LTER

对那些长期处于动态的、周期性的过程和现象或者是复杂的现象和过程进行长期的生态学的观察和研究。

07.322　**清晰边界带**

limes convergens

又称“限量趋同”。草原生态系统中一个物种个体数量集中，形成高密度的局部样带，与周围低密度区存在明显的差别。

07.323　**模糊边界带**

limes divergens

又称“限量趋异”。草原生态系统中高密度样带与低密度区之间有逐渐过渡的分布区域，使两者之间界限不明显。

07.324　**边缘意愿**

marginal willingness

对于自然生态系统提供的生物多样性或服务，个人愿意支付的金钱。

07.325　**最大流量问题**

maximal flow problem

生态系统中能量、物质、物种和信息等流经网络时，在一特定条件下，要求达到最大流量的问题。

07.326　**最大动力原理**

maximal power principle

又称“最大功率原理”。生态系统发育中，获得更多的能量，并使全部有用的能量发挥最大作用的原则。

07.327　**机会代价**

opportunity cost

又称“择机代价”。由于选择一种方案而放弃另一种方案的收益。

07.328　**物理信号**

physical signal

用来载荷信息和表示信息的符号、状态和标志的物理媒介。

07.329　**不稳定平衡**

unstable balance，unstable equilibrium

生态系统的输入和输出，生产和呼吸之间存在较大差距，稍受干扰就会发生大的动荡而不能保持平衡的状态。

07.330　**火促草类**

fire-enhancing grasses

生长在高频率火灾发生的环境中，形态和生理生态方面有独特适应的草本植物。

07.331　**火使用制度**

fire regime

又称“火状况”。主要指火频率、火强度、发生季节、时间、火烧的时空格局和火烧深度等。

07.332　**火成因子**

fire-generated factor

草原火烧一次性产生的衍生现象和结果，如光照、热量和烟雾等。

07.333　**林冠火**

crown fire

又称“野火（wildfire）”。林冠燃烧的、失控的大火，强度非常剧烈，通常能破坏所有植被。

07.334　**表火**

surface fire

又称“低强度的火灾”。主要燃烧地表凋落物等易燃物质的火灾。有利于植物体的分解作用，对于一些耐火性强的物种有促进其发展的作用。

07.335　**外来侵入种**

alien invasive species

当外来物种在自然或半自然生态系统中建立了种群，改变或威胁本地物种多样性时，就成为外来侵入种。

07.336　**外来植物**

alien plant

出现在其历史上自然分布范围之外的植物。

07.337　**诊断测试**

diagnosis test

测试胁迫生态系统的反应变量，以进一步判定系统病症及其发展趋势。

07.338　**雏菊世界模型**

daisay world model

由英国化学家洛夫洛克（J. E. Lovelock）和英国生态学家沃森（A. J. Watson）于1983年提出，认为盖娅（Gaia）假说和协同进化理论并不互相排斥，当外界不需要调节时，生物有机体并不额外地调节其环境。

07.339 **自然资本**

natural capital

自然生态系统所提供的各种财富。如金属矿产、能源、农业耕地等。

07.340 **自然更新**

natural regeneration

通常指植物自然地繁衍后代，由幼苗、幼株成长后替代老熟植物的过程。

07.341 **自然服务**

nature's service

地球上众多自然生态系统产生的物质及其维持良好的生态条件与环境状态，对人类所产生的各种公益服务。

07.342 **生态系统恢复**

ecosystem restoration

通过人工措施，使受损生态系统恢复合理的结构和功能，使其达到能够自我维持的状态。生态恢复有狭义和广义两种含义。狭义的生态恢复是指恢复到受损前生态系统的原貌；广义的生态恢复是再建一个与原先不同的、但与当地环境相适应的、符合发展要求的生态系统。

07.343 **生态系统重建**

ecosystem rehancement，ecosystem reconstruction

将生态系统现有的状态进行改善，增加人类所期望的某些特点，降低某些人类所不希望的自然特点，改善的结果使生态系统远离其初始状态，但能提供更多的生态服务功能。

07.344 **生态系统修补**

ecosystem remedy

对受损生态系统的受损部分进行修复，使其恢复原有的结构和功能。

07.345 **生态系统改建**

ecosystem rehabilitation

将生态系统恢复和生态系统重建措施有机结合起来，对受损系统进行改进，以改进某些人类期望的结构与功能，使不良状态得到改善。

07.346 **生态系统改进**

ecosystem enhancement

对原有受损的生态系统进行人为改善，以提高某方面的结构和功能。

07.347 **生态系统管理**

ecosystem management

具有明确和可适应的目标，通过政策、协议和实践活动而实施的对生态系统的管理。

07.348 **可适应的生态系统管理**

adaptive ecosystem management，AEM

由于现有的生态系统生态学知识的限制，对任何一次管理活动都应视为是一种试验，并对后果进行评估、比较，然后再设计，再进行新的实验，使之不断完善。

07.349 **生态系统过获**

ecosystem overharvesting

人类对陆地、水体生态系统生物资源进行过度的收获，其主要后果是物种消失。

07.350 **生态系统健康**

ecosystem health

生态系统没有病患反应，稳定且可持续发展，即生态系统随着时间的进程有活力并且能维持其组织及自主性，在外界胁迫下容易恢复。

07.351 **生态系统再植**

ecosystem revegetation

恢复生态系统的部分结构和功能，或恢复当地原来土地利用方式。

07.352 **生态系统服务**

ecosystem service

又称“生态系统公益（ecosystem benefit）”。是指生态系统为人类社会的生产、消费、流通、还原和调控活动提供的有形或无形的自然产品、环境资源和生态损益的能力。

07.353 **生态系统服务价值**

value of ecosystem service

对生态系统的服务和自然资本用经济法则所做的估计。美国学者科斯坦萨（Costanza）等人首先作了尝试。据估计，其总价值每年平均至少为 33 万亿美元（按 1994 年价格计算）。

07.354 **生态系统服务功能**

ecosystem service function

生态系统在能流、物流的生态过程中，对外部显示的重要作用。如改善环境，提供产品，等等。

07.355 **生态系统服务功能维持**

maintenance of ecosystem service

是人类评价生态系统健康与否的一条重要标准。一般是对人类有益的方面，如降解有毒化学物质，净化水，减少水土流失等，不健康的生态系统的上述服务功能的质和量均会减少。

07.356 **淡水生态系统服务**

freshwater ecosystem service

淡水生态系统是重要的水资源库，给人类提供用水，并向集水区、含水岩层供水，促进物质循环，调节气候和维护良好的水域环境。

07.357 **生态系统综合评估**

integrated ecosystem assessment，IEA

对生态系统进行健康诊断，并对其生产及服务能力做出综合的生态和经济分析，对今后的发展趋势做出评价。

07.358 **千年生态系统评估**

millennium ecosystem assessment

2000 年结束，联合国呼吁要对全球生态系统的过去和目前“自然的、社会的、生态的、经济的以及利用的自然资源”作认真调查、研究和评估，使可持续发展成为现实。

07.359 **管理模式**

management model

对生态系统进行管理流程特点的简要描述。主要包括：健康评估要点、监测指标、管理步骤、方法以及总的管理目标等。

07.360 **外部输入减少**

reduced subsides

生态系统被管理的过程中减少了依赖于外部物质输入的现象。是生态系统健康标准之一。健康的生态系统对肥料、农药等输入会大量减少。

07.361 **整体管理**

holistic management

对系统的人力、物力、资金、信息和环境等从整体意义上进行安排，充分发挥各组分及其系统整体的功能，以保证所期望的最佳效果。

07.362 **多目标规划**

multiple objective program

生态系统管理中，为了同时达到两个或两个以上的目标，需要在许多可行性方案中进行选择的整个过程。

07.363 **侵蚀控制**

erosion control

通过生物和工程等措施有效地防治风、水等外营力对地表土层的冲刷和破坏。

07.364 **外植体**

explant

将一些生物体移植于人工控制的条件下，以观测对环境变化的反应，此生物体即为外植体。

07.365 **化学物质归宿**

fate of chemical

无机和有机化合物在生态系统中不同时空的分布、迁移、转化及其分解和消失。

07.366 **服务流**

flow of service

生态系统产生了许多物质资源和良好的生存环境，给人类提供了源源不断的公益性的服务。

07.367 **森林产品及服务**

forest goods and services

又称“森林服务公益”。森林生态系统保持着最高的物种多样性和基因库，给人类提供物质资源，调节气候、保护环境，维持了良好的自然环境。

07.368 **增量价值**

incremental value

一个生态系统价值随着组分、物种和环境质量等因素的增加而提升。

07.369 **伦理价值**

ethical value

用伦理法则对生物资源进行的个人和社会的评价。

07.370 **生态伦理观**

eco-ethics

人与自然之间整体协调发展关系的行为准则，是人对自然界应遵守的行为准则。

07.371 **战略环境评价**

strategic environmental assessment，SEA

以生态学规律和理论在战略层次上，对法规、政策、计划、规划及各种替代方案作为环境影响的综合分析和评价。

07.372 **土地健康**

land health

土地具有自我更新的能力，稳定的生产力以及足够的肥力以保持服务功能的状态。

07.373 **土地处理系统**

land treatment system

利用土地进行着各种物理、化学和生物的作用，对污染物进行分解、转化和吸收。

07.374 **土地利用改变**

land use change

人类根据土地的位置、性质和类型，改变经营特点和利用方式。

07.375 **土地利用格局**

land use pattern

人类社会所利用土地的分类面积、权属及其分布状况。通常是按土地的经济用途划分，如耕地、园地、林地等。

07.376 **最大持续产量**

maximal sustainable yield，MSY

又称“最大持续收获量”。人们在不减少种群大小时，可以从种群中获得个体的最大收获量。即在最大持续产量时，补充量等于或超过收获量。

07.377 **最大经济产量**

maximum economic yield，MEY

又称“最大经济收获量”。对于正处于密度下降的种群应采用降低收获努力的对策。即在低于最大持续产量收获努力的一个最适经济努力水平下，获得的收获量，就称为最大经济产量。

07.378 **动态库模型**

dynamic pool model

又称“补充群体模型”。考虑了不同年龄组的出生率、生长和死亡率等之间相互关系的一种数学模型。能较好地指导渔业生产，调整捕捞强度和产量的预测等。

07.379 **预判**

prognosis

根据生态系统所表现出的症状，结合过去的历史和现状，对生态系统未来和发展做出事先的断定。

07.380 **快速诊断测试**

quick diagnosis test

在生态系统退化症状未出现前就对生态系统做出程序化的诊断测试，尽早提出治疗方法。如水域富营养化。

07.381 **空间协调**

reconciling spatial scale

对被人为分割的生态系统，加以调整，使之形成整体的生态系统。

07.382 **时间协调**

reconciling temporal scale

对不同时间和空间发生着的各种生态过程，必须顺应时间进行管理。

07.383 **土壤健康质量**

soil health quality

土壤维持生产力，维持土壤环境质量和促进生物健康的能力，是土壤系统健康的主要标志。

07.384 **资源管理决策**

resource management decision

从社会经济持续发展的目标出发，制定实现资源优化配置和代际公平的开发、利用和保护的决策。

07.385 **存留标准**

retention standards

为保证生态系统的永续性，有针对性地规定一系列保留的标准。如对某一区域规定在演替后期的丰度和生物多样性的要求。

07.386 **报偿反馈**

reward feedback

保护大自然的投资将在经济上产生巨额回报。

07.387 **风险分析**

risk analysis

对可能遇到的自然环境的灾难和危害的潜在频率和后果，所提出的各种备选方案，做出评估和分析。

07.388 **河流连续体概念**

river continuum concept

预测沿温带河流长度而发生的自然结构、优势生物和生态系统过程变化的一种模式。即在源头或近岸边，生物多样性较高；在河中间或中游因生境异质性高，因而生物多样性最高，在下游因生境缺少变化而生物多样性最低。

07.389 **自我设计与人为设计理论**

self-design versus design theory

自我设计理论认为只要有足够的时间，退化生态系统将根据环境条件合理地组织自己并会最终改变其组分；而人为设计理论认为，通过工程方法和植物重建可直接恢复退化生态系统，但恢复的类型可能是多样的。

07.390 **土壤呼吸率**

soil respiration rate

单位时间未扰动土壤中产生二氧化碳的数量。

07.391 **土壤服务**

soil service

是指土壤是产粮基地，将潜在病原物无害化，大量动植物栖息地，净化人类生存环境等能力。

07.392 **可持续管理**

sustainable management

对资源的管理不仅满足短期利益，更要着眼于长远的利益。

07.393　**可持续利用**

sustainable use

对可更新资源的利用以不导致环境及资源退化为前提，进行科学地、适当地利用。

07.394　**流域管理**

watershed management

作为水系集水区要加强流域整治、环境治理、各种资源的适量开采和保护，并提出趋势预测。

07.395　**流水生境管理**

riparian habitat management

重点保护流水生境的特定属性，发挥水陆组带作用，做好水生生物和流水的相互关联性，流水资源合理利用和水文整治工作。

08. 景观生态学

08.001 **景观**

landscape

人类尺度上、具有空间可量测性，由不同生态系统类型所组成的异质性地理单元。

08.002 **狭义景观**

landscape in narrow sense，special landscape

由不同生态系统或土地利用类型所组成的异质性地理单元，其范围通常为几千米到几百千米。

08.003 **广义景观**

landscape in broad sense，general landscape

从微观到宏观的各个尺度上，为人类或生物所感知，具有异质性的空间单元。

08.004 **景观单元**

landscape cell，landscape unit

在特定空间分辨率下能够分辨的最小均质多边形。通常是景观制图中表达的最小单元。

08.005 **景观组分**

landscape component

构成景观类型的气候、土壤、植被等特征组分。

08.006 **景观要素**

landscape element

景观镶嵌体水平上可以辨识的空间要素或相对均质单元。一般认为有斑块、廊道和基质三大要素。

08.007 **斑块**

patch

与周围环境在外貌或性质上不同，并具有一定内部均质性的空间单元。景观尺度上的斑块通常为某一生态系统。

08.008 **干扰斑块**

disturbance patch

由局部性干扰（如树木死亡、小范围火灾）事件形成的与周边基质不同的斑块。

08.009 **残余斑块**

remnant patch

在大规模干扰事件影响下，动植物群落在本底上残留下来的斑块。

08.010 **引入斑块**

introduced patch

由于人类活动或新物种的引进，形成与周边基质环境不同的斑块。

08.011 **功能斑块**

functional patch

对一定的功能而言有同质特性的斑块。

08.012 **环境资源斑块**

environment resource patch

由于环境条件或资源的差异，形成的与周边基质不同的斑块。

08.013 **源斑块**

source patch

在生物地球化学循环中，其生态流经常处于输出部位的景观斑块类型。

08.014 **汇斑块**

sink patch

在生物地球化学循环中，其生态流经常处于输入部位的景观斑块类型。

08.015 **斑块属性分析**

patch attribute analysis

对景观内各斑块的大小、形状、属性、成因等所做的系统分析。

08.016 **斑块形状指数**

patch shape index

用斑块周长除以同面积的圆周长所表示的指数。

08.017 **斑块－廊道－基质模式**

patch-corridor-matrix model

描述景观空间结构的一种拓扑学模式。

08.018 **斑块动态理论**

patch dynamic theory

强调空间异质性及其生态学成因和机制，突出斑块组分及其动态特征的理论。

08.019 **廊道**

corridor

景观中为不同类型生境围绕的线形或带状的景观单元。

08.020 **基质**

matrix

面积最大、连通性最好、在景观功能上起控制作用的景观要素。

08.021 **景观结构**

landscape structure

景观组分的类型、多样性及其空间关系。

08.022 **空间格局**

spatial pattern

生态或地理要素的空间分布与配置。

08.023 **景观格局**

landscape pattern

景观组成的类型、数目及其时空分布。

08.024 **景观镶嵌体**

landscape mosaic

由不同类型的廊道、斑块和基质构成的异质性景观。

08.025 **景观异质性**

landscape heterogeneity

景观系统空间结构的不均匀性及复杂程度。

08.026 **景观多样性**

landscape diversity

由不同类型景观要素或生态系统构成的景观，在空间结构、功能机制和时间动态方面的复杂性和变异性，反映了景观的复杂程度。

08.027 **景观稳定性**

landscape stability

景观在受到干扰后，保持平稳不变和维持原貌的能力。

08.028 **尺度**

scale

观测或研究对象的物体或过程的空间分辨率和时间单位，通常以粒度和幅度来表达。

08.029 **大尺度**

broad scale，large scale

根据时空范围或分辨率对生态系统组织水平的判别，通常指景观、区域以至全球尺度。

08.030 **小尺度**

fine scale

根据时空范围或分辨率对生态系统组织水平的判别，通常指景观以下的斑块及更小的尺度。

08.031 **粒度**

grain

景观空间图像中能识别的最小面积单元。

08.032 **幅度**

extent

研究对象在时、空尺度上的持续范围。

08.033 **粗粒景观**

coarse-grained landscape

具有大尺度组分，斑块平均面积一般大于 1ha 的景观。

08.034 **细粒景观**

fine-grained landscape

具有小尺度组分，斑块平均面积一般小于 1ha 的景观。

08.035 **尺度效应**

scale effect

由于尺度不同研究对象特征所产生的相应变化。

08.036 **尺度推绎**

scaling

又称“尺度转换”。利用某一尺度上所获得的信息或知识来推测其他尺度上的变化规律。

08.037 **尺度下推**

scaling down

利用大尺度上所获得的信息或知识来推测小尺度上的变化规律。

08.038 **尺度上推**

scaling up

利用小尺度上所获得的信息或知识推测大尺度上的变化规律。

08.039 **格局指数**

pattern index，pattern metrics

刻画景观空间格局的定量指标，包括景观要素特征指标和景观异质性指标。

08.040 **景观指数**

landscape index，landscape metrics

高度浓缩空间格局信息，反映景观结构组成和空间配置特征的定量指标。

08.041 **景观丰富度**

landscape richness

景观中景观类型的丰富程度，一般与景观类型的数量有关。

08.042 **蔓延度**

contagion

又称“聚集度”。反映景观中不同斑块类型分布的非随机性或聚集程度。

08.043 **景观形状指数**

landscape shape index

计算整个景观内斑块形状特点的指数。

08.044 **平均斑块面积**

mean patch area

景观中所有斑块或某一种斑块的平均面积。

08.045 **斑块数**

patch number

景观中所有斑块或某一种斑块的数量。

08.046 **平均斑块周长**

mean patch perimeter

景观中所有斑块或某一种斑块的平均周长。

08.047 **连接度指数**

connectivity index

反映景观中斑块之间连接程度的指标。

08.048 **距离指数**

distance index

反映景观中斑块之间隔离程度的指标。

08.049 **破碎化指数**

fragmentation index

反映景观中斑块破碎程度的指标。

08.050 **镶嵌度指数**

mosaic index

刻画景观内各斑块相对于基质的镶嵌程度。

08.051 **对比度**

contrast

景观中不同斑块之间属性的差异程度。

08.052 **连接度**

connectivity

从生态功能上描述景观中各单元之间相互联系的程度。

08.053 **连通性**

connectedness

从表面结构上描述景观中各单元之间相互联系的客观程度。

08.054 **景观破碎化**

landscape fragmentation

在自然过程或人为活动影响下，连续的整体景观转变为分割和破碎的景观镶嵌体的过程。

08.055 **景观分维数**

landscape fractal dimension

描述斑块或景观镶嵌体几何形状复杂程度的非整型维数值。

08.056 **景观功能**

landscape function

景观结构与生态过程相互作用所产生的景观性质与效益。

08.057 **景观过程**

landscape process

景观格局在时、空尺度上的连续或非连续性变化。

08.058 **生态流**

ecological flow

反映生态系统中生态关系的物质代谢、能量转换、信息交流、价值增减以及生物迁徙等的功能流。

08.059 **景观变化**

landscape change

景观结构与功能随时间过程所产生的改变。

08.060 **景观模型**

landscape model

对景观生态系统的简化或数学抽象，按处理空间异质性的方式可分为空间直观、准空间和非空间等三种模型。

08.061 **景观中性模型**

landscape neutral model

不包含任何具体生态过程或机制，只产生数学期望值的时空格局模型。

08.062 **景观过程模型**

process-based landscape model

模拟干扰、扩散等生态过程在景观中的发生、发展和传播的模型。

08.063 **空间景观模型**

spatial landscape model

在大的空间和时间尺度上模拟景观格局与空间过程及其相互关系的计算机模拟模型。

08.064 **空间直观景观模型**

spatially explicit landscape model

可直观表达所研究景观单元和过程的空间位置及其相互作用关系的数学模型。

08.065 **随机景观模型**

stochastic landscape model

将空间信息与概率分布相联系的景观模型。

08.066 **网格自动机模型**

cellular automata model

又称“细胞自动机模型”。一类由相同单元组成、根据简单邻域规则即能在系统水平上产生复杂结构的离散动态模型。

08.067 **空间梯度**

spatial gradient

景观要素或景观生态过程沿某一方向有规律变化的现象。

08.068 **梯度分析**

gradient analysis

从连续体的角度出发，对景观要素和生态流的空间分布梯度特征进行研究的方法。

08.069 **空间自相关**

spatial auto-correlation

系统中的变量在空间上的靠近和相似程度。

08.070 **空间自相关分析**

spatial auto-correlation analysis

空间变量的取值与相邻空间单元上该变量取值的相似性程度分析。

08.071 **林窗模型**

gap model

以干扰作用下林窗形成、植被更新与演替过程为模拟对象的森林植被动态模型。

08.072 **空间局部插值法**

Kriging spatial interposition

又称“克里金空间插值法”。在有限区域内对区域化变量的取值进行无偏最优化估计的一种方法。

08.073 **小波分析**

wavelet analysis

运用傅里叶（Fourier）变换的局部化思想，进行时空序列分析的一种数学方法。

08.074 **谱分析**

spectral analysis

对空间数据进行格局、尺度分析的一种数学方法，运用傅里叶变换求取观测数据分解产生正弦波及拟合最优波函数。

08.075 **栅格像元**

grid cell，raster cell

以栅格形式表达的遥感图像或栅格图的最小单元。

08.076 **邻接分析**

adjacency analysis

对某类斑块的空间分布与相邻斑块关联度的测度分析。

08.077 **八邻规则**

eight-neighbor rule

与中心网格直接相连的上、下、左、右以及两条对角线上的 8 个网格都为其相邻网格，因此整个邻域由 9 个网格组成。

08.078 **孔隙度分析**

lacunarity analysis

利用不同大小的滑箱对全工作区进行有重叠的覆盖性扫描，然后利用记录到的组分出现频率信息进行异质性评估的分析方法。

08.079 **渗透理论**

percolation theory

当介质密度达到某一临界值，渗透物突然能够从介质一端到达另一端的物理理论。常用于研究生态流在景观中的扩散过程。

08.080 **渗透阈值**

percolation threshold

又称“*渗透临界值*”。允许连通斑块出现的最小生境面积百分比，理论值为 59.28%。

08.081 **簇**

cluster

由属性特征比较相近的互相连接成组的网格或像元。

08.082 **生态立地**

ecotope

在一个区域内的特定生境类型。

08.083 **生态单元**

biotope

生物圈的最小地理单元，由代表性生物群落所确定的生境。

08.084 **立地**

site

生境类型单元。

08.085 **景观分类**

landscape classification

按照既定分类系统对某区域进行景观类型划分的过程。

08.086 **景观制图**

landscape mapping

按既定分类系统，根据制图原则将景观分类图形化的过程。

08.087 **自然景观**

natural landscape

天然的很少受到人类活动干扰影响的原始景观。

08.088 **半自然景观**

seminatural landscape

受到一定程度人为活动干扰影响，同时表现出较多自然属性的景观类型。

08.089 **人类主导景观**

human directed landscape

人类活动对景观演化起主导作用的各类景观，包括经营景观、人工景观和文化景观等。

08.090 **经营景观**

managed landscape

受到较强人为活动干扰影响的半自然景观。 如农田景观。

08.091 **人工景观**

man-made landscape,artificial landscape

又称“人为景观”，“人造景观”。由人类活动直接建造的、完全不同于自然基质的景观类型。

08.092 **城市景观**

urban landscape

人口高度聚集、由大量规则的景观要素（如建筑物、道路、绿化带等）组成的人造景观集合体。

08.093 **文化景观**

cultural landscape

历史时期以来为人类活动所塑造并具有特殊文化价值的景观。

08.094 **绿洲景观**

oasis landscape

干旱区中由于水分局部聚集而形成高覆盖度植被和适于生物活动的特殊景观。

08.095 **湿地景观**

wetland landscape

介于陆地与水域之间的，为水体暂时或永久覆盖的景观，包括沼泽、河滩、湖泊、河口和水深小于 6m 的海域。

08.096 **基塘景观**

dike-pond system landscape

以我国珠江三角洲地区为典型的一种水陆复合景观类型。“塘”即池塘，“基”指隔开池塘的土埂。根据“基”上栽植作物的不同，可以有桑基、蔗基等。

08.097 **生态景观**

ecoscape，eco-landscape

指由地理景观（地形、地貌、水文、气候）、生物景观（植被、动物、微生物、土壤和各类生态系统的组合）、经济景观（能源、交通、基础设施、土地利用、产业过程）和人文景观（人口、体制、文化、历史等）组成的多维复合生态体。它不仅包括有形的地理和生物景观，还包括了无形的个体与整体、内部与外部、过去和未来以及主观与客观间的系统耦合关系。

08.098 **景观图谱**

landscape graphic structure model

运用图形思维方式研究景观格局与过程的一种方法。 如山地垂直带图谱、特殊景观形态结构图谱和景观地球化学图谱。

08.099 **景观管理**

landscape management

运用生态学的原理及方法，人工调控和整合景观系统的结构与功能的过程。

08.100 **景观规划**

landscape planning

按照人类目标改变和设计景观的结构、形态与功能的宏观布局过程。

08.101 **景观设计**

landscape design

按生态学与美学原理对局地景观的结构与形态进行具体配置与布局的过程，包括对视觉景观的塑造。

08.102 **景观保护**

landscape protection

防止或治理对自然与文化景观的破坏所造成的景观结构与功能上的损失，包括生态系统与视觉景观两方面的保护。

08.103 **景观评价**

landscape evaluation

从社会经济、生态和美学角度对景观生态系统的功能与效益所进行的价值评估。

08.104 **景观生态建设**

landscape ecological construction

景观尺度上的生态建设，主要通过景观单元的结构调整和构建来改善景观生态系统的功能和效率。

08.105 **小流域综合治理**

catchment management

以小流域为单元，采取工程、生物等措施对于水土流失和生态退化进行的治理与开发活动，是景观生态建设的一种。

08.106 **生物控制论**

biocybernetics

通过正、负反馈相互耦合的自稳定和自组织，从而使生物系统得到控制和调节的理论。

08.107 **等级理论**

hierarchy theory

关于具有等级形式的复杂系统结构、功能和动态的理论。

08.108 **土地覆盖**

land cover

以地表植被为主的陆地表面覆盖层。

08.109 **土地系统**

land system

由特定地形、土壤和植被类型界定，并具有一定空间联系的土地单元等级。

08.110 **非平衡范式**

non-equilibrium paradigm

强调生态系统的非平衡动态、开放性以及外部环境作用的一种方法体系。

08.111 **归一化植被指数**

normalized differential vegetation index, NDVI

反映土地覆盖植被状况的一种遥感指标，定义为近红外通道与可见光通道反射率之差与之和的商。

08.112 **树篱**

hedgerow

在乡村或城市景观中条带状栽植，用作界标或防护的灌木或乔木林带。

08.113 **脚踏石**

stepping stone

生物在迁移或运动过程中临时停留的过渡性或暂歇地生境。

08.114 **空间分辨率**

spatial resolution

又称“空间解析度”。对地物目标空间量测的最小精度。

09. 全球生态学

09.001　**全球变暖**

global warming

由于二氧化碳、甲烷以及其他温室气体在大气中含量的增加而导致的全球气温升高的现象。

09.002　**温室效应**

greenhouse effect

大气中的温室气体通过对长波辐射的吸收而阻止地表热能耗散，从而导致地表温度升高的现象。

09.003　**荒漠化**

desertification

干旱、半干旱和亚湿润干旱区由气候变化和人类活动等多种因素引起的土地退化现象。

09.004　**海平面变化**

eustatic movement，sea-level change

由于热膨胀、冰盖在温暖条件下的消融或在寒冷条件下的扩张而引起的相对海平面的长期变化。

09.005　**土地覆盖变化**

land cover change

由于气候变化和人类活动而导致的地表的植被覆盖物（森林、草原、耕作植被等）和非植被覆盖物（冰雪等）的面积变化和类型间的相互转换。

09.006　**盖娅假说**

Gaia hypothesis

由英国化学家洛夫洛克（J. E. Lovelock）提出的假说，认为地球生物对其环境具有调节功能。

09.007　**生物圈**

biosphere

地球上存在生物有机体的圈层。包括大气圈的下层、岩石圈的上层、整个水圈和土壤圈全部。

09.008　**水圈**

hydrosphere

地球上水的总称。包括海洋、河流、湖泊以及地壳中的所有水。

09.009　**岩石圈**

lithosphere

固体地球的最外层，由地壳和上地幔的岩石所组成。

09.010　**生物圈 2 号**

biosphere 2

人工模拟的生物圈,相对于地球(生物圈 1 号)而言。1991 年建成于美国亚利桑那州的荒漠中。

09.011　**地质循环**

geological cycle

地球物质的形成和破坏及相关过程。包括水循环、构造循环、岩石循环及地球化学循环等次级循环。

09.012　**土壤－植物－大气连续体**

soil-plant-atmosphere continuum，SPAG

土壤水分通过植物根系吸收、导管传输、蒸腾作用进入大气层，大气降水进入土壤后再次被植物所吸收，从而形成一个水分传输的体系。

09.013　**净生物群系生产力**

net biome productivity，NBP

净生态系统生产力中减去各类自然和人为干扰（如火灾、病虫害、动物啃食、森林间伐以及农林产品收获）等非生物呼吸消耗所剩下的部分。

09.014　**生态系统净交换**

net ecosystem exchange，NEE

生态系统吸收与释放的二氧化碳的差值。

09.015　**净生态系统生产力**

net ecosystem productivity，NEP

净初级生产力中减去异养生物呼吸消耗（如土壤呼吸）的部分。

09.016　**二氧化碳施肥效应**

CO_2 fertilization

因大气中的二氧化碳浓度增加而导致的植物光合速率提高的现象。

09.017　**碳密度**

carbon density

单位面积的碳储量。通常指有机碳。

09.018　**碳源**

carbon source

有机碳释放超出吸收的系统或区域。如热带毁林、化石燃料燃烧等。

09.019　**碳汇**

carbon sink

有机碳吸收超出释放的系统或区域。如大气、海洋等。

09.020　**碳库**

carbon stock，carbon pool

系统中的总碳储量。

09.021　**碳固存**

carbon sequestration

一个系统所固结的碳总量。

09.022　**生物量碳**

biomass C

活有机体的碳量。植物的生物量碳通常为生物量的 45% ~ 50%。

09.023　**土壤呼吸**

soil respiration

土壤中的植物根系、食碎屑动物、真菌和细菌等进行新陈代谢活动，消耗有机物，产生二氧化碳的过程。

09.024　**二氧化碳失汇**

CO_2 missing sink

在全球碳平衡中尚未确定的二氧化碳汇，即人为活动引起的二氧化碳释放量和大气中的二氧化碳增加量之差。

09.025 **碳信用**

carbon credit

国际有关机构依据“京都议定书”等国际公约，发给温室气体减排国、用于进行碳贸易的凭证。一个单位的碳信用通常等于1t或相当于1t二氧化碳的减排量。

09.026 **碳贸易**

carbon trade

为削减大气中的二氧化碳浓度，在国家或企业间进行的二氧化碳排放量的交易。

09.027 **生物质燃料**

biomass fuel，bio-fuel

包括植物材料和动物废料等有机物质在内的燃料，是人类使用的最古老燃料的新名称。

09.028 **化石燃料**

fossil fuel

由地史时期生物有机体形成的现存于地层中的碳氢化合物。如煤、石油、天然气等。

09.029 **气溶胶**

aerosol

空气中的液态或固态微粒悬浮物。

09.030 **炭黑**

black carbon

煤、石油、生物质燃料等不完全燃烧后所形成的细小颗粒。炭黑进入大气后，能吸收太阳光，减少到达地面的太阳辐射。

09.031 **温室气体**

greenhouse gas，GHG

大气中由自然或人为产生的能够吸收长波辐射的气体成分。如水汽（H_2O）、二氧化碳（CO_2）、氧化亚氮（N_2O）、甲烷（CH_4）、臭氧（O_3）和氯氟烃（CFC）是地球大气中的主要温室气体。

09.032 **二氧化碳**

carbon dioxide，CO_2

碳或含碳化合物完全燃烧，或生物呼吸时产生的一种无色气体，是主要温室气体之一。

09.033 **一氧化碳**

carbon monoxide，CO

碳或含碳化合物不完全燃烧时产生的一种无色无味的气体。

09.034 **甲烷**

methane，CH_4

一种主要由稻田和湿地释放出来的温室气体。

09.035 **氯氟烃**

chlorofluorocarbon，CFC

由碳、氢、氯和氟组成的化合物，常用作烟雾促进剂或制冷剂。在平流层紫外线照射下可分解成活泼的自由基，加速臭氧的分解。

09.036 **硫氧化物**

sulfur oxide

由燃烧含硫的化石燃料而产生的污染物。

09.037 **氮沉降**

nitrogen deposition

大气中的氮化合物（包括自然来源和人类活动来源）通过非生物途径进入生态系统的过程。

09.038 **氧化亚氮**

nitrous oxide，N_2O

俗称“笑气”。一种重要的温室气体，主要来自于土壤微生物过程和生物质燃烧等。

09.039　**臭氧**

ozone，O_3

氧气的同素异形体，每个分子由三个氧原子组成。当其存在于平流层时有助于保护地球上的生物免受紫外线的伤害，而当其在地球表面附近时，是城市光化学烟雾的一种组分，对植被和人类有伤害作用。

09.040　**臭氧损耗**

ozone depletion

主要由人类活动造成的NO_x、H_2O、N_2O、CFC等气态物的增加以及大的火山喷发排放的氯化氢等分解臭氧层中的臭氧造成的平流层的臭氧减少。

09.041　**臭氧洞**

ozone hole

在一些地区，特别是在南极极地涡旋上空，春、冬季出现一个臭氧总量的低值区。

09.042　**臭氧伤害**

ozone injury

臭氧层变薄导致地球表面太阳辐射，特别是紫外线B增加，从而对动植物和人类健康产生的危害。

09.043　**臭氧层**

ozone layer，ozonosphere

在平流层中距地表10～50 km高度的臭氧圈层。

09.044　**臭氧屏障**

ozone shield

平流层大气中的臭氧通过吸收太阳的紫外辐射，使对生物有杀伤力的短波辐射保持较低的浓度，从而保护地表的生物和人类。

09.045　**太阳紫外辐射**

solar ultraviolet radiation

指来自太阳的紫外波段的辐射。特别是波长范围为280～320 nm的紫外线B，能直接杀伤生物细胞。

09.046　**紫外线**

ultraviolet ray，UVR

来自太阳辐射的一部分，它由紫外光谱区的三个不同波段组成，从短波的紫外线C到长波的紫外线A。

09.047　**光化学反应**

photochemical reaction

大气中光诱导的化学反应，主要发生在城市地区。

09.048　**光化学烟雾**

photochemical smog

大气中的氮氧化物和碳氢化合物等一次污染物及其受紫外线照射后产生的以臭氧为主的二次污染物所组成的混合污染物。

09.049　**平流层**

stratosphere

距地表约10～50 km处的大气层。位于对流层之上，逸散层之下。

09.050　**平流层突发性增温**

stratospheric sudden warming

每年10～11月南极平流层气温突发性升高现象，与臭氧浓度突然增加有密切关系。

09.051　**生物群系**

biome

又称“生物群区”根据地带性植被所划分的生态系统类型。

09.052　**生物区**

bioregion

依据动植物区系以及相关的气候、土壤、地貌等典型特征划分的生物分布的地域。

09.053　**生态梯度**

ecological gradient

生物的某些特征或属性沿单个或多个生态因子在空间上的连续变化。

09.054 **植被带**

vegetation belt，vegetation zone

与气候带对应的地球表面植被的带状分布。

09.055 **生命［地］带**

life zone，life belt

又称“**生物带**（biozone）”。地球上有规律分布的生物地带。

09.056 **霍尔德里奇生命地带**

Holdridge life zone

美国植物生态学家霍尔德里奇（L. E. Holdridge）于1947年根据在南美观察到的植被分布与气候间的关系，提出的一种划分植被气候带的方法。该方法利用年生物温度、年平均降水量和可能蒸散率的三角关系来对陆地植被带进行划分。

09.057 **气候**

climate

一个地区长期平均的天气状况。

09.058 **气候带**

climate zone

由于地球自转和公转的相互作用使得地球表面的太阳辐射从赤道向两极逐渐减少，从而出现不同气候的带状分布。

09.059 **地带性气候**

zonal climate

一个地区受太阳辐射和海陆位置所决定的水热组合状况。

09.060 **垂直气候带**

vertical climatic zone

在山地，随着海拔高度的增加，导致不同海拔高度有不同的水热组合状况，形成气候条件沿海拔高度的带状分布。

09.061 **海洋性气候**

oceanic climate

由于海洋的热容量比陆地大，在受来自海洋的气流影响明显的地区，气温的年较差和日较差都较小，降水量也偏多，这种气候类型称为海洋性气候。

09.062 **温暖指数**

warmth index，WI

由日本生态学家吉良龙夫（Kira Tatuo）提出的反映一个地区热量条件的指标，是一种简易的有效积温，由大于5℃的各月平均气温累加得到。

09.063 **寒冷指数**

coldness index，CI

由日本生态学家吉良龙夫（Kira Tatuo）提出的一种反映某一地区气候寒冷程度的指标，由小于5℃的各月平均气温累加求得。

09.064 **桑思韦特气候分类**

Thornthwaite climate classification

由美国气候学家桑思韦特（C. W. Thornthwaite）于1948年创立的以反映热量高低和水分多寡的潜在蒸散量为主要指标所进行的气候分类。

09.065 **生态气候图解**

climate diagram

反映一个地区一年内水热组合变化等与植被关系的气候图式。

09.066 **埃尔奇琼火山爆发**

El Chichon volcano eruption

位于墨西哥的埃尔奇琼（El Chichon）火山于1982年3月29日爆发，造成方圆7 km内的村庄全部毁灭，2 000多人死亡。火山爆发形成的气溶胶对北半球的气候产生了重大影响，使当年全球气温显著下降。

09.067 **皮纳图博火山爆发**

Mount Pinatubo volcano eruption

1991 年 6 月，菲律宾的皮纳图博（Pinatubo）火山发生喷发，它所释放的烟雾和灰烬形成了 30 余千米高的云团，对地球气候产生重大影响，使当年全球平均气温下降约 0.5℃。

09.068 **厄尔尼诺**

El Niño

赤道东太平洋冷水域中海温异常升高现象。这种周期性的海洋事件产生的异常热量进入大气后影响全球气候。

09.069 **拉尼娜**

La Niña

与厄尔尼诺相反的现象。即赤道东太平洋海温较常年偏低。

09.070 **恩索**

ENSO

赤道厄尔尼诺与南方涛动两者组合的缩略词。

09.071 **南方涛动**

southern oscillation，SO

热带太平洋气压与热带印度洋气压的升降呈反向相关联系的振荡现象。

09.072 **北大西洋涛动**

north Atlantic oscillation，NAO

北大西洋上的冰岛低压与亚速尔高压中心气压的变化经常是相反的。当亚速尔气压高时，冰岛气压低；当亚速尔气压低时，冰岛气压高。北大西洋上两个活动中心的这种变化称为北大西洋涛动。

09.073 **海洋温盐环流输送带**

oceanic thermohaline conveyor belt

由于海面受热冷热不均、蒸发降水不均所产生的温度和盐度变化，导致密度分布不均匀形成的热力学海流。

09.074 **海啸**

tsunami

来源于日语，指海底地震或火山爆发所引起的具有强大破坏力的海浪。

09.075 **前寒武纪**

Precambrian

从 46 亿年前地球诞生一直到 5.7 亿年前寒武纪开始这一段地质历史时期。

09.076 **放射性碳定年**

radiocarbon dating

基于放射性碳衰变来推断年代的方法，这种方法假定空气中的 ^{14}C 的衰变速率是个常数，然后利用校准曲线将放射性碳定年转为日历年。

09.077 **冰期**

glacial stage

地质史上出现大规模冰川广布现象的时期。

09.078 **间冰期**

interglacial stage

两个冰期之间气候比较温暖的时期。

09.079 **新仙女木事件**

Younger Dryas

发生在约 10 000 至 10 800 年（碳同位素定年）的更新世末期的一次寒冷事件。

09.080 **全新世**

Holocene

距今约 10 000 年以来的地质时期。

09.081 **小冰期**

little ice age

公元 14 世纪到 19 世纪全球普遍寒冷的时期。

09.082 **冰缘**

periglacial

气候条件并未寒冷到出现冰川的地步，但出现永久性冻土，植被呈泰加林性质。

09.083 **永久冻土**

permafrost

永久性冻土，暖季土壤上层可能解冻，但下层仍然冻结。

09.084 **极圈**

polar circle

根据太阳光确定的极区永久界限。在地球上，纬度 66° 33' 为极圈，在南半球为南极圈，在北半球为北极圈。

09.085 **极地带**

polar zone

根据盛行气团划分出的南极带与北极带的合称。

09.086 **寒极**

cold pole

世界极端最低气温出现的地方，南极点附近（-89.2℃）和东西伯利亚内陆地区（-71.2℃）被认为是地球上最寒冷的地点。

09.087 **冰碛**

till

冰川冰堆积的、未分选的岩石碎屑。

09.088 **林线**

timberline

郁闭森林的海拔上限与树线之间的过渡带，由边界明显的树岛或孤立木组成。

09.089 **树线**

tree line

在遗传上仍然属于大高位芽植物的低矮树木分布的最上限。

09.090 **植被活动**

vegetation activity

大尺度植被生长和覆盖的动态变化。通常通过卫星遥感进行监测。

09.091 **通量**

flux

单位时间内垂直通过单位面积所传递的某种物理量。如碳通量、热通量和水汽通量等。

09.092 **同位素**

isotope

中子数不同的同一种元素的一种原子形式，包括稳定同位素和放射性同位素。

09.093 **自由大气二氧化碳浓度增加实验**

free atmosphere carbon dioxide enhancement, FACE experiment

研究生态系统对二氧化碳浓度升高反应的一种实验技术。该技术的应用能在不改变温度、湿度和光照条件下，研究二氧化碳浓度增加时的生态系统的反应。

09.094 **涡度相关技术**

eddy covariance technique

陆地生态系统通量观测的一种方法。通过三维风速、气体浓度和水分脉动的观测来获取二氧化碳、热量和水分的通量。

09.095 **连续二氧化碳梯度装置**

continuous CO_2 gradient facility

通过二氧化碳通道来获得连续的二氧化碳浓度梯度，用以研究植物和生态系统对不同浓度二氧化碳反应的装置。

09.096 **冰芯**

ice core

在冰川、冰原上所钻取的冰体岩芯。

09.097 **东方站冰芯**

Vostok ice core

由俄、法科学家合作，在苏联的南极东方站钻取的冰芯，深达 2 083m，记录年代为 16 万年，后来美国科学家参与，1995 年钻到 3 058m 深处，得到 30 万年的记录。

09.098 **格陵兰冰芯**

Greenland ice core

由欧共体和美国合作在格陵兰冰盖钻取的冰芯，主要包括 GRIP 和 GISP2，长度分别为 3 029m 和 3 208m。它们较好地记录了 10 000 年以来，特别是近百年来的气候变化及多次火山喷发气溶胶引起的降温过程和 11 年太阳黑子周期的影响。

09.099 **冒纳罗亚观测站**

Mauna Loa Observatory，MLO

全球最早建立的大气基准观测站之一，设于美国夏威夷的冒纳罗亚（Mauna Loa）火山（海拔 3 397 m）。因最早于 1958 年以来连续观测大气二氧化碳浓度而闻名。

09.100 **样带**

transect

一定地区内按照环境因子或人为活动梯度设置的具有一定长度和宽度的带状区域，其中包括一定的定位观测和野外实验地点。

09.101 **中国东北样带**

Northeast China Transect，NECT

国际地圈－生物圈计划（IGBP）样带之一，从吉林省的长白山一直延伸到内蒙古的二连浩特，经度范围为 112°～ 130° 30' E，纬度范围为 42°～ 46° N，长度为 1 600km，宽度为 300km，是一条主要由降水驱动的气候梯度带。

09.102 **动态全球植被模型**

dynamic global vegetation model，DGVM

模拟植被的时间变化与气候的动态影响的一类模型。如伦德－波茨坦－耶拿（Lund-Potsdam-Jena）动态全球植被模型（LPJ-DGVM）在同一模式框架中整合了机制性的陆地植被动态以及碳和水循环等。

09.103 **大气环流模型**

general circulation model，GCM

模拟全球和大区域气候变化过程的一种大气动力学模型。

09.104 **生态系统过程模型**

ecosystem process model

根据生态系统的生理生态学特性，结合影响生态系统过程的观测指标，提出的能够反映生态系统过程的机制模型。

09.105 **遥感**

remote sensing

对研究对象不直接接触，从一定距离以外获取其信息的一种现代科学技术。

09.106 **卫星影像**

satellite image

通过放置在卫星上的传感器获取的记录各种地物的电磁波振幅大小的胶片（或相片）。

09.107 **卫星监测**

satellite monitoring

通过搭载在卫星上的观测仪器对大气、云和地表等变化的监测。

09.108 **再造林**

reforestation

在原本有森林覆盖但由于自然或人为因素而遭到破坏的立地上造林。

09.109 **植被－生态系统模型和分析项目**

Vegetation/Ecosystem Modeling and Analysis Project，VEMAP

由美国科学家组织实施的大规模生态模型比较计划。主要内容是借助运行不同气候方案的生态模型并比较其结果，预测陆地生态系统对气候和不断增加的大气中的二氧化碳浓度的反应。

09.110 **政府间气候变化专门委员会**

Intergovernmental Panel on Climate Change，IPCC

由世界气象组织（WMO）和联合国环境规划署（UNEP）于 1988 年组织设立，其作用是对与人类引起的气候变化相关的科学、技术和社会经济信息进行评估。

09.111 **国际地球物理年**

International Geophysical Year，IGY

1957 年为国际地球物理年。当年，12 个国家 1 000 多名科学家在北极和南极进行了大规模、多学科的考察，标志着极地研究进入了正规化、现代化和国际化的阶段。

09.112 **国际山地年**

International Year of Mountains，IYM

地球陆地表面的 22% 是山地，在山区生活的人口超过 7 亿。为提高国际社会对山地不合理开发和利用给山区及其下游地区造成危害的重视，联合国宣布 2002 年为“国际山地年”。

09.113 **国际地圈－生物圈计划**

International Geosphere-Biosphere Programme，IGBP

由国际科学联合会（ICSU）组织的针对整个地球系统的跨学科的国际合作项目，侧重地圈和生物圈的相互作用，于 1986 年正式确立。

09.114 **全球变化与陆地生态系统**

Global Change and Terrestrial Ecosystem，GCTE

国际地圈—生物圈计划（IGBP）的核心研究计划之一。旨在分析全球尺度上大气成分、气象、人类活动和其他环境变化对陆地生态系统结构和功能的影响，预测未来全球变化对农业、林业、土壤和生态系统复杂性的影响。

09.115 **过去的全球变化研究计划**

Past Global Changes，PAGES

国际地圈—生物圈计划（IGBP）的核心研究计划之一。通过树木年轮、冰芯、黄土、湖泊沉积、深海沉积岩芯、珊瑚、古土壤、历史记录等代用资料，重建古气候和古环境，推断生态系统对气候变化的响应机制。

09.116 **全球环境变化的人文因素计划**

International Human Dimension Programme on Global Environmental Change，IHDP

又称“HDP 计划”。由国际远景研究机构联合会（IFIAS）、国际社会科学联合会（ISSC）和联合国教科文组织（UNESCO）联合制定、组织和协调的一个国际性研究计划，其目标为加强对人—地系统复杂相互作用的认识，探索和预测全球环境下的社会变化，确定社会战略以减缓全球变化的不利影响。

09.117 **土地利用与土地覆盖变化**

Land Use and Land Cover Change，LUCC

由国际地圈—生物圈计划和全球环境变化的人文因素计划共同发起的研究计划，主要研究土地利用和土地覆盖变化的机制以及区域和全球尺度的综合模型。

09.118　京都议定书

Kyoto Protocol

1997 年在日本京都召开的《气候框架公约》第三次缔约方大会上通过的国际性公约，为各国的二氧化碳排放量规定了标准，即：在 2008 年至 2012 年间，全球主要工业国家的工业二氧化碳排放量比 1990 年的排放量平均要低 5.2%。

09.119　国际水文发展十年计划

International Hydrologic Decade，IHD

由联合国教科文组织（UNECO）于 1965 ～ 1974 年实施，着重开展了以世界水平衡、人类活动对水文循环的影响等 14 个领域的国际协作。

10. 数学生态学

10.001 **随机分布**

random distribution

生物种群内各个体相互独立，互不干扰，随意占据一定位置的空间分布格局。

10.002 **均匀分布**

uniform distribution

又称“规则分布（regular distribution）”。生物种群内各个体间距大致相等的空间分布格局。这种分布表明个体之间有一定的排斥性。

10.003 **泊松分布**

Poisson distribution

一种概率分布，其特点是该分布的均值等于方差。在生态学中常用来描述随机分布型的生物个体的空间分布格局。

10.004 **核心分布**

contagious distribution

又称“蔓延分布”。生物种群形成多个核心，个体由核心向四周扩散的空间分布格局。如某些昆虫的田间分布。

10.005 **聚集分布**

aggregated distribution，clumped distribution

又称“负二项分布（negative binomial distribution）”。生物种群内各个体相互吸引，个体空间分布成聚集状的空间分布格局。其数学表达式与指数为负的二项分布的展开式类似。

10.006 **奈曼分布**

Neyman's distribution

又称“泊松—泊松分布”。由泊松分布的群所构成。此分布的个体群之间是随机的，个体群大小约相等，个体群周围呈放射状蔓延。

10.007 **泰勒幂法则**

Taylor's power law

自然种群的样本均值（m）和方差（S^2）可用幂函数关系表达：$S^2=am^b$，a、b 为常数，当 a、b 取不同的值时可以判别种群为随机分布、聚集分布或均匀分布。

10.008　χ^2 **分布**

chi-square distribution

概率曲线随自由度而改变的一类分布。自由度为 n 的 χ^2 分布的概率密度函数为：

$$f_n(\chi^2)=\frac{(\chi^2)^{\frac{n}{2}-1}}{2^{\frac{n}{2}}\Gamma(\frac{n}{2})}\cdot e^{-\frac{1}{2}\chi^2},$$

其中 χ^2 是服从于 $N(0,1)$ 分布的相互独立的 n 个随机变量的平方和。

10.009　**正态分布**

normal distribution

概率论中最重要的一种分布，也是自然界最常见的一种分布。该分布由两个参数——平均值和方差决定。概率密度函数曲线以均值为对称中线，方差越小，分布越集中在均值附近。

10.010　χ^2 **检验**

chi-square test

判别实际观察数和理论数是否符合的统计检验。

10.011　**聚类分析**

cluster analysis

把观测或变量按一定规则分成组或类的数学分析方法。

10.012　**列联表**

contingency table

将两个属性变量的不同取值置于行和列的位置，在表格中填入变量组合取值的频数的表格。

10.013　**相关系数**

correlation coefficient

由回归因素所引起的变差与总变差之比的平方根。

10.014　**多元分析**

multivariate analysis

同时考虑多个反应变量的统计分析方法。其主要内容包括两个均值向量的假设检验、多元方差分析、主成分分析、因子分析、聚类分析和典范相关分析等。

10.015　**随机化区组**

randomized block

依据数学上概率的原理，将被试材料按相等机会原则分组。理论上可使不同组的被试材料除实验处理之外，其他无关变量保持相等，可弥补配对法顾此失彼的特点，是控制无关变量较好的方法。

10.016　**秩和检验**

rank-sum test

从两个非正态总体中所得到的两个样本之间的比较。其零假设为两个样本从同一总体中抽取的。

10.017　**t 检验**

t-test

两总体方差未知但相同，用以两平均数之间差异显著性的检验。

10.018　**方差分析**

analysis of variance，ANOVA

分析试验（或观测）数据的一种方法。它要解决的基本问题是通过数据的分析，弄清与研究对象有关的各个因素之间相互作用对该对象的影响。它所研究的对象都假定遵从正态分布。

10.019　**变异系数**

coefficient of variation

将标准差作为算数平均数的百分率来表示，以说明样本的分散程度。

10.020　**典范相关**

canonical correlation

找两组随机变量的线性组合，使之相关系数平方最大，从而分析两组随机变量间的关系。

10.021　**序贯抽样**

sequential sampling

在抽样时不预先指定子样容量，而是要求给出一组停止采样的规则，每新抽一个子样后立即按此规则考察一下，是停止采样还是继续采样。如果采样一旦停止，就按此时所给出的观察值作为一个固定子样容量进行统计推断。

10.022 **随机抽样**

random sampling

对一个生物的总体，机会均等地抽取样本，估计其总体的某种生物学特性的方法。

10.023 **分层随机抽样**

stratified random sampling

在抽样总体中按生物个体划分为若干个层（组），对每层分别抽取一组随机样本，然后通过加权对总体参数做出估计。

10.024 **双重抽样**

double sampling

当简单性状与复杂性状存在关系时可用抽取简单性状来间接估计复杂性状的抽样方法。

10.025 **系统抽样**

systematic sampling

又称“机械抽样”。按事先规定的法则进行抽样来估计生物总体参数的方法。通常是先随机地决定一个样本单位的位置，然后按事先规定的法则每隔一定间距取一个样本。

10.026 **黑箱模型**

black box model

对一个内在结构未知的系统，所建立的系统输入和输出关系的模型。

10.027 **白箱模型**

white box model

又称“因果模型（causal model）”。所有过程都建立在因果关系基础上的模型。

10.028 **还原性模型**

reductionistic model

尽可能多的包含系统相关细节的模型。

10.029 **整体性模型**

holistic model

按照系统一般原理建立的模型。

10.030 **自治模型**

autonomous model

导数不明显地依赖于自变量或时间的模型。

10.031 **非自治模型**

non-autonomous model

导数明确地依赖于自变量或时间的模型。

10.032 **猎物－捕食者模型**

Lotka-Volterra model

又称“洛特卡－沃尔泰拉模型”。由美国学者洛特卡（L. A. Lotka）于1925年和意大利学者沃尔泰拉（V. Volterra）于1926年分别提出的描述两物种间相互竞争作用的数学模型。

10.033 **空间明晰的种群模型**

spatially explicit population model，SEPM

结合异质景观中每一小的栖息地中特定的生长参数和扩散行为信息，对栖息地斑块和有机体的位置进行详细描述的模型。

10.034 **自由体模型**

free-body model

在建立生态系统模型时，先对生态系统的每一个组成成分各自单独建模，这种模型称为自由体模型。

10.035 **霍林圆盘方程**

Holling disc equation

描述寄生物与寄主间数量关系的差分方程的模型。

10.036 **概率单位变换**

probit transformation

又称“普罗比变换”。一种概率坐标变换式。其所用的曲线是正态分布$N(0,1)$，此时纵坐标$(0,1)$区间的任一点对应此曲线的横坐标值为其概率值。

10.037 **分对数变换**

logit transformation

变换$p'=\ln(p/(1-p))$。指通过变换把区间$(0,1)$内的p值，变换到区间$(-\infty, +\infty)$变化的p'值。

10.038 **脚踏石模型**

stepping-stone model

模型假定自然种群在其分布区内并不总是连续分布的，而是会形成许多离散的居群，如生境的破碎化或寄主植物的斑块状分布，只有在相近或是相邻的居群之间才有基因交流。

10.039 **无限基因突变模型**

infinite alleles mutation model

模型假定每次突变产生一种新的当前种群不存在的等位基因。

10.040 **逐步突变模型**

stepwise mutation model

突变将或多或少逐步改变同工酶所带电荷，因而在电泳凝胶上迁移相同或类似距离的同工酶应比迁移不同距离的同工酶对应着更少的突变。

10.041 **更新概率模型**

renewal probability model

将演替过程视为马尔可夫过程，以图表的形式表示出在特定时间段内一些个体被同种或他种个体更替的概率。

10.042 **静态模型**

static model

假设系统处于稳态时所建立的模型，系统的状态不随时间而变化。

10.043 **动态模型**

dynamic model

系统状态随时间而变化的模型。

10.044 **确定性模型**

deterministic model

只要初始条件确定，输出也就确定，无随机成分的模型。

10.045 **莱斯利矩阵**

Leslie matrix

又称“种群投影矩阵（population projection matrix）”。用来研究带年龄结构的种群动态的方法。最早由Lewis（1942）和Leslie（1945）提出，因此又称“刘易斯－莱斯利矩阵（Lewis-leslie matrix）”。

10.046 **岛屿模型**

island model

整个种群分为若干局域种群，在每个局域种群内部随机交配，在整个种群内即局域种群之间有一定比例的迁移发生。

10.047 **大陆－岛屿模型**

continent-island model，mainland-island model

该模型假定一个具固定基因型频率的大陆种群和一个基因型频率可变的岛屿种群，迁移由大陆种群单向流向岛屿种群。

10.048 **距离隔离模型**

isolation-by-distance model

模型假定一个空间分布很广的物种，即使在没有地理屏障的情况下，由于个体实际的迁移距离远小于其分布的空间范围，从而不能在其整个分布范围内形成一个单一的随机交配单位，而产生某种距离上的隔离。

10.049 **功能反应**

functional response

捕食者的捕食量对猎物密度变化的反应。

10.050 **数值反应**

numerical response

捕食者的密度对猎物密度变化的反应。

10.051 **周限增长率**

finite rate of increase

生物种群在一定条件下经过单位时间后的增长倍数。

10.052 **几何增长率**

geometric rate of increase

种群的增长按照几何级数增加时所对应的种群增长率。

10.053 **指数增长**

exponential growth

又称“马尔萨斯增长（Malthusian growth）”。满足如下方程的种群增长：$dN_t/\mathrm{d}t=\lambda N_t$，$N$为种群大小，$\lambda$为常数。

10.054 **逻辑斯谛增长**

logistic growth

种群每个个体的增长率是种群大小的线性函数，且种群越大，对进一步增长的抑制作用也就越大。

10.055 **S 型生长曲线**

sigmoid growth curve

又称“逻辑斯谛［增长］曲线”。当种群在有限资源里生长，其生长符合逻辑斯谛微分方程，随时间变化的生长曲线就呈S形状。在数学上，它是逻辑斯谛微分方程的解析解。

10.056 **平均拥挤度**

mean crowding

每个个体在同一取样单位中所遇其他个体的平均数。

10.057 **拥挤效应**

crowding effect

又称“环境阻力（environmental resistance）”。根据逻辑斯谛种群增长模型，种群数量每增加一个个体，其抑制性定量就是$1/K$（K为负载力），该抑制性影响称为拥挤效应。

10.058 **世代离散**

discrete of generation

亲代与子代之间没有重叠，即亲代个体与子代个体不混杂在一起的现象。

10.059 **世代重叠**

overlapping of generation

亲代与子代之间有重叠，即亲代个体与子代个体混杂在一起的现象。

10.060 **种群指数**

population index

后代种群数量与前一代种群数量的比值。

10.061 **分布参数系统**

distributed parameter system

系统变量与参数是空间位置的函数，系统方程常为偏微分方程。

10.062 **集中参数系统**

lumped parameter system

系统变量和参数与空间位置无关，系统方程常为常微分方程。

10.063 **线性系统**

linear system

系统的数学模型满足叠加原理。

10.064 **非线性系统**

non-linear system

系统的数学模型不满足叠加原理或其中包含非线性环节。

10.065 **确定性系统**

deterministic system

系统的结构与参数是确定的，在确定的输入下，输出也为确定的系统。

10.066 **随机系统**

stochastic system

系统的输入输出及干扰有随机因素，或系统本身带有某种不确定性。

10.067 **常系数系统**

constant coefficient system

又称“定常系统”。用以描述系统的数学模型中的参数不随时间而变化。

10.068 **变系数系统**

variable coefficient system

又称“时变系统”。描述系统的数学模型中的参数随时间而变化。

10.069 **分室系统方法**

compartmental system approach

把生态系统组成分成若干个相互联系的分室，建立各分室之间物质与能量流动的定量关系，这种建模方法称为分室系统方法。

10.070 **实验组成成分法**

experimental component approach

把复杂的生态过程分解成许多较为简单的子过程，通过实验，得到参数并建立各子过程的数学模型，最后把各子过程通过逻辑关系组装成整个生态系统模型。

10.071 **反馈**

feedback

系统过去的行为结果返回给系统，以控制未来的行为。

10.072 **灵敏度**

sensitivity

系统参数的变化对系统状态的影响程度。

10.073 **生态缓冲能力**

ecological buffer capacity

与灵敏度是倒数关系。用以下公式定义：$\beta=dF/dX$，F 是外部输入，X 是系统的状态变量。

10.074 **状态变量**

state variable

表示状态数值的量。

10.075 **模拟**

simulation

又称“仿真”。不是去求系统方程的解析解，而是从系统某初始状态出发，去计算短暂时间之后接着发生的状态，再以此为初始状态不断地重复，就能展示系统的行为模式。

10.076 **校准**

calibration

建模时，微调各参数值，以使得计算的理论值更加符合观察值。

10.077 **检验**

verification

考察生态模型的内部结构的合理性和逻辑性，以及模型是否按预定的要求做出反应等。

10.078 **验证**

validation

主要指模型的输出和观察值是否相符。

10.079 **约束方程**

constraint equation

在建立系统模型时，系统的状态变量必须满足的一些条件所构成的方程。

10.080 **稳定性**

stability

一个系统受到环境扰动后，能够恢复到原来的状态。

10.081 **变异性**

variability

系统某些波动的频率和幅度。

10.082 **突变论**

catastrophe theory

法国数学家托姆（R. Thom）早在1969年提出的。它的特点是研究非连续的变化现象。在生态学中有很多应用，如种群动态的突然暴发或突然崩溃。

10.083 **博弈论**

game theory

又称“对策论”。研究竞争中参加者为争取最大利益应当如何做出决策的数学方法。

10.084 **生态位转移**

niche shift

受到物种状态、物种间相互作用以及对环境资源的利用影响的生态位空间的位置变动。

10.085 **熵**

entropy

系统中无序或无效能状态的度量。熵在信息系统中作为事物不确定性的表征。

10.086 **无序**

disorder

系统结构和过程的不规律性，也表明其混沌程度。

10.087 **霍普夫分岔**

Hopf 's bifurcation

又称“霍普夫分支”。指以极限环为稳定平衡态，以原点为不稳定平衡态的动力学系统，其系统状态随参数变化而变化的现象。

10.088 **辛普森多样性指数**

Simpson's diversity index

一种简便的测定群落多样性的指数。其公式如下：$D=1-\Sigma(N_i(N_i-1))/(N(N-1))$，其中$N_i$为群落中第$i$种的个体数，$N$为群落中所有种的个体数。

10.089 **香农－维纳多样性指数**

Shannon-Wiener's diversity index

一种常用的测定群落中物种多样性的指数，其公式为：$H=-\sum P_i \ln P_i$，其中P_i是第i种在总体中的个体比例。

10.090 **李雅普诺夫指数**

Lyapunov exponent

用以度量相空间中两条相邻轨迹随时间按指数律分离的程度。

10.091 **相空间**

phase space

动力系统中坐标是状态变量或状态向量的分量组成的空间。

10.092 **吸引子**

attractor

相空间中稳定的不动点集。

10.093 **奇异吸引子**

strange attractor

相空间中具有分数维的吸引子。

10.094 **1/*f* 噪声**

1/*f* noise

广泛存在于大自然的随机过程，其频谱密度函数 $S(f)$ 与频率 f 的关系近似于：$S(f) \propto 1/f$。

10.095 **自相似**

self-similarity

一种形状的每一部分在几何上相似于整体，一般对分形而言。

10.096 **分形**

fractal

分数维大于拓扑维的几何性质。

10.097 **分数维**

fractal dimension

度量分形复杂程度的特征量，具有多种数学定义。

10.098 **混沌**

chaos

对初始条件敏感的非线性确定性系统的动态，具有正的李雅普诺夫指数。

10.099 **谐波分析**

harmonic analysis

从不规则动态中分离出若干振幅和相位不同的简谐波，以便逐个研究其统计规律和特征。

11. 化学生态学

11.001 **信息化学物质**

semiochemicals，infochemicals

生物释放的能引起其他生物行为或生理反应的化学物质。

11.002 **气味化学物质**

odor chemicals

在生物之间传递信息的挥发性化学物质。

11.003 **气味通信**

odor communication

借助挥发性化学物质传递信息的通信方式。

11.004 **他感化学物质**

allelochemics,allelochemicals

简称“他感素”。植物、微生物释放的，对其他生物生长发育产生影响的信息化学物质。

11.005 **利己素**

allomone

一种生物释放的，能引起他种生物产生对释放者有利反应的信息化学物质。

11.006 **利他素**

kairomone

一种生物释放的，能引起他种生物产生对接受者有利反应的信息化学物质。

11.007 **互利素**

synomone

一种生物释放的，能引起他种生物产生对释放者和接受者均有利反应的信息化学物质。

11.008 **偏利素**

apneumone

非生物释放的，对某种生物有利，但对他种生物可能有害的信息化学物质。

11.009 **相克素**

antimone

一种生物释放的，能引起他种生物产生对释放者和接受者均有不利反应的信息化学物质。

11.010 **信息素**

pheromone

一种生物释放的，能引起同种其他个体产生特定行为或生理反应的信息化学物质。

11.011 **性信息素**

sex pheromone

性成熟动物释放的，能引起同种异性个体求偶行为反应的信息化学物质。

11.012 **踪迹信息素**

trail pheromone，trace pheromone

又称“示踪信息素”。某些昆虫在采食等活动中沿途留下对其同伴有引导作用标记其行踪的信息化学物质。

11.013 **标记信息素**

marking pheromone

昆虫在产卵、采集等活动场所留下的，对其他昆虫有提示作用的信息化学物质。

11.014 **聚集信息素**

aggregation pheromone

昆虫等释放的，能引起同种其他个体聚集的信息化学物质。

11.015 **疏散信息素**

epideictic pheromone

又称“抗聚集信息素”。昆虫等释放的，能阻止同种其他个体聚集的信息化学物质。

11.016 **扩散信息素**

dispersal pheromone

昆虫等释放的，能促使同种个体扩散，以调解种群密度的信息化学物质。

11.017 **警戒信息素**

alarm pheromone

又称“告警信息素”。昆虫等释放的，向同种其他个体报告敌害来临的信息化学物质。

11.018 **简单警戒信息素**

simple alarm pheromone

由一种或少数几种化合物组成的警戒信息素。

11.019 **多组分警戒信息素**

multicomponent alarm pheromone

由多种化合物组成的警戒信息素，其中不同化合物激发不同的警戒行为。

11.020 **多源警戒信息素**

multisource alarm pheromone

由数种腺体分泌物组成的警戒信息素。在蚁类中相当普遍。

11.021 **掠夺信息素**

robbing pheromone

某些社会性昆虫在掠夺他种昆虫巢穴、食物等活动中释放的，有召集同伴或迷惑对方作用的信息化学物质。

11.022 **类信息素**

parapheromone

化学结构和功能与某信息素相似的信息化学物质。

11.023 **前信息素**

propheromone，prepheromone

在一定条件下能转化成信息素的前体化学物质。

11.024 **信息素抑制剂**

pheromone inhibitor

能阻止或干扰动物向信息素作定向运动或其他行为反应的化学物质。

11.025 **社会化学物质**

sociochemicals

社会性昆虫分泌到体外的信息化学物质。

11.026 **社会信息素**

social pheromone

社会性昆虫分泌的，对其群体行为和繁殖等活动起调控作用的信息化学物质。

11.027 **外分泌腺**

exocrine gland

能向体外分泌信息化学物质的腺体。

11.028 **外分泌液**

exocrine secretion

向体外分泌的含信息化学物质的液体。

11.029 **外分泌提取物**

exocrine extract

外分泌腺体的提取物，内含信息化学物质。

11.030 **蜂王信息素**

queen pheromone

蜂王分泌的信息化学物质，其中有上颚腺信息素、背板腺信息素等。

11.031 **上颚腺信息素**

mandibular gland pheromone

又称“蜂王物质（queen substance）”。蜂王上颚腺分泌的口授信息化学物质。主要成分有反 -9- 氧代 -2- 癸烯酸和反 -9- 羟基 -2- 癸烯酸等，起稳定蜂群、抑制工蜂卵巢发育、阻止工蜂建造王台和引诱雄蜂交配等作用。

11.032 **背板腺信息素**

tergum gland pheromone

蜂王腹节背板腺分泌的信息化学物质，具有吸引工蜂和稳定蜂群等作用。

11.033 **那氏信息素**

nosanov pheromone

又称“引导信息素”。工蜂那氏腺（臭腺）分泌的、具有特殊气味的信息化学物质，在蜜蜂的结团、集体等活动中起引导作用。主要成分有橙花醇、柠檬醛、牻牛儿基乙酸酯等。

11.034 **蚁类社会性化学物质**

sociochemicals of ants

蚁类社会性昆虫分泌到体外，对其群体活动有调控作用的信息化学物质。

11.035 **蚁类外分泌腺**

exocrine gland of ants

蚁类向体外分泌与排出信息化学物质的腺体。

11.036 **腺体外分泌物**

exocrine glandular secretion

外分泌腺体排出的信息化学物质。

11.037 **后蚁信息素**

ant queen pheromone

后蚁分泌的信息化学物质，通过接触传给工蚁，再经工蚁在蚁群中传播，对产卵前雌蚁的脱翅和卵的发育有抑制作用。

11.038 **表面信息素**

surface pheromone

仅在近距离，甚至只能通过接触传递的信息化学物质。

11.039 **蚁群气味**

colony odor

通过个体间相互接触在蚁群中传播表面信息素，使之成为群体气味。

11.040 **告警化学通信**

alarm chemical communication

蚁类等通过释放警戒信息素与同种其他个体联系

的方式。

11.041 **蚁类毒液**

ant venom

蚁类释放到体外具有防卫作用的分泌物。

11.042 **化学宣传物质**

chemical propaganda substance

奴役蚁在抢掠奴隶蚁时释放的信息化学物质。这种“宣传物质”能使奴隶蚁产生恐慌、迷向、不能自卫而被俘虏。

11.043 **奴役［现象］**

dulosis

蚁类等社会性昆虫掠夺他种昆虫的幼虫或蛹，待其长成后充作奴役的现象。

11.044 **征召**

recruitment

蚁类等社会性昆虫召集同巢伙伴协同进行某项活动的行为。

11.045 **征召信息素**

recruitment pheromone

蚁类等社会性昆虫召集同巢伙伴进行某项活动时释放的信息化学物质。

11.046 **化学标迹物**

chemical trail

蚁类等社会性昆虫分泌的，用以引导同伴到达食物源或新巢的信息化学物质。

11.047 **群体征召**

group recruitment

某些蚁群通过分泌化学标迹物来引导同伴到达食物源和返回巢穴。

11.048 **大量征召**

mass recruitment

某些蚁类在发现大量食物源时会在返巢途中释放高浓度具有定向和刺激功能的信息化学物质，以便引导大量工蚁共同进行搬运活动。

11.049 **昆虫性信息素**

insect sex pheromone

昆虫释放的，能引起同种异性个体求偶行为反应的信息化学物质。

11.050 **昆虫雌性信息素**

female sex pheromone of insect

雌虫释放的，能引起同种雄性昆虫求偶行为反应的信息化学物质。

11.051 **蚕蛾性诱醇**

bombykol

世界上鉴定的第一个昆虫性信息素，是家蚕雌蛾释放的，能引诱同种雄蛾交配的性信息素，化学成分为反-10，顺-12-十六碳二烯醇。

11.052 **棉铃虫性信息素**

sex pheromone of *Helicoverpa armigera*

棉铃虫雌蛾释放的，能引诱同种雄蛾交配的性信息素，主要成分为顺-11-十六碳烯醛，次要成分为顺-9-十六碳烯醛。

11.053 **二化螟性信息素**

sex pheromone of *Chilo suppressalis*

二化螟雌蛾释放的，能引诱同种雄蛾交配的性信息素，含顺-11-十六碳烯醛和顺-13-十碳烯醛（5 ： 1）两种成分。

11.054 **亚洲玉米螟性信息素**

sex pheromone of *Ostrinia furnacalis*

亚洲玉米螟雌蛾释放的，能引诱同种雄蛾交配的性信息素，主要成分为顺-12-十四碳烯基乙酸酯和反-12-十四碳烯基乙酸酯。

11.055 **小菜蛾性信息素**

sex pheromone of *Plutella xylostella*

小菜蛾雌蛾释放的，能引诱同种雄蛾交配的性信息素，主要成分为顺-11-十六碳烯醛和顺-11-十六碳烯基乙酸酯。

11.056 **白杨透翅蛾性信息素**

sex pheromone of *Paranthrene tabaniformis*

白杨透翅蛾雌蛾释放的，能引诱同种雄蛾交配的性信息素，主要成分为反-3，顺-13-十八碳二烯醇。

11.057 **马尾松毛虫性信息素**

sex pheromone of *Dendrolimus punctatus*

马尾松毛虫雌蛾释放的，能引诱同种雄蛾交配的性信息素，主要成分为顺-5，反-7-十二碳二烯醇及其乙酸酯和丙酸酯。

11.058 **梨小食心虫性信息素**

sex pheromone of *Grapholitha molesta*

梨小食心虫雌蛾分泌的性信息素，主要成分为顺-8-十二碳烯基乙酸酯，反-8-十二碳烯基乙酸酯和顺-8-十二碳烯醇的混合物（90：8：2）。

11.059 **桃小食心虫性信息素**

sex pheromone of *Carposina niponensis*

桃小食心虫雌蛾分泌的性信息素，主要成分为顺-7-二十碳-11-酮和顺-8-十九碳-12-酮。

11.060 **引诱剂**

attractant

能引起动物向释放源作定向运动的化学物质。

11.061 **性［引］诱剂**

sex attractant

对成熟动物有性引诱作用的化学物质，包括性信息素和有相似作用的类似物。

11.062 **昆虫性［引］诱剂**

insect sex attractant

对昆虫有性引诱作用的化学物质，包括昆虫性信息素和人工合成的类似物。

11.063 **己诱剂**

hexalure

又称“海克诱剂”。人工合成的对红铃虫雄蛾有引诱作用的性诱剂，化学成分为顺-7-十六碳烯基乙酸酯。

11.064 **红铃虫性诱剂**

gossylure

红铃虫雌蛾释放的性信息素，化学成分为顺-7，顺-11-十六碳二烯基乙酸酯和顺-7，反-11-十六碳二烯基乙酸酯（1：1）两种成分。

11.065 **舞毒蛾性诱剂**

disparlure

舞毒蛾雌蛾释放的，能引诱同种雄蛾交配的性信息素，化学成分为（+）顺-7，8-环氧-2-甲基十八烷。

11.066 **粉纹夜蛾性诱剂**

looplure

粉纹夜蛾雌蛾释放的，能引诱同种雄蛾交配的性信息素，化学成分为顺-7-十二碳烯基乙酸酯和十二烷基乙酸酯两种成分。

11.067 **苹果小卷蛾性诱剂**

codlemone

又称“苹果蠹蛾性诱剂”。苹果小卷蛾（俗名苹果蠹蛾）雌蛾分泌的性信息素，其成分为反-8，反-10-十二碳二烯醇。

11.068 **家蝇性诱剂**

muscalure

雌性家蝇分泌的，能引诱雄性家蝇的性信息素，主要成分为顺-9-二十三碳烯。

11.069　**地中海实蝇性诱剂**

trimedlure

人工合成的对地中海实蝇雌蝇有引诱作用的化学物质，其成分为2-甲基-4-氯环己烷羧酸特丁基酯。

11.070　**瓜实蝇性诱剂**

cuelure

人工合成的瓜实蝇性诱剂，其成分为6-己酰基苯基丁基-2-酮。

11.071　**日本丽金龟性诱剂**

japanilure

对日本丽金龟雄虫有引诱作用的化学物质，其主要成分为（R，Z）-5-（1-癸烯基）-二氢-2（H）呋喃酮，与甲基丁香酚和环已基丙酸甲酯混合用效果更好。

11.072　**雄虫性信息素**

sex pheromone of male insect

雄性昆虫分泌到体外，能引诱或安抚雌虫接受交配的信息化学物质。

11.073　**棉象甲性诱剂**

grandlure

棉象甲雄虫释放的，能引诱同种异性交配的性信息素，其主要成分为顺-2-异丙烯基-1-甲基-环丁烷基乙醇等成分。

11.074　**斑蝶酮**

banaidone

雄性斑蝶（Danaus gillippus berenice）香刷分泌的性信息素，其成分为2，3-二氢-7-甲基-1H-吡咯啉嗪酮-1，有促使雌蝶接受交配作用。

11.075　**菜豆象雄性信息素**

male sex pheromone of *Acanthoscelides obtectus*

菜豆象雄虫释放的性信息素，其主要成分为反-2，4，5-十四碳三烯酸甲酯。

11.076　**葡萄虎天牛雄性信息素**

male sex pheromone of *Xylotrechus pyrrhoderus*

葡萄虎天牛雄性分泌的性信息素，其主要成分为2S，3S-辛二醇和2－羟基-3-辛酮。

11.077　**尖翅蠊素**

nauphoetin

雄性尖翅蠊体表蜡中含的一种信息化学物质，其化学结构为顺-9-二十四烯酸十八烷基酯。

11.078　**昆虫聚集信息素**

insect aggregation pheromone

昆虫释放的，能引起同种其他个体聚集的信息化学物质。

11.079　**波纹小蠹诱剂**

multilure

波纹小蠹的一种聚集信息素成分，其化学结构为2，4-二甲基-5-乙基-6，8-二氧杂二环[3，2，1]辛烷。

11.080　**齿小蠹烯醇**

ipsenol

齿小蠹属（*Ips*）昆虫的一种聚集信息素成分，其化学结构为2-甲基-6-亚甲基-7-辛烯-4-醇。

11.081　**食菌甲诱醇**

sulcatol

食菌甲分泌的聚集信息素成分，其化学结构为6-甲基-5-庚烯-2-醇，含65% R（-）和35% *S*（+）对映体。

11.082　**哺乳动物化学信号**

mammal chemical signal

在哺乳动物间起传媒作用的信息化学物质，其中有信息素、他感素和偏利素等。

11.083　**性识别信息素**

sex-identifying pheromone

哺乳动物释放的气味化学物质，同种其他个体嗅到这种气味便能识别释放者的性别并产生相应的行为或生理反应。

11.084　**豹鳎毒素**

pardaxins

太平洋豹鳎（*Pardachirus pavoninus*）分泌的一种防御性化学物质，由三种鱼毒肽组成，对鲨鱼有蜂毒般强烈的毒性。

11.085　**笠贝酮**

limatulone

笠贝（*Collisella limatula*）释放的一种防御性化学物质，对鱼、蟹有很强的拒避作用。

11.086　**蜱螨信息素**

acarina pheromone

蜱螨释放到体外的，能引起同种其他个体行为或生理反应的信息化学物质。

11.087　**蜱螨性信息素**

sex pheromone of acarina

蜱螨的雄性或雌性释放到体外以引诱同种异性个体进行交配的信息化学物质。

11.088　**滞留性信息素**

arrestant sex pheromone

植绥螨等雌螨分泌的，能诱使雄螨停留下来与其交配的信息化学物质，其主要成分有法尼醇、橙花叔醇、牻牛儿醇和香茅醇。

11.089　**引诱性信息素**

attractant sex pheromone

后沟蜱雌蜱分泌的，能引诱雄蜱与其交配的信息化学物质，主要成分为酚类化合物，如苯酚、对甲酚等。

11.090　**接触性信息素**

contact sex pheromone

钝缘蜱等雌蜱分泌的近距离信息化学物质，其作用是促使已爬上雌蜱的雄蜱与之交配。

11.091　**盾窝腺**

foveal gland

蜱类产生释放信息素的腺体。

11.092　**螨警戒信息素**

acarid alarm pheromone

螨的一对后背腺释放的，能向同种其他个体通报敌情的信息化学物质。

11.093　**腐食酪螨警戒信息素**

alarm pheromone of *Tyrophagus putrescentiae*

腐食酪螨释放的一种警戒信息素，其主要成分有橙花醇等单萜类化合物。

11.094　**刺足根螨警戒信息素**

alarm pheromone of *Rhizoglyphus robini*

刺足根螨释放的一种警戒信息素，其主要成分有橙花酸等单萜类化合物。

11.095　**椭圆嗜粉螨警戒信息素**

alarm pheromone of *Aleuroglyphus ovatus*

椭圆嗜粉螨释放的一种警戒信息素，其主要成分有橙花醛等单萜类化合物。

11.096　**乳果螨警戒信息素**

alarm pheromone of *Carpoglyphus lactis*

乳果螨释放的一种警戒信息素，其主要成分有柠檬醛等单萜类化合物。

11.097　**河野脂螨警戒信息素**

alarm pheromone of *Lardoglyphus konoi*

河野脂螨释放的一种警戒信息素，其主要成分有牻牛儿醇等单萜类化合物。

11.098　**粉尘螨警戒信息素**

alarm pheromone of *Dermatophagoides farinae*

粉尘螨释放的一种警戒信息素，其主要成分为橙花醛和牻牛儿醛的混合物。

11.099　**似食酪螨警戒信息素**

alarm pheromone of *Tyrophagus similis*

似食酪螨释放的一种警戒信息素，其主要成分有异薄荷二烯酮等单萜类化合物。

11.100　**后背腺**

opisthonotal gland

螨类释放警戒信息素的腺体。

11.101　**聚附信息素**

aggregation and attachment pheromone

花蜱属一些种的雄蜱释放的能诱使其同伴聚集并依附到那些已在取食的个体周围的信息化学物质。

11.102　**彩饰花蜱聚附信息素**

aggregation and attachment pheromone of *Ameblyomma variegatum*

彩饰花蜱雄蜱释放的一种信息化学物质，由邻硝基苯酚、水杨酸甲酯和壬酸组成，邻硝基苯酚诱发搜索与聚集行为，后两者诱导依附行为。

11.103　**信息素提取物**

pheromone extract

用溶剂提取信息素得到的产物。

11.104　**信息素粗提物**

pheromone crude extract

用溶剂提取信息素得到的未经纯化的提取物。

11.105　**单腺体信息素提取物**

pheromone extract from a single gland

用溶剂提取单个信息素腺体得到的产物。

11.106　**信息素鉴定**

identification of pheromone

分析测定信息素的化学成分与化学结构。

11.107　**信息素分子结构**

molecular structure of pheromone

信息素分子中各原子之间的连接与排列方式。

11.108　**信息素分子构型**

molecular configuration of pheromone

由于信息素分子中原子排列方式的不同而产生的几何异构体或光学异构体。

11.109　**信息素合成**

synthesis of pheromone

通过一个或一系列反应由比较简单的物质制备信息素的过程。

11.110　**信息素生物合成**

biosynthesis of pheromone

在生物体内生成信息素的过程。

11.111　**信息素生物合成激活肽**

pheromone biosynthesis activating neuropeptide，PBNA

由脑和食道下神经节分泌的神经肽，由 33 个氨基酸组成，控制信息素的生物合成与分泌。

11.112　**促信息素肽**

pheromonotropin

能促进信息素生成的神经肽。

11.113　**抑信息素肽**

pheromonostatin

能抑制信息素生成的神经肽。

11.114　**信息素化学合成**

chemical synthesis of pheromone

通过化学反应由比较简单原料制备信息素的过程。

11.115 **立体选择反应**

stereoselective reaction

一种立体异构体比其他立体异构体优先进行的化学反应，是昆虫信息素合成中经常采用的方法。

11.116 **他感作用**

allelopathy

植物、微生物释放的化学物质对其他生物生长发育产生的影响。

11.117 **植物他感作用**

allelopathy of plant

植物释放的化学物质，对其他生物的生长发育产生抑制或促进作用。

11.118 **植物种内他感作用**

allelopathy among same plants

又称“自毒作用”。一种植物释放的化学物质，对同种植物个体的生长有抑制或毒害作用。

11.119 **植物种间他感作用**

allelopathy among different plants

一种植物释放的化学物质，对异种植物个体有抑制或促生作用。

11.120 **植物次生物质**

plant secondary substance

又称“次生代谢物（secondary metabolite）”。植物代谢过程的副产品，对食草动物有一定的警示和防御作用，并对其他植株的生长有抑制等不利作用。如尼古丁、丹宁、薄荷油等。

11.121 **植物挥发物**

plant volatile

植物释放的挥发性化学物质。

11.122 **植物酚类物质**

plant phenolics

在植物中存在的儿茶酚、单宁酸等酚类物质，对昆虫等生物有抑制或毒害作用。

11.123 **酚酸**

phenolic acid

对植物生长发育有影响的，带酚类基团的有机酸，如香草酸、肉桂酸、对羟基苯甲酸等。

11.124 **类萜**

terpenoid

针叶树等植物挥发物的主要化学成分。如 α 蒎烯、β 蒎烯、苎烯、月桂烯等。

11.125 **黑麦他感素**

allelochemic of *Secale cereale*

黑麦释放的他感化学物质，能抑制他种植物根部的生长，其主要成分为苯丙恶嗪酮和苯丙恶唑酮。

11.126 **胜红蓟素**

ageratochromene

胜红蓟（*Ageratum conyzoides*）释放到土壤中的他感素的主要成分，对其他植物根的生长有抑制作用。

11.127 **寄主植物他感素**

allelochemicals of host-plant

寄主植物释放的能引起寄生物行为或生理反应的化学物质。

11.128 **信息化学物质生物测定**

bioassay of semiochemicals

测量信息化学物质引起动植物靶标的生物效应的大小与强度。

11.129 **信息素生物测定**

bioassay of pheromone

测定信息素引起同种动物靶标的行为或生理反应的大小与强度。

11.130 **嗅觉仪**

olfactometer

测定昆虫对气味物质嗅觉反应的仪器。

11.131 **信息素嗅觉仪**

olfactometer of pheromone

测定昆虫对信息素嗅觉反应的仪器。

11.132 **触角电位图**

electroantennogram，EAG

昆虫触角化学感受器受刺激时其神经电位发生变化的图像。

11.133 **触角电位检测**

electroantennogram detection，EAD

用触角电位仪检测昆虫触角受化学气味刺激时其神经电位发生变化的情况。

11.134 **气相色谱–触角电位联用**

gas chromatography – electroantennagram detection，GC-EAD

先用气相色谱柱分离被测物质，然后通过触角电位仪检测不同组分引起昆虫触角神经电位发生变化的情况。

11.135 **Y 型迷宫嗅觉仪**

Y-maze olfactometer

测定鼠类对气味物质嗅觉反应的一种仪器。

11.136 **风洞**

wind tunnel

测定昆虫对挥发性物质的定向行为反应的装置。

11.137 **信息素风洞试验**

wind tunnel test of pheromone

在风洞中测定昆虫对信息素的定向行为反应的试验。

11.138 **田间试验**

field test,field trial

在野外测定药物和其他生物活性物质引起动植物靶标的生物效应大小与强度的试验。

11.139 **信息素田间试验**

pheromone field test，pheromone field trial

在野外测定信息素引起昆虫等靶标行为或生理反应的试验。

11.140 **昆虫生长调节剂**

insect growth regulator，IGR

能调节或影响昆虫生长发育的化学物质，主要有昆虫保幼激素、蜕皮激素及其类似物等。

11.141 **保幼激素**

juvenile hormone，JH

昆虫幼虫咽侧体分泌的一种倍半萜类激素，有调控幼龄期昆虫生长发育的作用。

11.142 **保幼激素类似物**

juvenile hormone analogue，JHA，juvenoid

与保幼激素化学结构相似且有类似生理活性的人工合成的化学物质。

11.143 **蜕皮激素**

ecdysone

又称“α 蜕皮素（α-ecdysone）”。由昆虫前胸腺分泌的一种甾体激素，有引起昆虫蜕皮的作用。

11.144 **蜕皮甾酮**

ecdyterone

又称“β 蜕皮素（β-ecdysone）”。由蜕皮素羟化生成的一种胆甾烯酮，有较高的蜕皮生理活性。

11.145　**植物性蜕皮素**

phytoecdysone

从植物中提取的，有诱发昆虫蜕皮作用的甾酮类物质。

11.146　**牛膝蜕皮酮**

inokosterone

从牛膝（*Achyranthes* sp.）中提取的、具蜕皮生理活性的甾酮类物质。

11.147　**苏铁蜕皮酮**

cycasterone

从苏铁（*Cycas* sp.）中提取的、具蜕皮生理活性的甾酮类物质。

11.148　**信息化学物质［的］应用**

application of semiochemicals

信息化学物质在有害生物治理或有益生物利用方面的应用。

11.149　**昆虫信息素［的］应用**

application of insect pheromone

昆虫信息素在害虫防治或益虫利用方面的应用。

11.150　**合成性信息素**

synthetic sex pheromone

用化学方法人工合成的性信息素。

11.151　**合成信息素诱捕器**

synthetic pheromone-baited trap

装有合成信息素诱芯的捕虫器具。

11.152　**雌虫诱捕器**

virgin female-baited trap

装有成熟雌虫作诱饵的捕虫器具。

11.153　**诱芯**

lure

含有昆虫性信息素或性引诱剂的载体。

11.154　**诱捕器**

trap

用来引诱和捕获昆虫的器具。常用的有三角形、船型、艇型、水盆型、漏斗型等。

11.155　**信息素释放器**

pheromone dispenser

用于释放或散发信息素的载体或器具。

11.156　**散发**

emission

信息素或其他气味物质自生物体或载体向空气中释放、扩散的过程。

11.157　**气缕**

plume

昆虫信息素或植物源气味物质在空中扩散的轨迹。

11.158　**大量诱捕**

mass trapping

在田间大量设置诱捕器捕杀害虫，以降低虫口密度和危害的一种方法。

11.159　**雄蛾捕获量**

catches of male moths

诱捕器捕获雄蛾的数量。

11.160　**交配干扰**

mating disruption

又称“迷向法”。用合成的性信息素或其类似物迷惑、干扰昆虫的定向与交配活动，以降低虫口密度和危害的一种方法。

11.161　**驱－诱结合**

push - pull

将驱避剂与引诱剂配合使用防治害虫的一种方法。

如在防治区用性诱剂诱杀害虫，在周边地区用驱避剂阻止外部害虫迁入，以提高防治效果。

11.162 **大气弥漫**

atomospheric permeation

通过向空气中释放足够量的合成性信息素或其类似物迷惑、干扰昆虫的交配活动，以降低虫口密度和危害的一种方法。

11.163 **信息素防治区**

pheromone – treated plot

用合成信息素防治害虫的区域。

11.164 **诱捕法防治区**

mass trapping plot

用大量诱捕法防治害虫的区域。

11.165 **交配干扰防治区**

mating disruption plot

又称“迷向法防治区”。用干扰交配法防治害虫的区域。

11.166 **雌蛾交配率**

mating rate of virgin female meths

已交配雌蛾占试验雌蛾总数的百分比。是评价大量诱捕法或交配干扰法防治效果的一项重要指标。

12. 分子生态学

12.001 **后继适应**

abaptation

生物体从其亲本或祖先获得适应原来生境的特定遗传特征后适应目前生境的过程。

12.002 **扩展适应**

exaptation

一个适应特性使得生物体获得其他的适应特性的过程。

12.003 **分子适应**

molecular adaptation

生物体在分子水平上的变化以适应其生存环境的过程。

12.004 **适合度代价**

fitness cost

在没有选择压力下，如果特定基因型个体的适合度低于种群平均的适合度，即可以认为该基因型存在适合度代价。

12.005 **遗传标记**

genetic marker

一种研究遗传物质传递轨迹的标记方法。在分子水平上称为“分子标记（molecular marker）”。

12.006 **显性标记**

dominant marker

仅能检测显性等位基因，不能够区分纯合和杂合基因型的遗传标记。

12.007 **共显性标记**

co-dominant marker

同时能检测出显性和隐性等位基因，能够区分纯合和杂合基因型的遗传标记。

12.008 **微卫星**

microsatellite

又称“简单重复序列（simple sequence repeats，SSR）”。一般指基因组中由短的重复单元（一般为 1 ～ 6 个碱基）组成的 DNA 串联重复序列。

12.009 **小卫星**

minisatellite

通常指以 9 ～ 100 个碱基为重复单元的串联重复序列。

12.010 DNA **指纹**

DNA fingerprint

通过获得一个 DNA 片段（或等位基因）图谱用于个体鉴定的一种技术。

12.011 **聚合酶链式反应**

polymerase chain reaction，PCR

用引物和 DNA 聚合酶进行体外扩增特定的 DNA 区域的一种技术。

12.012 **限制性片段长度多态性**

restriction fragment length polymorphism，RFLP

由专一性的限制性酶切获得的 DNA 片段长度的变异。通过电泳分离酶切产物并转移至膜上与标记探针杂交后可以检测到这种长度变异性。

12.013 **扩增片段长度多态性**

amplified fragment length polymorphism，AFLP

用两个限制性内切酶处理基因组 DNA 并连接一个大约 20 个碱基的接头后进行 PCR 扩增获得的一种分子标记。

12.014 **随机扩增多态性** DNA

random amplified polymorphic DNA，RAPD

以单一的随机引物（一般为 10 个碱基）利用 PCR 技术随机扩增未知序列的基因组 DNA 获得的 DNA 片段长度变异。

12.015 **单链构象多态性**

single strand conformation polymorphism，SSCP

PCR 扩增产物变性后进行电泳时，相同长度的 DNA 片段之间即使相差一个碱基，也会形成不同的构象，导致不同的电泳迁移率，反映出个体间的遗传变异。

12.016 **变性梯度凝胶电泳**

denaturing gradient gel electrophoresis，DGGE

一种分离相似大小 DNA 片段的电泳方法。随着电泳凝胶中的变性剂浓度的增大，由双链 DNA 分子变性形成的单链分子的电泳迁移率发生变化。

12.017 DNA **微阵列**

DNA microarray

将不同的 DNA 或 RNA 与点在固相支持物上的同一探针进行杂交。通过比较两个阵列所有对应点的杂交信号的强度，可以同时检测数千个基因表达的改变。

12.018 **同工酶**

isozyme

具有相同底物，但电泳迁移率不同的酶。可来源于多个基因座或等位基因的表达，也可能是基因翻译后形成的。

12.019 **等位酶**

allozyme

由于同一基因座上不同等位基因的差异而导致的具有不同电泳迁移率的编码蛋白，是一种特殊的同工酶。

12.020 **质量性状**

qualitative character

由主基因控制的变异不连续的遗传性状。

12.021 **数量性状**

quantitative character

由微效多基因控制的变异连续的遗传性状。

12.022　**外显率**

penetrance

在特定环境条件中，某一基因型显示预期表型的个体比率。一般用百分比表示。

12.023　**异源多倍体**

allopolyploid

来自不同物种的染色体组构成的多倍体。

12.024　**同源多倍体**

autopolyploid

由同一物种的单一基因组（或一套染色体）加倍形成的多倍体生物体。

12.025　**单倍型**

haplotype

一个个体的单倍基因型，通常指线粒体、叶绿体等细胞器基因组。

12.026　**基因污染**

gene contamination

一般指转基因生物的外源基因通过某种途径转入并整合到其他生物的基因组中，使得其他生物或其产品中混杂有转基因成分，造成自然界基因库的混杂和污染。

12.027　**遗传性死亡**

genetic death

（1）携带降低适合度的突变等位基因的基因型被选择淘汰的现象。（2）一个个体不能有效地产生后代的状态。

12.028　**遗传距离**

genetic distance

通过遗传标记对种群或分类单元间遗传相似性和进化关系的测度。

12.029　**固定**

fixation

当某一等位基因在种群中的频率达到 100% 时，称为固定。

12.030　**固定指数**

fixation index

衡量种群中基因型实际频率是否偏离遗传平衡理论比例的指标。一般用符号“F”表示。

12.031　**F 统计量**

F-statistics

建立在固定指数基础上，衡量亚种群间分化程度的指标。指在随机交配的情况下，相对于总体来说，亚种群中杂合度下降的程度。一般用符号“F_{ST}”表示。

12.032　**遗传分化系数**

genetic differentiation coefficient

根井正利（Masatoshi Nei）提出来的估测种群间和种群内遗传相似性的指数，以亚种群间的遗传分化占总的遗传多样性的比例来表示。一般用符号“G_{ST}”表示。

12.033　**遗传多样性指数**

genetic diversity index

度量遗传多样性水平的一种测度。

12.034　**基因多样性指数**

gene diversity index

一个种群中每个位点上平均期望杂合度。一般用符号“H”表示。

12.035　**根井正利基因多样性指数**

Nei's gene diversity index

由根井正利（Masatoshi Nei）提出来的测度基因多样性的指数。H=1-（$\sum P_i^2$）/N，其中，P_i 是等位基因的频率，N 是种群的基因座数。

12.036 **遗传冲刷**

genetic erosion

又称“遗传侵蚀”。人类活动中，由于长期依赖于遗传背景单一的品种，影响到其更适应局域环境的亲缘品种的生存，从而产生的遗传信息丢失的现象。

12.037 **遗传湮没**

genetic swapping

通常指由基因流导致的个体数量较大种群的种与个体数量较小的（隔离）种群的种间的杂交而引起小种群的遗传多样性的丧失，从而使后者有灭绝的风险。

12.038 **遗传稳态**

genetic homoeostasis

种群有平衡其遗传成分并能够抵抗突然变化的倾向。

12.039 **遗传一致度**

genetic identity

种群间遗传相似性的测度。一般用符号“*I*”表示。

12.040 **单态性**

monomorphism

一个种群的所有个体在特定基因座具有相同的等位基因。

12.041 **遗传二态性**

genetic dimorphism

一个种群具有两种由遗传决定的非连续的形态类型。

12.042 **遗传多态性**

genetic polymorphism

同一种群中具有两种或两种以上基因型并存的现象。

12.043 **多态性基因座**

polymorphic locus

存在两个或多个等位基因的基因座。

12.044 **遗传结构**

genetic structure

种群中遗传变异分布的时空格局。

12.045 **遗传变异**

genetic variation

同一基因库中，生物体之间呈现差别的定量描述。在DNA水平上的差异称“分子变异（molecular variation）”。

12.046 **同义突变**

synonymous mutation

密码子确定的氨基酸与以前相同的突变。

12.047 **非同义突变**

nonsynonymous mutation

使某一密码子成为编码另一氨基酸的密码子的突变。

12.048 **突变率**

mutation rate

某一个体中，每单位时间里每核苷酸位点或每基因产生的突变数。

12.049 **突变热点**

hotspot of mutation

基因组DNA的一个片段，对自发的或某种特别诱变剂作用下的突变表现出较高的倾向性。

12.050 **高变位点**

hypervariable site

变异频率很高的DNA位点。

12.051 **沉默替换**

silent substitution

不改变其携带者表型的替换，包括非编码基因DNA中的替换和同义替换。

12.052 **中性等位基因**

neutral allele

对生物体适合度没有影响的等位基因。

12.053 **中性突变**

neutral mutation

不改变生物体适合度的突变。

12.054 **同胞种**

sibling species

两个在外表（形态）上一致但彼此之间存在生殖隔离的物种。

12.055 **同胞关系**

sibship

来自同一亲本的子代个体间的关系。

12.056 **遗传率**

heritability

又称“遗传力”。对一个表型在遗传上受选择影响和改变程度的测度。

12.057 **遗传同类群**

genodeme

具有相同基因型特征的地区性自交种群。

12.058 **基因生态同类群**

genoecodeme

存在于一个特定生境中的具有相同基因型特征的地区性自交种群。

12.059 **基因型**

genotype

决定一个生物体的结构和功能的全部遗传特征。

12.060 **基因型与环境互作**

genotype-environment interaction

又称“基因型环境互应”。可供选择的遗传因子（等位基因）的相对表达依赖于环境的变化。

12.061 **表型**

phenotype

生物体可观察到的结构和功能特性的总和，是基因型与环境相互作用的结果。

12.062 **表型可塑性**

phenotypic plasticity

在环境影响下，某一基因型在表型上产生变异的能力。

12.063 **基因多效性**

pleiotropy

一个基因能够引起多个不相关的表型效应。

12.064 **异质性指数**

heterogeneity index

基于基因型距离的遗传变异的测度。

12.065 **杂合现象**

heterozygosis

在一特定基因座上存在不同的等位基因的现象。

12.066 **杂合度**

heterozygosity

遗传变异的测度。在种群中指特定基因座上杂合个体的比率。在个体中指杂合基因座的比例。

12.067 **纯合度**

homozygosity

对种群或个体遗传均匀性的测度。在种群中指特定基因座上纯合个体的比率。在个体中指纯合基因座的比例。

12.068 **同源性状**

homologous character

来自同一祖先的性状。

12.069 **同塑性**

homoplasy

并非由共同祖先遗传而来的性状相似性。

12.070 **比对**

alignment

又称“排比”。根据两个或多个的核苷酸序列的重合部分，找出序列结构变化的差错、插入、缺省和交换部分。

12.071 **繁育系统**

breeding system

同一或不同分类群间个体杂交的方式、格局和程度。

12.072 **杂交衰退**

hybrid depression

与亲本相比，遗传上不同的两个品系的杂交种在生长、育性和种子产量等方面发生下降的现象。根据亲本亲缘关系的远近分“近交衰退（inbreeding depression）”和“远交衰退（outbreeding depression）”。

12.073 **杂合优势**

heterozygote superiority，heterozygous advantage

由于杂合个体的基因型与双亲基因型不同而表现出生命力增强的现象。

12.074 **杂种衰败**

hybrid breakdown

杂交导致杂种后代（F_2或回交世代）适合度下降和繁殖失败的现象。

12.075 **杂种群**

hybrid swarm

由两个物种的杂交以及与其杂交种回交形成的一个在形态学上有区别但是连续的杂种系列。

12.076 **杂种优势**

hybrid vigor，heterosis

杂交子代在生长活力、育性和种子产量等方面都优于双亲均值的现象。

12.077 **杂种带**

hybrid zone

不断产生并存在杂交个体的地理区域。

12.078 **杂交育种**

cross-breeding

通常指远缘杂交，或两个遗传上不相关个体间进行繁殖后代的行为。

12.079 **杂交**

hybridization

能产生杂种后代的两个遗传组成上不同的个体之间的交配。

12.080 **天然杂种**

natural hybrid

在自然界中存在的、在没有任何的人类干预下形成的杂交种。

12.081 **近交**

inbreeding

亲缘关系极为相近的个体之间或遗传组成极相似的个体之间的交配方式。

12.082 **远交**

outbreeding

亲缘关系很远的个体间的交配方式。

12.083 **回交**

backcross

杂种生物体与亲本或遗传上与亲本相似的生物体间的交配方式。

12.084 **渐渗杂交**

introgression hybridization

两个种杂交后形成可育的后代，并且可通过不断地与亲本的回交而实现一个种的基因插入到另一个种的基因组中的杂交方式。

12.085 **基因流**

gene flow

又称“基因扩散（gene dispersal）”。由于交配或迁移而导致的基因从一个繁殖种群向另外一个种群扩散，使得繁殖种群中的等位基因频率发生变化的现象。基因流是双向的。

12.086 **水平基因转移**

horizontal gene transfer

遗传信息在不同物种间从一个基因组向另一个基因组的转移。

12.087 **遗传漂变**

genetic drift

对于所有有限大小的种群来说，由于小样本抽样的基因数量有限而导致种群的等位基因频率在世代间发生变化的现象。

12.088 **相邻种群区**

neighborhood area

一个种群内的区域，能够为所研究植株提供95%的亲本。在随机交配的条件下，遗传上的相邻种群区等同于整个种群。

12.089 **相邻种群大小**

neighborhood size

相邻种群区的基株数量。

12.090 **重定居**

recolonization

又称“回迁”。生物重新在原分布区定居的过程。

12.091 **花粉漂流**

pollen drift

植物花粉通过风媒、虫媒或其他媒介向种群内或向种群外散布的过程。

12.092 **遗传修饰生物体**

genetically modified organism，GMO

通过分子生物学技术对生物体的基因组进行遗传修饰，所得到的基因组成和性状改变了的生物体。

12.093 **转基因生物**

transgenic organism

通过外源基因转化和插入获得新性状的生物体。

12.094 **转基因逃逸**

transgene escape

转基因生物的外源基因通过与亲缘种的杂交或种子的逸生等形式进入到自然界中的过程。

12.095 **基因沉默**

gene silencing

非遗传突变所致的基因组中的编码基因不表达的现象。

12.096 **标记基因**

marker gene

已知效应的基因，能够使个体具备特定的特征并且通过生理学、形态学、生物化学或分子生物学检测能够发现其存在的基因。在基因转化过程中经常要插入标记基因。

12.097 **遗传传递**

transmission

生物的遗传物质向后代转移的过程。

12.098　**避难所策略**

refuge strategy

在抗虫转基因作物的田间种植中，一般需要种植一定比例的非转基因作物以作为害虫的避难所，目的是稀释田间抗性等位基因的频率，延迟害虫耐受性的进化。

12.099　**释放**

release

将具有特定性状的生物体向自然界引入的过程。

12.100　**F_2 代筛选**

F_2 screen

一种根据 F_2 抗性频率鉴别并估计获得稀有抗性等位基因并估计其频率的过程。

12.101　**抗性进化**

resistant evolution

生物体对环境胁迫敏感性降低的遗传变化。

12.102　**自播植物**

volunteer plant

作物种子无意散落后在田间自然繁殖的植株。

12.103　**逸生植物**

feral plant

从栽培转变为野生状态的植物。

12.104　**超级杂草**

superweed

驯化作物逸生或与野生近缘种杂交而产生的有害植物。一般具有很高的选择优势，难以根除。

13. 保护生态学

13.001　**岛屿生物地理学说**

theory of island biogeography

由美国理论生态学家麦克阿瑟（R. H. MacArthur）和美国生态学家威尔逊（E. O. Wilson）于 1967 年创建的一门学说，研究岛屿面积与物种数目、物种生存、灭绝，岛屿距大陆的距离与物种迁移、定殖之间的关系。

13.002　**生物地理分析**

biogeographic analysis

从生物与地理环境的关系出发，结合有关生物生境和动植物区系分布，研究生物在不同地质时期的演化史及其与气候的关系，从中获得生物分布和环境演变过程的信息。

13.003　**人类中心伦理观**

anthropocentric ethic

以人类利益为中心的价值观。

13.004　**环境伦理**

environmental ethics

与环境有关的道德、价值和行为规范问题。

13.005　**文化多样性**

cultural diversity

一个地区或国家传统风俗习惯文化的丰富程度。

13.006　**文化进化**

cultural evolution

一个地区或国家文化传统的演化历程。

13.007　**世界非物质遗产**

intangible heritage

又称“*无形文化遗产*”。从审美或科学角度看具有突出的普遍价值的、由非物质组成的文化。如民歌、戏曲、音乐等。2001 年联合国教科文组织开始审定“世界非物质遗产”。

13.008　**多样性**

diversity

种类、特征、性状和实体数目存在遗传的或其他形式的各种类型。

13.009　**多样性指数**

diversity index

用来测度分类单元多样程度和考察每一单元相对多度的指数。常用的有香农—维纳多样性指数等。

13.010　**多样性梯度**

diversity gradient

由于土壤水分、盐分、海拔高度以及纬度等环境因素而形成的物种多样性渐次升高或降低的现象。

13.011　**生物多样性**

biodiversity

生物类群层次结构和功能的多样性。包括遗传多样性、物种多样性、生态系统多样性和景观多样性。

13.012　**生态多样性**

ecological diversity

物种生态特征的多种多样性。

13.013　**地区多样性**

regional diversity

一个地理区域中的物种数目或其他分类单元数目。

13.014　**栖息地多样性**

habitat diversity

又称“生境多样性”。生物栖息环境的多种多样性。

13.015　**遗传多样性**

genetic diversity

种内不同种群之间或同一种群内不同个体的遗传变异总和。

13.016　**进化显著单元**

evoluationary significant unit，ESU

种群中具有显著进化意义的、由遗传组成所决定的生物地理单元。

13.017　**奠基者效应**

founder effect

建立一个种群的最初群体的大小与遗传组成对所建立的种群的遗传结构的影响。

13.018　**多样性中心**

diversity center

常指生物多样性高的地区或物种起源演化的中心。

13.019　**生物多样性热点**

biodiversity hotspot

生物多样性高度丰富的地区，其特点是：物种数目多，特有物种多，并且是物种的起源演化中心。

13.020　**种－面积曲线**

species-area curve

用来描述一定地域内物种数目随着取样面积增大而增加的曲线图。

13.021　**种－面积效应**

species-area effect

一定地域内物种数量随着面积增大而增加的现象。

13.022　**种－面积关系**

species-area relationship

在一定地域内物种数量与面积之间的函数关系，$S=CA^z$，其中，S 为物种数目，A 为面积，C，z 为常数。

13.023　**岛屿生物区系**

island biota

生活在岛屿或岛屿状生境中的生物物种总和。

13.024　**隔离种**

insular species

又称“岛屿种”。生存在岛屿或岛屿状生境中的物种。

13.025　**外来种**

exotic species

由于人类活动，出现在其过去或现在的自然分布范围以外的物种。

13.026　**侵入种**

invader species

成功定殖到新的生境中的物种。

13.027　**物种入侵**

species invasion

一个物种进入一个地区，并在该地区成功建立种群的过程。

13.028　**引入**

introduction

又称“引种”。人工将一个品种引入到新的生境的过程。

13.029　**再引入**

reintroduction

一个物种在原产地灭绝后，从其他地区或其他国家将这个物种的个体引入并重新建立繁殖种群的过程。

13.030　**原住民**

indigenous people

一个地区的原有住民。

13.031　**濒危种**

endangered species

由于生态环境变化、人类活动影响而濒临灭绝的物种。

13.032　**进化濒危种**

evolutionarily endangered species

指那些种群数量稀少、分布区狭窄的孑遗物种或由于环境变化后，适应环境能力较差而面临灭绝风险的物种。此物种是进化时间尺度中濒临生存危机的物种。

13.033　**生态濒危种**

ecologically endangered species

指那些不能适应人类活动造成的生态环境演化，或者受到人类活动直接影响而面临灭绝风险的物种。此物种是生态时间尺度中濒临生存危机的物种。

13.034　**渐危种**

vulnerable species

生存受到威胁的物种。在世界自然保护联盟（IUCN）红色名录标准中其濒危程度较濒危种低。

13.035　**特有现象**

endemism

生物分类单元只在一个地区发生的现象。

13.036　**种群生存力分析**

population viability analysis

利用数学模型模拟分析不同种群参数在不同环境条件下种群灭绝风险的方法。

13.037　**最小可生存种群**

minimum viable population，MVP

又称“最小存活种群”。一个种群在不需要补充外来血缘的条件下可以生存繁衍的种群大小，是一个具有争议的概念。

13.038　**灭绝**

extinction

当一个物种的最后一个个体死亡后，称该物种灭绝。

13.039　**局部灭绝**

extirpation

一个物种在某一地区灭绝的现象。

13.040 **聚群灭绝**

mass extinction

又称“大灭绝”。生物区系的一大部分物种突然消失的现象。其引起的原因可能是环境灾变，如流星的影响等。在二叠纪末和白垩纪曾出现过聚群灭绝。

13.041 **次生灭绝**

secondary extinction

由于生态系统中的食物链或食物网关系，生态系统中一个物种的灭绝而导致食物链或食物网中另一个物种或另一些物种灭绝的现象。

13.042 **人为灭绝**

anthropogenic extinction

由于人类直接利用或者破坏生境引起的物种灭绝。

13.043 **背景灭绝**

background extinction

没有人类活动而产生的环境变化时，物种的自然灭绝。

13.044 **随机灭绝**

stochastic extinction

由于个体出生和死亡率以及初生个体性别比例的随机波动而导致的种群灭绝。

13.045 **经济灭绝**

Economic extinction

指一个物种的个体在自然界仍然存在，但由于种群密度低，失去了规模商业生产利用的价值。

13.046 **灭绝率**

extinction rate

一定时间内灭绝物种占所有生存过的物种的比例。

13.047 **孑遗种**

relict species

又称“残遗种”。主要指在第四纪冰川活动期存活下来的物种。

13.048 **孑遗特有种**

relic endemic species，palaeo-endemic species

从某一地质时期遗留下来的且仅分布在一定地区的物种。

13.049 **孑遗群落**

relict community

主要指在第四纪冰川活动期存活下来的生物群落。

13.050 **孑遗生态型**

relict ecotype

主要指在第四纪冰川活动期存活下来的物种的生态类型。

13.051 **孑遗动物区系**

relict fauna

主要指在一个地区经历了第四纪冰川活动存活下来的动物区系。

13.052 **孑遗植物区系**

relict flora

主要指在一个地区经历了第四纪冰川活动存活下来的植物区系。

13.053 **孑遗型**

relict form

主要指在一个地区经历了第四纪冰川活动存活下来的生物生活型。

13.054 **资源编目**

resource inventory

又称“资源总量”。一个地区自然资源种类和数量的清单。

13.055 **遗传有效种群大小**

genetically effective population size

一个种群中能将其基因连续传递到下一代的个体平均数。实际上相当于理想状态下（指种群内个体随机交配、不同性别个体间交配概率相等）种群的大小。遗传有效种群大小一般小于或等于实际种群大小。

13.056 **生境分析**

habitat analyses

利用生物的生境要素与生境结构之间的关系，建立生物与生境之间关系的数学模型，然后开展相关分析的过程。

13.057 **生境廊道**

habitat corridor

又称“生境走廊”。动物交配、繁殖、取食、运动时使用的通道或在集合种群中个体在不同种群间的迁进迁出通道。

13.058 **生境破碎**

habitat fragmentation

人类活动改变了生物生境的形状、类型及其在景观中空间排列的现象。即在人类活动的影响下一个生境缩小并分割成两个或更多生境斑块的现象。

13.059 **生境评价程序**

habitat evaluation procedure

评价生物生存环境的过程，可分为总体评价和局部评价。首先通过分析资料建立生境适宜度模型，然后根据研究点或样方研究资料，建立生物与生境关系的数学模型，对不同地点的生境进行综合评判。

13.060 **生境管理**

habitat management

对野生生物生境进行的人工管理，以利于野生生物种群的生存和繁衍。

13.061 **生境适宜度指数**

habitat suitability index ，HSI

一种评价野生生物生境适宜程度的指数。研究生境适宜度指数常取三个环境变量的几何平均值，所评价的生境要素取值范围为 0 ～ 1。

13.062 **环境退化**

environmental degradation

人类或其他物种生存的环境由于某种原因而发生的不利于人类或其他物种生存的环境改变。

13.063 **环境不确定性**

environmental uncertainty

环境的不可预测的性质。

13.064 **灾变**

catastrophe

自然界发生的对生物种群产生强烈影响的不可预测事件。

13.065 **自然灾害**

natural catastrophes

对自然生态环境、人居环境和人类及其生命财产造成破坏和危害的自然现象。如飓风、地震、海啸、干旱、洪水、火山爆发、小行星撞击地球等。

13.066 **自然禁猎区**

natural sanctuary

为保护一个特定区域的自然生态系统、特有物种、濒危物种以及地质遗迹而设立禁止人类狩猎的区域。

13.067 **鸟类禁猎区**

bird sanctuary

禁止捕猎鸟类的地区。

13.068 **避难所**

refuge，refugium

生物类群度过重大灾变（如第四纪冰期）的场所。

13.069 **偷猎**

poaching

违法的狩猎活动。

13.070 **禁伐林**

reserve forest

禁止砍伐的森林。

13.071 **围栏**

enclosure

又称“禁牧区”。用铁丝围栏、木围栏、尼龙网等材料围起来的空间。

13.072 **保留地**

reserve

美国与加拿大为印第安人保存传统文化设立的、由印第安人管理的区域。

13.073 **自然保护**

nature conservation

对自然生态系统、特有物种、濒危物种、地质遗迹、自然遗产地以及风景名胜的保护活动。

13.074 **天然公园**

nature park

为人们观赏、接触大自然而设立的公园。主要以自然风光取胜，人造景观较少、对公园内环境的人为改造较少。

13.075 **自然保护区**

nature reserve，reserve，refuge

是指对有代表性的自然生态系统、珍稀濒危野生生物种群的天然生境地集中分布区、有特殊意义的自然遗迹等保护对象所在的陆地、陆地水体或者海域，依法划出一定面积予以特殊保护和管理的区域。

13.076 **严格自然保护区**

strict nature reserve

是指拥有杰出的或有代表性的生态系统、地质学或生理学上的特征和（或）种类的陆地和（或）海洋地区。除科学研究、环境监测或必要的管理外，严禁一切人类活动的干扰。

13.077 **人与生物圈自然保护区**

Man and Biosphere Reserve，MAB Reserve

联合国教科文组织“人与生物圈计划”建立的自然保护区。

13.078 **荒野地**

wildness area

未受人类活动影响的并受到保护的荒野自然区域。世界生物多样性保护监测中心承认的保护区之一。

13.079 **保护地**

protected area

泛指所有受到人类保护的地区。如自然保护区、国家公园、世界自然遗产地、天然公园、风景名胜区、禁猎区等。

13.080 **核心生境**

core habitat

一个物种生境的关键区域。

13.081 **缓冲区**

buffer zone

自然保护区内围绕核心保护区的区域，为缓冲人类活动对自然保护区核心区的影响而设立。

13.082 **空隙分析**

geographical approach process analysis，GAP analysis

利用地理信息系统模型，对植被图、濒危物种分布图、土地权属图、保护区图等图层进行叠加，将生物多样性热点地区与已经保护的地区相比较，查找未保护的空白地区的分析过程。

13.083 **SLOSS 原则**

single large or several small principle, SLOSS principle

人们关于建立自然保护区时是应当建立一个大的自然保护区，还是应当建立几个小的自然保护区的争论。

13.084 **保护物种**

protected species

受到地方、国家法律法规或国际法保护的野生生物物种。

13.085 **就地保护**

in situ conservation

将濒危物种在其自然生境中进行的保护形式。

13.086 **易地保护**

ex situ conservation

将濒危物种迁出其原来生活的自然生境，易地进行的保护形式。

13.087 **人工养殖**

captive breeding，artificial propagation

人工饲养繁殖以及人工培育增殖野生动植物的过程。

13.088 **硬释放**

hard release

将人工繁殖的野生动物直接释放到大自然的过程。

13.089 **软释放**

soft release

将人工繁殖的濒危物种个体释放到大自然时，仍在一段时间内为释放的动物提供食物、饮水和躲避捕食者的场所使其逐步适应野生环境的过程。

13.090 **检疫**

quarantine

为了防止外来动植物病虫害、外来传染病和寄生虫病而制定的隔离观察检查制度。

13.091 **使用价值**

instrumental value

对人类的物质与服务功效。

13.092 **沙［尘］暴**

sandstorm

通常指大风扬起地面的尘沙使空气浑浊，水平能见度小于 1km 的风沙现象。

13.093 **野生生物**

wildlife

自然界中生存的各种生物。早期野生动物管理学中，wildlife 仅指野生动物。

13.094 **野生生物保护**

wildlife conservation

保护和管理野生生物的行动。

13.095 **野生生物管理**

wildlife management

对野生生物的生境、种群结构实施的人工管理措施。

13.096 **野生生物保护区系统**

wildlife refuge system

美国为保护野生生物而设立的自然保护区网络。

13.097 **狩猎动物**

game animal

种群较大，繁殖率较高，可以开放供猎手狩猎的物种。通常是野生有蹄类动物。

13.098 **狩猎经营**

game management

对开放狩猎物种的经营管理。

13.099 **狩猎牧场**

game pasture

养殖野生动物供狩猎使用的牧场。

13.100 **芜原**

barren area

由于土壤的某些物理或化学性质而植物生长稀疏的区域。

13.101 **可再生资源**

renewable resources, renewable resources

又称“*可更新资源*（regenerative resources）”。指在社会生产、流通、消费过程中的物质，不再具有原使用价值而以各种形式储存，但可通过不同加工途径而使其重新获得使用价值的各种物料的总称。

13.102 **非再生资源**

non renewable resources，unrenewable resources

又称“*不可更新资源*”,“*可耗竭自然资源*(exhaustible natural resources）”。在地球演化的一定阶段形成的一类自然资源，其数量有限，资源蕴藏量保持不变、不再增加，在开发利用后，其储量逐渐减少不会自我恢复。

13.103 **关键资源**

keystone resources

维系一个物种或一个生态系统生存的资源。

13.104 **联合国生物多样性公约**

United Nations Convention on Biological Diversity

简称“*生物多样性公约*”。1991 年在联合国第二次环境与发展大会上为保护和持续利用生物多样性而签订的一项条约。

13.105 **国际生物多样性科学研究规划**

DIVERSITAS

由国际生物科学联盟（International Union of Biological Sciences，IUBS）、国际微生物科学联盟（International Union of Microbiological Sciences，IUMS）、环境问题科学委员会（Scientific Committee the Problem of Environment, SCOPE）、国际地圈—生物圈研究计划核心项目之一全球变化与陆地生态系统（International Geosphere-Biosphere Programme-Global Change and Terrestrial Ecosystem，IGBP -GCTE）以及联合国教科文组织共同发起的国际生物多样性研究项目。

13.106 **世界保护监测中心**

World Conservation Monitoring Center

联合国环境规划署、国际濒危野生动植物种贸易公约共建的生物多样性和自然保护监测机构，设在英国剑桥市。该机构不定期发布有关生物多样性与自然监测报告。

13.107 **世界自然保护联盟**

World Conservation Union，International Union for Conservation of Nature and Nature Resources，IUCN

是目前世界上最大的、最重要的世界性保护联盟，是政府及非政府机构都能参与合作的少数几个国际组织之一，成立于 1948 年 10 月，当时名称为 International Union for the Protection of Nature（IUPN），1956 年更名为国际自然与自然资源保护联盟（International Union for the Conservation of Nature and Natural Resources），1990 年正式更名为世界自然保护联盟。目前共有 82 个国家，111 个政府机构和 800 多非政府组织。中国首次参加了在蒙特利尔召开的世界自然保护联盟大会，成为第 75 个成员国。

13.108　**世界自然保护联盟红皮书**

IUCN Red Data Books

世界自然保护联盟发布的关于全球或区域性物种濒危状态的文件。世界自然保护联盟自 20 世纪 60 年代开始编制全球濒危物种红皮书。最初红皮书仅包括陆生脊椎动物，后来收录无脊椎动物和植物，逐步发展为濒危物种红色名录。

13.109　**世界自然保护联盟红色名录**

IUCN Red List

世界自然保护联盟编制发布的关于全球濒危物种濒危状态的文件。世界自然保护联盟红色名录根据物种受威胁程度和估计灭绝风险将物种列为不同的濒危等级。

13.110　**世界遗产公约**

World Heritage Convention

联合国教科文组织大会于 1972 年 11 月 16 日通过的公约，认为国际社会有必要采用公约形式以保护具有突出的普遍价值的文化和自然遗产。

13.111　**世界自然遗产**

World Heritage

从审美或科学角度看具有突出的普遍价值的由物质和生物结构或该结构群组成的自然面貌、地质和自然地理结构、天然名胜或明确划分的自然区域以及明确划为受威胁的动物和植物的生境区。

13.112　**世界自然遗产名录**

World Heritage List

联合国教科文组织为保护世界自然遗产而颁布的名录。

13.113　**生物多样性相关公约**

Biodiversity-related conventions

指与生物多样性有关的国际公约，如濒危野生动植物种国际贸易公约（CITES）、保护野生动物迁徙物种公约（Convention on the Conservation of Migratory Species of Wild Animals，CMS）、拉姆萨尔湿地公约（Ramsar Convention on Wetlands）以及世界遗产公约（World Heritage Convention）。

13.114　**保护野生动物迁徙物种公约**

Convention of the Conservation of Migratory Species of Wild Animals，CMS

又称“波恩公约（Bonn Convention）”。为了保护迁徙陆地、海洋动物和鸟类，1979 年一些国家在德国波恩签订的国际公约，为联合国环境署协调的国际公约之一。那些有可能灭绝的迁徙物种，根据其濒危程度分别列入保护迁徙野生动物物种公约的附录一和附录二。目前有 91 个缔约国。

13.115　**关于特别是水禽栖息地的国际重要地公约**

Convention on Wetlands of International Importance Especially as Waterfowl Habitat

简称“拉姆萨尔湿地公约（Ramsar Convention on Wetlands）”。1971 年在伊朗拉姆萨尔为保护那些国际重要湿地特别是作为水禽重要栖息地的湿地而签订的国际公约，要求各缔约国至少指定一块湿地列入国际重要湿地名录，同时设立湿地自然保护区。我国为缔约国。

13.116　**濒危野生动植物种国际贸易公约**

Convention on International Trade in Endangered Species of Wild Fauna and Flora，CITES

为了控制野生动植物国际贸易于 1973 年在华盛顿签署的国际公约。现有 162 个签约国。CITES 管制的国际贸易野生动植物物种分别列入 CITES 附录一、附录二和附录三。

13.117　**濒危物种等级标准**

criteria for endangered species

为评价物种的濒危等级而设立的标准。如世界自然保护联盟红色名录标准、濒危野生动植物物种国际贸易公约附录物种标准等。

13.118 **梅斯－兰德物种濒危等级标准**

Mace-Lande Species Endangerment Criteria

1991 年，英国学者梅斯（G. Mace）和兰德（R. Lande）提出，根据在一定时间内物种的灭绝概率来确定物种濒危等级的思想，据此制定了一套物种濒危标准。1994 年 11 月，世界自然保护联盟第 40 次理事会会议正式通过了经过修订的梅斯－兰德物种濒危等级标准以作为新的世界自然保护联盟濒危物种等级标准系统。

13.119 **卡塔赫纳生物安全议定书**

Cartegena Protocol on Biological Safety

一些生物多样性公约缔约国为了安全转移、处理和使用那些利用现代生物技术而获得的遗传修饰生物体，避免其对生物多样性和人类健康可能产生的潜在影响而签订的议定书。2005 年中国在加拿大蒙特利尔正式加入。

13.120 **生物遗传资源的元所有权**

metaproperty right of biogenetic resource

对生物遗传资源的载体——生物体、生殖细胞以及生物的遗传信息都拥有的所有权。

13.121 **生物遗传资源的衍生所有权**

derived property right of biogenetic resource

在一种生物遗传资源被商业修饰后，那些对这种生物遗传资源拥有原所有权的国家仍拥有的部分所有权。

13.122 **遗传资源的获取与共享**

access and benefit sharing of genetic resource，ABS of genetic resource

遗传资源的所有、获取与惠益共享，是联合国生物多样性公约各缔约国政府和专家所关注和争论的焦点之一。

13.123 **生物安全**

biological safety

安全转移、处理和使用那些利用现代生物技术而获得的遗传修饰生物体，避免其对生物多样性和人类健康可能产生的潜在影响。

14. 污染生态学

14.001 **污染**

pollution，contamination

外来物质或能量的作用，导致生物体或环境产生不良效应的现象。

14.002 **大气污染**

atmospheric pollution

自然或人为原因使大气圈层中某些成分超过正常含量或排入有毒有害的物质，对人类、生物和物体造成危害的现象。

14.003 **空气污染**

air pollution

一般指近地面或低层的大气污染，有时仅指居室内空气的污染。

14.004 **空气污染预报**

air pollution forecasting

根据污染物在近地面大气中的输送、扩散过程以及各种气象因子，用数值预报模式对污染源强度进行未来 24h 的扩散计算，从而做出的事先预报。

14.005 **空气质量分级**

air quality classification

将一系列复杂的空气质量监测数据综合为空气污染指数，据此进行的分级。我国现行空气质量划分为优、良、轻度、中度和重度污染五个等级。

14.006 **水污染**

water pollution

进入水中的污染物超过了水体自净能力而导致天然水的物理、化学性质发生变化，使水质下降，并影响到水的用途以及水生生物生长的现象。包括水污染和水体污染两层含义。

14.007 **地表水污染**

surface water pollution

又称“地面水污染”。污染物进入江、河、湖泊和水库等地球表面各种形式的水体，并导致水质下降的过程。

14.008 **地下水污染**

groundwater pollution

工业“三废”排放以及其他途径使污染物进入地下水中并由此导致其水质下降的过程。

14.009　**沉积物污染**

sediment pollution

污染物及其转化降解产物在水底沉积物中的积累，并直接或间接对生态系统产生不良影响的现象。

14.010　**土壤污染**

soil pollution，soil contamination

各种外来物质进入土壤并积累到一定程度，超过土壤本身的自净能力，而导致土壤性状变劣、质量下降的现象。

14.011　**土壤污染指数**

soil pollution index

用数学公式表征土壤环境的各种质量参数，并以简单的数值综合表示土壤环境污染的程度或土壤环境质量的等级。

14.012　**生物污染**

biological pollution

由病原微生物、霉菌、寄生虫以及某些有害生物过量生长引起的各种环境单元质量下降或失去利用价值的现象。

14.013　**放射性污染**

radioactive pollution，radio-contamination

由放射性物质释放的放射线造成的污染。

14.014　**辐射污染**

radiation pollution

电磁辐射的强度达到一定限度时，对生物机体功能或生态系统的破坏作用。

14.015　**热污染**

heat pollution，thermal pollution

因能源消费引起环境增温效应，达到损害环境质量的程度，以致危害人体健康和生物生存的现象。

14.016　**光污染**

light pollution

过量的光辐射对人类生活和生产环境造成不良影响的现象。包括可见光、红外线和紫外线造成的污染。

14.017　**噪声污染**

noise pollution

因自然过程或人为活动引起各种不需要的声音，超过了人类所能允许的程度，以致危害人畜健康的现象。

14.018　**石油污染**

oil pollution

主要指原油及其制品进入环境造成的一种有机污染。对海洋生态系统危害极大。

14.019　**农药污染**

pesticide pollution

主要指农药及其在自然环境中的降解产物污染大气、水体和土壤，并破坏生态系统，引起人和动、植物的急性或慢性中毒的一种有机污染。

14.020　**复合污染**

combined pollution，multiple contamination

通常指两种或两种以上不同性质的污染物或几种来源不同的污染物，在同一环境单元同时存在，并同时对生物体产生胁迫作用的环境污染现象。

14.021　**污染物**

pollutant，contaminant

人类活动直接或间接产生的，以及自然界突发的，能导致生物体或生态系统产生不良效应的物质或能量。

14.022　**无机污染物**

inorganic pollutant

能导致生物体或生态系统产生不良效应的无机化合物。

14.023 **有机污染物**

organic pollutant

能导致生物体或生态系统产生不良效应的有机化合物。可分为天然有机污染物和人工合成有机污染物两大类。

14.024 **持久性有机污染物**

persistent organic pollutants，POPs

化学性质稳定、在环境中能持久残留、易于在人体、生物体和沉积物中积累并能致癌、致畸的有机化学物质。

14.025 **营养性污染物**

nutrient pollutant

主要指氮、磷及其化合物，包括铵盐、硝酸盐、磷酸盐、碳水化合物、蛋白质、氨基酸和含磷洗涤剂等，进入天然水体后能导致水体富营养化，使水质恶化。

14.026 **生物性污染物**

biological pollutant

细菌、病毒和寄生虫等能导致不良生态效应的活体物质。

14.027 **潜在污染物**

potential pollutant

对生物具有间接伤害作用，或者由于环境中存在量的关系暂时尚未显示出直接危害性的污染物。

14.028 **一次污染物**

primary pollutant

又称“原生污染物”。由人类活动直接产生，自污染源直接排入环境后，其物理和化学性状未发生变化的污染物。

14.029 **二次污染物**

secondary pollutant

又称“次生污染物”。排入环境的一次污染物，由于自然界的物理、化学和生物因子的影响，其性质和状态发生变化而形成的新的污染物。

14.030 **污染物形态**

form of pollutant，species of pollutant

污染物存在的形式与状态，随环境条件的变化而发生转化。如土壤中重金属形态可分为水溶态、可交换态、碳酸盐结合态、铁锰氧化物结合态、有机质—硫化物结合态和残渣态等。

14.031 **重金属**

heavy metal

一般指比重大于 4.0，且工业上常用的、对生物体有毒性的金属元素。如汞、镉、铅、铜和铬等。

14.032 **砷中毒**

arsenic poisoning

因砷的环境污染导致生物体发生不良症状或病变的现象。如慢性中毒可导致黑脚病和皮肤癌，严重时因脑麻痹而死亡。

14.033 **骨痛病**

itai-itai disease

因受镉污染危害而产生的人体病症，主要表现为镉对骨中钙的置换使骨质软化、发生骨折，患者全身骨节疼痛难忍，最早发现于日本富山县神通川流域一带。

14.034 **铅中毒**

saturnism

环境中的铅经食物和呼吸途径进入人体，引起消化、神经、呼吸和免疫系统急性或慢性毒性影响，通常导致肠绞痛、贫血和肌肉瘫痪等病症，严重时可发生脑病甚至导致死亡的现象。

14.035　**水俣病**

Minamata disease

由汞污染引起的最为致命的公害病，主要由于环境中的汞经生物甲基化作用转化为甲基汞，并通过鱼、贝富集以及人的摄食等食物链途径，导致人体中枢神经病患，因最早发现于日本水俣湾而得名。

14.036　**氟中毒**

fluorosis

由于长期生活在高氟环境中而摄入含氟量高的饮水、食物和空气，导致人体中氟元素蓄积而引起氟斑牙、氟骨症等牙齿和骨骼病变的现象。

14.037　**多环芳烃**

polycyclic aromatic hydrocarbons，PAHs

含有一个苯环以上的芳香化合物，产生于工业生产、有机物热解或不完全燃烧，其中有许多被证明具有致癌毒性。

14.038　**多氯联苯**

polychlorinated biphenyls，PCBs

联苯苯环上的氢被氯取代而形成的多氯化合物，对生物体有积蓄性毒害作用。

14.039　**二噁英**

dioxine

又称“酞氯”。具有高毒性、强致癌性的一类 $C_4H_4O_2$ 六环化合物。

14.040　**污水**

sewage

生活活动产生的不清洁水的总称。包括来自城镇系统的雨雪水。

14.041　**废水**

wastewater

生产活动产生的液状废弃物，常常含有有毒、有害组分。

14.042　**空气污染物**

air pollutant

通常以气态形式进入近地面或低层大气环境的外来物质。如氮氧化物、硫氧化物和碳氧化物以及飘尘、悬浮颗粒等，有时还包括甲醛、氡以及各种有机溶剂，其对人体或生态系统具有不良效应。

14.043　**飘尘**

floating dust

又称“飞灰（fly ash）”。燃料燃烧过程中产生的随烟气排出的颗粒物，其粒径小于 10 μm，可随风飞扬，造成大气污染。其含量是评价大气污染对人体健康影响的重要指标。

14.044　**降尘**

dustfall

一般指粒径大于 30 μm 的可自然沉降的大气固体颗粒物。其含量是评价大气污染程度的指标之一。

14.045　**伦敦型烟雾**

London-type smog

燃煤所产生的烟尘、二氧化碳与自然雾混合在一起积聚而形成的烟雾，最早因发生在伦敦而得名。

14.046　**氮氧化合物**

nitrogen oxide

NO、NO_2、N_2O、N_2O_3、N_2O_4 和 N_2O_5 等的总称。通常指 NO 和 NO_2，以 NO_x 表示。

14.047　**光化学过程**

photochemical process

在一定的地理、气象和空气污染条件下，空气污染物由于太阳辐射光或其他电磁辐射的作用而引起的光化学反应过程。

14.048　**阳伞效应**

umbrella effect

由大气污染物或火山喷发等对太阳辐射的削弱作用而引起的地面冷却效应。

14.049 **逆温层**

inversion layer

气温随高度的增加而增加或保持不变的大气层次。

14.050 **湿沉降**

wet precipitation

大气污染物随降雨、降雪等降水形式沉降到地面的过程。

14.051 **干沉降**

dry fallout

大气污染物以干的形式离开大气而沉降到地面的过程。

14.052 **酸沉降**

acidic precipitation

由人为排放并释入大气的 SO_2 和 NO_x 等污染物经一系列化学变化过程，生成相应的酸或盐之后，再以湿沉降或干沉降形式沉降到地面的过程。

14.053 **酸雨**

acid rain

硫、氮等氧化物所引起的雨、雪和冰雹等大气降水酸化以及 pH 小于 5.6 的大气降水。

14.054 **脱硫作用**

desulfurization

为防止硫对大气环境的污染，在燃料使用之前采用一定措施使其中的硫分与燃料相脱离的过程。

14.055 **放射性废物**

radioactive waste

核燃料生产、加工，同位素应用，核电站，核研究机构，医疗单位，放射性废物处理设施等所产生的废物。

14.056 **高放射性废物**

high-level radioactive waste

含有辐照核燃料后处理过程分离出的绝大部分高放射裂变产物、若干锕系元素等放射性废物及其固化体。

14.057 **核废物**

nuclear waste

含有 α、β 和 γ 辐射的不稳定元素并伴随有热产生的无用材料。

14.058 **放射性本底**

radioactive background

自然环境中的宇宙射线和天然放射性物质构成的辐射总称。

14.059 **放射性尘埃**

radioactive dust

放射性沉降物中可长期漂浮在大气中的粒径小于 25 μm 的气溶胶粒子。

14.060 **放射性沉降物**

radioactive fallout

核爆炸的裂变碎片与大气混合凝结成的微粒或附着在其他尘粒上形成的固体物质。

14.061 **放射性半衰期**

radioactive half-time

当放射性的核素因衰变而减少到原来的一半时所需的时间。

14.062 **放射性损害**

radioactive damage

环境中放射性同位素经不同途径进入生物体，在生物体内积累并达到一定浓度时导致生物体的不良效应。

14.063 **热辐射**

thermal radiation

物体因其表面的温度而以电磁波的形式向外辐射能量，即红外辐射。

14.064 **紫外辐射**

ultraviolet radiation，UV

电磁波谱中介于电离辐射和可见光辐射之间的部分，其波长介于 100 ~ 400nm 之间。

14.065 **辐射病**

radiation sickness

受辐射伤害引起的病症，分为急性和慢性两种类型，前者由短期内一次或多次大剂量射线作用机体所引起，或者系机体长期接受小剂量射线辐照所致，有头晕、食欲不振、脱发、白细胞减少等症状。

14.066 **污染源**

pollution source

污染物发生源。分自然污染源和人为污染源两大类。

14.067 **点污染源**

point source of pollution

呈点状分布、易于辨别的污染源。如工厂、医院排污口等。

14.068 **非点污染源**

non-point source of pollution

又称“面污染源”。呈广泛大面积、易于扩散的污染源，如暴雨形成的地表径流，位点分散难于确定和定量的污染源。

14.069 **农业污染源**

agricultural pollution source

因使用化肥和农药等农业生产活动造成的环境污染发生源。

14.070 **污染强度**

polluting strength，polluting intensity

环境中污染物含量的高低与毒性强弱的程度。

14.071 **污染水平**

pollution level

环境受污染的程度。根据有关标准划分不同污染等级，一般分轻（slight）、中（meso-）和重（heavy）污染三级。

14.072 **污染系数**

coefficient of pollution

各种污染物的实际浓度与允许存在的标准浓度之比的比标系数之和。

14.073 **污染负荷**

pollution loading

在单位时间、单位面积或单位体积环境单元内所接纳、承受污染物的量。

14.074 **生物有效性**

bioavailability

又称“生物可利用性”。指污染物成分被生物体利用的实际程度，与污染物的存在形态有直接关系。

14.075 **归宿**

fate

污染物在经过迁移、转化和降解后，最终在水、沉积物、土壤、大气和生物体等环境单元中沉积和分配的过程。

14.076 **污染监测**

pollution monitoring

应用物理、化学或生物学的方法测定、分析环境中污染物种类（包括病原微生物）、形态及其含量的方法。

14.077 **生物测定**

bioassay

利用生物的反应测定某种污染物的毒性或危害的方法。

14.078 **指示生物**

bioindicator，indicator organism

对环境中的污染物或某些因素能产生非一般性反应或特殊信息的生物体。它可以将受到的各种影响以不同症状表现出来，以此表征环境质量状况。

14.079 **生物监测**

biological monitoring，biomonitoring

利用生物个体、种群或群落对环境污染或变化所产生的反应进行定期、定点分析与测定以阐明环境污染状况的环境监测方法。

14.080 **生物腐蚀**

biodeterioration

由于生物的活动性导致非生命物质的性质发生不利于人类需求的变化。即非生命物质的内在价值受到削弱。

14.081 **生物群落效应**

biocenological effect

污染物进入环境介质改变与破坏正常群落结构和功能的现象。

14.082 **吖啶橙直接计数法**

acridine orange direct count，AODC

使用荧光染料吖啶橙染色细菌细胞的一种计数方法，可以直接检测环境中的细胞总数（活的和死的细胞）。

14.083 **污染指示生物**

pollution indicating organism

对污染反应灵敏，用来监测和评价污染状况的生物。

14.084 **环境指标**

environmental indicator

表征环境质量的物理、化学、生物学和生态学的参数。

14.085 **环境背景值**

environmental background value

又称“环境本底值”。在相对未受人为活动影响的水、大气和土壤中本身固有的化学物质或元素的含量。

14.086 **环境容量**

environmental capacity

在不产生不良效应前提下，某一生态系统单元或环境介质对污染物的最大容纳量。

14.087 **环境质量**

environmental quality

在一定的时间内环境的总体或其某些要素对生物生存特别是人类的生存、繁衍和社会经济发展的适宜程度。

14.088 **环境质量标准**

environmental quality standard

国家或地区权力机构为保障人体健康、保护生物资源和环境，根据人群和生态系统的综合要求，而制定的各种环境参数允许水平的法规。

14.089 **污染控制**

pollution control

采用技术的、经济的、法律的以及其他管理手段和方法，以杜绝、削减污染物排放的环保措施。

14.090 **污染预防**

pollution prevention

采用各种方法防止污染物向环境系统排放的综合措施。

14.091 **生态安全**

ecological safety

生态系统完整性和健康的整体水平，尤其是指生存与发展的不良风险最小以及不受威胁的状态。

14.092 **污水污染**

sewage pollution

污水排入环境系统而导致环境质量下降的现象。

14.093 **污水生物系统**

saprobic system，saprobien system

河流受生活污水污染后形成的特有生物群落体系。受污染后随流程的延长和自净过程形成不同的带（多污带、中污带和寡污带），各带河流理化特征和生物群落结构不同。

14.094 **多污带**

polysaprobic zone，septic zone

有机物严重污染河段，其特征为：大分子有机物丰富，溶解氧很少或无，并有硫化氢生成；细菌很多，基本无植物或有少量蓝藻；有少数几种食腐败物质的细菌和动物。

14.095 **α 中污带**

α-mesosaprobic zone，strongly polluted zone

中等污染河段，其特征为：有机物较少也较简单，溶解氧较少；细菌、真菌较多，藻类大量出现；微型动物占多数，出现耐污动物和鱼类。

14.096 **β 中污带**

β-mesosaprobic zone，mildly polluted zone

轻度污染河段，其特征为：有机物得到进一步矿化，溶解氧较多；细菌较少，适于多种藻类生长，是鼓藻主要分布区，有一些有根植物和多种动物生长。

14.097 **中污生物**

mesosaprobe

生活在大分子有机物得到初步分解并有少量溶解氧的中污带水体中的生物。

14.098 **寡污带**

oligosaprobic zone

污染恢复带或清洁带，其特征为：有机物完全矿化，溶解氧含量恢复正常水平；水中细菌和藻类少，着生藻类多；有多种昆虫幼虫和其他动植物生长。

14.099 **寡污生物**

oligosaprobe

又称“清水生物”。只能生活在有机物含量低、溶解氧充沛的水体中的生物。

14.100 **富营养化**

eutrophication

水体中氮、磷等营养物质的富集以及有机物质的作用，造成藻类大量繁殖和死亡，水中溶解氧不断消耗，水质不断恶化，鱼类大量死亡的现象。

14.101 **赤潮**

red tide

又称“红潮”。因海洋中的浮游生物爆发性急剧繁殖而造成海水颜色异常的现象。

14.102 **赤潮生物**

red tide plankton

形成赤潮时占优势的浮游生物种类，主要分布在离水面几十厘米到一米左右的海水表面。

14.103 **藻华**

phytoplankton bloom，water bloom

又称“水华”。水中滋生大量的浮游植物（微细藻类）而使水变色的现象。

14.104 **专性污水生物**

lymabiont

只在污水中生活的生物。

14.105　**兼性污水生物**

lymaxene

能在污水也能在非污水中生活的生物。

14.106　**污着生物**

fouling organism

生长在船底和水中一切设施表面的动物、植物和微生物。

14.107　**污着群落**

fouling community

船底、码头、浮标和管道等处的不同种污着生物构成的特定生物群落。

14.108　**耐污生物**

pollution tolerant organism

可以在相当的程度上忍受不良条件的刺激，甚至可以由于群落中其他种类的消失而独自发展为优势种类的生物。

14.109　**耐性种**

tolerant species

又称“耐污染物种”。对环境条件的变化具有较强耐受能力的物种。

14.110　**腐生菌群落**

saprophytic [bacteria] community

在有机物丰富的污水中生活并经过污水处理后仍能继续生存的各种细菌。

14.111　**腐生生物群落**

saprium

在有机物丰富的污水中生活的各种动、植物和微生物群体。

14.112　**水质**

water quality

水对生物体的适宜程度，是其物理、化学和生物学特性的综合反映。

14.113　**水质评价**

water-quality assessment

依据人类对水体的不同利用功能，运用参数、标准和方法对水体的质量进行定性或定量的评定。

14.114　**水质监测**

water-quality monitoring

对水体中各种水质指标、污染物及微生物进行定点、定时检测与分析。

14.115　**［浑］浊度**

turbidity

水体不透明的程度，由能使入射光散射的微粒引起。

14.116　**悬浮物**

seston，suspended substance，SS

悬浮在水体中、无法通过 0.45 μm 滤纸或过滤器的有机和无机颗粒物。如难溶于水的淤泥、黏土、有机物、藻类和微生物等，是衡量水质污染程度的指标之一。

14.117　**生物悬浮物**

bioseston

悬浮在水中的浮游动植物、细菌等微型生物颗粒物。

14.118　**非生物悬浮物**

tripton，abioseston

悬浮在水中的死有机体、有机碎屑和胶体物质等无生命有机颗粒物。

14.119　**混合液悬浮固体**

mixed liquor suspended solid，MLSS

一种表示活性污泥生物量的方法，即每升混合液含有的经 105℃烘干后的污泥重量，用 g/L 表示。可以粗略地反映活性污泥中微生物的生物量。

14.120　**混合液挥发性悬浮固体**

mixed liquor volatile suspended solid，MLVSS

一种表示活性污泥生物量的方法，即混合液中悬浮固体经 600℃高温灼烧后所失去的重量，用 g/L 表示。可较为准确地反映活性污泥中微生物的生物量，但测定手续较繁琐，工程上常用混合液悬浮固体代替混合液挥发性悬浮固体。

14.121　**生化需氧量**

biochemical oxygen demand，BOD

地面水体中的有机物经微生物分解所消耗水中溶解氧的总量，用 mg/L 表示。通常采用一定体积的水样在 20℃条件下培养 5 天后，测定水体中溶解氧消耗的毫克数。

14.122　**化学需氧量**

chemical oxygen demand，COD

水中有机物和还原性物质被化学氧化剂氧化所消耗的氧化剂量，折算成每升水样消耗氧的毫克数，用 mg/L 表示。该指标主要反映水体受有机物污染的程度。

14.123　**总有机碳**

total organic carbon，TOC

溶解于水中的有机物总量折合成碳计算的量。

14.124　**总有机物**

total organic matter，TOM

水中溶解性和悬浮性有机物的总量，用总有机碳表示。

14.125　**有机负荷**

organic loading

在单位时间、单位面积或单位体积内环境单元中所能去除的有机化合物的量，记作 kg/（m^3·d）。

14.126　**嗅觉指标**

olfactory index

根据人对恶臭物质的反应以判定大气环境质量恶臭物所污染状况的方法。通常分为无臭、轻微臭味、明显臭味、强烈臭味和难忍受臭味五类。

14.127　**总氮**

total nitrogen，TN

水中各种形态无机和有机氮的总量。包括 NO_3^-、NO_2^- 和 NH_4^+ 等无机氮和蛋白质、氨基酸和有机胺等有机氮，以每升水含氮毫克数计算。常被用来表示水体受营养物质污染的程度。

14.128　**总磷**

total phosphorus，TP

水中各种形态磷的总量。即水样经消解后将各种形态的磷转变成正磷酸盐后测定的结果，以每升水含磷毫克数计算。

14.129　**污水处理**

sewage treatment

用各种方法将污水中所含的污染物分离出来或将其转化为无害物，从而使污水得到净化的过程。

14.130　**一级处理**

primary treatment

又称“*初级处理*”。应用物理法中的各种处理单元，从废水中去除呈悬浮状态的固体污染物，使废水初步得到净化的过程。

14.131　**二级处理**

secondary treatment

又称“*生物处理*”。继一级处理以后的废水处理过程，主要利用构筑物内或特定环境中的生物（主要是微生物）去除水中溶解的或悬浮的有机物。常用方法有活性污泥法和生物过滤法。

14.132　**三级处理**

tertiary treatment

又称“高级处理”，“深度处理”。继二级处理以后的废水处理过程，通常用于处理二级处理不能处理的氮、磷和病原菌以及部分重金属等污染物。

14.133　**土地处理**

land treatment

通过土壤的物理、化学作用以及土壤中微生物、植物根系的生物学作用，使污水得以净化的自然与人工相结合的污水处理系统。

14.134　**好氧处理**

aerobic treatment

在充分供氧和适当温度、营养条件下，使好氧性微生物大量繁殖，并利用其将污水中的有机物氧化分解为二氧化碳、水、硫酸盐和硝酸盐等无害物质的过程。

14.135　**好氧生物处理**

aerobic biological treatment

利用好氧微生物进行的废水处理方法。

14.136　**厌氧生物处理**

anaerobic biological treatment

利用厌氧微生物对废水处理的方法。有机物不能完全降解，有一部分转化为甲烷，可以作为能源利用。

14.137　**活性污泥**

activated sludge

由细菌、真菌、原生动物和后生动物等各种生物和金属氢氧化物等无机物所形成的污泥状的絮凝物。有良好的吸附、絮凝、生物氧化和生物合成性能。

14.138　**活性污泥法**

activated sludge method，activated sludge process

利用活性污泥对污水进行好氧生物处理的方法，其基本工艺流程是曝气池和二次沉淀池依次串联，并有回流污泥管将二次沉淀池沉淀下来的污泥又送回到曝气池中。

14.139　**序批式反应器**

sequencing batch reactor，SBR

按时间顺序间歇操作运行的反应器，活性污泥法的一种变形，其特点是在空间上完全混合，时间上完全推流，整个处理过程（包括除磷脱氮过程）在同一反应器中进行。

14.140　**CASS 工艺**

cyclic activated sludge system

一种循环式活性污泥法。与序批式反应器相比，增加了预反应区，设计更优化合理的生物反应器。该工艺将主反应区中部分剩余污泥回流至选择器中，实现了连续进水。

14.141　**氧化沟**

oxidation ditch

传统活性污泥法污水处理技术的改良，外形呈封闭环状沟，其特点是混合液在沟内不中断地循环流动，形成厌氧、缺氧和好氧段，且将传统的鼓风曝气改为表面机械曝气。

14.142　**污泥浓缩**

sludge thickening

将污泥初步脱水的过程。

14.143　**食料微生物比**

food-to-microorganism ratio，F/M

又称“污泥负荷（sludge load）”。在活性污泥法中，废水中的有机物（即食物）与活性污泥（即微生物）的比值。有机物可用生化需氧量（BOD）表示，而活性污泥可用混合液悬浮固体（MLSS）表示。

14.144　**微生物驯化**

microbial acclimation

一种定向选育微生物的方法，其中的微生物由于逐步适应某种特定条件，最后获得较高耐受力和代谢活性。

14.145　**剩余污泥**

surplus sludge，excess sludge

由于微生物的代谢和生物合成作用，使得曝气池中的活性污泥生物量增加，经二次沉淀池沉淀下来的污泥一部分回流到曝气池供再处理污水用，多余的排放到系统之外的部分即剩余污泥。

14.146　**生物膜法**

biofilm process

利用固着在惰性材料表面的膜状生物群落处理污水或废气的方法。生物滤池法、生物接触氧化法和生物转盘法均属于此种方法。

14.147　**生物膜**

biofilm

由细菌、真菌、藻类、原生动物和后生动物组成的膜状生物群落，构成的食物链可有效地去除水中的有机污染物。同活性污泥相比，生物膜的食物链长而复杂，因此产生的污泥少而抗冲击负荷的能力强。

14.148　**污泥膨胀**

sludge bulking

活性污泥沉降性能变差的现象。有非丝状菌性膨胀和丝状菌性膨胀两种，前者系因黏性物质大量积累而引起，后者系丝状菌异常增长而引起。

14.149　**生物滤池**

biological filter

一种用于处理污水的生物反应器，内部填充有惰性过滤材料，材料表面生长生物群落，用以处理污染物。

14.150　**生物转盘**

biological disc

一种好氧处理污水的生物反应器，由水槽和一组圆盘构成，圆盘下部浸没在水中，圆盘上部暴露在空气中，圆盘表面生长有生物群落，转动的转盘周而复始地吸附和生物氧化有机污染物，使污水得到净化。

14.151　**生物接触氧化反应器**

biological contact oxidation reactor

一种好氧处理污水的生物反应器，内装一定数量的填料，利用生长在填料上的生物膜和供应充足的氧气去除污染物。

14.152　**氧化塘**

oxidation pond

一种常用污水处理系统，塘中处于好氧状态，利用细菌、藻类和水生生物处理污水，依靠藻类放氧促进好氧菌活动去除水中有机污染物。

14.153　**藻菌共生体系**

algae-bacteria symbiotic system

利用藻类和好氧菌两类微生物之间在功能上的协调作用处理污水的生态系统。

14.154　**构造湿地系统**

constructed wetland system

一种人工建造的污水生物处理系统，利用芦苇等水生植物去除水中污染物。

14.155　**腐化池系统**

septic tank system

又称“化粪池系统”。一种具有沉淀、澄清和厌氧消化功能的小型污水处理构筑物，底层积累的污泥需定期抽取，出流进入污水处理系统或消纳场地，后者通过土地处理。

14.156 **互养共栖**

syntrophism，syntrophy

两种或多种有机体共同利用某种有机物的现象。

14.157 **种间氢转移**

interspecies H_2 transfer

一种微生物产生氢气，而另一种微生物消耗氢气的互养共栖现象。

14.158 **消化池**

digester

又称“*沼气池*”。厌氧处理装置，用于处理污水、污泥和固体废物，产生气体为沼气。

14.159 **两相消化法**

two stage digestion process

厌氧消化处理的前段为酸化，后段为产甲烷，是由不同微生物区系活动的结果。该法将这两类微生物安排在两个反应器中，有利于提高代谢速率和系统稳定性。

14.160 **升流式厌氧污泥床**

upflow anaerobic sludge blanket，UASB

一种高效处理污水的厌氧生物反应器。反应器内无填料，污水从反应器下部进入，上部有悬浮的颗粒污泥层，最上部有一关键性的气–液–固三相分离装置。

14.161 **颗粒污泥**

granule sludge

升流式厌氧污泥床及其类似的反应器产生的颗粒状污泥，中空接近圆形，主要由无机沉淀物和胞外聚多糖构成，多种微生物生活在一起可有效地去除废水中的污染物。

14.162 **聚磷菌**

poly-P bacteria

一类可对磷超量吸收的细菌，磷以聚磷酸盐颗粒（异染粒）的形式存在于细胞内。

14.163 **生物脱氮**

biological removal of nitrogen

通过硝化细菌和反硝化细菌的联合作用使污水中的含氮污染物转化为氮气的过程。

14.164 **生物絮凝作用**

biological flocculation

在水或污水处理中，使溶胶和其他带电悬浮小颗粒聚集沉淀的过程。

14.165 **微生物絮凝剂**

microbial flocculant

由微生物产生的具有絮凝活性的高分子有机物，主要含有糖蛋白、黏多糖、纤维素和核酸等。

14.166 **水解作用**

hydrolysis

污染物与水反应引起自身分解并形成新化合物的过程。

14.167 **固体废物**

solid waste

以固体形式存在的废弃物，尤以城市垃圾最为常见。

14.168 **生活废物**

sanitary waste

城镇生活、市政建筑和商业活动等遗弃的各种固体废弃物。

14.169 **有机废物**

organic refuse

环境中被废弃的固体有机物的总称。

14.170 **生物碎屑**

organic detritus

又称“*有机碎屑*”。动植物和微生物死体或代谢产物的碎片或细小颗粒。

14.171 **生物气溶胶**

bioaerosol

含有生物性粒子的气溶胶。包括细菌、病毒以及致敏花粉、霉菌孢子、蕨类孢子和寄生虫卵等，除具有一般气溶胶的特性以外，还具有传染性、致敏性等。

14.172 **原生病原体**

primary pathogen

废物中原来含有的细菌、病毒、原生动物和蠕虫卵等病原体。

14.173 **次生病原体**

secondary pathogen

在废物处理过程中新产生的病原体，如在堆制过程中产生的真菌和放线菌等可以造成呼吸系统疾病的微生物。

14.174 **白腐菌**

white rot fungi

属担子菌纲丝状真菌，因腐朽木材呈白色而得名。代表菌株为黄孢原毛平革菌（*Phanerochaete chrysosporium*），在污染土壤修复中常有应用。

14.175 **恶臭物质**

malodorous substance

能散发难闻气味，引起多数人不愉快感觉的物质。

14.176 **生物除臭剂**

biological deodorant

植物提取物、微生物酶或菌体构成去除废物中恶臭的制剂。

14.177 **生物涤气器**

bioscrubber

一种生物处理废气的装置，由吸收器和生物反应器两部分组成，前者溶解废气中的污染物，后者用活性污泥法和生物膜法降解或转化溶解在水中的污染物。

14.178 **废物再循环**

waste recycling

采取管理和工艺措施从废物中回收有用的物质和能源的过程。

14.179 **废物资源化**

reclamation of wastes

采用管理和工艺等措施，从废物中分选、回收有利用价值的物质，变废为宝的过程。

14.180 **垃圾处理**

refuse treatment

运用填埋、焚烧、综合处理和回收利用等多种形式，对城市垃圾进行减量化、资源化和无害化处理的过程。

14.181 **卫生填埋**

sanitary landfill

为防止地下水和大气污染，利用坑洼地填埋城市垃圾，是一种既可处置废物，又可覆土造地的保护环境措施。现在主要进行厌氧填埋，同时可回收甲烷气体。

14.182 **堆制处理**

composting

利用天然微生物区系人为地促进生物来源的有机废料好氧分解和稳定化的过程。

14.183 **污水灌溉**

sewage irrigation

利用未处理或经初步处理的城市污水或工业废水

对农田进行的灌溉。

14.184 **土壤退化**

soil deterioration

又称“土壤恶化”。在各种自然的，特别是人为的因素影响下所发生的导致土壤的农业生产能力或土地利用和环境调控潜力，即土壤质量及其可持续性暂时性的或永久性的下降甚至完全丧失其物理的、化学的和生物学特征的过程。

14.185 **毒激活作用**

toxic activation

无害的前体物质转化为有毒产物的过程。

14.186 **生物激活作用**

bioactivation

在有机体内，污染物分子通过转化而加入到一个具有更高生物化学活性的代谢过程。

14.187 **激活缓和**

defusing of activation

一种化合物 A 可以转化为毒性较高的化合物 B，也可以转化为无毒化合物 C，由于 A 向 C 的转化而削弱了 A 向 B 的激活，称为激活缓和。

14.188 **植物毒素**

phytotoxin

植物体内含有的能对人和动物等产生毒害作用或致死的化学成分，包括有高生物活性的各类次级代谢物，如生物碱、酚类、氰苷和毒蛋白等。

14.189 **植物毒素抑制**

phytotoxic inhibition

植物向环境中释放化学物质，使别的植物受到直接或间接损害的现象。

14.190 **毒性**

toxicity，poisoness

毒物的化学分子或化合物到达生物敏感部位引起机体损害的能力。

14.191 **慢性毒性**

chronic toxicity

污染物在生物大部分或整个生命周期内持续损害机体的过程，可能通过遗传作用造成对下一代生物的不良效应。

14.192 **急性毒性**

acute toxicity

又称“急性毒作用”。污染物一次或 24h 短暂时间内多次作用于机体而导致机体受损的过程。

14.193 **蓄积性毒性**

cumulative toxicity

低于一次中毒剂量的污染物反复地与生物接触一定时间后致使其出现的中毒现象。

14.194 **植物毒性**

phytotoxicity

污染物对植物产生毒害作用的程度。

14.195 **生殖毒性**

genotoxicity

又称“遗传毒性”。污染物长期暴露引起动物生殖细胞或遗传物质形态结构发生变化的现象。

14.196 **毒性指数**

toxicity index

表示和比较毒物的毒性大小的统一的标准方法和尺度，即参照数值或指标数值。

14.197 **急性中毒**

acute intoxication

大量的环境污染物于短期（24h）内一次或多次作用于机体所引起的损害作用。

14.198 **急性致毒剂量**

acute dose，acute dosage

在短时间内即可引起生物产生中毒反应的剂量。

14.199 **毒性试验**

toxicity test

通过研究生物接触污染物而产生的毒性反应及其严重程度，来确定污染物毒性的一种试验方法。

14.200 **急性毒性试验**

acute toxicity test

一次投给实验动物较大剂量的受试物，观察其在短时期（一般为 24 h 到 2 周以内）中毒反应的一种试验方法。

14.201 **毒性阈值**

toxicity threshold

能引起超出机体平衡限度生物变化的最小暴露水平或剂量。

14.202 **耐受性**

toleration

生物对进入其体内的有害元素积累的忍耐能力。

14.203 **耐毒性**

toxic tolerance

生物在有毒物存在时仍能生长的一种特性。

14.204 **耐毒极限**

toxic limit，toxicity limit

生物对有毒污染物所能忍受的最高限度。

14.205 **忍耐指数**

index of tolerance

以简单的数值综合表示生物有机体对污染物或环境因素改变的耐受程度。

14.206 **农药残留**

pesticide residue

在农业生产中施用农药后一部分农药直接或间接残存于谷物、蔬菜、果品 、畜产品、水产品以及土壤和水体中的现象。

14.207 **残效**

residual effect

一种化学药剂施于农作物或土壤中后，在一定时期内仍对有害生物有一定毒杀作用的现象。

14.208 **效应外推**

effect extrapolation

根据某种生物毒性试验数据计算出其他物种、其他生命阶段或条件下的相应数值的方法。

14.209 **生态风险**

ecological risk

环境自然变化，尤其是人类活动导致的自然环境物理破坏引起的不良生态效应的或然性、可能危险性。

14.210 **生态风险评价**

ecological risk assessment

又称“生态风险评估”。应用定量的方法评估、预测各种环境污染物对生物系统可能产生的风险及评估该风险可接受程度的模式或方法。

14.211 **高风险**

high-risk

又称“高危”。污染物发生毒性作用的相对危险性明显高于正常的情况。

14.212 **生物半衰期**

biological half-life

由于生物的代谢作用，污染物在机体或器官内的量减少到原有量的一半所需要的时间。

14.213 **剂量－反应关系**

dose-response relationship

污染物对生物危害的程度取决于污染物的毒性和进入机体剂量的相关关系。

14.214　**结构－活性定量关系**

quantitative structure-activity relationship，QSAR

某种污染物的毒性或危害性与其物理、化学性质或分子结构特性之间的定量相关关系。

14.215　**致死剂量**

lethal dosage，LD

污染物足以引起生物死亡的剂量。

14.216　**亚致死剂量**

sublethal dose

尚未出现死亡但能引起行为、生理、生化和组织等方面的某种效应的毒物剂量。

14.217　**半数致死剂量**

median lethal dosage，LD_{50}

受试生物半数死亡所需污染物的剂量。

14.218　**最大允许剂量**

maximum permissible dose，MPD

污染物在环境中允许存在的最高浓度，为最低有影响剂量和最大无影响剂量之间的剂量。

14.219　**无作用浓度**

no effect level

在一定时间内受试生物能保持良好状态的污染物浓度。

14.220　**安全浓度**

safe concentration，SC

长期暴露而不会产生不良效应的化合物浓度。

14.221　**亚致死浓度**

sublethal concentration

不足以使受试生物死亡，如果积累起来就可以引起死亡的污染物浓度。

14.222　**临界浓度**

critical concentration

生物开始表现受害症状时的有害物质浓度。

14.223　**最大无影响浓度**

no observed effect concentration，NOEC

在毒性试验中化合物对实验生物的影响和对照相比无统计学差异的最大浓度。

14.224　**最低有影响浓度**

lowest observed effect concentration，LOEC

在毒性试验中化合物对实验生物的影响和对照相比有统计学差异的最低浓度。

14.225　**最大允许毒物浓度**

maximum acceptable toxicant concentration，MATC

最低有影响浓度和最大无影响浓度之间的毒物浓度。

14.226　**耐污性**

pollution tolerance

生物有机体对污染物所产生的一种耐受和适应的能力。

14.227　**抗污性**

pollution resistance

生物对某种污染物所具有的忍受能力。

14.228　**致死温度**

lethal temperature

生物存活数与死亡数各占50%的环境温度。

14.229 **亚致死热胁迫**

sublethal heat stress

生物尚未出现死亡但能引起行为、生理、生化和组织等方面的某种反应的环境温度。

14.230 **致畸试验**

teratogenesis test

一种采用与人代谢方式相近的动物来替代人类进行的畸变试验。

14.231 **亚致死损伤**

sublethal damage

细胞接受辐射能量后所引起的损伤不足以使细胞致死，如果损伤积累起来就可以引起细胞死亡。

14.232 **DNA 损伤**

DNA injury

外来化学物直接损伤 DNA 或产生其他遗传学改变而使基因和染色体发生的改变。包括基因突变、染色体畸变和染色体分离异常三类。

14.233 **生物标记**

biomarker

根据某一区域以及生物体内分子、生化及生理指标的反应及其信号，评估污染物对个体生物以及整个生态系统影响的方法。

14.234 **变态反应**

allergic reaction

又称“过敏性反应”。机体对化学物产生的一种有害免疫介导反应。

14.235 **回避反应**

avoidance reaction

生物避开污染物逃向非污染区的行为。

14.236 **致癌作用**

carcinogenesis

污染物直接或间接诱发恶性肿瘤的过程。

14.237 **致畸剂**

teratogen

通过人或动物母体影响胚胎发育和器官分化，使子代出现先天性畸形的环境因子或污染物质。

14.238 **生态效应**

ecological effect

生物因子或非生物因子，在其存在或活动过程中，对其所在生态系统中的结构、功能所产生的影响。

14.239 **生物积累**

bioaccumulation

生物在其整个代谢活跃期内通过呼吸、吸收、吸附和吞食等作用，把污染物从其周围环境浓缩到生物体内的过程。

14.240 **生物浓缩**

bioconcentration

又称“生物富集（bioenrichment）”。生物机体或处于同一营养级上的许多生物种群，从周围环境中蓄积某种元素或难分解的化合物，使生物体内该物质的浓度超过环境浓度的现象。

14.241 **生物放大**

biomagnification

在生态系统的同一食物链上，由于高营养级生物以低营养级生物为食物，某种元素或难分解化合物在机体中的浓度随着营养级的提高而逐步增大的现象。

14.242 **生物浓缩因子**

bioconcentration factor，BCF

生物体内某种元素或难分解化合物的浓度同其所生存的环境中该物质浓度的比值。

14.243 **联合效应**

joint effect
污染物之间不同的交互作用，通过各种污染生态过程，产生不同的生态效应，通过植物、动物和微生物反应表现出来的现象。

14.244 **联合毒性**
joint toxicity
污染物之间发生交互作用，产生协同或拮抗或加和的效应，导致对生物体或生态系统的毒性与单独存在时不同的现象。

14.245 **竞争效应**
competitive effect
两种或多种污染物同时从外界进入生态系统，一种污染物就与另一种污染物发生竞争，而使另一种污染物进入生态系统的数量和概率减少；或者使外界来的污染物和环境中原有的污染物竞争吸附点或结合点的现象。

14.246 **保护效应**
protective effect
生态系统中存在的一种污染物对另一种污染物的掩盖作用，进而改变这些化学污染物的生物学毒性和对生态系统一般组分相接触的现象。

14.247 **抑制效应**
inhibitory effect
生态系统中的一种污染物对另一种污染物的作用，使之生物活性下降，不容易进入对生态系统生命组分进行危害的现象。

14.248 **加和作用**
addition
两种或两种以上污染物共存时的毒性是其单独存在时毒性之和的现象。

14.249 **拮抗作用**
antagonism
一种污染物因另一种污染物的存在而使其毒性减少的作用。

14.250 **协同作用**
synergism
一种污染物因另一种污染物的存在而使其毒性增强的作用。

14.251 **独立作用**
independent action
多种污染物各自对机体产生不同的效应，作用方式、途径和部位也不同，彼此之间互无影响。

14.252 **异生物质**
xenobiotics
又称“外来化合物”。非自然界固有、非生物产生的（或非生物必需的）一类有机物。尤指合成农药、有机溶剂等。

14.253 **难生物降解物质**
recalcitrant substance
又称“抗生物降解物质”。难被微生物降解，甚至不能被微生物降解的物质。

14.254 **生物修复**
bioremediation
通过具有降解功能的细菌和真菌等微生物的作用，使环境介质中的污染物得以去除的过程。

14.255 **原位生物修复**
in situ bioremediation
在污染的原地点进行的生物修复。采用工程措施但不挖掘土壤或抽取地下水等方法。有生物通气法、生物注气法和生物冲淋法等。

14.256 **生物通气法**
bioventing process
向井内不饱和层供给空气或氧气促进其中的污染

物生物降解的方法。通常用真空泵使井内形成负压的原位生物修复方法。

14.257 **生物注气法**

biosparging process

将空气压入饱和层水中使挥发性化合物进入不饱和层进行生物降解，同时饱和层也得到氧气促进其生物降解的原位生物修复方法。

14.258 **生物冲淋法**

bioflooding process

通过注入井或注入沟补充含氧气和营养盐的水以促进土壤和地下水中的污染物生物降解的原位生物修复方法。

14.259 **异位生物修复**

ex situ bioremediation

采用挖掘土壤或抽取地下水等工程措施移动污染物到邻近地点或反应器内进行的生物处理方法。有土地耕作、土壤堆腐或泥浆反应器等。

14.260 **泥浆相处理**

slurry phase treatment process

一种土壤污染的异位生物修复技术。泥浆反应器可以是一般的经过防渗处理的池塘，也可以是先进污染物混合器。操作运行在许多方面与活性污泥反应器很相似。

14.261 **植物修复**

phytoremediation

以植物能够忍耐和超量积累某种或某些化学元素的理论为基础，通过植物及其共存微生物体系清除环境中污染物的一种环境污染治理技术。

14.262 **植物提取**

phytoextraction

利用植物吸收积累污染物的特性，待植物收获后再进一步集中处理污染物的一种植物修复方法。通常用以处理重金属污染物。

14.263 **植物稳定化**

phytostabilization

植物在与土壤的共同作用下，将污染物固定，从而减少其对生物与环境危害的一种植物修复方法。

14.264 **植物挥发**

phytovolatilization

植物将污染物吸收到体内后并将其转化为气态物质释放到大气中的一种植物修复方法。

14.265 **化学修复**

chemical remediation

应用化学方法，针对污染物的吸附、释放性，选择适用的表面活性剂通过脱吸、溶解等方法清除环境污染物的过程。

14.266 **生态修复**

ecological remediation

以生物修复为基础，强调生态学原理在污染土壤和地下水修复中的应用，是物理–生物修复、化学–生物修复、微生物–植物修复等各种修复技术的综合。

14.267 **共代谢过程**

cometabolism process

有些有机污染物不能作为微生物唯一的碳源与能源，必须有另外的化合物存在提供碳源或能源时该有机物才能被降解，这种降解过程称为共代谢过程。

14.268 **微生物强化**

microbial augmentation

在生物处理过程中，通过接种高效降解菌或增加营养盐等方式提高微生物代谢活动以达到去除污染物的过程。

14.269　**生物表面活性剂**

biological surfactant

又称"界面活性剂"。能显著改变特别是降低液体表面张力或两相间界面张力的物质，有阴离子型、阳离子型、非离子型和两性表面活性剂。

14.270　**生物吸附**

biological adsorption

污染物或有效性养分通过物理化学作用吸附到生物表面或生物膜表面的现象。

14.271　**生物转化**

biological transformation

污染物经生物体或其酶的作用而发生的化学结构改变或价态变化的过程。

14.272　**生物氧化**

biological oxidation

在生物体内，从代谢物脱下的氢及电子，通过一系列酶促反应与氧化合成水，并释放能量的过程。

14.273　**自净作用**

self-purification

生态系统一种自我调节的机制，通过其自身的物理、化学和生物学作用使污染环境逐渐恢复到原来状态的过程。

14.274　**生物净化**

biological purification

通过生物类群的代谢作用，使环境中的污染物趋于无害化的过程。

14.275　**生物降解**

biodegradation

有机污染物在生物或其酶的作用下分解的过程。

14.276　**终极降解**

ultimate biodegradation

有机物被生物降解为无机产物二氧化碳和水的过程。

14.277　**生物可降解性**

biodegradability

污染物被微生物以及其他生物降解的可能性。

14.278　**吸附作用过程**

adsorption process

气体、液体、固体黏着在固体表面的过程。

14.279　**扩散过程**

diffusion process

污染物以微粒子形式在同一相或不同相之间由高浓度向低浓度方向迁移，直至混合均匀为止的物理运动过程。

14.280　**生物脱毒作用**

biological detoxification

生物体或其酶系将环境中有毒物质转化为无毒或毒性较低的物质的作用或过程。

14.281　**排毒系数**

toxicity-emission coefficient

污染物的实测浓度或单位时间绝对排放量与毒性标准之比值，或者用以实验为依据的毒性标准对参数进行等标化处理后得到能够进行比较的同一量纲的数值。

14.282　**轭合作用**

conjugation

生物体内的中间代谢产物和异生物质进行的合成反应，一般可以使其毒性减弱。

14.283　**生物甲基化**

biological methylation

在生物的代谢作用下，有机物中的氢原子为甲基所取代或金属离子转化为金属甲基分子的过程。

汞等金属在微生物作用下形成的甲基金属的毒性大为增强。

14.284　**抗汞微生物**

mercury-resistant microorganism

能使有机汞或无机汞化物转化为元素汞的微生物。

14.285　**石油微生物**

petroleum microbe

通过连续加富培养技术可分离得到的能利用较为复杂石油组分的微生物。

14.286　**金属硫蛋白**

metallothionein，MT

由微生物和植物产生的金属结合蛋白，富含半胱氨酸的短肽，对多种重金属有高度亲和性。

14.287　**铁载体**

siderophore

一种存在于胞外，可富集环境中低浓度的铁并促进其转移到细胞中的低分子量化合物。

15. 农业生态学

15.001 **原始农业**

primitive agriculture

基本利用自然力而自发进行农产品生产，主要供自己（劳动者自己及其家庭）的最初级农业形态。

15.002 **移耕农业**

shifting cultivation

又称“轮荒农业”。一种较原始的农作方式。开垦一片荒地种植作物，数年后地力衰退而弃耕，转而开垦另一片荒地，种植几年后弃耕，返回原来弃耕数年而地力恢复的荒地再开垦，如此反复。

15.003 **刀耕火种**

slash and burn agriculture

又称“烧荒垦种”。特指热带、亚热带地区的一种原始耕作方式。先砍伐树木，再用火烧光林地，种植数年便撂荒，自然恢复林地后，再砍树、烧荒、种植作物，如此反复。

15.004 **雨养农业**

rainfed farming，rainfed agriculture

无人工灌溉，仅靠自然降水作为水分来源的农业生产。

15.005 **少耕法**

less-tillage system，reduced - tillage system

尽可能减少对土壤的扰动和对农田环境影响的耕作方式。

15.006 **传统农业**

traditional agriculture

在工业化社会前，完全没有现代投入的前提下，主要依靠人力、畜力和当地自然资源的农业。

15.007 **中国传统农业**

Chinese traditional agriculture

体现和贯彻中国传统的天时、地利、人和以及自然界各种物质与事物之间相生相克关系的阴阳五行思想，精耕细作，轮种套种，用地与养地结合，农、林、牧相结合的一类典型的有机农业。

15.008 **自然农业**

natural agriculture

又称"自然农法（natural farming）"。源于日本。受中国道家"无为"思想影响，主张农业走与自然合作的道路，而不是征服自然，形成不翻耕、不施化肥、不中耕、不施化学农药的种植方法。

15.009 现代农业

modern agriculture

向农业大量输入机械、化肥、燃料、电力等各种形式的工业辅助能，用现代科技武装，以现代管理理论和方法经营，生产效率达先进水平的现代农业。

15.010 白色农业

white agriculture

又称"农业微生物业（agricultural microorganism industry）"。通过工厂化微生物工程，分解动植物废弃物资源，形成非绿色植物的、不污染环境的新型农业和产业。

15.011 替代农业

alternative agriculture

寻求改变现有农业，探索农业发展新方向、新出路的多种农业生产模式。如集约农业、生态农业、有机农业、立体农业等。

15.012 有机农业

organic agriculture，organic farming

又称"生物农业（bio-agriculture）"。在生产中完全或基本不用人工合成的肥料、农药、生长调节剂和畜禽饲料添加剂，而采用有机肥满足作物营养需求的种植业，或采用有机饲料满足畜禽营养需求的养殖业。

15.013 生态农业

ecological agriculture，eco-agriculture

一种小型农业，其生态上能自我维持，低输入的，经济上有活力的，在环境、伦理道德、审美、人文社会方面不引起大的或长远不可接受的变化。

15.014 立体农业

multi-storied agriculture

在单位面积土地上（水域中）或在一定区域范围内，进行立体种植、立体养殖或立体复合种养，并巧妙地借助模式内人工的投入，提高能量的循环效率、物质转化率及第二性物质的生产量，建立多物种共栖，多层次配置，多时序交错，多级质、能转化的农业模式。

15.015 集约农业

intensive agriculture

在单位面积上投入大量的劳力、资本、肥料等，或实施轮作以提高单位面积平均收获量的农业。

15.016 可持续农业

sustainable agriculture，permaculture

又称"永续农业"。通过管理和保护自然资源，调整农作制度和技术，以确保获得并持续地满足目前和今后世世代代人们需要的农业，是一种能维护和合理利用土地、水和动植物资源，不会造成环境退化，同时在技术上适当可行、经济上有活力、能够被社会广泛接受的农业。

15.017 可持续农业与农村发展

sustainable agriculture and rural development，SARD

在合理利用和维护资源与环境的同时，实行农村体制改革和技术革新，以生产足够的粮食和纤维，来满足当代人类及其后代对农产品的需求，促使农业和农村的全面发展。

15.018 综合农业

integrated agriculture

将自然资源和自然界调节机制综合到农耕活动中，从而最大限度地替代外购投入，确保可持续地生产高质量的食物和农产品，维系农业除生产之外的生物多样性保护和休闲、观赏等多功能性质。

15.019 **节水农业**

water saving agriculture

节约和高效用水的农业，其根本目的是在水资源有限的条件下实现农业生产的效益最大化，其本质是提高农业用水的效率。

15.020 **生物动力学农业**

bio-dynamic agriculture

通过加强与土地、植物、动物的联系，建立起一种和谐的、有节律的农村生产与生活整体，生产以自给自足形式为主的农业。

15.021 **生态林业**

ecological forestry

遵循生态学和经济学的基本原理，与生态农业一样，应用多种技术组合，实现最少化的废弃物输出以及尽可能大的生产（经济）输出或生态输出，保护、合理利用和开发森林资源，实现森林的多效益的永续利用。

15.022 **乡村林业**

rural forestry

以农村为对象，以农民为参与主体，充分利用农村地区自然资源条件而发展的林业生产。

15.023 **生态农场**

ecological farm

依据生态经济学原理，实施生态农业的新型农业生产模式。因地制宜地保护和合理开发利用农业自然资源，并利用多种生产技术提高太阳能的转化率、生物能的利用率和再循环率，同步获取高的经济、生态、社会效益。

15.024 **能源农场**

energy farm

种植与加工各种生长快、产能高的农作物及能源植物，最终将其蕴藏的生物能转化为电能或热能，且对环境不产生污染和不良影响的农场。

15.025 **农村能源**

rural energy

农村地区因地制宜，就近开发利用的能源。薪柴、作物秸秆、人畜粪便(制沼气或直接燃烧)、小水电、太阳能、风能和地热能等都属于可再生能源。

15.026 **农业布局**

agricultural pattern，agricultural layout

就一个地区或一个农业生产单位而言，其农、林、牧、渔各业和种植业内部的构成和配置的总称。

15.027 **农业区划**

agricultural regionalization，agricultural zoning

依据自然和社会经济条件的空间差异，将一个特定的农业地区划分成不同的农业发展类型区，而同一农业类型区内农业生产条件相似，农业发展方向也相同。

15.028 **半农半牧区**

farming-pastoral region

又称“农牧交错区”。以种植业为主的农业地区与以草地畜牧业为主的牧区之间的过渡地区。该地区既有种植业生产，又有草地畜牧业生产。

15.029 **迁移性放牧**

transhumance

又称“牲畜季节性迁移”。通过迁移使牲畜的营养需要与植物的生物量随着季节更迭而同步匹配的草地畜牧业放牧方式。

15.030 **草田轮作制**

ley farming

在同一块耕地上轮换种植牧草与农作物的作业方式。

15.031 **三熟种植**

triple cropping

在同一块田地上，一年内连茬种植或套种三季作物的作业方式。

15.032 **农地指示生物**

agricultural bio-indicator，agricultural indicator

农地中自然存在的可以用来指示农地某种性状（如农地的碱性、酸性、旱涝状况、肥沃或贫瘠等）的生物种，多数指植物种，也可能是某种动物或微生物。

15.033 **养地作物**

soil improving crop

具有固氮能力的豆科作物。

15.034 **耐盐作物**

salt tolerant crop

能在含盐量较高的土壤上生长，对土壤中较高的盐分含量有一定耐受能力的作物，如高粱、水稻、甜菜、向日葵等。

15.035 **土地改良**

land amelioration，land improvement

对土地采取一定的物理、化学或生物措施以保持和改善其生产能力的方法。

15.036 **土地利用图**

land use map

用以表明一特定区域内各种利用类型的土地（如农田、林地、牧草地、居民点及工矿用地、交通用地等）分别所处的位置、大小及范围的地图。

15.037 **地力级**

land capability class

根据土地的生产能力而将土地划分成的不同等级。

15.038 **土地利用规划**

land use planning

对一特定地域内各类土地的供应与需求、开发、利用、保护、整治等进行统筹安排，确定各类土地的用途及其合理利用的目标、规模、结构与利用方式，整治和保护的重点及步骤。

15.039 **盐化作用**

salinization

在一定的环境条件下，溶解在水中的盐分随水移动到土壤上层并在其中沉淀积累的过程。

15.040 **盐分累积**

salt accumulation

在盐化作用下使土壤上层可溶性盐沉淀量增加，甚至能在土壤表面形成盐霜、盐结皮或盐结壳的现象。

15.041 **土壤因子**

edaphic factor

影响植物生长发育的土壤质地、结构、理化性状及生物特征等因子的统称。

15.042 **土壤吸收作用**

soil absorption

土壤所具有的能吸收和保持某些水溶性化合物和某些微粒的作用，其中包括土壤的机械吸收、物理吸收、化学吸收、物理化学吸收和生物吸收作用等。

15.043 **土壤碱化作用**

soil alkalization

由于盐碱土中的交换性盐基中部分钙、镁被交换性钠所取代，致使土壤发生不同程度的碱性化现象。

15.044 **土壤自养细菌**

soil autotrophic bacteria

土壤中不利用有机化合物而只利用矿质化合物为营养的细菌。

15.045 **土壤异养细菌**

soil heterotrophic bacteria

土壤中能利用生物残体和其他有机化合物为营养的一类细菌。

15.046 **土壤改良树种**

soil improving tree species

在一定条件下能改善土壤理化性状，提高土壤肥力的树种。如有固氮能力的树种可增加土壤中的氮素营养，有些树种能有效地增强土壤的吸水能力。

15.047 **土壤代谢**

soil metabolism

土壤中的植物根系、土壤动物和微生物通过呼吸作用不断与土壤环境进行的物质交换和能量转化的过程。

15.048 **土壤缓冲能力**

soil buffering ability

当向土壤中加入酸或碱时，由于土壤胶体及其吸收的阳离子，以及土壤溶液中存在弱酸及弱酸盐类的作用，而具有阻滞土壤酸度或碱度变化的能力。

15.049 **土壤容重**

soil bulk density

单位体积自然状态下土壤（包括土壤空隙的体积）的干重，是土壤紧实度的一个指标。

15.050 **土壤气候**

soil climate

土壤环境的气候条件。由投射到土壤中的太阳辐射、土壤水分状况、热状况和气体含量等因素决定。

15.051 **土壤诊断**

soil diagnosis

利用生物、化学等测试手段，分析研究影响作物正常生长发育的土壤营养元素丰缺协调与否、土壤障碍因子以及土壤物理变化。

15.052 **土壤干旱**

soil drought

在长期无雨或少雨的情况下，土壤含水量少，植物根系难以从土壤中吸收到足够的水分以补偿蒸腾的消耗的现象。使植物生长受抑制，甚至造成植物枯死。

15.053 **土壤蒸发**

soil evaporation

土壤中的水分经过土壤表面和土壤内部被汽化成水蒸气进入到大气中的过程。在有植被覆盖时，土壤蒸发较小，而土壤表面裸露时，土壤蒸发较大。

15.054 **土壤自由水**

soil free water

土壤中可以自由移动的、与各土壤粒子没有相互作用的水分。包括毛管水和重力水。毛管水因毛管吸力而被保持在土壤中，重力水则在降雨后迅速从土壤上层流到下层。

15.055 **土壤毛管水**

soil capillary water

靠毛管吸引力而保持于土壤毛管孔隙中的水。可分为毛管上升水和毛管悬着水。毛管水可在土壤中移动，既能被土壤保持，又能被植物吸收利用。

15.056 **土壤有效水**

soil available water

土壤中可以被植物有效利用的水分。通常为田间持水量和土壤萎蔫系数间的水量。是土壤保水特性的一个指标，越接近于田间持水量，其可利用性越强；越接近于土壤萎蔫系数，其可利用性越差。

15.057 **田间持水量**

field capacity，field moisture capacity，

field water capacity

在不受地下水影响的自然条件下，土壤所能保持的水分含量最大值，是土壤毛管悬着水达最大值时的土壤含水量。

15.058　**土壤含水量**

soil water content

105℃下将土壤烘干至恒重时失去的水量。以单位质量干土中水的质量或单位土壤总容积中水的容积表示。

15.059　**土壤萎蔫系数**

soil wilting coefficient

即永久萎蔫点。植物产生永久萎蔫时的土壤含水量，通常可视为植物可利用土壤水的下限。

15.060　**土壤水分特征曲线**

soil water characteristic curve

用以表示土壤水分含量和土壤基质势间关系的曲线。该曲线可用于说明土壤的保水性和结构等物理性质。

15.061　**土壤水分枯竭**

soil water depletion

当土壤中的水分减少到植物再不能从其中吸收到水分时的状态。

15.062　**土壤硝化作用**

soil nitrification

土壤中的氨或铵盐在亚硝化细菌和硝化细菌的作用下，被氧化为硝酸盐供植物利用的过程。硝化作用是一种氧化作用，只有在土壤通气良好的条件下才能顺利进行。

15.063　**土壤输出**

soil outflux

在一定时间和范围内物质以气态、液态或固态移动、生物吸收和人类活动等方式从土壤库中移出的过程。

15.064　**土壤杀菌**

soil sterilization

又称“土壤消毒”。通过化学方法（如施用化学药剂）或物理方法（如蒸汽消毒）杀灭存在土壤中的病原体的过程，能有效控制由土壤传播的病害的发生。

15.065　**土壤习居菌**

soil inhabitant microbe

对土壤适应性强，在土壤中可以长期存活，并能在土壤有机质上繁殖的土壤微生物，尤指真菌和细菌。

15.066　**土壤［地］带**

soil zone

土壤区划的第一级分级单位，是根据土壤地带性原则对土壤进行的区域性划分。同一土壤带内具有相似的水热条件、生物过程和土壤形成过程。

15.067　**土壤宜耕性**

till suitability of soil

土壤适宜于耕作的程度，通常与土壤含水量、土壤质地、土壤结构等因素有关。土壤宜耕性是决定土壤耕作措施、时间与质量的重要依据。

15.068　**表土**

topsoil

土壤剖面中最靠近地表的一个层次（A层），该层土壤富含腐殖质，一般厚度 20 ～ 30 cm，黑土和黑钙土的 A 层厚度可达 50 ～ 100 cm。

15.069　**水土保持**

water and soil conservation

通过各种工程措施、生物措施和经营管理措施，防止水分和土壤流失的综合性科学技术。

15.070　**水土流失**

water and soil loss

缺少有效保护的土壤不能有效地将水分保持在土壤中而造成水分流失的现象，同时伴随水的流失，产生对土壤的侵蚀和冲刷，也使土壤流失。

15.071　**水分平衡**

water balance，water equilibrium

植物吸水、用水、失水的和谐动态关系或者是在某一特定时段进入某一特定空间范围内的水量等于流出该空间范围的水量与该空间在该时段前后所含水分变化量的代数和。

15.072　**含水量**

water content

含水物质中所含水分量占该物质总重量的百分比（重量含水量）或所含水分的体积占该物质总体积的百分比（容积含水量）。

15.073　**地下灌溉**

subirrigation，subsurface irrigation

使灌溉水从地面以下一定深度处浸润土壤的灌水方法，如渗灌。

15.074　**水能**

water energy

因水的运动或水的位势而具有的能量的统称。

15.075　**水分短缺**

water shortage

水分条件不足以满足特定用水活动的需求时，对于该活动而言即为水分短缺。通常指植物的水分短缺。

15.076　**渍水土壤**

waterlogged soil

因地形、土壤结构、地下水位、排水条件等原因而引起土壤上层含水量经常超过田间持水量而呈渍水状态的土壤。

15.077　**水培**

solution culture，hydroponics

又称“溶液培养”。在含有全部或部分营养元素的溶液中栽培植物的方法。

15.078　**砂砾培养**

gravel culture

在砂砾中加入含有全部或部分营养元素的溶液进行植物栽培的方法。常用于研究各种矿质元素的生理功能，较单纯的溶液培养更接近于自然状况。

15.079　**作物气候适应性**

crop climatic adaptation

作物生长发育和产量形成的规律与环境气候规律相吻合的程度。

15.080　**作物生长率**

crop growth rate，CGR

在一定时间内单位土地面积上作物群体的干物质总重的增长率。

15.081　**农田生态系统**

ecosystem of cropland

一定农田范围内，作物和其他生物及其环境通过复杂的相互作用和相互依存而形成的统一整体，即一定范围内农田构成的生态系统。

15.082　**绿色能源**

green energy

绿色植物通过光合作用将太阳能转化并储存于体内的化学能。人们直接或加工利用这些化学能作为能源，代替煤、石油等不可再生的能源。在可持续发展的理念下，绿色能源体现了与环境友好相容的自然资源的开发利用原则。

15.083　**有机食品**

organic food

来自于有机农业生产体系，根据国际有机农业生产要求和相应的标准生产加工的，通过独立的有机食品认证机构，如国际有机农业运动联盟（FOAM）认证的食品。

15.084 **绿色食品**

green food

在无污染的生态环境中种植及全过程标准化生产或加工的农产品，严格控制其有毒有害物质含量，使之符合国家健康安全食品标准，并经专门机构认定，许可使用绿色食品标志的食品。

15.085 **绿肥作物**

green manure crops

以其新鲜植物体就地翻压或沤、堆制肥为主要用途的栽培植物总称。绿肥作物多属豆科，在轮作中占有重要地位，多数可兼作饲草。

15.086 **绿色革命**

green revolution

20 世纪 60 年代起，国际农业发展组织将高产谷物品种和与之配套的施肥、灌溉等技术推广到亚洲、非洲、南美洲的部分地区，促使其粮食增产的一项技术改革活动。

15.087 **生长控制物质**

growth controling substance

一些生理效应与动植物激素相似的人工合成的有机化合物，可影响动植物的生长发育、繁殖和新陈代谢。

15.088 **腐殖质分解者**

humivore

以腐殖质为营养源并将其还原为无机物质的微生物。

15.089 **人工气候**

man-made climate

人为控制某些气象要素或模拟自然界一定的气候条件所形成的气候。

15.090 **湿润系数**

moisture coefficient

又称“湿润度指数”。为降水 - 蒸发比，是综合性气候指标之一，用以表示某地气候的湿润程度。

15.091 **养分利用效率**

nutrient-use efficiency，NUE

投入养分转化为有效农产品的效率。

15.092 **适度放牧量**

proper stocking rate

草场的放牧量与草场的承载能力达到一种动态平衡，保持家畜正常生产的放牧强度。

15.093 **过度放牧**

overgrazing

放牧超过了草场的承载能力而使草场植物不能恢复正常生长，造成草场退化，甚至半荒漠化、荒漠化的现象。

15.094 **载畜量**

stocking capacity，stocking rate

在单位时期内、单位草地面积上保持正常畜牧生产所能容纳的放牧牲畜的头数。

15.095 **放牧休闲**

summer fallow

又称“生草休闲”。特指牧场轮换的组成环节之一。在轮牧一定时间之后，草地全年休闲，停止放牧，使牧草有结籽成熟的播种机会。

15.096 **草原改良**

grassland improvement

通过各种人为措施使草地生产条件改善，生产力提高，促进草地畜牧业的可持续发展。

15.097　**放牧地指示生物**

grazing indicator

放牧地上存在的可以用来指示放牧地某种性状（如放牧地的盐碱化程度，沙化程度，退化程度，放牧地质量，利用情况与营养条件等）的生物种，多数是指植物种。

15.098　**适口性**

palatability

某一种饲料被动物采食时，其理化性状刺激动物的视觉、味觉和触觉而使动物表现出好恶反应的现象。

15.099　**防护林**

shelter forest

以发挥防护作用，保护和改善生态和环境为主要功能的森林。依防护功能和对象的不同，可分为防风林、固沙林、水土保持林等。

15.100　**农田防护林**

shelter forest for farmland

以保护农田免受风沙等自然灾害，改善农田小气候环境为目的而建立的人工林，通常为带状，在农田上纵横交错，构成农田防护林网。

15.101　**综合防治**

integrated control

从农田生态系统的整体性出发，本着预防为主的指导思想和安全有效、经济、简易的原则，合理应用农业的、化学的、生物的、物理的以及其他有效的防治技术，将有害生物控制在经济损害允许水平之下，以达到保护作物，人畜健康，增加生产和保护环境的目的。

15.102　**耕作防治**

cultural control

又称“农业防治”。运用农作物的栽培管理措施，有目的地改变环境条件，使之有利于农作物的生长发育，不利于病、虫、杂草的发生和繁殖，从而使农作物免受或减轻病、虫及杂草的危害。

15.103　**化学防治**

chemical control

利用各种化学物质及其加工产品控制有害生物危害的防治方法。

15.104　**害虫**

pest

危害农林作物，并能造成显著损失的生物。包括植物病原微生物、寄生性植物、植物线虫、植食性昆虫、杂草、鼠类以及鸟兽等。

15.105　**益虫**

beneficial insect

广义的概念是指一切对人类有益的昆虫，包括资源昆虫，如蜜蜂、家蚕等。狭义的概念主要是指天敌昆虫，乃是与“害虫”相对而言，且能捕食害虫或寄生于害虫体内。

15.106　**潜在害虫**

potential pest

又称“次生害虫”。在现行的防治措施下，某些生物一般情况下不会造成相当损害而引起明显的产量损失，如果条件改变，则有可能变为害虫。

15.107　**当地原有害虫**

indigenous pest

在当地完成周年生活史的害虫，即每年初发世代的虫源由当地越冬的虫态发育而来。

15.108　**经济危害水平**

economic injury level，EIL

有害生物造成农作物经济损失时的最低密度，即农作物受有害生物危害而导致的经济损失与防治费用相等时的有害生物密度。

15.109 **经济阈值**

economic threshold，ET

有害生物达到对被害作物造成经济允许损失水平时的临界密度。在此密度下应采取控制措施，以防止有害生物种群继续发展而达到经济危害水平。

15.110 **防治阈值**

action threshold，control threshold

在能阻止有害生物会再暴发的前提下所允许的有害生物密度。在此密度下应采取控制措施，一般指施用农药，以防止达到经济危害水平。

15.111 **虫害预测**

prediction of pest attack

通过实际的系统调查，根据害虫的发生发展规律，结合当地历年积累的有关气象、虫情和作物农情等资料及当年的具体情况，分析预测害虫发生发展的可能趋势。

15.112 **害虫抗药性**

pest resistance to insecticide

害虫具有耐受杀死正常种群大部分个体的药量的能力，并且该能力可在后代种群中遗传的现象。

15.113 **植物抗虫性**

plant resistance to insect

植物在进化过程中形成的对害虫危害所产生的一定程度的避害、耐害或抗生的生态适应性。

15.114 **植物杀菌素**

phytocidin

植物原来含有的，或在受外来刺激后产生的，对细菌及真菌或其他微生物有杀灭作用的物质。

15.115 **微生物农药**

microbial pesticide

直接利用细菌、真菌和病毒等产生的天然活性物质或生物活体本身开发的，对植物病虫草害进行防治的农药。

15.116 **植物杀虫剂**

vegetable insecticide

一类利用具有杀虫活性的植物的某些部位或提取其有效成分制成的杀虫剂。

15.117 **选择性除草剂**

selective herbicide

只杀死某一种或某一类杂草，不损伤作物或其他杂草的一类除草剂。

15.118 **选择性杀虫剂**

selective insecticide

致死某种害虫，但对其他有益生物如天敌、高等动物相对无害，或对一些害虫有毒而对另一些害虫无毒的一类杀虫剂。

15.119 **植物病原体**

plant pathogen

能寄生于植物体并导致侵染性病害发生的生物，多为异养型的非专性寄生物。主要有真菌、细菌、病毒、线虫等。

15.120 **微生态制剂**

probiotics

又称“益生菌”。用于提高人类、畜禽宿主或植物寄主的健康水平的人工培养菌群及其代谢产物，或促进宿主或寄主体内正常菌群生长的物质制剂的总称。可调整宿主体内的微生态失调，保持微生态平衡。

15.121 **虫媒传播疾病**

insect borne disease

通过节肢动物叮咬，取食人、动植物而传播的疾病。

15.122 **虫媒授粉**

insect pollination

植物的花粉借助昆虫传播而进行授粉的方式，是一些植物和昆虫相互作用长期进化的结果。

15.123 **寄主植物**

host plant

寄生物或者病原物赖以生存的植物。

16. 水域生态学

16.001 **内陆水域**

inland water

分布在陆地表面和地下各种状态的水。包括冰川、地表水和地下水。地表水包括静水、流水和湿地三种类型，是研究内陆水域生态学的主要对象。

16.002 **静水水域**

standing water，lentic habitat

不流动或流动很小的水体。包括池塘、湖泊、水库和沼泽。

16.003 **流水水域**

running water，lotic habitat

各种流动的水体。包括大小溪流、沟渠和河川。

16.004 **内流湖泊**

endorheic lake

地处年蒸发量大于年降水量地区的没有排水口的湖泊，湖水盐度较高，包括内陆咸水湖。

16.005 **外流湖泊**

exorheic lake

地处年蒸发量等于或小于年降水量地区的具有排水口的湖泊，湖水盐度较低，包括一般淡水湖。

16.006 **盐湖**

salt lake，athalassic lake

离子含量近于饱和的湖泊。按主要成分可分为碳酸盐湖、硫化物湖和氯化物湖。

16.007 **潟湖**

lagoon

部分海水被泥、沙岸或珊瑚礁所环绕而形成的出口很窄的咸水湖。

16.008 **湖上层**

epilimnion

分层湖泊的表层或变温层以上水温较高、光线和氧气较充足的水层。

16.009 **湖下层**

hypolimnion

湖泊变温层以下水温较低、光线微弱、缺乏氧气的水层。

16.010 **营养生成层**

trophogenic zone

有足够的光线、水生植物能进行光合作用合成有机物质的浅水层。相当于湖上层和大洋表层。

16.011 **营养分解层**

tropholytic zone

没有光线不能合成有机物、分解营养生成层沉降下来的有机物质的水层。相当于湖下层。

16.012 **碱性湖泊**

alkaline lake

湖水 PH 值较高、有机质含量较低、沉积物中有机碳含量小于 50% 的湖泊。

16.013 **酸性湖泊**

acid lake

湖水 pH 值低于 6、有机质丰富、沉积物中有机碳含量大于 50% 的湖泊。

16.014 **硬水湖泊**

hard water lake

湖水 pH 值在 8.5 以上、游离二氧化碳呈负值、碳酸氢盐含量高于 35mg/L 的湖泊。

16.015 **软水湖泊**

soft water lake

游离二氧化碳含量较高、碳酸氢盐含量不足 10mg/L、pH 值在 6 以下的湖泊。

16.016 **湖水对流**

overturn

湖水上下翻转与流动使上下水层充分混合、分层不明显的现象。

16.017 **单循环湖**

monomictic lake

每年湖水有一次循环的湖泊。如极地湖泊每年夏季温度不超过 4℃的情况下有一次湖水混合（冷单循环），水温较高的亚热带湖泊每年冬季出现一次循环（热单循环）。

16.018 **二次循环湖**

dimictic lake

每年湖水出现春、夏两次循环的湖泊。其冬季水温上低下高，夏季水温上高下低。主要分布在温带和较高纬度的亚热带地区。

16.019 **寡循环湖**

oligomictic lake，tropical lake

年最低水温明显高于 4℃、湖水循环不多且无固定循环季节的热带湖泊。

16.020 **多循环湖**

polymictic lake

湖水不分季节地频繁混合的湖泊。

16.021 **全循环湖**

holomictic lake

湖水上下完全混合的湖泊。

16.022 **局部循环湖**

meromictic lake

又称“*局部分层湖*”。湖上层循环而湖下层不循环的湖泊。

16.023 **混成层**

mixolimnion

深水湖泊在化学突变层以上能完全混合的水层。

16.024 **永滞层**

monimolimnion

又称“*无循环层*”。局部循环湖的下层积累大量溶解物质，因密度大而不发生循环的水层。

16.025　**腐殖质湖**

humus lake

湖水呈棕褐色、富含动植物分解物质包括溶解或不溶解酸性大分子有机质的湖泊。分为寡、中、多腐殖质湖。

16.026　**营养状况**

trophic status

水体的营养水平。是由水体氮、磷等营养元素浓度、叶绿素 a 含量和透明度高低等因素决定的。

16.027　**自养型湖泊**

autotrophic lake

水体中无机营养物质通过生物、物理和化学作用而转化为有机物质的湖泊。其群落初级生产量高于或等于呼吸量。

16.028　**异养型湖泊**

heterotrophic lake

水体中溶解或颗粒有机物丰富，经过各种微生物（主要是异养菌）的分解作用，转化为无机物质的湖泊。其群落呼吸量等于或高于初级生产量。

16.029　**贫营养湖**

oligotrophic lake

营养物质浓度、生物量和生产力很低的湖泊。这类湖泊水较深，水温低，溶解氧含量丰富，透明度很大。

16.030　**中营养湖**

mesotrophic lake

营养物质浓度中等、生物量较大、生产力较高的湖泊。其水深中等，水温较高，溶解氧含量较丰富，沿岸植物繁茂。

16.031　**富营养湖**

eutrophic lake

营养物质浓度和生物量较大而生产力中等的湖泊。其下层溶解氧不足，存在氧跃层，湖水浅，沉积物较多，沿岸植物发达，浮游生物丰富。

16.032　**超富营养湖**

hypertrophic lake

极端富营养的湖泊。其磷酸盐含量很高，溶解氧含量时空变化很大，蓝绿藻类和细菌数量丰富，经常出现有毒藻类水华。

16.033　**贫营养化**

oligotrophication

湖泊因矿物质长期沉积变浅而肥力下降的现象。如酸泽。

16.034　**水团**

water mass

具有共同的起源和稳定特征值（如温度、盐度和密度）的水的聚集体。如无循环运动，该特征值不会改变。

16.035　**间歇河流**

intermittent stream

又称“季节性河流”。水源主要由地表径流补给、雨季期间出现水流而旱季可能干枯的河流。

16.036　**中断河流**

interrupted stream

部分河段在地表、地下两种形式交替出现的河流。

16.037　**永久河流**

permanent stream

河水主要由泉水或地下水渗漏补给、全年维持流水状态的河流。

16.038　**一级河流**

first-order stream

无支流流入的河流，一般指河流源头小河沟。

16.039 **二级河流**

second-order stream

两条一级河流汇合后的河流。

16.040 **三级河流**

third-order stream

两条二级河流汇合后的河流。

16.041 **河口［湾］**

estuary

河流与海洋交汇、河水与海水混合的水域。该处出现咸淡水不同流向和潮汐昼夜变化的现象，形成独特的水域环境和生物区系。

16.042 **正向河口**

positive estuary

淡水流量充足、盐度朝海洋方向递增的河口。

16.043 **反向河口**

negative estuary

盐度朝海洋方向递减的河口。出现于干旱和蒸发量大于淡水补给量的地区。

16.044 **湿地**

wetland

陆地上有长期或季节性薄层积水或间隙性积水、生长有沼生或湿生植物的土壤过湿地段。是陆地、流水、静水、河口和海洋系统中各种沼生、湿生区域的总称。

16.045 **沼生湿地**

palustrine wetland

由地下水、地表径流和雨水供给、土壤全年被水饱和的湿地。一般位于水位线以上。除内陆和沿海盐沼外，大部分沼生湿地属于淡水范畴。包括有草沼、树沼、酸沼和小浅水塘等。

16.046 **湖沼湿地**

lacustrine wetland

湖泊等静水水域沿岸或浅水湖泊沼泽化过程而形成的湿地。包括浅水湖、水库和大池塘。拉姆萨尔湿地公约把湖泊本身也包括在湿地范畴之内。

16.047 **河流湿地**

riverine wetland

河流等流水水域沿岸、浅滩、缓流河湾等沼泽化过程而形成的湿地。包括河流、小溪、运河及沟渠等。拉姆萨尔湿地公约把河流本身也包括在湿地范畴之内。

16.048 **河口湿地**

estuarine wetland

海水回水上限至海口之间咸淡水河段、沿岸与河漫滩地形成的湿地。包括有半咸水和咸水沼泽、草本和木本沼泽。

16.049 **海洋湿地**

marine wetland，coastal wetland

又称“*海岸湿地*”。从潮上带至低潮线之间的海滩形成的湿地。拉姆萨尔湿地公约将该湿地范围扩大到低潮线以下水深 6 m 处。

16.050 **沿岸湿地**

aquatic marginal wetland

由河流、湖泊和海洋等敞水水体形成并补给的湿地。包括水边湿地和洪涝湿地。

16.051 **水边湿地**

fringe wetland

每天都能维持与水源水接触的湖泊周围和流速缓慢的河流边缘、挺水植物占优势的区域。

16.052 **洪涝湿地**

flood wetland

受堤岸阻隔平时在水文上不与水源水相通，只在洪水期间高水位时才与水源水相连接的湿地。

16.053　**河岸湿地**

riverine wetland，riparian wetland

洪涝湿地之一。洪水过后因排涝和蒸发作用而完全干枯的湿地。

16.054　**泥炭沼泽**

mire

水源由地下水、地表径流和雨水供给、土壤发育有泥炭层的湿地。包括矿质泥炭沼泽和酸性泥炭沼泽。

16.055　**矿质泥炭沼泽**

fen，minerotrophic mire

又称“*矿物营养沼泽*”，简称“*碱沼*”。水和营养盐类由地下水、地表径流补给、营养物质比较丰富的泥炭沼泽。

16.056　**酸性泥炭沼泽**

bog，ombrotrophic mire

简称“*酸沼*”。位于水位线以上、水源由雨水和大气降水补给、营养不足的泥炭沼泽。典型植物为水藓。

16.057　**盐沼**

salt marsh

含有大量盐分的湿地。内陆盐沼多分布于干旱地区，由河流或地下水带来盐分的长期蒸发积累而成；海滨盐沼分布在河口或海滨浅滩，由海水浸渍或潮汐交替作用而成。

16.058　**树沼**

swamp

地表被浅水淹没或浸润、主要生长湿生木本植物的湿地。包括森林沼泽和灌木沼泽。这一术语也用来表示生长有芦苇、香蒲等较高挺水植物为主的湿地。

16.059　**草沼**

marsh

一般未被淹没，但土壤维持水浸状态，主要生长草本植物的湿地。优势植物有苔草、莎草和灯芯草等。

16.060　**红树林沼泽**

mangrove swamp

热带和亚热带半咸水域潮间带软底质环境中以红树植物为建群种的生物群落繁茂的盐沼地带。

16.061　**红树林海岸**

mangrove coast

热带和亚热带红树植物群落占优势的海岸。

16.062　**高潮线**

high tidal mark

涨潮时海水在海岸上抵达的最高线界。

16.063　**低潮线**

low tidal mark

落潮时海水在海岸上退落的最低线界。

16.064　**高潮区**

high tidal region

介于大潮高潮线和小潮高潮线之间的地区。

16.065　**中潮区**

mid-tidal region

小潮高潮线和小潮低潮线之间的地区。

16.066　**低潮区**

low tidal region

小潮低潮线和大潮低潮线之间的地区。

16.067　**珊瑚礁**

coral reef

热带海洋中一些海岸、岛屿、暗礁周围和海滩大量生长造礁石珊瑚为主的骨骼堆积形成的礁体，统称为珊瑚礁。有岸礁、堡礁和环礁三种类型。

16.068 **岸礁**

fringing reef

由大陆或岛屿岸边浅水区大量生长的造礁石珊瑚骨骼构成的珊瑚礁。

16.069 **堡礁**

barrier reef

由大量生长的造礁石珊瑚骨骼构成的、与海岸或岛屿平行或其间有宽而浅的潟湖相隔的珊瑚礁。

16.070 **环礁**

atoll

由大量生长的造礁石珊瑚骨骼所构成的环形珊瑚礁，中间有不太深（100 m以内）的潟湖，出口较窄。

16.071 **人工礁**

artificial reef

人为地在海中设置以不同材料制成的、类似礁石的护鱼或防浪设施。

16.072 **近海区**

neritic province，neritic region

又称“浅海区”。大陆架外缘（水深大约 200 m）以内近海的整个水层区。其水文和理化条件多变。

16.073 **大洋区**

oceanic province，oceanic region

大陆架（水深大约 200 m）以外的远海大洋水层区。该区理化条件比较稳定。

16.074 **水层区**

pelagic division

整个海洋的水体部分。该区栖息浮游和游泳两个生态类型的生物。

16.075 **水底区**

benthic division

从潮间带至大洋深渊水层下面的整个海底。该区栖息底栖生物，包括底上和底内生物。

16.076 **上层**

epipelagic zone

从海表面至水深大约在 200 ～ 300 m 以内的大洋水层。该层光线、温度等垂直和昼夜变化明显。

16.077 **中层**

mesopelagic zone

从上层的下限到水深约 1 000 m 之间的水层。该层光线极微弱，温度垂直和季节变化不明显。

16.078 **深层**

bathypelagic zone

从中层带底部到水深约 4 000 m 之间的水层。

16.079 **深渊水层**

abyssopelagic zone

水深在 4 000 ～ 6 000 m 之间的水层。

16.080 **超深渊水层**

hadopelagic zone

水深超过 6 000 m 至大洋最深处的水层。

16.081 **海面微表层**

sea-surface microlayer

海表面深度仅几毫米厚的表层区。

16.082 **水底边界层**

benthic boundary layer

紧靠海底上面的水层。

16.083 **沿岸带**

littoral zone

沿水体岸边的浅水地带。在湖泊中是指从岸边到有根植物生长下限之间高等水生植物占优势的区域（包括水底及覆盖其上的水体）。在海洋中相当于潮间带。

16.084　**亚沿岸带**

sublittoral zone

在湖泊中是指沿岸带以下到深底带之间的过渡带。在海洋中相当于浅海带。

16.085　**湖沼带**

limnetic zone

又称“敞水带”。沉水植被外缘以外的敞水水域。其主要生物类群是浮游生物和游泳生物。

16.086　**深底带**

profundal zone

变温层以下的湖底部分，即营养分解层或湖下层的底部。底质由细微颗粒组成，无任何植物生长。

16.087　**潮上带**

supratidal zone

大潮高潮线以上一条很窄的底栖带。

16.088　**潮间带**

intertidal zone，mediolittoral zone

介于大潮高潮线与低潮线之间的底栖带，周期性地暴露于空气中。

16.089　**潮下带**

subtidal zone

从大潮低潮线伸展至大陆架外缘的底栖带。

16.090　**浅海带**

neritic zone

低潮位至大陆架外缘（水深大约 200 m）之间的海底。

16.091　**深海带**

bathyal zone

从大陆架外缘水深 200 m 至大约 2 000 ～ 6 000 m 深的海底。

16.092　**深渊带**

abyssal zone

深度超过 6 000 m 的海底。无光，温度低，压力大，无植物，仅有深海动物，有的动物能发光。

16.093　**超深渊［底］带**

hadal zone，ultra-abyssal zone

在深渊带中凹陷深度最大的地带。无光，温度低，压力大，为数不多的动物视觉退化，有的具有发光器。

16.094　**深渊平原**

abyssal plain

深度超过 4 000 m 的深渊软底平原。

16.095　**深海沟**

trench

水深 6 000 m 以下、狭窄且两侧相对陡峭的硬相海底下陷沟。

16.096　**洋中脊**

mid-oceanic ridge

纵贯大洋盆底中部大体与大陆边缘平行的隆起山脊。

16.097　**大陆隆**

continental rise

介于大陆坡末端与深海平原之间的缓坡地带。一般始于水深 1 400 ～ 3 200 m处，止于深海平原边缘。

16.098　**深渊山丘**

abyssal hill

深度超过 4000m 的深渊底上突出软底的山丘。

16.099 **透光带**

photic zone, euphotic zone

又称“真光层”。光线较充足的湖泊、海洋表层。该水层光合作用固定的有机碳量超过植物呼吸消耗的量。

16.100 **弱光带**

dysphotic zone

又称“弱光层”。介于透光层和无光层之间的水层。该层光合作用固定的碳量少于植物呼吸消耗的量。

16.101 **无光带**

aphotic zone

又称“无光层”。弱光层下方至湖底或海底之间无光线的水层。

16.102 **补偿层**

compensation level

在24h内植物产氧量与生物呼吸和有机物分解消耗氧量相等的水层。

16.103 **补偿深度**

compensation depth

光合作用固定的有机碳量与24h内植物消耗量相等的深度。

16.104 **补偿光照强度**

compensation light intensity

植物的光合作用生产恰好与其呼吸作用消耗相等的光照量。

16.105 **临界深度**

critical depth

从海表面到某一深度水体中所产生的光合作用总生产量恰好等于同一深度浮游植物总呼吸作用所消耗的能量的那一深度。

16.106 **深海散射层**

deep scattering layer, DSL

又称“深水散射层”。因浮游动物大量密集于一定深度而引起声波散射的水层。

16.107 **温跃层**

thermocline

深水湖泊和海洋夏季温度分层期间，自上而下温度随水深而突降的水层。

16.108 **变温层**

metalimnion

湖上层和湖下层之间水温梯度下降的过渡层。下降梯度可达每米1℃或更多。相当于温跃层。

16.109 **化变层**

chemocline

全称“化学突变层”。局部循环湖泊中随深度的增加，溶解固体物质含量从较低的水层突然增加到较高的水层之间的密度梯度层。

16.110 **盐跃层**

halocline layer

又称“盐变层”。盐度在一定深度突然变高或变低的水层。

16.111 **密度跃层**

pycnocline

又称“密度突变层”。在一定深度水的密度发生突变的水层。

16.112 **营养跃层**

nutricline

又称“营养突变区”。一种或几种营养物质浓度快速增加或降低的水层或区域。

16.113 **氧跃层**

oxycline, clinograde

在一定深度水中溶解氧浓度突然变化的水层。

16.114 **无氧带**

anoxic zone

又称“缺氧层”。溶解氧被耗尽的水层、区域或河段。

16.115 **湖相沉积**

lacustrine deposit

又称“湖泊沉积”。河流悬浮物、大气飘尘、地表径流和湖岸侵蚀以及湖中动植物死体逐年在湖底沉积的现象。

16.116 **透明度**

transparency

水体清澈和光线透过的程度。透光越深透明度越大。

16.117 **电导率**

electric conductivity

以数字表示溶液传导电流的能力。单位以每米毫西门子（mS/m）表示。

16.118 **酸度**

acidity

水与强碱标准溶液定量作用至一定 pH 值的能力。单位以 $CaCO_3$ mg/L 表示。

16.119 **碱度**

alkalinity

水与强酸标准溶液定量作用至一定 pH 值的能力。单位以 $CaCO_3$ mg/L 表示。

16.120 **pH 值**

pH value

又称“氢离子浓度”。水的 pH 值为水中氢离子活度的负对数值。表示在一定温度条件下水溶液酸性或碱性的强度。

16.121 **氧化还原电位**

redox potential，oxidation-reduction potential

测定化学物质间因电子交换而改变性质的有效性。是水质的重要参数之一。

16.122 **溶解氧**

dissolved oxygen

溶解在水中的分子态氧。其含量与水温、氧分压、盐度、水生生物的活动和耗氧有机物浓度有关。

16.123 **临界氧**

critical dissolved oxygen

水生动物处于窒息与生存之间的溶解氧浓度。

16.124 **硬度**

hardness

水沉淀肥皂的能力，大体反映水中钙、镁离子的含量。钙镁浓度的总和称为总硬度，以每升水含碳酸钙的毫克数或毫克当量表示。

16.125 **硬水**

hard water

流经石灰岩含大量碱性物质、碳酸氢盐含量大于 100 mg/L（$CaCO_3$）、硬度大于 150 mg/L（$CaCO_3$）的水。

16.126 **软水**

soft water

流经酸性火成岩地质含盐分低、碳酸氢盐含量小于 25 mg/L（$CaCO_3$）、硬度小于 50 mg/L（$CaCO_3$）的水。

16.127 **盐度**

salinity

每 1 000 g 海水中溶解无机盐类的克数。

16.128 **氯度**

chlorinity，chlority

在 1g 海水中，若将溴和碘以氯代替时，所含氯、溴、碘的总克数。以符号 Cl% 表示。

16.129 **淡水**

fresh water

含盐量小于 0.5 g/L 的水。

16.130 **寡盐水**

oligohaline water

含盐量在 0.5 ～ 5 g/L 之间的水。

16.131 **中盐水**

mesohaline water

含盐量在 5 ～ 18 g/L 之间的水。

16.132 **多盐水**

polyhaline water

含盐量在 18 ～ 30 g/L 之间的水。

16.133 **真盐水**

euhaline water

含盐量在 30 ～ 40 g/L 之间的水。

16.134 **超盐水**

hyperhaline water，ultrahaline water

又称“高盐水”。含盐量超过 40 g/L 的水。

16.135 **半咸水**

brackish water

又称“咸淡水”。含盐量在 0.5~18 g/L 之间的水。

16.136 **卤水**

brine water

为盐分所饱和的水。

16.137 **等盐线**

isohaline

海水盐度分布图上盐度值相同各点的连线。

16.138 **等温线**

isotherm

海水温度分布图上温度值相同各点的连线。

16.139 **等深线**

isobath

海水或湖水深度分布图上深度相同各点的连线。

16.140 **潮差**

tidal range，tide range

连续高潮和低潮之间水面的高度差。

16.141 **潮隔**

tidal rip

又称“流隔”。由两种不同性质的水体（如暖流和寒流、高盐水和低盐水）交汇而形成的锋面。

16.142 **潮位**

tidal level

不同潮汐周期的水面高度。

16.143 **潮线**

tidal line

不同潮汐阶段水面的高度线。

16.144 **潮滩**

tidal flat

又称“潮坪”。潮间带高潮淹没、低潮露出水面的平坦泥沙滩涂。

16.145 **全日潮**

diurnal tide

每一潮汐日出现一次高潮和一次低潮的潮汐。

16.146 **半日潮**

semi-diurnal tide

每一潮汐日出现两次高潮和两次低潮的潮汐。

16.147 **大潮**

spring tide

靠近新月和满月（朔、望）时出现高低潮差最大的潮。

16.148 **小潮**

neap tide

靠近上弦和下弦时出现高低潮差最小的潮。

16.149 **高潮**

high water，HW

涨潮时海水达到的最高水位。

16.150 **低潮**

low water，LW

落潮时海水降到的最低水位。

16.151 **潮汐周期性**

tidal periodicity

潮汐具有从一次高潮或低潮期到下一次高潮或低潮期间的时间性周期循环的特点。

16.152 **上升流**

upwelling

海底富含营养盐的高密度海水向海表面涌升的现象。

16.153 **下降流**

downwelling

上层海水向深底层下沉的流动现象

16.154 **湍流**

turbulence

海洋水体中任意点速度大小和方向都显著变动的（不稳定的）紊乱流动。

16.155 **对流**

convection

水体内由于密度差而形成的垂直流动。

16.156 **平流**

advection

水的水平或垂直运动。

16.157 **大洋环流**

ocean circulation

在海面风力和热盐效应等作用下，大洋海水从某海域向另一海域流动而形成首尾相接、时空变化连续、相对独立和稳定的环流系统或流旋。

16.158 **热盐环流**

thermohaline circulation

海水由于受热盐变化而导致密度分布不均匀所产生的大洋环流。

16.159 **海流**

ocean current

海水因受气象因素和热盐效应的作用在较长时间内大体上沿一定路径的大规模流动。

16.160 **潮流**

tidal current

海水在引潮力作用下的周期性水平流动。

16.161 **黑潮［暖流］**

Kuroshio［Current］

北太平洋副热带总环流系统中的西部边界流。

16.162 **台湾暖流**

Taiwan Warm Current

黑潮暖流在台湾东北海域分出的一个分支，沿台湾岛向北流向东海北部。

16.163 **涡**

eddy

水体形成旋涡式的环形运动。

16.164 **流涡**

gyre

一种尺度大于涡的水体旋涡式的环形运动。

16.165 **气旋性流涡**

cyclonic gyre

在北半球呈逆时针方向运动，而在南半球呈顺时针方向运动的流涡。

16.166 **反气旋性流涡**

anticyclonic gyre

在北半球呈顺时针方向运动，而在南半球呈逆时针方向运动的流涡。

16.167 **寒流**

cold current

水温显著低于流经海域的海流。

16.168 **暖流**

warm current

水温显著高于流经海域的海流。

16.169 **离岸流**

offshore current

背向海岸的海流。

16.170 **向岸流**

onshore current

流向海岸的海流。

16.171 **边界流**

boundary current

由于受陆架陆块影响导致西向或东向盛行海流的偏向而引起的、与陆架边缘平行或接近的北向或南向的表面海流。

16.172 **硅藻软泥**

diatomaceous ooze

至少含有30%硅藻遗骸颗粒的洋底沉积物。

16.173 **有孔虫软泥**

foraminiferan ooze

含有30%或更多有孔虫遗壳的洋底沉积物。

16.174 **放射虫软泥**

radiolarian ooze

主要由放射虫骨骼形成的洋底沉积物。

16.175 **清水生物**

catarobia

生活于清水（淡水）中的生物种类。

16.176 **半咸水种**

brackish water species

只分布于低盐度的河口等半咸水域的生物种类。

16.177 **浅水种**

shallow water species

只分布于近岸浅水区的生物种类。

16.178 **陆封种**

land-locked species

因自然或人为的生态隔离而滞留在内陆水域中生长、繁殖的洄游动物。

16.179 **冷水种**

cold water species

一般生长与繁殖适温为4℃、其自然分布区平均水温不高于10℃的海洋生物，包括寒带种和亚寒带种。

16.180 **寒带种**

frigid zone species

生长生殖适温范围为0℃左右的冷水种。

16.181 **亚寒带种**

subfrigid zone species

生长生殖适温范围为 0~4℃左右的冷水种。

16.182　**温水种**

temperate water species

一般生长与生殖适温范围较广（4 ～ 20℃）、其自然分布区月平均水温变化幅度较宽（0 ～ 25℃）的海洋生物，包括冷温带种和暖温带种。

16.183　**冷温带种**

cold temperate species

生长生殖适温范围为 4 ～ 12℃的温水种。

16.184　**暖温带种**

warm temperate species

生长生殖适温范围为 12 ～ 20℃的温水种。

16.185　**暖水种**

warm water species

一般生长与生殖适温范围高于 20℃、其自然分布区月平均水温大于 15℃的海洋生物，包括亚热带种和热带种。

16.186　**亚热带种**

subtropical species

生长生殖适温范围大于 20℃的暖水种。

16.187　**热带种**

tropical species

生长生殖适温范围高于 25℃的暖水种。

16.188　**水平分布**

horizontal distribution

生物从一地向另一地的平面分布现象。

16.189　**不育分布**

sterile distribution

又称“不妊分布”。某些生物在其不能生殖的分布区出现的现象。

16.190　**同域分布**

sympatry

一个种群在分布区内由于生态位分离而逐渐建立若干子种群，群间由于逐步建立的生殖隔离而形成基因库的分离，形成新物种的分布。

16.191　**异域分布**

allopatry

通过大范围地理分割，两个分开的种群各自演化，形成生殖隔离机制和新物种；另有少数个体从原种群中分离出去，在他处经地理隔离和独立演化而形成新物种的分布。

16.192　**北方两洋分布**

amphi-boreal distribution

某些海洋生物可同时在北温带北大西洋和北太平洋两岸水域出现的分布现象。

16.193　**太平洋两岸分布**

amphi-Pacific distribution

某些海洋底栖生物同时在北温带太平洋东西两岸水域出现的分布现象。只能在北温带太平洋两岸分布，不能跨越热带太平洋深海盆在两岸分布。

16.194　**两极分布**

bipolarity，bipolar distribution

又称“两极同源”。海洋生物中某一种或种下单元只分布在南北两极附近海域，而不出现在低纬度热带海洋的隔离分布现象。

16.195　**世界种**

cosmopolitan species

又称“广布种”。能广泛分布于世界各大洋或淡水各区域中的生物种。

16.196　**环热带分布种**

circumtropical species

环绕地球热带区而不在温带或寒带区分布的物种。

16.197 **滤食性摄食**

filter feeding

水生动物借助过滤器官过滤水中浮游生物和颗粒物为食的摄食方式。

16.198 **悬浮物摄食**

suspension feeding

水生动物过滤悬浮在周围水层中的无机颗粒物和藻类、细菌及有机碎屑等有机颗粒物为食的摄食方式。

16.199 **沉积物摄食**

deposit feeding

水生动物吞食水底沉积物消化吸收其中的有机颗粒和生物有机体的摄食方式。

16.200 **碎屑食性摄食**

detritus feeding

水生动物以动植物死体碎片、排泄物和被分解的颗粒有机物为食的摄食方式。

16.201 **食微生物动物**

microbivore

以微生物为食物源的动物。

16.202 **滤食动物**

filter feeder，suspension feeder

又称“食悬浮物动物”。以滤食性摄食、悬浮物摄食、碎屑食性摄食的摄食方式获得其食物的动物。

16.203 **食浮游生物动物**

planktivore

主要以浮游生物为食的动物。

16.204 **食底栖生物动物**

benthivore

主要以底栖生物为食的动物。

16.205 **食鱼动物**

piscivore

主要捕食鱼类的动物。

16.206 **鱼类年龄组成**

fish age composition

渔获物中同种鱼群各龄鱼数与同种鱼总个数的比率。

16.207 **鱼类体长组成**

fish length composition，length-frequency distribution

渔获物中同种鱼群各体长组鱼数与其总个体数的比率。

16.208 **鱼类年龄鉴定**

fish age determination

根据鱼类鳞片、耳石、脊椎骨、鳍条上的年轮以及体长组成等确定鱼类年龄，为分析鱼类生长速度、环境条件和捕捞策略提供参考。

16.209 **鱼类饵料基础**

fish feeding base

水域中各种饵料生物的种类和数量。包括浮游、底栖和部分游泳生物。

16.210 **鱼类摄食强度**

fish feeding intensity

表示鱼类胃内或肠道内食物饱满的程度。分 5 级：0 级，空胃；1 级，胃内食物不足胃腔的 1/2；2 级，胃内食物占胃腔的 1/2；3 级，胃内充满食物，但胃壁不膨胀；4 级，胃内充满食物，胃壁膨胀变薄。

16.211 **肥满度**

coefficient of condition，condition factor

鱼体肥满的程度。由式 $K=100\ W/L^3$ 算出，其中，K 为肥满度，W 为体重（g），L 为体长（cm）。

16.212　**性腺成熟系数**

coefficient of maturity

鱼类生殖腺重占鱼类总体重或净体重的百分率。

16.213　**性腺成熟度**

maturity of fish gonads

表示鱼类性腺发育的程度。分性腺未发育、性腺开始发育或产卵后重新发育、性腺正在发育但尚未成熟、性腺即将成熟、性腺完全成熟即将产卵和产卵后的个体 6 期。

16.214　**怀卵量**

fish brood amount

雌鱼怀卵的数量。

16.215　**生殖力**

fecundity

又称“*产卵量*”。即产卵繁殖的能力。一尾鱼在繁殖季节总产卵量称“绝对生殖力（absolute fecundity）”; 按单位体长或体重算的产卵量称为“相对生殖力（relative fecundity）”。

16.216　**索饵场**

feeding ground

鱼类集群索饵的水域。河口湾、寒暖流交汇处等有机质、营养盐类丰富饵料生物量高的水域为鱼类集群索饵的主要场所。

16.217　**越冬场**

overwintering ground

鱼类冬季集群栖息的水域。

16.218　**产卵场**

spawning ground

鱼类集群产卵的场所，具有鱼类产卵所需要的理化和生物条件。产卵场内可能包含许多产卵地。

16.219　**育幼场**

nursing ground

养育鱼苗的水域。具有丰富的饵料和适宜的环境条件，适合鱼苗生长。

16.220　**产卵绝食**

spawning starvation

一般鱼类产卵直到鱼苗孵化期间不进食或很少进食的现象。大麻哈鱼从海洋洄游到内河产卵场期间完全停止摄食。

16.221　**浮性卵**

floating egg，pelagic egg

又称“*漂浮卵*”。含有油球、密度小于 1、体积较大、受精后漂浮在水上层并在向下漂流的过程中完成孵化的卵。

16.222　**漂流卵**

drifting egg

不含油球、密度与水相近、无黏性彼此分离、产出受精后随水漂流到一定距离后完成孵化的卵。

16.223　**沉性卵**

demersal egg

密度大于水、产出受精后下沉水底或黏附在水底基质上的卵。

16.224　**黏性卵**

adhesive egg

膜表面具有黏液或黏丝的卵。受精卵常能黏在水草或岩石等水底基质上完成孵化。

16.225　**孤雌生殖**

parthenogenesis

又称“*单性生殖*”。有些水生动物在环境条件适宜时其雌体由未受精卵直接发育而成的繁殖方式。

16.226 **休眠孢子**

resting spore，resting cell

某些单细胞藻类在不良环境下形成不动的处于休眠状态的孢子。

16.227 **休眠卵**

dormant egg，resting egg，diapause egg

又称“滞育卵”。卵壳厚而硬、具有丰富卵黄、能沉入水底度过不良环境直到条件适宜时再孵化的卵。

16.228 **冬卵**

winter egg，mictic egg，gamogenetic egg

环境条件恶化时枝角类等水生动物出现雌雄个体并进行有性生殖所产出的混交卵。

16.229 **卵鞍**

ephippium

枝角类遇不良环境时由无性生殖转换为有性生殖，并分泌某种物质形成厚的外壳把受精卵（1 ~ 2个）包裹起来的卵荚。

16.230 **夏卵**

summer egg

又称“单性卵”。环境温度升高以及食物丰富时枝角类等水生动物产出不需受精即可孵化出幼体的卵。

16.231 **临界期**

critical phase

鱼苗从卵黄囊营养转变为外营养的阶段。

16.232 **浮游生活期**

pelagic phase

有些底栖动物和鱼类幼体到定居场所前在水体中营浮游生活的阶段。

16.233 **幼体期**

larval stage

鱼类和水生无脊椎动物个体开始胚后发育、从内源营养转向外源营养的发育阶段。

16.234 **幼后期**

post-larva stage

幼体阶段结束、刚刚变态为稚期以前的发育阶段。

16.235 **稚期**

juvenile stage

鱼类及水生无脊椎动物从幼体后期经过变态出现一些成体动物所具有的器官或附肢的发育阶段。

16.236 **幼龄期**

young stage，immature stage

又称“未成熟期”。动物外形与成体相似但性腺尚未发育成熟的阶段。

16.237 **成熟期**

mature stage，adult stage

又称“成体期”。配子开始成熟、出现第二性征、具有繁殖能力的发育阶段。

16.238 **亚成体**

subadult，adolecent

又称“次成体”。动物幼体经过变态后外形与成体完全相似但性腺尚未成熟的发育阶段。

16.239 **无节幼体**

nauplius larva

又称“六肢幼体”。系某些甲壳动物的早期幼体。其身体呈椭圆形，不分节，具3对用于游泳的附肢。进一步发育，逐渐出现体节和其他附肢雏形，成为后无节幼体。

16.240 **桡足幼体**

copepodite，copepodid larva

甲壳动物桡足类的后无节幼体经最后一次蜕皮后

变成的幼体。形状与成体相似，但腹部尚未完全分化，胸肢也未完全发育完好。

16.241 **原溞状幼体**

protozoea larva

甲壳动物十足目枝鳃亚目（对虾类）无节幼体期后的第二发育阶段。胸部体节和步足逐步出现，腹肢未发育；蜕皮变态为溞状幼体期。

16.242 **溞状幼体**

zoea larva

真虾类刚孵化的浮游幼体期和枝鳃（对）虾类幼体发育的第三阶段。蜕皮后变态为幼后期（仔虾）。

16.243 **糠虾幼体**

mysis larva

真虾类和枝鳃类十足目由原溞状幼体发育而成的溞状幼体期，具额角和能活动的眼柄，在颚足之后已出现其余各对双枝型胸肢，因形似糠虾，我国学者称其为糠虾幼体。

16.244 **大眼幼体**

megalopa larva

蟹类已具成蟹雏形的幼后期。其身体平扁，头胸部宽大，腹部分节，可以自由屈伸、具刚毛，能游泳。大眼幼体再蜕皮一次即成为底栖的仔蟹。

16.245 **卵黄营养幼体**

lecithotrophic larva

发育所需营养依赖于卵黄而不摄取浮游性食物的幼体的统称。

16.246 **浮游营养幼体**

planktotrophic larva

发育所需的营养依赖于摄取水中浮游生物的幼体的统称。

16.247 **周期变形**

cyclomorphosis

身体形态出现有规律的季节性变化的现象。有些水蚤一年四季形态不完全一样。

16.248 **水生生物**

hydrobiont，hydrobios

全部或部分生活在各种水域中的动物和植物。包括淡水生物和海洋生物。

16.249 **浮游生物**

plankton

生活在水层中游泳能力很弱或没有而随波逐流的一类生物。包括浮游植物和浮游动物。

16.250 **终生浮游生物**

holoplankton，permanent plankton

又称“永久性浮游生物”。终生在水层中营浮游生活的生物。大部分浮游生物属于此类。

16.251 **暂时性浮游生物**

temporary plankton

又称“假性浮游生物”。指那些仅仅因为海况或生殖季节等原因有时会短时期营浮游生活的生物。

16.252 **阶段性浮游生物**

meroplankton，transitory plankton，periodic plan-kton

又称“周期性浮游生物”。生活史中只有某个阶段营浮游生活的生物。通常指底栖或游泳生物的卵和幼体。在每年一定季节出现，呈周期性。

16.253 **幼体浮游生物**

larval plankton

鱼类和无脊椎动物的卵子及幼体构成的季节性浮游生物。

16.254 **真浮游生物**

euplankton

终生或生活史中某一阶段营浮游生活的生物。

16.255 **湖沼浮游生物**

limnoplankton

又称“淡水浮游生物”。只能在淡水静水水域中生活的浮游生物。

16.256 **河流浮游生物**

potamoplankton，riverine plankton

河流中漂流的浮游生物。主要包括从湖泊流下来和缓流河湾中生长的浮游生物以及沿河冲刷下来的周丛生物群落的一些成员。

16.257 **河口浮游生物**

estuarine plankton

生活在低盐度（盐度在 5 ~ 10 g/kg）河口区的浮游生物。一般具有较强的抗盐分和潮汐变化的能力。

16.258 **近海浮游生物**

neritic plankton

生活在盐度较低的沿岸浅水区的浮游生物。有时能进入河口水域，对盐度适应范围比较广。

16.259 **大洋浮游生物**

eupelagic plankton，oceanic plankton

又称“远洋浮游生物”。生活在盐度较高的外海，即分布于远离海岸大洋区的浮游生物。对盐度适应范围较窄。

16.260 **寒带浮游生物**

hekistoplankton

生活在两极寒带海域的浮游生物。

16.261 **上层浮游生物**

epipelagic plankton

生活在大洋上层区（从表面至 200 m 深处）的浮游生物。

16.262 **中层浮游生物**

mesopelagic plankton

生活在水深 200 ~ 1 000 m 间的大洋水层区的浮游生物。

16.263 **深层浮游生物**

bathypelagic plankton

生活在水深 1 000 ~ 4 000 m 间的深水层中的浮游生物。

16.264 **深渊浮游生物**

abyssopelagic plankton

生活在水深 4 000 ~ 6 000 m 之间的深渊层中的浮游生物。

16.265 **表层浮游生物**

epiplankton

泛指生活在从海洋表面到大约 100 ~ 200 m 深处的浮游生物，包括浅海和大洋上层浮游生物。

16.266 **底层浮游生物**

hypoplankton

生活在 400 m 以下水层中的浮游生物。

16.267 **超微微型浮游生物**

femtoplankton

体形大小在 0.02 ~ 0.2 μm 之间的浮游生物。指类病毒颗粒物。

16.268 **微微型浮游生物**

picoplankton

体形大小在 0.2 ~ 2.0 μm（<2 μm）的浮游生物。指浮游细菌。

16.269 **微型浮游生物**

nanoplankton

体形大小在 2.0 ~ 20 μm 之间的浮游生物。指浮游真菌。

16.270 **小型浮游生物**

microplankton

体形大小在 20 ～ 200 μm 之间的浮游生物。指一般浮游植物。

16.271 **中型浮游生物，中层浮游生物**

mesoplankton

体形大小在 0.2 ～ 20 mm 之间的浮游生物。指一般浮游动物包括原生动物。也指生活在水深 100~400 m 之间的浮游生物。

16.272 **大型浮游生物**

macroplankton

体形大小在 2 ～ 20 cm 之间的浮游生物。指后生浮游动物。

16.273 **巨型浮游生物**

megaplankton

体形大小在 20 ～ 200 cm 之间的浮游生物。如水母类浮游动物。

16.274 **网采浮游生物**

netplankton

能用浮游生物网采集到的浮游生物。其体形大于 0.2 mm。

16.275 **浮游植物**

phytoplankton

体内含有叶绿素或其他色素、能吸收水中营养物质进行光合作用合成有机物的浮游生物。主要有单细胞藻类和光合自养细菌。

16.276 **浮游藻类**

planktonic algae

具有光合色素和单细胞生殖器官而无根茎叶分化的悬浮在水中的小型水生植物。

16.277 **固氮藻类**

nitrogen fixing algae

能固定空气中游离氮或借助于藻体外固氮细菌固定水中氮气的藻类。

16.278 **大型藻类**

macroalgae

多细胞藻类。由固着器固着在岩石或其他水底基质上，最大体长可达 1 m 以上。

16.279 **微型藻类**

microalgae

单细胞藻类。一般体长在 100 μm 以下，包括一般浮游和底栖藻类。

16.280 **漂浮细菌**

bacterioneuston

漂浮在水面或表层的细菌。

16.281 **浮游病毒**

viroplankton

悬浮在水层中的病毒。包括噬菌体和真核藻类病毒等。形态多样，有球形、纺锤形、柠檬形、长尾蝌蚪形和短尾蝌蚪形等。

16.282 **浮游细菌**

planktobacteria，bacterioplankton

悬浮在水层中的各种微小的异养性和自养性微生物。

16.283 **浮游真菌**

mycoplankton

悬浮在水层中的真菌。体形在 2 ～ 20 μm 之间，大于细菌。

16.284 **发光细菌**

photobacteria

能进行生物发光的细菌。通常发淡绿灰色光，少数发白色光；大多数是弧菌和杆菌，只有少数是球菌。

16.285 **嗜热细菌**

thermophilic bacteria

能在温度高达70 ~ 80℃的热泉环境中生活的细菌。

16.286 **嗜冷细菌**

psychrophilic bacteria，psychrotolerant bacteria

又称“耐冷细菌”。在温度低于5℃的水域中生活的细菌。

16.287 **嗜压细菌**

barophilic bacteria

在流体净力压大于100的高水压下仍能正常生活的细菌。

16.288 **嗜盐细菌**

halobacteria

在含有百分之十几至饱和食盐培养基中生长的细菌。包括耐盐的淡水细菌、半咸水中的专性嗜盐细菌以及专性的海洋细菌。

16.289 **浮游动物**

zooplankton

生活在水层中、游泳能力很弱的一类动物。

16.290 **甲壳类浮游生物**

crustacean plankton

身体由外骨骼支持的浮游生物。

16.291 **胶质浮游生物**

gelatinous plankton，kalloplankton，kollaplankton

身体胶质而无任何外骨骼支持的浮游生物。

16.292 **凝胶态浮游动物**

gelatinous zooplankton

缺乏硬的骨骼支持、具有凝胶组织含水量高而脆的终生浮游动物。如海蜇等。

16.293 **游泳生物**

nekton，necton

又称“自游生物”。生活在水层中、具有抗逆流的自由游动能力的动物。包括真游泳生物、浮游游泳生物、底栖游泳生物和陆缘游泳生物四类。

16.294 **真游泳生物**

eunekton

游泳能力强、速度快、雷诺系数大（$Re>10^5$）的游泳生物。

16.295 **浮游游泳生物**

planktonic nekton

游泳能力弱、速度慢、雷诺系数小（$Re<10^5$）的游泳生物。

16.296 **底栖游泳生物**

benthonekton

主要在水底生活、游泳能力较弱的动物，如虾类。

16.297 **陆缘游泳生物**

xeronekton

常出现在海滩、岩石、水层或流冰上而能游泳的生物，包括某些哺乳类、爬行类、两栖类和水鸟。

16.298 **上层游泳生物**

supranekton

生活史的全部或大部分时间栖息在水的上层的游泳生物。

16.299 **下层游泳生物**

subnekton

生活史的全部或大部分时间栖息在水的下层的游泳生物。

16.300　**大洋鱼类**

pelagic fish

又称“远洋鱼类”。分布在大陆架以外海域的鱼类。一生都栖息在大洋中的鱼类称“全大洋鱼类（holoepipelagic fish）”；部分时间栖息在大洋中的鱼类称“暂时性大洋鱼类（meroepipelagic fish）”。

16.301　**上层鱼类**

epipelagic fish

生活在远洋带水深 200 m 以内有光水层的鱼类。气鳔发达，上下游动主要靠调节鳔中气体含量实现的。淡水中摄食浮游生物的鲢、鳙等。

16.302　**中层鱼类**

mesopelagic fish

生活在大洋 200 ~ 1 000 m 弱光水层的鱼类。

16.303　**底层鱼类**

demersal fish，bottom fish，benthic fish

又称“底栖鱼类”。生活在大洋 1 000 m 以下无光水层及海底的鱼类。气鳔退化或完全消失以适应深水层生活。淡水中摄食底栖生物的鲤、鲫和青鱼等。

16.304　**洄游**

migration

一些水生动物为了繁殖、索饵或越冬的需要定期定向地从一个水域到另一个水域集群迁移的现象。

16.305　**产卵洄游**

spawning migration，breeding migration

又称“生殖洄游”。一些水生动物性成熟临近产卵前离开越冬场或索饵场沿一定路线和方向到产卵场的集群迁移。

16.306　**溯河洄游**

anadromous migration，anadromy

又称“溯河繁殖”。一些水生动物在海洋中生长、性成熟时到淡水水域产卵繁殖的洄游。

16.307　**降海洄游**

catadromy，catadromous migration

又称“降河繁殖”。一些水生动物在淡水生长、性成熟时到海洋产卵繁殖的洄游。

16.308　**索饵洄游**

feeding migration

一些水生动物从越冬场和产卵场到饵料生物丰富的索饵场的集群迁移。

16.309　**越冬洄游**

overwintering migration

又称“冬季洄游”。一些水生动物离开索饵场到温度、地形适宜的越冬场的集群迁移。

16.310　**河川洄游**

potamodromous migration

一些水生动物只在河川中进行的洄游。

16.311　**海洋洄游**

oceanodromous migration

一些水生动物在海洋中生活并在海洋中进行的洄游。

16.312　**海淡水洄游**

diadromy

一些水生动物在生命周期中含有海洋和淡水两种生境的生活阶段。

16.313　**垂直移动**

vertical migration

为了捕食或繁殖活动，鱼类等水生动物从水面到水底或从水底到水面的往返迁移。

16.314　**摄食垂直移动**

diet vertical migration，DVM

浮游动物为摄取饵料随浮游植物从底层向表层的垂直迁移。

16.315 **昼夜垂直移动**

diurnal vertical migration

水层种类在 24h 内周期性垂直迁移。

16.316 **潮汐移动**

tidal migration

潮间带动物随潮汐水面升降的周期性移动。

16.317 **家河理论**

home stream theory

又称“双亲河理论”。研究溯河鱼类回到出生的河流产卵繁殖和养育幼鱼的原因及洄游机制。

16.318 **水漂生物**

pleuston

生活在水面上、身体大部分在水中、漂移主要靠风力的生物。

16.319 **游泳水漂生物**

nektopleuston

具有游泳能力而漂浮于水面的生物。

16.320 **漂浮生物**

neuston

生活在水面上下几厘米内的生物。包括水表上漂浮生物和水表下漂浮生物。

16.321 **水表上漂浮生物**

epineuston，supraneuston

身体轻于水、能站在水面上的生物。如水蝇等。

16.322 **水表下漂浮生物**

hyponeuston，infraneuston

生活在水面下 10 cm 以内的漂浮生物。一些浮游生物、根足类原生动物、轮虫、肺螺类、扁虫、双翅目昆虫幼虫等常在水表面膜之下的薄层内生活。

16.323 **河流漂浮生物**

heteroplanobios

漂浮在河流表面或河水中的生物。生物体部分在水中，部分露出水面，没有游动能力，常随波逐流，或被风力所移动。

16.324 **流水营养生物**

rheotrophic organism

依靠水流供给食物的生物。

16.325 **漂流生物**

drifting organism

主动或被动向下游移动的河流生物。

16.326 **漂流杂草**

drifting weed

漂流在水中的某些高等水生植物和大型藻类。

16.327 **水生植物**

hydrophyte，hydrad，aquatic plant

至少有一部分生命阶段是在水中度过的植物。包括种子植物、蕨类和藻类。

16.328 **水生动物**

hydrocole

在水中生活的异养生物。它们自身不能制造食物，营养靠摄食植物、其他动物和有机残体。

16.329 **真水生植物**

euhydrophyte

根固着在水底基质上、叶片也在水面下或漂浮在水面的大型植物。包括沉水植物和浮叶植物两个基本生态类型。

16.330 **假水生植物**

pseudohydrophyte，amphiphyte

又称“两栖植物”。能在水边湿地生长也能在水下生长的植物。

16.331 **池沼植物**

tiphad，tiphophyte

生活在内陆湖沼和潮间带潮池中的大型植物。一般以挺水植物占优势，在潮间带潮池中主要为一些大型海藻。

16.332 **池沼动物**

tiphicole

生活在内陆湖沼和潮间带潮池中的动物。

16.333 **水生大型植物**

aquatic macrophyte

又称“大型水生植物”。肉眼能看得见的水生植物。主要包括沉水、漂浮和挺水植物，也包括水生苔藓、地钱、蕨类植物和多细胞大型藻类。

16.334 **水生微型植物**

aquatic microphyte

又称“微型水生植物”。肉眼看不见的单细胞藻类和自养细菌。

16.335 **沉水植物**

submerged hydrophyte，submerged plant，immersed plant

由根、根须或叶状体固着在水下基质上其叶片也在水面下生长的大型植物。繁殖器官有沉水也有挺出水面的。

16.336 **沉水植被**

submerged vegetation，submerged hydrovegetation

生长在湖泊沿岸浅水带或河流缓流地段水下各种大型植物群落的组合体。吸收水中二氧化碳和营养物质进行光合作用，死体在水中分解的全水生植物。

16.337 **水底植物**

benthophyte，phytobenthos

生长在水底的植物。

16.338 **微型水底植物**

microphytobenthos，benthic microphyte

生活在水底的小型藻类和自养性细菌等。

16.339 **漂浮植物**

floating plant，planophyte

不固着、叶片浮出水面的大型植物。

16.340 **漂浮动物**

zooneuston

生活在水面下几毫米处的动物。

16.341 **大型漂浮植物**

pleustophyte，phytopleuston

漂浮在水面上的大型植物。如凤眼莲和浮萍等。

16.342 **小型漂浮植物**

planktophyte

漂浮在水面上的小型藻类。

16.343 **挺水植物**

emergent，emerged plant

根长在底泥中而茎叶伸出水面并在大气中开花的植物。可再分为挺叶植物和浮叶植物。

16.344 **浮叶植物**

floating-leaved plant，floating-leaf plant

根附着在底泥或其他基质上、叶片漂浮在水面的植物。繁殖器官有在空中、水中或漂浮水面的。

16.345 **浮叶植被**

floating-leaved vegetation

在缓流或湖泊沿岸带各种浮叶植物群落的组合体。

16.346 **浮叶植物群系**
floating-leaved formation
某些特定水域中的浮叶植被类型。

16.347 **水生植被**
hydrovegetation，aquatic vegetation，hydrophilous vegetation
又称“喜水植被”。水体中各种大型水生植物群落的组合体。一般由挺水植物、浮叶植物和沉水植物群落组成。

16.348 **细菌［黏］膜**
bacterial film，bacterial slime
在污水净化的天然水域或人工构筑物中形成的、由细菌组成的黏膜；细菌附着在海水基质表面初期形成的黏性薄膜。

16.349 **周丛生物**
periphyton
附着在水生植物体表或水底各种基质表面上的微型生物群落。主要由单细胞或丝状藻类组成，还包含有原生动物、轮虫和微生物等。

16.350 **底栖生物**
benthos，benthic organism
生活在水域底上或底内、固着或爬行的生物。现在一般只用于表示底栖动物。

16.351 **微型底栖生物**
microbenthos
个体小于 40 μm 的底栖生物。

16.352 **小型底栖生物**
meiobenthos
个体介于 40 μm ～ 0.5 mm 之间的底栖生物。

16.353 **大型底栖生物**
macrobenthos
个体大于 0.5 mm（或 1.0 mm）的底栖生物。

16.354 **巨型底栖生物**
megabenthos
凭水底摄影照片即可清晰辨别所属类群的大型底栖生物。

16.355 **沿岸底栖生物**
littoral benthos
生活在沿岸带水域底内和底上的生物。

16.356 **深海底栖生物**
bathyal benthos
生活在水深介于 200 ～ 2 000 m 间的深海底栖带的底栖生物。

16.357 **浮游底栖生物**
planktobenthos
营浮游生活的底表上复水层的底栖生物。

16.358 **漫游底栖生物**
vagile benthos
在水底生活又能在底表漫游活动的底栖生物。

16.359 **游泳底栖生物**
nektobenthos
生活在海底但又常常作游泳活动的底栖生物。如甲壳动物中的游泳虾、蟹类和头足类软体动物的章鱼等。

16.360 **固着生物**
sessile organism
在水下基质表面营固着或附着生活的生物的总称。营固着生活者终生不移动位置，营附着生活者有时可作短距离位移。

16.361　**附表底栖生物**

epibenthos，epibenthic organism

固着或爬行在水底基质表面上的生物。

16.362　**附生植物**

epiphyte

附着（不是寄生）在其他生物体表面的植物。

16.363　**石面生物**

epilithion，epilithic organism

附着在水底石块上的生物。包括细菌、真菌、藻类和原生动物等，能形成一层生物黏膜。

16.364　**泥面生物**

epipelos

生活在底泥表面的生物群落。包括细菌、真菌、藻类和原生动物等。

16.365　**沙生生物**

psammon

生活在水底沙砾中的动植物。

16.366　**沉积生物**

sedimentary organism

生活在海底沉积物颗粒间个体微小的底栖生物或浮游生物死后遗骸沉于海底的生物总称。主要有有孔虫类、放射虫类、颗石虫类、硅藻类等。

16.367　**钻孔生物**

borer，boring organism

又称“钻蚀生物”。海中穿凿木、竹、石等建筑物、设施和船只的有害生物。

16.368　**穴居生物**

burrowing organism

在自身造成的洞穴中生活的水生生物。

16.369　**暗层生物**

stygobiont，stygobiotic organism

栖息在地下水或洞穴中的生物。

16.370　**内生生物**

endobenthos

附着在石内、泥内、沙内和水生植物体内各种生物的总称。

16.371　**底栖动物**

zoobenthos

生活史全部或大部分时间生活在水底的无脊椎动物。

16.372　**底表动物**

epifauna

在底泥、岩石或其他水底基质表面上营固着或自由移动的底栖动物。

16.373　**底内动物**

infauna

主要生活在水底沉积物内的动物。

16.374　**管栖动物**

tubicolous animal

在自身分泌物构筑的栖管内生活的动物。

16.375　**间隙动物**

interstitial fauna

生活于水底沉积物颗粒间隙中的动物。

16.376　**附着动物**

epizoite，attached animal

用足丝或体盘附着在其他物体上的动物，环境改变时能移动。

16.377　**游走动物**

errantia

在水底生活又不时短暂游走的底栖动物。如游走多毛类。

16.378 **群浮**

swarm

水生无脊椎动物成体或幼体漂浮聚集在海面的现象。

16.379 **海洋生物小区**

thalasson

一个海洋生物群落所占有的空间。

16.380 **盐生生物**

halobios

生活在海洋各水层和各海底区的所有生物。

16.381 **水层生物**

pelagos，pelagic organism

生活在所有水层中的海洋生物，包括浮游生物和游泳生物。

16.382 **近海生物**

neritic organism

生活在近海水层区和海底区的所有海洋生物。

16.383 **大洋生物**

pelagic organism

又称“远海生物”。生活在远海大洋水层区和海底区的所有生物。

16.384 **大洋上层生物**

epipelagic organism

生活在海洋上层区（从水表面至大约 200 m 深处）的生物。

16.385 **大洋中层生物**

mesopelagic organism

生活在大洋中层区（从水深 200 m 至大约 1 000 m）的海洋生物。

16.386 **大洋深层生物**

bathypelagic organism

生活在大洋深层区（从水深 1 000 ～ 4 000 m）的生物。

16.387 **大洋深渊层生物**

abyssopelagic organism

生活在大洋深渊水层区（从水深 4 000 ～ 6 000 m）的生物。

16.388 **沿岸动物区系**

littoral fauna

生活在水域沿岸边、潮间带与潮下带浅水区底部的所有动物。

16.389 **陆架动物区系**

shelf fauna

生活在从潮间带至水深大约 200 m 以内大陆架的所有动物。

16.390 **浅海动物区系**

shallow water fauna

生活在浅水区的所有水层和海底区的动物，有时也包括陆架动物在内。

16.391 **深海动物区系**

bathyal fauna

生活在深海底带（水深介于 200 m ～ 4 000 m 之间的底栖带）的所有动物。

16.392 **深渊动物区系**

abyssal fauna

生活在深渊底带（水深 4 000 ～ 6 000 m 之间的底栖带）的所有动物。

16.393 **超深渊动物区系**

hadal fauna，ultra-abyssal fauna

生活在深渊底带（水深超过 6 000 m 的大洋深沟）的所有动物。

16.394 **造礁珊瑚**

hermatypic coral

体内有共生虫黄藻、能沉淀堆积石灰质骨骼的珊瑚虫类。

16.395 **非造礁珊瑚**

ahermatypic coral

体内无共生虫黄藻、不沉淀堆积石灰质骨骼的珊瑚虫类。

16.396 **虫黄藻**

zooxanthellae

在造礁石珊瑚和某些软珊瑚体内营共生生活、能进行光合作用的微藻（主要为甲藻）。

16.397 **巨型海藻**

kelp

一类生活在中、高纬度潮间带下区和潮下带的巨型褐藻。

16.398 **海藻床**

kelp bed，sea-weed bed

中、高纬度海域潮间带下区和潮下带数米浅水区硬相海底大型海藻（褐藻）繁茂丛生的场所。

16.399 **海草场**

sea grass bed

中、低纬度海域潮间带中、下区和低潮线以下数米乃至数十米浅水区海生显花植物（海草）和草栖动物繁茂的平坦软相（地带）场所。

16.400 **藤壶区**

balanoid zone，balanus zone

潮间带岩相硬底藤壶（无柄蔓足类）大量成群附着并占优势的区域。

16.401 **湖沼群落**

limnium

生活在湖泊及沼泽中的各种水生生物集合体。

16.402 **温泉群落**

thermium

生活在温泉中的水生生物群落。在泉水源头区生活的硫细菌、蓝藻等称“真泉水生物（eucrenon）”；下游泉水沟中生长的生物称“次泉水生物（hypocrenon）”。

16.403 **溪涧群落**

rheoium，namatium，stream community

生活在水流速度快、溶解氧充足、岩石和砂砾底质中的生物群落。主要动物为适应流水环境的冷狭温种，几乎无浮游生物生存。

16.404 **河流群落**

potamium，potamic community

生活在流速缓慢、溶解氧不足、底质以泥沙为主的河流中的生物群落。动物以静水广温性或暖狭温性种类为主。浮游生物丰富。

16.405 **盐沼群落**

salt-marsh community

以扎根于土壤中的挺水植物为优势的潮间带群落。

16.406 **红树群落**

mangrove biocoenosis，mangrove community

热带和亚热带低盐度河口淤泥质高中潮区海岸所特有的以红树植物为主体的生物群落。

16.407 **红树群系**

mangrove formation

某些特定栖息地类型内的红树植被类型。

16.408 **海洋群落**

thalassium

泛指海域所有的生物群落。

16.409　**底栖［生物］群落**

benthic community，bottom community

水域底上、底内和接近底上的动植物构成的生物群落。

16.410　**平底生物群落**

level bottom community

在泥滩或泥沙滩等软平底底内和底上营底埋生活和穴居的底栖生物群落。

16.411　**底上固着生物群落**

sessile epifaunal community

在海底和潮间带硬相底质上以营固着生活为主体的生物群落。

16.412　**海底热泉生物群落**

hydrorthermal vent community，sulphide community

生活在海底热泉口和冷渗口与硫氧化细菌共生、利用 H_2S、CH_4 以化学合成作用进行初级生产、制造有机物的海洋生物群落。

16.413　**泥滩生物群落**

ochthium，polochthium

潮间带软相泥滩的海洋生物群落。

16.414　**潮池生物群落**

rockpool community

又称“*岩坑生物群落*”。硬相岩岸潮池中以大型藻类为主的潮间带生物群落。

16.415　**河流生物区系**

stream biota

在河流中生活的所有动植物和微生物。

16.416　**急流动物区系**

torrential fauna

栖息在水流湍急、氧气充沛、为石砾底质河流中的所有动物。

16.417　**水底植物区系**

benthic flora，bottom flora

附着在水底基质上的所有大型植物和藻类。

16.418　**底栖动物区系**

benthic fauna，bottom fauna

生活在水域底上、底内或接近于底上的所有动物。

16.419　**潜水动物区系**

phreatic fauna

栖息在河流底部沉积层下的所有动物。

16.420　**成带现象**

zonation

水体的不同部位因理化条件和生物群落的不同而形成不同的区域、层次和地段的现象。世界各大洋的大陆架水域和岛屿周围浅水水域生产量数倍于大洋，呈现带状分布。

16.421　**底栖生物带**

benthic zone

湖底或海底生物分布的地带。

16.422　**河底生物带**

hyporheic zone

（1）河流底部沉积物中无脊椎动物栖息的地带。
（2）地表水和地下水之间的过渡生物带。

16.423　**真水生植物带**

euhydrophyte zone

沉水植物和浮叶植物生长的区域。

16.424　**水生演替系列**

hydrosere，hydroarch sere

水生生物群落组成特征随时空变化而发生系列变化的现象。如湖泊沿岸带从沉水植物、浮叶植物、挺水植物到湖岸上湿生和陆生生物的空间变化。

16.425　**水生食物链**

aquatic food chain

水域中初级生产者形成的有机质沿着营养级逐级转移到高营养级的途径。

16.426　**水生食物网**

aquatic food web

水生生物群落中所有食物链相互交叉构成复杂的网状关系。

16.427　**原生动物食物网**

protozoan food web

水生原生动物群落中所有食物链相互交叉组成的食物网。

16.428　**后生动物食物网**

metazoan food web

水生后生动物群落中所有食物链相互交叉组成的食物网。

16.429　**食物环节**

food link

水生生物的食物循环中各营养级间最基本的营养传递的衔接关系。

16.430　**微食物网**

microbial food web

海水和淡水中微微型蓝细菌原核生物、微微型光合真核生物和微微型异养浮游细菌及其与原生动物、桡足类的网状摄食关系。

16.431　**水域生产力**

productivity of waters

又称“水体生产力”。在一定时间周期内单位面积水域中生物合成有机物质的量。不同水域生物生产力水平不同：湿地最高；浅水湖泊、河口、沿岸带次之；深水湖泊及大洋生产力最低。

16.432　**海洋生物生产力**

marine biological productivity

海洋植物合成有机物质的能力。近岸水域生产力高于远洋，海洋水层初级生产力主要发生在表层30 m内。总初级生产力由再生生产力和新生产力两部分构成。

16.433　**再生生产力**

regenerated productivity

由真光层中再循环的再生氮源支持的那一部分初级生产力。

16.434　**新生产力**

new productivity，new production

由真光层之外提供的新生氮源支持的那一部分初级生产力。

16.435　**海底–水层耦合**

benthic-pelagic coupling

海洋生态系统中颗粒有机物通过生物泵、湍流和平流的输送沉降到底表面，推动了沉积物碎屑食物链，再经分解矿化、生物扰动、摄食、分子扩散和其他物理过程的作用，使底栖生物生产与水层生物生产相连接、耦合的过程。

17. 城市生态学、生态工程学和产业生态学

17.001　**社会－经济－自然复合生态系统**

social-economic-natural complex ecosystem

一类以人的行为为主导，由社会、经济、自然子系统在时、空、量、构及序耦合而成，是人类种群与其栖息劳作环境、区域生态环境及社会文化环境间相生相克、协同进化的矛盾统一体。

17.002　**复合生态系统关系**

eco-contexts in complex ecosystem

复合生态系统中生态元与生态元之间的竞争、共生、链接、支配关系；生态元与生态库之间的需求、供给、滞留、耗竭，开拓、恢复以及改造、适应关系；生态元与其更高层次的系统间的乘势、补偿、反馈、隶属关系。

17.003　**复合生态系统动力学**

eco-dynamics of complex ecosystem

驱动复合生态系统的物质代谢、能量聚散、信息交流、价值增减以及生物迁徙的基本动因，包括自然和社会两种作用力，自然力和社会力的耦合导致不同层次复合生态系统特殊的运动规律。

17.004　**复合生态系统控制论**

eco-cybernetics of complex ecosystem

复合生态系统发育、演化、兴衰的系统整合、适应、循环、自生机制，即对有效资源及可利用的生态位的竞争或效率原则，人与自然之间、不同人类活动间以及个体与整体间的共生或公平性原则，通过循环再生与自组织行为维持系统结构、功能和过程稳定性的自生或生命力原则。

17.005　**开拓适应原理**

principle of exploitation and adaptation

任一企业、地区或部门的发展都有其特定的生态位，由主导系统发展的利导因子和抑制系统发展的限制因子组成。资源的稀缺性孕育生物的改造环境、对外开拓、提高环境容量的能力和适应环境、调整需求、改变自身生态位的能力。成功的发展必须善于拓展资源生态位和调整需求生态位，以改造和适应环境。优胜劣汰是自然及人类社会发展的普遍规律。

17.006　**竞争共生原理**

principle of competition and symbiosis

系统的资源承载力、环境容纳总量在一定时空范围内是恒定的，但其分布是不均匀的。差异导致生态元之间的竞争，竞争促进资源的高效利用。持续竞争的结果形成生态位的分异，分异导致共生，共生促进系统的稳定发展。生态系统这种相生相克作用是提高资源利用效率、增强系统自生活力、实现持续发展的必要条件，缺乏其中任何一种机制的系统都是没有生命力的系统。

17.007 乘补自生原理

principle of proliferation and compensation

当整体功能失调时，系统中某些组分会乘机膨胀成为主导组分，使系统疯长或畸变；而有些组分则能自动补偿或代替系统的原有功能，使整体功能趋于稳定。要推进一个系统的演化，应使乘强于补；要维持一个系统的稳定，应使补胜于乘。

17.008 循环再生原理

principle of recycling and regeneration

世间一切产品最终都要变成废物，世间任一“废物”必然是对生物圈中某一组分或生态过程有用的“原料”或缓冲剂；人类一切行为最终都会以某种信息的形式反馈到作用者本身，或者有利，或者有害。物资的循环再生和信息的反馈调节是复合生态系统持续发展的根本动因。

17.009 连锁反馈原理

conjugate principle of positive and negative feedback

复合生态系统的发展受两种反馈机制所控制，一是作用和反作用彼此促进，相互放大的正反馈，导致系统当前发展状态的持续增长或衰退；另一种是作用和反作用彼此抑制，相互抵消的负反馈使系统维持在稳态附近。正反馈导致发展，负反馈维持稳定。系统发展的初期一般正反馈占优势，晚期负反馈占优势。持续发展的系统中正负反馈机制相互平衡。

17.010 生态发育原理

principle of ecological development

发展是一种渐近的有序的系统发育和功能完善过程。系统演替的目标在于功能的完善，而非结构或组分的增长；系统生产的目的在于对社会的服务功效，而非产品的数量或质量。系统发展初期需要开拓与适应环境，速度较慢；在找到最适应生态位后增长最快，呈指数式上升；接着受环境容量的限制，速度放慢，呈逻辑斯谛曲线的 S 型增长。但人能改造环境，扩展瓶颈，使系统出现新的 S 型增长，并出现新的限制因子或瓶颈。

17.011 多样性主导性原理

principle of diversity and dominance

系统必须以优势组分和拳头产品为主导，才会有发展的实力和刚度；必须以多元化的结构和多样化的产品为基础，才能分散风险，增强系统的柔度和稳定性。结构、功能和过程的主导性和多样性的合理匹配是实现生态系统持续发展的前提。

17.012 最小风险原理

conjugate principle of risk and opportunity

系统发展的风险和机会是均衡的，高的机会往往伴随大的风险。强的生命系统要善于抓住一切适宜的机会，利用一切可以利用甚至对抗性、危害性的力量为系统服务，变害为利；善于利用中庸思想和半好对策避开风险、减缓危机、化险为夷。

17.013 最大功率原则

maximum power principle

系统的自组织过程或结构的自我设计通常会朝向引入更多能量和更有效地使用能量的方向发展。任何一个开放系统的进化策略都是在维持其上层母系统生存的前提下使本系统能得到的有用能流最大化，自然选择，倾向于选择那些能产生最大有用功率的系统。

17.014 多样性 – 稳定性假说

diversity-stability hypothesis

该假说认为生态系统组成的多样性与稳定性存在某种程度的相关性，在多数情况下，通过增加生态系统内的多样性，可促进系统的稳定性。但美国生态学家梅（R. May）从数学上给出了多样性有时会导致稳定性的反例。

17.015 **生态滞留**

eco-stagnation

生态代谢过程中系统输入远远大于其输出时，过量物质或能量滞留于系统内，打破原有生态平衡的现象。如过量营养物质进入水生态系统后的富营养化现象以及由于过度密集的人类活动所造成的城市热岛效应和污染效应等。

17.016 **生态耗竭**

eco-exhaustion

生态代谢过程中生态系统的输出远远大于其输入，系统结构长期失衡，功能得不到更新，过程得不到补偿，自我调节赶不上外部破坏的现象。如过度渔牧导致的水产枯竭、草地退化以及矿山滥采导致的区域生态退化等。

17.017 **生态胁迫**

ecological stress

又称“**生态压力**”，是指来自人类或自然的对生态系统正常结构性和功能性干扰，这些干扰往往超出生态系统承受能力范围，导致生态系统发生不可逆的变化，甚至退化或崩溃。

17.018 **生态敏感性**

ecological sensitivity

指生态系统或环境对各种自然和人类干扰的变异程度，用来反映区域生态环境遇到干扰时偏离平衡态的概率，以及产生生态退化征兆的难易程度或可能性。

17.019 **生态序**

ecological order

生态系统演替是一种从原生走向成熟的信息积累、环境适应、结构整合和功能完善过程，其中逐步形成的高效占用生态位的竞争序、协同进化的共生序和自组织、自调节、自优化的自生序，共同组成生态序。

17.020 **竞争序**

competition order

生物与环境斗争中形成的争夺利导因子的一种生存进取策略，旨在实现对可利用能量的最大攫取和可再生资源的最有效利用，通常表现为与生物环境竞争和对非生物环境的开拓行为。

17.021 **共生序**

symbiosis order

生物与环境协同进化中形成的克服限制因子约束的一种生存妥协策略，通常表现为与其他生物的共生、对资源的再循环和对环境的适应行为。

17.022 **生态［性］灾难**

ecological disaster

在各种瞬时性或累积性的生态效应中，对人类的生活、生产和生态系统产生显著的不可逆生态影响和灾变性效果的生态效应。

17.023 **生态功能区划**

ecological function zoning

根据区域生态环境要素、生态环境敏感性与生态服务功能空间分异规律，将区域划分成不同生态功能区的过程。

17.024 **生态整合**

ecological integrity

按生态学原理将破碎的过程、景观、产业和文化在生态系统尺度上重新耦合的过程。

17.025 **生态需水**

water demand for natural service

为满足区域生态系统正常运行并提供正常生态服务的功能性自然需水。包括生物生产、消费、蒸腾需水，水域、土壤蒸发和地下水文循环需水，以及景观调蓄、环境净化和下游常年径流需水。

17.026 **生态足迹**

ecological foot-print

又称“生态占用”。维持一个人、地区、国家或者全球的生存所需要的以及能够吸纳人类所排放的废物、具有生态生产力的地域面积。是对一定区域内人类活动的自然生态影响的一种测度。

17.027 **生态赤字**

ecological deficit

（1）一定地域（如国家或地区）的人口的生态足迹超过了该地域空间的生物供给能力，表示现存的自然资本不足以支持当地人口消费和生产的状况。（2）生态系统或社会—经济—自然复合生态系统中某些物质或能量的需求大于供给能力而产生的生态失衡状况。

17.028 **生物供给能力**

biological capacity

与生态足迹相对应的概念，指一定地域内可能提供的生物生产性土地面积之和，体现该地域为当地人口提供产品和消纳环境影响的能力。

17.029 **生态承载力**

ecosystem carrying capacity

指在一定条件下生态系统为人类活动和生物生存所能持续提供的最大生态服务能力，特别是资源与环境的最大供容能力。

17.030 **城市承载力**

urban carrying capacity

一般是指在一定范围和一定环境标准下的城市生命支持系统可支撑的城市社会经济活动强度的大小和一定生活质量下的人口数量。

17.031 **人体健康风险评估**

human healthy risk assessment

预测环境污染物对人体健康产生有害影响可能性的过程。包括致癌风险评估、致畸风险评估、化学品健康风险评估、发育毒物健康风险评估、生殖环境影响评估和暴露评估等。

17.032 **生态健康**

ecological health

指人与环境关系的健康，是测度人的生产生活环境及其赖以生存的生命支持系统的代谢过程和服务功能完好程度的系统指标。包括人体和人群的生理和心理生态健康，人居物理环境、生物环境和代谢环境（包括衣食住行玩、劳作、交流等）的健康，以及产业和区域生态服务功能（包括水土气生矿和流域、区域、景观等）的健康。

17.033 **生态卫生**

ecological sanitation

狭义的生态卫生是指通过生态系统方法处理和利用人粪尿，包括生态合理的卫生厕所及其外围设施、环境、废弃物处理、循环方式和行为习惯。广义的生态卫生是指人居活动产生的粪便、垃圾、污水等废弃物的排放、收集、处理和循环利用的生态技术、设施、方式，生态规划、管理的办法和能力建设手段。生态卫生旨在保障人体健康、居室健康、农田健康、环境健康和区域生态系统的健康。

17.034 **生态文明**

ecological civilization

又称“绿色文明（green civilization）”。物质文明与精神文明在自然与社会生态关系上的具体体现。包括对天人关系的认知、人类行为的规范、社会经济体制、生产消费行为、有关天人关系的物态和心态产品、社会精神面貌等方面的体制合理性、决策科学性、资源节约性、环境友好性、生活俭朴性、行为自觉性、公众参与性和系统和谐性。

17.035 **城市生态系统**

urban ecosystem

是人为改变了结构、改造了物质循环和部分改变了能量转化过程、以人类活动为主导的一类开放型人工生态系统。

17.036 **生态城市**

eco-city

社会、经济、自然协调发展，物质、能量、信息高效利用，技术、文化与景观充分融合，人与自然的潜力得到充分发挥，居民身心健康，生态持续和谐的集约型人类聚居地。

17.037 **生态政区建设**

ecopolis

运用生态经济学原理和系统工程方法去统筹规划、建设和管理政域范围内的人口、资源、环境，通过挖掘市域内外一切可以利用的资源潜力，改变生产和消费方式、决策和管理方法，建设一类经济发达、生态高效的产业，体制合理、社会和谐的文化以及生态健康、景观适宜的环境，实现在区域生态承载能力范围内经济腾飞与环境保护、物质文明与精神文明、自然生态与人类生态的高度统一和可持续发展。

17.038 **健康城市**

healthy city

城市发展所追求的一种模式。由健康的人群、健康的环境和健康的社会有机结合发展的整体。1996年，世界卫生组织（WHO）规定了健康城市的十条标准。

17.039 **田园城市**

garden city

英国城市规划师霍华德（E.Howard）于1898年针对英国快速城市化所出现的交通拥堵、环境恶化以及农民大量涌入大城市的城市病所设计的以宽阔的农田林地环抱美丽的人居环境，把积极的城市生活的一切优点同乡村的美丽和一切福利结合在一起的生态城市模式。

17.040 **城市湿地**

urban wetland

城市及其周边地区被浅水或暂时性积水所覆盖的低地，有周期性的水生植物生长，基质以排水不良的水成土为主，是城市排毒养颜的肾器官，具有重要的水源涵养、环境净化、气候调节、生物多样性保护、教育科普等生态服务功能。

17.041 **城市生态安全**

urban ecological security

城市人与环境关系可持续程度的表征，是测度人与其生产、生活环境及其赖以生存的生命支持系统的耦合关系、代谢过程和服务功能完好程度和风险大小的系统状态指标。

17.042 **城市化**

urbanization

指人类生产和生活方式由乡村型向城市型转化的历史过程，表现为乡村人口向城市人口的转化以及城市不断发展和完善的过程。

17.043 **逆城市化**

counter-urbanization

一些大都市区人口迁向离城市郊区更远的农村和小城镇的过程。我国的逆城市化首先表现为现代化基础设施开始向农村延伸，其次表现为城市市民福利制度开始覆盖农村。

17.044 **再城市化**

re-urbanization

面对经济结构老化，人口减少，发达国家一些城市调整产业结构，开发市中心衰落区，吸引年轻的专业人员或国内外移民回城居住，实现中心城区人口增长的过程。

17.045　**城市覆盖层**

urban canopy layer

指地面至城市建筑物屋顶的空气层，该空间范围受人类活动影响最大，是导致城市热岛效应、灰霾效应、温室效应和污染效应的重要因素。城市覆盖层与建筑物密度、高度、几何形状、门窗朝向、外壁涂料颜色、街道宽度和走向、路面铺砌材料、人为热以及人为水气的排放量关系密切。

17.046　**城市边界层**

urban boundary layer

指由城市建筑物屋顶向上到积云中部高度的空气层，其上限高度因白昼与夜晚而异，而且受区域气候、城市空气污染物性质及浓度和参差不齐的屋顶热力和动力作用影响。该空间范围湍流混合作用显著，与城市覆盖层间存在着物质和能量交换。

17.047　**城市气候**

urban climate

由于城市的存在产生了特殊下垫面条件和人类活动，而形成的有别于区域气候背景的一种局地气候条件，是城市规划、城市建筑、城市生态调控、城市环境保护、城市医疗保健和城市灾害预防等的基础。

17.048　**城市逆温层**

urban inversion layer

在城市地区的秋末和冬季晴朗无风的天气里，傍晚时分由于地面强烈地向空中辐射热量，使地面和近地层空气温度迅速下降，而上层空气降温较慢，从而出现气温上高下低的现象，不利于大气污染的扩散。

17.049　**城市热岛效应**

urban heat island

指城市温度高于郊野温度的现象。由于城市地区水泥、沥青等所构成的下垫面导热率高，加之空气污染物多，能吸收较多的太阳能，有大量的人为热进入空气；另一方面又因建筑物密集，不利于热量扩散，形成高温中心，并由此向外围递减。

17.050　**城市大气环流**

urban atmospheric circulation

由于热岛效应造成的温差，使城市与其周围地区形成的空气流动状态。

17.051　**城市峡谷效应**

urban canyon effect

又称“城市狭管效应（urban venturi effect）”。在城市地区，由于整齐划一的建筑物的影响，使气流速度明显高于周围地区的现象。

17.052　**灰霾**

dust-haze

空气中的灰尘、硫酸、硝酸、有机碳氢化合物等气溶胶粒子形成的大气混浊现象，使水平能见度小于10km。

17.053　**城市绿地**

urban green space，urban green area

是指城市的公共绿地、居住区绿地、单位附属绿地、防护绿地、生产绿地以及风景林地等六类。

17.054　**城市绿地率**

ratio of urban green space，ratio of green area

城市建成区内，各类绿地的总面积占建成区面积的比率。

17.055　**城市公共绿地**

urban public green area

向公众开放的，有一定游憩功能的绿化用地。特指公园和街头绿地，包括其中的小路和水域等无植被的地面。

17.056 **城市绿化**

urban greening

栽种植物以改善城市环境的活动。一般不包括耕地和无植被的水域。

17.057 **城市绿化覆盖面积**

urban green coverage

城市中所有植物的垂直投影面积。

17.058 **城市绿化覆盖率**

urban coverage rate

城市用地范围内全部植物垂直投影面积占该用地总面积的比例。

17.059 **城市植被**

urban vegetation

指城市范围内全部植被，包括一切自然生长的和人工栽培的各种植被类型。

17.060 **屋顶花园**

roof garden

在各类建筑物、构筑物、桥梁（立交桥）等的顶部、阳台、天台、露台上进行园林绿化、种植草木花卉作物所形成的景观。

17.061 **立体绿化**

vertical planting

在各类建筑物和构筑物的立面、屋顶、地下和上部空间进行多层次、多功能的绿化和美化，以改善局地气候和生态服务功能、拓展城市绿化空间、美化城市景观的生态建设活动。

17.062 **风景林地**

scenic forest

具有一定景观价值，对于城市整体风貌和环境有改善作用，又没有完善的游览、休息、娱乐等设施的林地。

17.063 **城市绿地系统**

urban green space system

由城市中各种类型和规模的绿化用地组成的具有较强生态服务功能的绿色斑块、廊道系统。广义的城市绿地系统包括城市绿色和蓝色空间，即城市范围内一切人工的、半自然的以及自然的植被、水体、河湖、湿地。

17.064 **城市绿地系统规划**

urban green space system planning

对城市各种绿地进行定性、定位、定量的统筹安排，形成具有合理结构的绿色空间系统，为城市提供适宜的气候调节、水源涵养、环境净化、生物多样性保护、游憩休闲、社会文化等生态服务功能。

17.065 **人工栽培群落**

artificial planted community

人为地引入城市区域的群落类型，包括市区道路两旁、街心花坛及住宅区内人工种植的绿化群落，以及郊区的农田和人工防护林等。

17.066 **残存自然群落**

relict natural community

人为活动影响之前就已经存在，并且在城市化过程中未被清除的原生的或次生的自然群落。这些群落现今大都呈小面积孤岛状分布。

17.067 **城市杂草群落**

urban weed community

城市化后不受人的意识支配而出现的植物群落。其中除归化植物外，还有当地的土著种。具有适应当地城市特殊生境、抵抗各种人为干扰的生存对策。

17.068 **人布植物**

anthropochore

随着人类活动而散布的植物。

17.069 **归化植物**

naturalized plant

区内原无分布，而从另一地区移入的种，且在本区内正常繁育后代，并大量繁衍成野生状态的植物。如原产美洲的反枝苋和加拿大飞蓬，在我国已成归化植物。

17.070 **极嫌城市植物**

highly urbanphobe plant

在城市里完全见不到或只有极少例外可在市区偶见的植物，它们多是一些在贫营养水体、未受污染环境中生长的植物。

17.071 **中度嫌城市植物**

moderately urbanphobe plant

主要生长在城市内空旷地区或特殊生境（如大公园、大别墅内）的植物。

17.072 **中性城市植物**

urban neutral plant

在城市内和城市外都能分布的植物。

17.073 **适生城市植物**

moderately urbanphil plant

广泛分布在城市建成区内的植物，但在郊区也可见到。

17.074 **极适生城市植物**

highly urbanphil plant

几乎限于城市建成区生长的、在郊区只是偶见的植物。

17.075 **伴生动物**

companion animal

（1）指最易与人类接近的供家庭饲养和玩赏的小型动物。如猫、犬等。（2）是指能忍受环境变化，并能与人伴生的有害动物。如家栖鼠、蜚蠊等。

17.076 **生态材料**

eco-material

指产品生产、运输、储存、消费和循环再生的整个生命周期过程中符合地方和国家相关环境标准，环境影响低、资源利用率高、生态服务功能强、经济成本低的环境友好型材料。

17.077 **人居环境**

human settlement

指人类聚居生活的地方，是与人类生存活动密切相关的地表空间。包括自然、人群、社会、居住、支撑五大系统。

17.078 **共轭生态规划**

conjugate ecological planning

指协调人与自然、资源与环境、生产与生活、城市与乡村以及空间与时间之间共轭关系的复合生态系统规划。包括与城镇总体规划相呼应的区域生态整合规划；与建设用地规划相对应的非建设用地规划；与二维土地利用规划相呼应的地下和地上三维空间资源利用规划；与物理环境污染控制规划相呼应的生态服务功能建设规划；与自然保护规划相呼应的人文生态保护规划，以及与纵向管理体制相对应的横向耦合机制规划等。

17.079 **区域生态规划**

regional eco-planning

是城市生态规划的上位规划。以生态学原理为指导，对城市发展所依赖的流域、区域或政域内的基础生态因子、生态演替过程、景观生态格局和生态服务功能进行系统分析，辨识区域发展的利导和限制因子、生态敏感和适宜性区域，开展生态功能区划，为区域未来可能的社会经济发展提出控制性和诱导性的资源利用、环境保护与生态建设战略和措施。

17.080　**城市生态规划**

urban ecological planning

是在上位区域生态规划指导下开展的市域生态系统发展规划。包括城市生态概念规划（自然和人类生态因子、生态关系、生态功能和生态网络的发展战略规划）、城市生态工程规划（水、能源、景观、交通和建筑等生态工程建设规划）以及城市生态管理规划（生态资产、生态服务、生态代谢、生态体制和生态文明的管理规划）。

17.081　**生态适宜性分析**

ecological suitability analysis

根据区域发展目标运用生态学、经济学、地学、农学及其他相关学科的理论和方法，分析区域发展所涉及的生态系统敏感性与稳定性，了解自然资源的生态潜力和对区域发展可能产生的制约因子，对资源环境要求与区域资源现状进行匹配分析，确定适应性的程度，划分适宜性等级，从而为制定区域生态发展战略，引导区域空间的合理发展提供科学依据。

17.082　**因子叠加法**

factor overlapping method

又称“地图重叠法”，“麦克哈格法（MacHarg method）”。是生态规划中广泛应用的方法之一。首先根据各相关生态因子的潜力与限制分析其适宜性或敏感性等级，然后将各因子的适宜性或限制性叠加，得到区域生态适宜性或生态敏感性的综合图。

17.083　**生态建筑**

ecological building

基于生态学原理规划、建设和管理的群体和单体建筑及其周边的环境体系。其设计、建造、维护与管理必须以强化内外生态服务功能为宗旨，达到经济、自然和人文三大生态目标，实现生态健康的净化、绿化、美化、活化、文化五化需求。

17.084　**城市特色危机**

urban identity crisis

在快速城市化过程中，城市格局、风貌正走向雷同，千城一面，由不同国家、地域、民族和历史形成的城市文脉、肌理，自然生态特征和乡土文化标识正在迅速消失的现象。

17.085　**生态管理**

ecological management

又称“管理的生态系统方法（ecosystem approach to management）”。按生态学的整体、协同、循环、自生原理去系统规范和调节人类对其赖以生存的生态支持系统的各种开发、利用、保护和破坏活动，使复合生态系统的结构、功能、格局和水、土、气、生物、能源和地球化学循环的复合生态过程得以高效、和谐、持续运行的系统方法。

17.086　**城市林业**

urban forestry

是研究林木与城市环境关系，合理配置、培育、经营和管理城区及近郊的森林、树木和植物，服务城市生态，调节城市气候，活化城市景观的一门以生态服务功能为主旨，融生态、经济、社会效益为一体的特殊形态林业。

17.087　**城市农业**

urban agriculture

分布在城市工业、商业、居住区及城郊结合部等生境中的特殊形态农业，可分布在地表、屋顶和地下。其功能除了生物质生产外，更主要的是提供水文循环，气候调节，净化环境，生物多样性维持，以及教育、观光等生态服务功能。

17.088　**生态旅游**

ecological tourism，ecotourism

以吸收自然和文化知识为取向，尽量减少对生态环境的不利影响，确保旅游资源的可持续利用，将生态环境保护与公众教育同促进地方经济社会发展有机结合的旅游活动。

17.089 **城市土壤**

urban soil

是在地带性土壤背景下，在城市化过程中受人类活动影响而形成的一种特殊土壤。

17.090 **风景名胜区规划**

landscape and famous scenery planning

为保护培育、开发利用和经营管理风景名胜区，并发挥其多种功能而进行的有关土地利用、生物多样性保护、环境保护、景观建设的统筹部署和具体安排。经相应的人民政府审查批准后的风景名胜区规划，具有法律权威，必须严格执行。

17.091 **风景名胜区**

landscape and famous scenery

又称“风景区（scenic area）”。指风景资源集中、环境优美、具有一定规模、知名度和游览条件，可供人们游览欣赏、休憩娱乐或进行科学文化活动的地域。

17.092 **风景林**

aesthetic forest

给人类提供了原创性自然美和生态美感受的林。

17.093 **国家公园**

national park

国家为合理地保护和利用自然、文化遗产而设立的大规模的陆地或海洋保护区域。其功能是为当代人或子孙后代保护一个或多个生态系统的生态完整性，排除与保护目标相抵触的开采或占有行为; 提供在环境上和文化上相容的精神的、科学的、教育的、娱乐的和游览的机会。

17.094 **地质公园**

geopark

是以具有特殊地质科学意义，稀有的自然属性、较高的美学观赏价值，具有一定规模和分布范围的地质遗迹景观为主体，并融合其他自然景观与人文景观而构成的一种独特的自然区域。是地质遗迹景观和生态环境的重点保护区，地质科学研究与普及的基地。

17.095 **森林游憩**

forest recreation

人们利用休闲时间，在森林环境中自由选择地进行的、以恢复体力和获得愉悦感受为主要目的同时又不破坏森林的所有活动的总和。

17.096 **森林公园**

forest park

以良好的森林景观和生态环境为主体，融合自然景观与人文景观，利用森林的多种功能，以开展森林旅游为宗旨，为人们提供具有一定规模的游览、度假、休憩、保健疗养、科学教育、文化娱乐的场所。

17.097 **湿地公园**

wetland park

是保持该湿地区域独特的近自然景观特征，维持系统内部不同动植物物种的生态平衡和种群协调发展，并在不破坏湿地生态系统的基础上建设不同类型的辅助设施，将生态保护、生态旅游和生态教育的功能有机结合，突出主题性、自然性和生态性三大特点，集湿地生态保护、生态观光休闲、生态科普教育、湿地研究等多功能的生态型主题公园。

17.098 **美学价值**

aesthetic value

自然生态系统以盎然生机、千姿百态景色提供人们休养生息中所创造的经济效益。

17.099 **美学受损水平**

aesthetic injury level，AIL

在城区、风景旅游区，病虫害防治不应根据经济损失指标喷洒药物，而要根据人群所能忍受的水平，防治病虫害，不致有损于人们的身心健康。

17.100　**生态工程**

ecological engineering

模拟自然生态的整体、协同、循环、自生原理，并运用系统工程方法去分析、设计、规划和调控人工生态系统的结构要素、工艺流程、信息反馈关系及控制机构， 疏通物质、能量、信息流通渠道， 开拓未被有效利用的生态位，使人与自然双双受益的系统工程技术。

17.101　**生态设计**

ecological design

指按生态学原理进行的人工生态系统的结构、功能、代谢过程和产品及其工艺流程的系统设计。生态设计遵从本地化、节约化、自然化、进化式、人人参与和天人合一等原则，强调减量化、再利用和再循环。

17.102　**农田生态工程**

farmland eco-engineering

在农田耕作、管理过程中，应用生态学原理和各种水、肥、土、种和病虫害综合防治的生态工艺技术，分级多层利用空间、时间及营养生态位的系统工程体系。

17.103　**农业生态工程**

agricultural eco-engineering

指在大农业（种植业、养殖业、林业、副业、加工业）中，通过产业要素组合和生态工艺技术，使废物得以有效利用、转化、再生及资源化，形成生产环（链）优化组合、多层分级利用的网络化体系。

17.104　**湿地生态工程**

wetland eco-engineering

运用生态工程原理，通过人工湿地建设或天然湿地改良，利用湿地生态系统的净化能力达到污水净化处理、生物多样性保护、湿地生物质生产与强化肾生态服务功能的目的。

17.105　**湿地生态系统设计**

design of wetland ecosystem

应用生态工程的原理和方法对湿地进行构建、恢复和调整，以利于湿地正常功能的运作及其生态系统服务的可持续性。

17.106　**基塘系统**

dick-pond system

一种典型的农业生态工程模式。在塘基上种植经济作物（如桑、花、蔗等），将其副产品或废物饲喂塘中养殖的动物（如鱼、蟹等），用塘水浇灌、塘泥施肥于基上植物，从而使水陆两个不同的生态系统联结成一个互利共生、良性循环的复合系统。

17.107　**稻鱼共生系统**

rice-fish system

一种典型的农业生态工程模式。在稻田中饲养鱼（或蟹、鸭等），鱼通过食草、吃虫、翻动土壤、搅动水层、排泄粪便而育肥，使水稻增产。通过合理利用水田土地资源、水面资源、生物资源和非生物资源，达到增粮、增鱼、增肥、增水、节地、节肥、节成本等多种效果。

17.108　**农林复合系统**

agro-forestry

又称“农林复合经营”。指在同一土地管理单元上，人为地把多年生木本植物（如乔木或灌木）与其他栽培植物（如农作物、药用植物、经济植物以及真菌等）和（或）饲养家畜，合理地安排在一起而进行管理的土地综合利用体系。

17.109　**土地复垦**

land reclamation

是指对生产建设过程造成的挖损、塌陷、压占等土地破坏采取的生态工程措施，使其生态功能部分或全部恢复或修复的行动或过程。如对已开采矿区的排土场、尾矿库、城市采石场以改善土地肥力，提高生物生产力为目的的土地复垦。

17.110　**［物质］多层分级利用**

multilayer and multi-gradation using material, multilayer and chain-linking material

物质在生态系统内多个组分和多层生态链中的连锁利用过程，其中上一环节或上层不同环节的成品、半成品或废弃物以串联或并联形式作为下一环节原料予以利用，使资源利用效率最大化和废弃物排放的最小化。

17.111　**绿色化工**

green chemical industry

又称“环境友好化工”（environmental friendly chemical industry）。在化工产品生产过程中，从工艺源头上就运用环保的理念，推行源消减、进行生产过程的优化集成，废物再利用与资源化，从而降低了成本与消耗，减少废弃物的排放和毒性，减少产品全生命周期对环境的不良影响。绿色化工的兴起，使化学工业环境污染的治理由“先污染后治理”转向“从源头上根治环境污染”。

17.112　**加环**

loop addition

生态工程的系统调控方法和技术措施之一，指在食物链网或生产链网中，人为增加代谢环节，以更充分利用生态位，多层分级利用资源。按所加环节的作用又可分为生产环、服务环、减耗环以及这几种环的复合环。

17.113　**生产环**

productive loop addition

所加环节可生产为人利用的经济产品或服务的一类加环。如利用废物、副产品或废物直接转化，生产出商品。

17.114　**增益环**

increasing benefit loop, added-link loop, gaining loop

又称“服务环（service loop）”。指虽不能直接生产出商品，但有利于生态环境的改善或间接提高生产环效率的加环。如处理废水、废气、废渣的环节。

17.115　**损耗环**

consumptive loop

指生态系统、食物链网或生产系统的生产链网中某一环节，生产的产品对人无用，反而消耗上一营养级的资源的环节。如农田害虫、害兽。

17.116　**减耗环**

decreasing consumption loop

指虽不能直接生产对人有用产品，但可抑制或减弱损耗环作用的加环。如增加一些提高原料或能源利用率的措施和设备的环节。

17.117　**复合环**

complex loop

指起到生产环、增益环、减耗环的多种功能的加环。如在农田、果园等处增加放养蜜蜂，既有生产蜂蜜的作用，又有传粉促进作物和果品增产的增效作用；又如，利用一些工厂或生活区的有机污水，既有生产清洁能源的沼气的生产作用，又有减少不可再生能耗的减耗作用，还能生产处理污水、改善环境的增益作用。

17.118　**物质流分析**

material flow analysis, MFA

针对一个系统（产品系统、经济系统、社会系统等）的物质和能量的输入、迁移、转化、输出进行定量化的分析和评价的方法。

17.119　**价值流**

monetary value flow

产品投入市场，就产生了价值。价值沿着供应、生产和销售的生产链不断周而复始的全过程。

17.120 **产量因子**

yield factor

在特定时期中，一个国家或地区某一类型土地（如耕地、林地、草地）的生产力与该类土地的世界平均生产力的差异程度，以比值来表示。

17.121 **当量因子**

equivalence factor

在特定时期中，某种类型土地（如耕地、林地、草地）的世界平均潜在生物生产力相对于所有类型土地的世界平均潜在生产力的比值，是一个相对稳定的数。

17.122 **生态资产**

ecological asset

指自然界中生物与其环境相互作用所形成的有形、无形收益的总和，其中包括对人类的服务收益。生态资产起源于自然，它通常具有一定的产权归属，以存量来表示，可采用货币价值或生物物理价值等尺度来计量。

17.123 **生态资本**

ecological capital

生态资产中用于进行价值再生产或再创造的部分或全部投入份额称为生态资本。

17.124 **生态生产力**

ecological productivity

指生态系统从外界环境中吸收为生命过程所必需的物质和能量并转化为新的生物质和生物能量的能力。

17.125 **生物生产性土地**

biological productive area

指具有生物生产力的地表空间。根据生产力大小的差异，地球表面生产性土地可分为化石能源地、可耕地、牧草地、淡水域、森林地、建成地、海洋等。

17.126 **能值/货币比率**

emergy/$ ratio

又称“宏观经济价值”，“能值—货币价值（emdollar value）”。单位货币的能值当量。由一个国家能值利用总量除以当年的国民生产总值（GNP）而求得。由此可以计算出能值相当的市场货币价值，即以能值来衡量的财富价值。

17.127 **生态产业**

ecological industry

按生态经济原理和知识经济规律组织起来的基于生态系统承载能力、具有完整的生命周期、高效的代谢过程及和谐的生态功能的网络型、进化型、复合型产业。

17.128 **产业生态系统**

industrial ecosystem

将生产、流通、消费、回收、环境保护及能力建设纵向结合，将不同行业、不同企业的生产工艺横向耦合，将生产基地与周边环境包括生物质的第一性生产、社区发展、区域环境保护以及当地原住民纳入生态产业园统一管理，谋求资源的高效利用、社会的充分就业和有害废弃物向系统外的零排放或无害排放。

17.129 **生态产业园**

eco-industrial park

在一定区域内建立的若干行业、企业与当地自然和社会生态系统构成的社会—经济—自然复合生态系统。企业、社区以及园区环境之间通过资源的交换和再循环网络，实现物质最大程度的再利用和再循环，达到一种比各企业效益之和更大的整合效益。生态产业园具有多样化的产业结构和柔性的自适应功能，其组分包括当地农业、服务业、原住居民及基础设施等一切自然和人文生态资源。

17.130　**产业代谢分析**

industrial metabolism analysis

又称“*产业代谢评估*（industrial metabolism assessment，IMA）”。对产业生产过程中物质、能源和劳动力的输入—输出系统进行跟踪分析，揭示产业系统的相互作用关系，改善物质代谢，使产业活动与自然界的循环一体化，以降低产品生命周期过程中环境压力的作用。

17.131　**循环经济**

circular economy

模仿大自然的整体、协同、循环和自适应功能去规划、组织和管理人类社会的生产、消费、流通、还原和调控活动的简称，是一类融自生、共生和竞争经济为一体、具有高效的资源代谢过程、完整的系统耦合结构的网络型、进化型复合生态经济。

17.132　**服务替代产品**

services replace product

为产业生态转型和生态产品开发的一类重要战略。人类消费并非真正需要物理的产品，而是需要产品所提供的功能（服务）。企业以社会的终端服务而不是物质产品为核心，在提供终端产品的同时，提供并不断更新和扩展与产品功能相关的柔性服务，承担维护、培训、处置和再循环以及生态和人文服务等责任，从而不断扩展自身的经营范围和可持续能力，减缓资源和市场环境变化带来的风险。

17.133　**非物质化**

dematerialization

通过技术创新、体制改革和行为诱导，在保障生产和消费质量的前提下，减少社会生产和消费过程中物质资源投入量，将不必要的物质消耗过程降到最低限度的现象。

17.134　**再利用**

reuse

尽可能分级多层利用物质，并尽可能多次或多种方式利用产品，延长产品的服务时间、强度，避免产品过早、过多地成为废物和垃圾的过程。

17.135　**再循环**

recycle

在生态产业、生态工程及循环经济中，针对输出端，通过废弃物回收、综合利用、将废物再次变成可用资源，再利用的过程，以减少最终废物处理量和成本。

17.136　**产业化**

industrialization，commercialization

将所设计和实施的生态工程，形成创造和满足人类经济需要的物质和非物质性生产的、从事营利性经济活动并提供产品和服务的产业。

17.137　**无害化**

harmlessness

在生态工程或生态产业中，改变某些原对人体或生态环境有害的生产、消费过程中的环节、产品、废物为无害的工艺或措施及产品。

17.138　**产品生命周期**

product life cycle

一种产品从原料采集、原料制备、产品制造和加工、包装、运输、分销，消费者使用、回用和维修，最终再循环或作为废物处理等环节组成的整个过程的生命链。

17.139　**产品生命周期评价**

product life cycle assessment，PLCA

又称“*产品寿命分析*（product life assessment，PLA）”。对产品、工艺或服务等在其生命周期内的各个阶段的所有投入和产出对环境可能造成的潜在影响进行科学和系统的定量分析和评价的方法。

17.140　**产品生命周期设计**

product life-cycle design

又称“产品绿色设计”。在产品开发阶段，综合考虑产品整个生命周期过程中的环境因素，并将其纳入设计之中，以求产品整个生命周期过程中的环境影响最小化，最终引导产生更具有可持续性的生产和消费系统。

17.141 **产品生态学**

product ecology

通过辨识和诊断，确定影响产品竞争能力的生态环境参数，制定产品进入市场的产品生态规范，使整个产品商业价值中包含生态环境价值，如低能耗、无氟冰箱等。

17.142 **产品生态辨识**

ecological product identification

定量识别在产品整个生命周期内，对相关生态环境干扰、各种环境因子影响大小及产品的总体潜在环境影响的科学评估。

17.143 **产品生态诊断**

ecological product diagnosis

分析所设计产品有关的重要的潜在环境影响及其主要来源，识别其干扰环境的主要因子。

17.144 **生态产品评价**

ecological product assessment

根据生态诊断、产品生态指标辨识，提出改善现有产品环境特征的具体技术方案，设计出对环境友好的产品方案，重新进行生命周期评价，弥合生命周期模拟，提出进一步改进的途径和方案。

17.145 **环境绩效评估**

environmental performance evaluation

按照一定的环境管理标准，系统观测、分析、报告和交流特定组织的环境绩效的规范化过程。该过程包括收集该组织的环境信息和有效管理环境问题的方式方法，对行为主体在特定时段、地点的环境行为及其长期发展趋势和影响进行评估的环境管理过程。

17.146 **环境审计**

environmental auditing

又称“绿色审计”。（1）对一个团体遵照现行环境要求的状态的一种独立评估。（2）对目标团体遵守环境政策、实施环境保护、开展环境控制状况的一种独立评估。

17.147 **生态审计**

ecological auditing

评价当事企业的生态指标与当地推行的环境法规的背向程度。评价的基本内容是对安全和健康保障的生态风险评价。其基本目标是避免被审计单位因生态风险的范围和水平估计不足而可能导致的财务损失，以及减少环境损失的措施。

17.148 **清单分析**

inventory analysis

为生命周期分析基本数据的一种表达。对产品整个生命周期阶段的资源、能源消耗和向环境排放（包括废气、废水和固体废物及其他环境释放物）的量化分析。

17.149 **综合性政策评价**

integrated policy appraisal，IPA

是面向可持续发展目标的开发影响评价和评估工具的综合系统，致力于对政策建议的经济、社会和环境影响的综合集成性评估，包括财政支出和经济影响、法规影响、乡村及区域影响、健康影响、环境评估、政策公平性以及气候变化影响评估等及其相互间的关联性架构，以支撑大的时空尺度和多部门交叉的战略影响分析。

17.150 **清洁生产**

clearer production

为生态产业和生态工程中一类生产方式。1997年，联合国环境规划署重新定义为：在工艺、产品、服务中持续地应用整合且预防的环境策略，以增加生态效益和减少对于人类和环境的危害和风险。

17.151　清洁生产技术

clearer production technology

减少整个产品生命周期对环境的影响的技术。包括节省原材料、能消除有毒原材料和削减一切排放和废物数量与毒性。

17.152　清洁能源

clearer energy

指在生产和使用过程、不产生有害物质排放的能源。可再生的、消耗后可得到恢复，或非再生的（如风能、水能、天然气等）及经洁净技术处理过的能源（如洁净煤油等）。

17.153　绿色国内生产总值

green gross domestic product，green GDP

又称“绿色 GDP”。将经济发展中资源成本、环境污染损失成本、生态成本纳入国内生产总值统计口径所形成的绿化后的国内生产总值。

生态学名词中文音序索引

A

B

C

D

E

F

G

H

J

K

L

M

N

O

P

Q

R

S

T

W

X

Y

Z

数字与字母

生态学名词英文字序索引

A

B

C

D

E

F

G

H

I

M

N

O

P

Q

R

S

T

U

V

W

X

Y

Z

附录二

中国生态环境与教育基础情况概览

1 中国山脉概览

1-2 中国主要山系表

代码	名称	说明
A	天山—阿尔泰山山系区	该区位于我国西北端北纬 40° 以北，东经 96° 以西地区，主要山脉有阿尔泰山、天山等，呈西北—东南向绵延。
B	阴山—大兴安岭山系区	主要包括阴山和大兴安岭。阴山呈东西走向，大兴安岭呈东北及北北东走向，该区除上述山脉外，还包括贺兰山、六盘山和大马群山等山脉。
C	长白山及东北、山东诸山山系区	该区包括三个部分：小兴安岭、东北东部诸山（包括长白山）和山东低山丘陵。小兴安岭呈西北—东南向延伸，东北东部分布有一系列东北—西南向的山脉，主要有张广才岭、老爷岭、吉林哈达岭、长白山、龙岗山、千山，山东诸山在地质构造上与东北东部诸山一脉相承，地貌特征亦相似，主要为低山和丘陵。
D	昆仑山山系区	该区包括昆仑山和喀喇昆仑山。昆仑山从帕米尔往东一直延伸到四川，是由若干平行排列山脉组成的大山系，分为东西两段。喀喇昆仑山构造上与昆仑山无关，但地域分布十分接近，出于综合及使用方便的目的将二者划为一个区。
E	阿尔金山—祁连山山系区	主要包括祁连山和阿尔金山。阿尔金山大致呈北东东方向延伸，祁连山呈北西西延伸，后者包括一系列平行山岭，主要有走廊南山、冷龙岭、托来山、党河南山、托来南山、疏勒南山、达坂山、青海南山、拉脊山等。
F	秦岭—大巴山山系区	主要包括秦岭和大巴山。秦岭西起川、甘接壤处的岷山，与昆仑山系相连，东部逐渐没入于东部江淮平原，是我国地理景观上南北分界线。大巴山位于川、陕、鄂三省交界处，是长江和汉水的分水岭。
G	燕山—太行山山系区	该区分布范围从辽宁西部，内蒙古与河北毗邻处，直至山西的大部和陕西的部分地区。燕山位于北部冀、辽、内蒙古边缘，太行山北端与燕山相连，大体顺冀、晋两省边界，南北向延伸。属于本山系区内还有山西省境内的吕梁山，中条山，太岳山等。

续表

代码	名　称	说　　明
H	冈底斯山—唐古拉山山系区	该区内有三条主要的山脉：冈底斯山、唐古拉山和念青唐古拉山。念青唐古拉山是冈底斯山的向东延续部分，呈东北走向。
J	喜马拉雅山山系区	该区以喜马拉雅山为主，它向南凸出呈弧形延伸，从克什米尔直至雅鲁藏布江大拐弯处，是全世界最高的山脉，其珠穆朗玛峰为世界第一高峰。
K	横断山脉山系区	大致介于北纬 22° 到 32° 05′，东经 97° 到 103° 之间，为一系列东西并列的高山，山岭呈南北向纵贯，山岭与山岭之间是深切的峡谷，地势十分险峻。山脉自东向西在北段依次为邛崃山、大雪山、沙鲁里山、芒康山、他念他翁山；在南段则为哀牢山、无量山、云岭、怒山、高黎贡山等。
L	南岭及华中诸山系区	分布于云贵高原以东，长江以南的广大地区，包括海南岛上的山系。该区地貌比较破碎，山脉众多，没有一支突出的主体山脉，但大体上可以分为两个系列。一组是近乎东西向、绵亘于广西、广东、湖南和江西四省区边界上的南岭，由越城岭、都庞岭、萌诸岭、骑田岭和大庾岭等五条山岭组成；另一组是大体上呈东北西南向或接近于南北向绵亘的山脉，在浙江、福建境内有仙霞山、雁荡山、会稽山、武夷山、洞宫山，在江西、湖南境内有罗霄山、幕阜山、雪峰山，贵州境内有苗岭，川东有巫山，四川盆地内有一系列东北西南向褶皱山地，还有海南岛东南部的五指山、中部的黎母岭、西部的雅加大岭等。
M	台湾山系区	该区由台湾岛上山脉组成，主要为五条南北向的山脉，即中央山、雪山、玉山、阿里山以及东部的海岸山。

资料来源：《中国山脉山峰名称代码》（GB/T 22483~2008）

1-3 中国主要山脉表

名　称	简　　介
大兴安岭	兴安岭的西部组成部分。位于黑龙江省、内蒙古自治区东北部，是内蒙古高原与松辽平原的分水岭。北起黑龙江畔，南至西拉木伦河上游谷地，东北—西南走向，全长 1200 多千米，宽 200~300 千米，海拔 1100~1400 米。主峰索岳尔济山。
小兴安岭	松花江以北的山地总称。位于黑龙江省中北部。小兴安岭西与大兴安岭对峙，又称“东兴安岭”，亦名“布伦山”。属低山丘陵，西北接伊勒呼里山，东南到松花江畔，长约 500 千米，海拔 600~1000 米。最高峰为平顶山。

续表

名称	简介
长白山	中国黑龙江、吉林、辽宁三省的东部山地以及俄罗斯远东地区和朝鲜半岛诸多余脉的总称。是松花江、图们江和鸭绿江的发源地（其中松花江发源于长白山天池）。北起完达山脉北麓，南延千山山脉老铁山，长约1300余千米，东西宽约400千米，略呈纺锤形。主峰是位于吉林省东南部的长白山。
张广才岭	又名小白山，位于东北东部山地北段的中轴部位，大部分在黑龙江省境内。向南伸入到吉林省敦化市北部，分东西两支，蛟河盆地以西为西老爷岭，蛟河盆地以东为威虎岭，西侧为依兰—伊通断裂带，东侧为敦化—密山断裂带。山峰海拔多在1000~1300米，相对高度达600余米。主要山峰有老秃顶子，位于吉黑省界上的大老爷岭峰、琵琶顶子等。
龙岗山	北起吉林省桦甸市松花江畔，南至辽宁省新宾满族自治县，总长度约250千米，宽度约20~30千米，海拔在800~1200米之间。为辉发河与松花江的分水岭。主要山峰有岗山、大顶子和五斤顶子等。
阴山	位于内蒙古自治区中部及河北省最北部，东西走向。西起狼山、乌拉山，中为大青山、灰腾梁山，南为凉城山、桦山，东为大马群山。长约1200千米，平均海拔1500~2000米，山顶海拔2000~2400米。集宁以东到沽源、张家口一带山势降低到海拔1000~1500米。主峰呼和巴什格。
燕山	西起白河，东至山海关，北接坝上高原，七老图山、努鲁儿虎山，西南以关沟与太行山相隔，南侧为河北平原，高差大。东西长约420千米，南北最宽处近200千米，海拔600~1500米，主峰东猴顶。
大青山	内蒙古中部阴山山脉的一段。东起呼和浩特大黑河上游谷地，西至包头昆都仑河。东西长240多千米，南北宽20~60千米，海拔1800~2000米，主峰大青山。
阿尔泰山	位于新疆维吾尔自治区北部和蒙古西部。西北延伸至俄罗斯境内。呈西北—东南走向，斜跨中国、哈萨克斯坦、俄罗斯、蒙古国境，绵延2000余千米；中国境内的阿尔泰山属中段南坡，山体长达500余千米，海拔1000~3000米。主要山脊高度在3000米以上，北部的最高峰为友谊峰。
天山南脉	天山的分支，横亘中亚。喀什地区是它的南脉部分。
天山	世界7大山系之一，位于地球上最大的一块陆地欧亚大陆腹地。东西横跨中国、哈萨克斯坦、吉尔吉斯斯坦和乌兹别克斯坦4国，全长2500千米，南北平均宽250~350千米，最宽处达800千米以上。呈东西走向，绵延中国境内1700千米，占地57万多平方千米，占新疆全区面积约1/3。最高峰是托木尔峰。是锡尔河、楚河和伊犁河的发源地。

续表

名称	简介
博格达山	属北天山东段，又称博格多山。位于中国新疆维吾尔自治区中部，为准噶尔盆地和吐鲁番盆地的界山。东西走向，平均海拔 4000 米以上。主峰博格达峰。
太行山	又名五行山、王母山、女娲山，是中国东部地区的重要山脉和地理分界线。位于山西省与华北平原之间，纵跨北京、河北、山西、河南 4 省、市，山脉北起北京市西山，向南延伸至河南与山西交界地区的王屋山，西接山西高原，东临华北平原，呈东北—西南走向，绵延数 400 余千米。是中国地形第二阶梯的东缘，也是黄土高原的东部界线。
吕梁山	山西省西部山脉。北北东走向，南北延长约 400 千米。受放射状水系分割，相对高度超过 1000 米，主峰海拔 2831 米。北段分为东西平行的两列，东为云中山，西为芦芽山与管涔山，中夹静乐盆地。不少山峰超过 2700 米，为桑乾河与汾河水系的分水岭。吕梁山南段降低到 1000~1500 米。西南端转为东北东向，称龙门山。
中条山	位于山西省西南部，黄河、涑水河间。居太行山及华山之间，山势狭长，故名中条。主峰雪花山，位于山西省垣曲县东南。为涑水河发源地。
贺兰山	位于宁夏回族自治区与内蒙古自治区交界处，北起巴彦敖包，南至毛土坑敖包及青铜峡。南北长 220 千米，东西宽 20~40 千米。南段山势缓坦，三关口以北的北段山势较高，海拔 2000~3000 米。主峰亦称贺兰山。
婆罗科努山	天山支脉，位于新疆维吾尔自治区的西北部、伊犁哈萨克自治州的中部。
六盘山	中国最年轻的山脉之一。位于宁夏回族自治区西南部、甘肃省东部。南段称陇山，南延至陕西省西端宝鸡以北。横贯陕甘宁 3 省区，既是关中平原的天然屏障，又是北方重要的分水岭，黄河水系的泾河、清水河、葫芦河均发源于此。近南北走向的狭长山地。山脊海拔超过 2500 米，最高峰米缸山。
阿尔金山	新疆维吾尔自治区东南部一山脉。东端绵延至青海、甘肃两省界上，为塔里木盆地和柴达木盆地的界山。东北东方向延伸，平均高度 3000~4000 米。西段较高，最高峰 6161 米。若羌河、米兰河等发源于此。
祁连山	位于青海省东北部与甘肃省西部边境。因位于河西走廊南侧，又名南山。东西长 800 千米，南北宽 200~400 千米，海拔 4000~6000 米。自西北至东南走向，包括大雪山、托来山、托来南山、野马南山、疏勒南山、党河南山、土尔根达坂山、柴达木山和宗务隆山。山峰多海拔 4000~5000 米，最高峰疏勒南山的团结峰。
青海南山	亦称库库诺尔岭，祁连山脉中段最南支脉。位于青海东北部，为青海湖与茶卡湖盆地的分水岭。茶卡东北的最高峰海拔 4681 米。

续表

名　称	简　　介
拉脊山	属日月山支脉，也称拉鸡山、积石山、唐述山等。位于青海省海南州贵德县境内。是贵德与湟中的分界山，由西向东蜿蜒，最高峰海拔4524米。
昆仑山	又称昆仑虚、中国第一神山、万祖之山、昆仑丘或玉山。亚洲中部大山系，也是中国西部山系的主干。西起帕米尔高原东部，横贯新疆、西藏间，伸延至青海境内，全长约2500千米，平均海拔5500~6000米，宽130~200千米，西窄东宽总面积达50多万平方千米。在中国境内地跨青海、四川、新疆和西藏四省，最高峰是位于新疆克孜勒苏柯尔克孜自治州乌恰县的公格尔峰。是青海省重要的自然区划界线。
阿尼玛卿山	东昆仑山的东支。位于中国青海省东南部果洛藏族自治州境内，呈西东南走向。山体平均高度海拔5000~6000米，主峰玛卿岗日，终年积雪。是黄河源头最大的山。
可可西里山	昆仑山脉南支，或称可可稀立山。位于中国西藏自治区东北部及青海省西南部。东延接巴颜喀拉山，东西走向，长500千米，平均海拔6000米，属于年轻褶皱山。主峰岗扎日。长江北源楚玛尔河源地。冰川只分布在岗扎日峰区。
巴颜喀拉山	昆仑山脉南支，旧称巴颜喀喇山。位于中国青海省中部偏南，走向为西北—东南，西接可可西里山，东连岷山和邛崃山。是青海省境内长江与黄河的分水岭，主峰位于玛多县西南、巴颜喀拉山口西北，藏语名为勒那冬日，海拔5266米。麓的约古宗列渠是黄河源头所在，南麓是长江北源所在。
岷山	自甘肃省南部延伸至四川省西北部的一褶皱山脉，大致呈南北走向，西北接西倾山，南与邛崃山相连，全长约500千米，山脊海拔4000~4500米。主峰雪宝顶位于四川省松潘县境内，海拔5588米。是长江水系的岷江、涪江、白水河与黄河水系的黑水河的分水岭。
秦岭	横贯中国中部的东西走向山脉。西起甘肃省临潭县北部的白石山，向东经天水南部的麦积山进入陕西。在陕西与河南交界处分为三支，北支为崤山，余脉沿黄河南岸向东延伸，通称邙山；中支为熊耳山；南支为伏牛山。长约1600多千米，为黄河支流渭河与长江支流嘉陵江、汉水的分水岭。由于秦岭南北的温度、气候、地形均呈现差异性变化，因而秦岭—淮河一线成为中国地理上最重要的南北分界线。
伏牛山	秦岭延伸到河南省的一条重要山脉。东南与南阳的桐柏山相接，为秦岭东段的支脉。西北—东南走向，长约400千米，为淮河与汉江的分水岭。海拔1000米左右，三大主峰分别为鸡角尖、玉皇顶、老君山，其中鸡角尖的海拔2222.5米，是伏牛山最高峰。
大巴山	自西北向东南，包括摩天岭、米仓山和武当山等，海拔2000~2500米，东西绵延500多千米，故称千里巴山。同时也是嘉陵江和汉江的分水岭，四川盆地和汉中盆地的地理界线。

名 称	简 介
武当山	又名太和山、谢罗山、参上山、仙室山，古有“太岳”、“玄岳”、“大岳”之称。位于湖北省西北部，周边高峰林立，天柱峰海拔 1612 米。武当山是联合国公布的世界文化遗产地之一，是中国国家重点风景名胜区、国家 AAAAA 级风景区。武当山也是道教名山和武当武术的发源地，被称为“亘古无双胜境，天下第一仙山”。
大别山	大别山的最高峰（主峰）称为白马～尖（海拔 1777 米），次主峰叫多云尖（海拔 1763 米），第三高峰是天河尖（海拔 1755 米），三峰成品字形三足鼎立。位于中国安徽省、湖北省、河南省交界处，介于北纬 30°10′~32° 30′，东经 112° 40′~117° 10′。西接桐柏山，东延为天柱山、张八岭，西段作西北—东南走向，东段作东北—西南走向。一般海拔 500~800 米，山地主要部分海拔 1500 米左右。为淮河和长江的分水岭。
喀喇昆仑山	世界山岳冰川最发达的高大山脉，亚洲著名山脉之一。从阿富汗最东部向东南延伸约 480 千米。宽度约为 240 千米，长度为 800 千米。平均海拔超过 5500 米。共有 19 座山超过 7260 米，8 座山峰超过 7500 米，其中 4 座超过 8000 米，诸山峰通常具有尖削、陡峻的外形，多雪峰及巨大的冰川。其周围簇拥着数以百计的石塔和尖峰。为世界上高山和高纬度之外最长的冰川最集中的地方。塔吉克斯坦、中国、巴基斯坦、阿富汗和印度的边界全都辐辏于这一山系之内，是中国西藏与克什米尔间的一条走向与旁遮普・喜马拉雅山（大喜马拉雅山脉的一部分）相平行的大山脉。也是世界第二高山脉。西北—东南走向，通过印度和巴基斯坦北部。
唐古拉山	位于中国西藏自治区东北部与青海省边境处（青藏高原），东段为西藏与青海的界山，东南部延伸接横断山脉的云岭和怒山。山脉高度在海拔 6000 米左右，最高峰各拉丹冬海拔 6621 米，唐古拉山（峰名）6099 米。唐古拉山口的海拔虽高达 5220 米，却因坡缓、高差小而并不显得险要和难以逾越。山峰上发育有小型冰川，为长江、澜沧江、怒江等河流的发源地。唐古拉山是在 5000 米的高原上耸立起来的山脉，海拔 6839 米。它的山顶是约 5000 米的准平原，面上的山脊已在雪线以上（雪线为 5300 米）。唐古拉山脉的西段在西藏自治区境内，东段则为青海省与西藏自治区的界山。它的西端在东经 90° 附近逐渐没入羌塘高原之上，东南与横断山脉中的他念他翁山脉—云岭山脉相接，全长约 700 千米，山体宽 150 千米以上，主峰各拉丹冬是长江正源沱沱河的发源地。唐古拉山还是长江和怒江的分水岭，与喀喇昆仑山脉相连，其西段为藏北内陆水系与外流水系的分水岭，东段则是印度洋和太平洋水系的分水岭。怒江、澜沧江和长江都发源于唐古拉山南北两麓。
念青唐古拉山	位于中国西藏自治区。横贯西藏中东部，为冈底斯山向东的延续，东南延伸与横断山脉西南部的伯舒拉岭相接，中部略为向北凸出，同时将西藏划分成藏北、藏南、藏东南三大区域。念青唐古拉山脉近东西走向。西自东经 90° 左右处的冈底斯山脉尾闾起，

名称	简介
	向东北延伸，至那曲附近又随北西向的断裂带而呈弧形拐弯折向东南，接入横断山脉西北部的伯舒拉岭。山脉形成于燕山运动晚期，地质构造复杂，为一系列向东逆冲的褶皱山带，沿山带南侧均有深大断裂通过。西段为断块山，南侧当雄盆地为一断裂凹陷，故南侧地势陡峭，相对高差达 2000 米左右，地势雄伟；北侧山势较和缓，相对高差 1000 米左右。
冈底斯山	冈底斯，藏语意为众山之主，又被称作“世界之轴”。横贯西藏西南部，与喜马拉雅山脉平行，呈西北—东南走向，属褶皱山。为内陆水系和印度洋水系分水岭。北为高寒的藏北高原，南为温凉的藏南地区谷地。西起喀喇昆仑山脉东南部的萨色尔山脊（北纬 34°15′，东经 78°20′），东延伸至纳木错西南（约北纬 29°20′，东经 89°10′），与念青唐古拉山脉衔接。海拔一般 5500~6000 米。西段呈东南走向，主要支脉阿隆干累山以同一走向并列于主脉北侧，山体宽约 60~70 千米。东接念青唐古拉山脉。长 1100 千米。海拔约 6000 米。主峰冈仁波齐峰（梵文又称开拉斯峰），乃佛教著名圣山，在佛经中称为“底息”，为信徒朝拜巡礼之地，在玛旁雍错（MapamYumco）以北，海拔 6656 米，雪线 6000 米。最高峰为冷布岗日，海拔 7095 米。山顶有 28 条冰川，面积只有 88.8 平方千米，以冰斗冰川和悬冰川为主。南坡冰川多于北坡。是青藏高原南北重要地理界线，西藏印度洋外流水系与藏北内流水系的主要分水岭。位于西藏自治区西南部、喜马拉雅山脉之北，并与后者大致平行。其走向受噶尔藏布—雅鲁藏布江断裂的控制。
喜马拉雅山	位于青藏高原南巅边缘，是世界海拔最高的山脉，其中有 110 多座山峰高达或超过海拔 7350 米。是东亚大陆与南亚次大陆的天然界山，也是中国与印度、尼泊尔、不丹、巴基斯坦等国的天然国界，西起克什米尔的南迦－帕尔巴特峰（海拔 8125 米），东至雅鲁藏布江大拐弯处的南迦巴瓦峰（海拔 7782 米），全长 2450 千米，宽 200~350 千米。主峰是世界最高峰珠穆朗玛峰（又名圣母峰，藏语名：Qomolangma），是藏语第三女神的意思，海拔高达 8844.43 米。据最新测定数据表明，珠穆朗玛峰平均每年增高 1 厘米。喜马拉雅山是世界上最高大最雄伟的山脉。它耸立在青藏高原南缘，分布在中国西藏和巴基斯坦、印度、尼泊尔和不丹等国境内，其主要部分在中国和尼泊尔交接处。西起青藏高原西北部的南迦帕尔巴特峰，东至雅鲁藏布江急转弯处的南迦巴瓦峰，全长 2450 千米，宽 200~350 千米。
高黎贡山	又名高良公山、高黎共山、昆仑冈、分水岭。属青藏高原南部，横断山脉西部断块带，印度板块和欧亚板块相碰撞及板块俯冲的缝合线地带，是著名的深大断裂纵谷区。山高坡陡切割深，垂直高差达 4000 米以上，形成极为壮观的垂直自然景观和立体气候。是横断山脉中最西部的山脉，山高及宽度均较云岭、怒山为小。高黎贡山北连青藏高原，南接中印半岛，使之无论是在气象学还是生物学上，都具有从南到北的过渡特征。高黎贡

续表

名称	简介
	山北段位于西藏自治区境内，称伯舒拉岭，山体作北偏西走向。进入云南贡山独龙族怒族自治县后，称高黎贡山，呈南北走向，平均海拔约 3500 米。其中，以北段较高，海拔 4000 米以上，尾端约 2000 余米。
伯舒拉岭	西藏自治区境内的高山，属于横断山脉中的一条，与他念他翁山、芒康山并行，由青藏高原的念青唐古拉山脉和唐古拉山脉延续转向而来，海拔多在 4000~5000 米左右。
他念他翁山	西藏境内的高山，属于横断山脉的一条，与伯舒拉岭、芒康山并行，由念青唐古拉山脉和唐古拉山脉延续转向而来，海拔多在 4000~5000 米左右。是克拉地峡的北段，整条山脉从西藏延伸过来的。
怒山	位于中国云南省西部及西藏自治区东部，近南北走向，北段称他念他翁山，南段称怒山或碧罗雪山，属横断山脉，为怒江、澜沧江分水岭。山势北高南低，北段多海拔 5000 米以上的雪峰，南段降至 4000 米。为断块山地。最高峰梅里雪山海拔 6740 米，有现代冰川。主峰碧罗雪山海拔 4379 米，位于福贡县东。
云岭	位于云南省西北部,西藏自治区东南部,四川省西南部,属横断山系,是横断山系的重要山脉，也是澜沧江和金沙江的分水岭。云岭山体面积较广，海拔多在 4000~4500 米，5000 米以上的山峰也不少，最高峰梅里雪山主峰卡瓦格博峰，海拔 6740 米，为云南省最高峰。
沙鲁里山	四川省境最长、最宽的山系。位于甘孜藏族自治州、凉山彝族自治州西部。向南伸入云南省境内，南北绵亘长达 500~600 千米，东西宽达 200 千米。山体由花岗岩、石灰岩、砂板岩、千枚岩等组成，山脊海拔在 5500 米以上，山峰则多超过 6000 米，最高的格聂山为 6204 米。属横断山脉北端中部山脉。由北到南有雀儿山、素龙山、海子山、木拉山等。是金沙江和雅砻江的分水岭
大雪山	四川省西部重要地理界线。位于甘孜藏族自治州内，介于大渡河和雅砻江之间，呈南北走向，由北向南有党岭山、折多山、贡嘎山、紫眉山等，其余脉牦牛山向南伸入凉山彝族自治州，南北延伸 400 多千米，是横断山脉的主要山脉之一。山体主要由砂板岩、花岗岩组成，多 5000 米以上高峰。其中，主峰贡嘎山海拔 7556 米。
邛崃山	位于四川省西部。南北绵延约 250 千米，是中国第一阶梯和第二阶梯的分界线之一（四川盆地与青藏高原的地理界线），岷江和大渡河的分水岭，四川盆地和青藏高原的地理界线和农业界线。为四川盆地灌县至天全一线以西山地的总称，自北向南主要有海拔 5551 米的霸王山、海拔 5072 米的巴朗山、海拔 4129 米的夹金山和海拔 3437 米的二郎山等山。山体由花岗岩、石灰岩、结晶灰岩、大理岩、砂板岩等组成，耐风化侵蚀。山体褶皱强烈，山峰峻峭，山脊海拔达 5000 米以上。主峰四姑娘山海拔 6250 米，为四川著名高峰之一。

名 称	简 介
五莲山	位于山东省日照市五莲县，主峰海拔 515.7 米。
乌蒙山	云贵高原上主要山脉之一，位于贵州高原西北部和滇东高原北部，呈东北—西南走向。是金沙江和北盘江的分水岭。系由断层抬升形成的年轻山地，大部分由上古生界的石灰岩组成，长 250 千米，由云南延伸入贵州，绵延于威宁、赫章等地，是牛栏江、横江与北盘江、乌江的分水岭，海拔一般在 2000–2600 米，平均海拔约 2080 米。主脉常有海拔超过 2800 米的山峰，如西凉山高 2853 米、龙头山高 2879 米。位于东南支山脉西北端的韭菜坪，海拔 2900 米，是乌蒙山的最高峰，也是贵州全省海拔最高的山峰。
哀牢山	位于云南省中部，为云岭向南的延伸，是云贵高原和横断山脉的分界线，元江和阿墨江的分水岭，亦为云贵高原气候的天然屏障。呈西北—东南走向，北起楚雄市，南抵绿春县，全长约 500 千米，主峰称哀牢山，海拔 3166 米。
无量山	位于云南省景东县西部，西北起于南涧县，向西南延伸至镇沅、景谷等地，西至澜沧江，东至川河，景东县境内面积 2581 平方千米。属横断山脉云岭余脉，点苍山向南延伸的一个分支。主峰笔架山海拔 3376 米，
武陵山	位于湖北、湖南、重庆、贵州四省市的交界地带，属云贵高原云雾山的东延部分，山系呈北东向延伸，弧顶突向北西，新华夏构造带之隆起。山脉主体位于湖南省西北部，整条山脉呈东北—西南走向，为中国第二阶梯与第三阶梯过渡带，乌江和沅江、澧水分水岭。海拔 1000 米左右，主峰梵净山，海拔 2494 米，在贵州省印江土家族苗族自治县、江口县、松桃苗族自治县三县交界处。最高峰凤凰山海拔 2572 米，位于江口县内。
雪峰山	因山顶常年积雪而得名。位于湖南省西部沅江与资水间，为资江与沅水的分水岭。南起湖南省与广西壮族自治区边境，与八十里大南山相接。北止洞庭湖滨。西侧是湘西丘陵。东侧为湘中丘陵。东北—西南走向。褶皱断块山。南段山势陡峻，北段被资水穿切后，渐降为丘陵。长 350 千米。主峰苏宝顶，海拔 1934 米，位于黔阳与洞口之间。次高峰白马山，海拔 1781 米。山脉主体位于湖南省中部和西部，是湖南省境内重要的山脉。
幕阜山	古称天岳山，主峰位于湖南省平江县南江镇东面，系罗霄山脉，海拔 1606 米，为湘、鄂、赣三省边界最高峰，东接江西修水，北临湖北通城，西南皆踞湖南。
大娄山	又称娄山，是云贵高原上的山脉。位于贵州省北部，为东北—西南走向，呈现向南东凸出的弧形。西起毕节，东北延伸至四川。由三支并列的山脉组成：西支位于桐梓与习水之间，呈东北—西南走向，南起四川古蔺，经贵州而北入四川綦江，海拔 1300~1500 米，在贵州境内的最高峰 1661 米，是习水河与桐梓河的分水岭。中支由

名称	简介
	仁怀经桐梓、松坎而向北延伸至四川，是綦江与芙蓉江的分水岭，海拔 1400~1600 米，常有 1900 米以上的高峰，在贵州境内的最高峰是箐坝大山，高 2028 米，山势南陡北缓而成不对称山岭，从箐河谷仰望娄山，悬崖绝壁，十分险峻。东支位于桐梓、遵义之间，由金沙向东北延伸至四川，是芙蓉江与洪渡河的分水岭，有一系列海拔在 1600 米以上的山峰，该支脉在贵州境内的最高峰仙人峰，高 1795 米。娄山关正处于大娄山主脉的脊梁上，是一个沿裂隙溶蚀而成的隘口，海拔 1226 米，关口周围悬崖绝壁，山峰均高达 1400~1600 米，东西两侧为大小尖山锁峙，南北是高差为 400 米的峡谷。
九岭山	江西省西北部山脉。位于湖南省、江西省两省边境，修水和锦江之间。东北—西南走向。属褶皱断块山，主要由花岗岩和变质岩构成。属罗霄山脉的最北端，东北端没于鄱阳湖盆地，北部隔修水与幕阜山相望。主峰九岭尖位于武宁靖安的边界，海拔 1794 米，九岭山脉可分为南北两支，北支海拔较高，山脉呈东北西南走向，是修水、锦江二流域的分水岭，全山脉大多数位在江西省境内，西南尾端延伸至湖南浏阳成为浏阳河的发源。
罗霄山	湖南、江西两省边界山地的总称。包括武功山、万洋山、诸广山等。除个别山岭海拔达 1500~2000 米外，大部分为 1000 米左右。其中著名的山峰有八面山、井冈山、武功山等。井冈山最南端的南风屏是江西省西部最高峰，海拔 2120 米。炎陵县的酃峰是湖南省最高峰，海拔 2115.4 米。
戴云山	主峰戴云山，又名迎雪山，位于福建省泉州市德化县赤水镇戴云村。海拔 1856 米，雄奇险峻，气势磅礴，有“闽中屋脊”之称，是福建省境内的第二高峰，与台湾阿里山遥遥相望。
雁荡山	以山水奇秀闻名，素有“海上名山，寰中绝胜”之誉，史称中国“东南第一山”。主体位于浙江省温州市东北部海滨，小部在台州市温岭南境。又名雁岩、雁山。雁荡山属于浙东南中低山、丘陵区，地势西高东低，西部为低山丘陵，东部与乐清湾相接，为海积平原。山脉多呈北东—南西向展布，海拔一般 500~600 米，最高峰百岗尖海拔 1056.5 米。
仙霞岭	由福建、江西交界的武夷山脉向东北延伸而成，再向东北延续则称天台山脉。仙霞岭山脉地势高峻，中山广布，平均海拔 1000 米左右，多为中生代侏罗系火山岩覆盖，岩性坚硬，节理发育，侵蚀后常成陡崖峭壁。山势险要，岭上仙霞关有 360 级，28 曲，长 10 千米，崇峻雄伟，夙称天险。仙霞岭山岭重叠，北有窑岭，南有茶岭、小竿岭、大竿岭、梨岭，与仙霞岭合称六岭。六岭之险皆在几十千米中，历史上为军事要地，古时设关隘五处：安民关、二度关、木城关、黄坞关、六石关，与仙霞关合称六大关。主峰仙霞岭海拔 1413 米。

续表

名称	简介
天目山	地处浙江省西北部临安市境内，浙江、安徽两省交界处，距杭州84千米，在杭州至黄山黄金旅游线中段。主峰仙人顶海拔1506米。古名浮玉山，“天目”之名始于汉，有东西两峰，顶上各有一池，长年不枯，故名。是韦陀菩萨的道场。
武夷山	位于江西、福建省两省边境。北接仙霞岭，南接九连山，呈东北—西南走向。长约550千米，海拔1000米左右。是赣江、抚河、信江与闽江的分水岭。主峰黄岗山，海拔2158米，位于江西省铅山县与福建省武夷山市交界处，为中国大陆东南部最高峰。
南岭	中国南部最大山脉和重要自然地理界线。于湖南省、江西省、广东省、广西壮族自治区4省（区）边境。东西长约600千米，南北宽约200千米。因南岭由越城岭、都庞岭、萌渚岭、骑田岭和大庾岭5条主要山岭所组成，故又称五岭。广义的南岭还包括苗儿山、海洋山、九嶷山、香花岭、瑶山、九连山等。
大瑶山	位于广西壮族自治区中部偏东金秀瑶族自治县。历史上还被称为大藤瑶山、大藤山。延伸到象州、蒙山、平南等县境内。北起荔浦修仁—三江断裂带，南至桂平市石龙附近，长约130千米，宽50~60千米。东北—西南走向，西与大明山合成广西弧形山脉。是桂江、柳江的分水岭。主峰圣堂山，位于平南县西北。
云雾山	位于广东省西部的云浮市内，绵延于云安、罗定信宜、高州等县之间。具有断块山性质，是数列呈东北—西南走向的山地的总称。各列山地都有许多小河造成的深谷和多级瀑布，水力资源丰富。山地高度一般为300~800米，最高峰大田顶位于信宜市南部，海拔1704米。
玉山	位于台湾省中部，北起三貂角，南接屏东平原，绵延约300千米。主峰位于北回归线以北2.3千米，海拔3952米，是中国东部最高峰。
五指山	海南岛第一高的山脉。位于海南岛的中部，因峰峦起伏形似五只手指而得名。是海南岛的象征，也是中国名山之一。最高峰是二指，海拔1867米。比五岳之首的泰山还要高出三百多米。山势非常险要，攀登更难，有一座由天然巨石架成的“天桥”。

资料来源：王襄平、王志恒、方精云：《中国的主要山脉和山峰》，《生物多样性》2004年第12期第206~212页。

1-4 中国主要山峰名称位置海拔

【说明】本一级行政区划最高峰标记 *，跨两个一级行政区划标记 **。1 辽宁省最高峰，2 青海省最高峰，3 世界最高峰。

山脉	山峰	北纬（°）	东经（°）	海拔（米）	所处省（市、区）
大兴安岭	黄岗梁	43.5	117.5	2029	内蒙古
大兴安岭	太平岭	47.5	120.5	1711	内蒙古
大兴安岭	罕山	44.2	118.8	1928	内蒙古
大兴安岭	巴代艾来	45.1	119.6	1540	内蒙古
大兴安岭	白卡鲁山	52.3	123.3	1398	黑龙江
大兴安岭	大白山	51.3	123.1	1529	黑龙江 *
大兴安岭	古利牙山	49.7	122.4	1394	内蒙古
小兴安岭	大黑顶山	47.9	129.2	1046	黑龙江
小兴安岭	平顶山	46.6	128.5	1429	黑龙江
长白山脉	白头山白云峰	42.0	128.1	2691	吉林 *
长白山脉	大秃顶子	44.4	128.2	1669	吉林
长白山脉	老秃顶子	41.2	124.8	1325	辽宁
长白山脉	大锅盔山	45.3	129.8	1185	黑龙江
长白山脉	岗山	41.7	125.4	1347	辽宁吉林交界 1
阴山山脉	大青山	40.7	111.3	2227	内蒙古
阴山山脉	呼和巴什格	41.2	106.8	2364	内蒙古
燕山山脉	东灵山	39.9	115.5	2303	北京 *
燕山山脉	雾灵山玉皇顶	40.6	117.6	2116	河北
天山山脉	托木尔峰	42.1	80.3	7435	新疆
天山山脉	汗腾格里峰	42.2	80.2	6995	新疆

续表

山脉	山峰	北纬（°）	东经（°）	海拔（米）	所处省（市、区）
天山山脉	博格达峰	43.8	88.3	5445	新疆
天山山脉	托木尔提	43.1	94.1	4886	新疆
天山山脉	雪莲峰	42.3	80.9	6627	新疆
天山山脉	帕尔斯克山	42.0	82.1	5068	新疆
天山山脉	天格尔峰	43.2	86.6	4562	新疆
天山山脉	婆罗科努山主峰	44.1	83.5	4169	新疆
天山山脉	河源峰	43.4	86.1	5298	新疆
萨吾尔山脉	木斯套峰	47.1	85.7	3835	新疆
阿尔泰山脉	友谊峰	49.1	87.8	4374	新疆
阿尔泰山脉	温多尔海尔汗山	48.2	88.7	3914	新疆
太行山脉	小五台山	40.0	115.2	2882	河北 *
太行山脉	恒山	40.0	112.4	2017	山西
太行山脉	五台山北台顶	39.0	113.5	3058	山西 *
吕梁山脉	关帝山主峰孝文山	37.8	110.8	2831	山西
贺兰山	阿保疙瘩	38.9	106.2	3554	宁夏内蒙古交界 **
六盘山	米缸山	35.5	106.2	2942	宁夏
岷山	雪宝顶	32.7	103.8	5588	四川
岷山	九顶山狮子王	31.5	104.0	4984	四川
阿尔金山脉	阿卡腾能山	38.5	90.4	4642	青海新疆交界
阿尔金山脉	阿尔金山	39.3	93.7	5798	青海甘肃交界
祁连山脉	岗则吾结	38.5	97.7	5827	青海

续表

山脉	山峰	北纬（°）	东经（°）	海拔（米）	所处省（市、区）
祁连山脉	祁连山	39.2	98.5	5547	甘肃 *
祁连山脉	托来南山	38.8	98.1	5161	青海甘肃交界
祁连山脉	大雪山	39.4	96.5	5483	甘肃
祁连山脉	冷龙岭	37.7	102.1	5254	青海甘肃交界
祁连山脉	拉脊山	36.3	101.6	4469	青海
昆仑山脉	公格尔山	38.6	75.3	7649	新疆
昆仑山脉	慕士塔格山	38.2	75.1	7509	新疆
昆仑山脉	公格尔九别峰	38.6	75.1	7595	新疆
昆仑山脉	慕士山	36.1	80.3	6638	新疆
昆仑山脉	琼木孜塔格	35.7	82.3	6962	新疆西藏交界
昆仑山脉	乌孜塔格	36.3	83.0	6254	新疆
昆仑山脉	阿克塔格	36.7	84.6	6748	新疆
昆仑山脉	阿尔赛依	36.1	79.4	8360	新疆
昆仑山脉	若拉岗日	35.2	88.5	6035	西藏
昆仑山脉	木孜塔格	36.4	87.3	6973	新疆西藏交界
昆仑山脉	布喀达坂峰	36.0	90.9	6860	新疆青海交界 2
昆仑山脉	滩北雪峰	37.7	90.6	5675	新疆青海交界
昆仑山脉	雪山峰	36.2	92.1	5804	青海
巴颜喀拉山脉	巴颜喀拉山	34.2	97.6	5267	青海
巴颜喀拉山脉	雅拉达泽山	35.1	95.8	5215	青海
巴颜喀拉山脉	年保玉则	33.3	101.1	5369	青海
阿尼玛卿山	玛卿岗日	34.8	99.4	6282	青海

续表

山脉	山峰	北纬（°）	东经（°）	海拔（米）	所处省（市、区）
唐古拉山脉	普若岗日	33.9	89.2	6245	西藏
唐古拉山脉	各拉丹冬	33.5	91.0	6621	青海
唐古拉山脉	唐古拉山	33.2	91.2	6205	西藏
唐古拉山脉	嘎尔岗日	33.5	90.9	6513	青海
唐古拉山脉	偏四日	32.8	92.7	5900	西藏青海交界
唐古拉山脉	挤懈尔浦麻日	32.4	94.9	5468	西藏青海交界
喀喇昆仑山脉	乔戈里峰	35.9	76.5	8611	新疆 *
喀喇昆仑山脉	加舒尔布鲁木山	35.7	76.6	8080	新疆
喀喇昆仑山脉	布洛阿特峰	35.8	76.5	8051	新疆
喀喇昆仑山脉	特拉木坎力峰	35.5	77.1	7441	新疆
喀喇昆仑山脉	团结峰	35.2	78.6	6644	新疆
冈底斯山脉	冈仁波齐峰	31.0	81.3	6638	西藏
冈底斯山脉	康青日	31.0	82.5	6350	西藏
冈底斯山脉	桑隆	30.5	84.6	6174	西藏
冈底斯山脉	罗波岗日	29.8	84.6	7095	西藏
冈底斯山脉	多则布	29.9	86.4	6436	西藏
冈底斯山脉	香尖日	29.7	86.8	6216	西藏
冈底斯山脉	雪拉普岗日	29.7	88.2	6310	西藏
念青唐古拉山脉	念青唐古拉峰	30.4	90.6	7111	西藏
念青唐古拉山脉	杠宗马	30.2	89.7	6043	西藏
念青唐古拉山脉	穷母岗日	29.9	90.3	7048	西藏
喜马拉雅山脉	珠穆朗玛峰	27.9	86.9	8848	西藏 3

续表

山脉	山峰	北纬（°）	东经（°）	海拔（米）	所处省（市、区）
喜马拉雅山脉	干城章嘉峰	27.8	88.2	8586	西藏
喜马拉雅山脉	洛子峰	28.0	86.9	8516	西藏
喜马拉雅山脉	马卡鲁峰	28.0	87.1	8463	西藏
喜马拉雅山脉	卓奥友峰	28.1	86.7	8201	西藏
喜马拉雅山脉	希夏邦马峰	28.4	85.8	8012	西藏
喜马拉雅山脉	南迦巴瓦峰	29.6	95.1	7782	西藏
喜马拉雅山脉	纳木那尼峰	30.4	81.3	7694	西藏
喜马拉雅山脉	热德纳德峰	28.9	84.4	7035	西藏
喜马拉雅山脉	央然康日	28.4	85.1	7429	西藏
喜马拉雅山脉	拉布吉康峰	28.3	86.3	7367	西藏
喜马拉雅山脉	斯诺乌山	32.7	78.8	6410	西藏
喜马拉雅山脉	宁金抗沙峰	28.9	90.1	7191	西藏
喜马拉雅山脉	库拉岗日	28.2	90.6	7538	西藏
喜马拉雅山脉	绰莫拉日	27.8	89.2	7364	西藏
喜马拉雅山脉	康格多山	27.8	92.4	7060	西藏
喜马拉雅山脉	加拉白垒峰	29.8	94.9	7294	西藏
秦岭太白山	拔仙台	34.0	107.8	3767	陕西 *
秦岭	华山	34.7	110.1	2160	陕西
秦岭	栾川老君山	33.7	111.7	2192	河南
大别山	天堂寨	31.2	115.7	1729	安徽
大别山	霍山	32.4	116.3	1774	安徽
大巴山	化龙山	32.1	109.3	2917	陕西

续表

山脉	山峰	北纬（°）	东经（°）	海拔（米）	所处省（市、区）
大巴山	神农顶	31.6	110.5	3105	湖北 *
大巴山	光雾山	32.5	106.7	2507	四川
横断山脉	高黎贡山	25.3	98.8	3374	云南
横断山脉	碧罗雪山	27.6	98.9	4379	云南
横断山脉	太子雪山卡格薄峰	28.4	98.6	6740	云南 *
横断山脉	老别山大雪山	24.1	99.7	3504	云南
横断山脉	剑川老君山	26.9	99.8	4247	云南
横断山脉	雪邦山	26.5	99.6	4295	云南
横断山脉	点苍山马龙峰	25.8	100.0	4122	云南
横断山脉	无量山猫头山	24.4	100.7	3306	云南
横断山脉	雀儿山	31.8	99.1	6168	四川
横断山脉	格聂山	29.8	99.6	6204	四川
横断山脉	玉龙雪山扇子陡	27.0	100.1	5596	云南
横断山脉	哈巴雪山	27.3	100.1	5396	云南
横断山脉	贡嘎山	29.6	101.8	7556	四川 *
横断山脉	锦屏山	28.5	101.8	4193	四川
横断山脉	白茫雪山	28.2	99.1	5430	云南
横断山脉	初胆针	30.5	96.9	5951	西藏
哀牢山	哀牢山	24.4	101.3	3166	云南
邛崃山	巴郎山	31.2	102.9	5072	四川
邛崃山	夹金山	30.7	102.7	5338	四川
邛崃山	二郎山照壁山	29.9	102.5	3782	四川

续表

山脉	山峰	北纬（°）	东经（°）	海拔（米）	所处省（市、区）
邛崃山	四姑娘山幺妹峰	31.1	102.9	6250	四川
邛崃山	峨眉山万佛顶	29.5	103.3	3099	四川
苗岭	雷公山	26.4	108.3	2179	贵州
武陵山	凤凰山	27.9	108.7	2570	贵州
武陵山	梵净山金顶	27.9	108.8	2494	贵州
大娄山	金佛山风吹岭	29.1	107.2	2251	四川
雪峰山	苏宝顶	27.2	110.3	1934	湖南
乌蒙山	黎山	26.1	103.9	2678	云南
乌蒙山	陆家大营	26.9	104.1	2854	贵州
乌蒙山	韭菜坪	26.9	104.7	2900	贵州 *
罗霄山	南风面	26.6	114.1	2120	江西
幕阜山	幕阜山	29.0	113.8	1596	湖南
武夷山	脉黄岗山	27.8	117.6	2158	福建江西交界 **
东南沿海山系	仁山	27.0	118.8	1822	福建
东南沿海山系	戴云山大戴云	25.7	118.2	1856	福建
东南沿海山系	黄连盂	25.4	116.9	1807	福建
东南沿海山系	黄茅尖	27.8	119.2	1921	浙江 *
九连山	九连山黄牛石	24.6	114.4	1434	广东
天目山	龙王山	30.4	119.4	1587	浙江安徽交界
天目山	黄山莲花峰	30.2	118.2	1873	安徽 *
天目山	九华山	30.6	118.0	1342	安徽
大凉山	锌头尖	28.8	102.3	4791	四川

续表

山脉	山峰	北纬（°）	东经（°）	海拔（米）	所处省（市、区）
南岭	猫儿山	25.9	110.4	2142	广西 *
南岭	真宝顶	26.2	110.8	2123	广西
南岭	韭菜岭	25.4	111.6	2009	湖南
南岭	八面山	26.0	113.8	2042	湖南 *
南岭	石坑崆	24.8	113.1	1902	广东 *
大瑶山	圣堂山	24.0	110.1	1979	广西
五指山	五指山主峰	18.9	109.7	1867	海南 *
玉山山脉	玉山主峰	23.4	121.0	3997	台湾 *
玉山山脉	雪山主峰	24.4	121.1	3884	台湾
中央山脉	秀姑峦山	23.5	121.0	3833	台湾
	衡山祝融峰	27.2	112.9	1290	湖南
	老鸦岔月老	34.4	110.5	2414	河南 *
	云台山玉女峰	34.6	119.6	625	江苏 *
	庐山	29.6	116.0	1474	江西
	泰山玉皇顶	36.1	117.1	1524	山东 *

资料来源：王襄平、王志恒、方精云：《中国的主要山脉和山峰》，《生物多样性》2004 年第 12 期第 206~212 页。

2　中国河流概览

2-2　中国主要河流简表

水系	河流名称	长度（千米）	流域面积（平方千米）	流量（立方米/秒）	流经地区
外流河					
太平洋水系	黑龙江	3420	1620170	8600	黑龙江（中、苏界河）
	松花江	1927	545000	2530	吉林、黑龙江
	嫩江	1089	283000	824	黑龙江、吉林
	乌苏里江	890	187000	2000	黑龙江
	绥芬河	254	10004	60	黑龙江
	图们江	520	33168	268	吉林
	鸭绿江	795	63788	1005	吉林、辽宁
	辽河	1430	164104	302	吉林、辽宁
	滦河	877	44945	149	内蒙古、河北
	海河	1090	264617	717	天津、河北、河南
	黄河	5500	752443	1820	青海、四川、甘肃、宁夏、内蒙古、山西、陕西、河南、山东
	洮河	669	31400	172	青海、甘肃
	大黑河	274	13679	5.7	内蒙古
	汾河	695	39400	53	山西
	渭河	818	107340	292	甘肃、陕西

续表

水系	河流名称	长度（千米）	流域面积（平方千米）	流量（立方米/秒）	流经地区
	沂河	322	11555	122	山东、江苏
	淮河	1000	185700	1110	河南、安徽、江苏
	长江	6300	1807199	31060	青海、四川、西藏、云南、湖北、湖南、江西、安徽、江苏、上海
	雅砻江	1500	129930	1800	青海、四川
	大渡河	1070	90700	2033	青海、四川
	岷江	735	135788	2752	四川
	嘉陵江	1119	159710	2165	陕西、甘肃、四川
	乌江	1018	86815	1650	贵州、四川
	澧水	372	18872	553	湖南、湖北
	沅江	1060	88815	2158	贵州、湖南
	资水	590	28899	797	湖南
	湘江	817	96738	2288	广西、湖南
	汉水	1532	150710	1792	陕西、湖北
	赣江	744	82068	2054	江西
	钱塘江	494	54349	1484	浙江
	瓯江	338	17543	615	浙江
	闽江	577	60992	1980	福建
	九龙江	258	14741	446	福建
	韩江	325	34314	942	广东、福建、江西
	浊水溪	186	3155	176	台湾
	下淡水溪	159	3257	228	台湾

续表

水系	河流名称	长度（千米）	流域面积（平方千米）	流量（立方米/秒）	流经地区
	珠江	2210	452616	11070	云南、贵州、广西、广东
	柳江	730	54205	1521	贵州、广西
	郁江	1162	90720	1700	广西
	桂江	437	19025	569	广西
	北江	468	38362	1260	广东
	东江	523	25325	700	江西、广东
	鉴江	211	9433	270	广东
	南渡河	340	6841	180	广东
	元江	640	39840	634	云南
	澜沧江	2153	161430	2354	青海、西藏、云南
印度洋水系	怒江	2013	124830	2000	西藏、云南
	雅鲁藏布江	2057	240480	4425	西藏
北冰洋水系	额尔齐斯河	546	50860	342	新疆
内流河					
	乌伦古河	715	22032	35.6	新疆
	伊犁河	441	65000	410	新疆
	玛纳斯河	406	4056	40.5	新疆
	阿克苏河	419	35871	195	新疆
	塔里木河	2137	19800		新疆
	喀什噶尔河	507	11500	61.9	新疆
	叶尔羌河	1037	48100	203	新疆

续表

水系	河流名称	长度（千米）	流域面积（平方千米）	流量（立方米/秒）	流经地区
	和田河	1090	28232	142	新疆
	车尔臣河	527	18119	16.4	新疆
	格尔木河	419	15477	23.5	青海
	疏勒河	540	20197	26.4	青海、甘肃、新疆

资料来源：新华通讯社：《中华人民共和国年鉴2014》，中华人民共和国年鉴社，北京：2014年。

2-3 中国各一级行政区划主要河流概览

行政区	河流名称
江苏	长江、京杭大运河、苏北灌溉总渠、秦淮河、滁河、沂河、沭河、新沂河、新沭河、盐河、串场河、通榆运河、射阳河、新通榆运河、废黄河等
浙江	钱塘江、瓯江、甬江、灵江、苕溪、飞云江、鳌江、京杭大运河等
安徽	长江、淮河、新安江、皖水、淠河等
上海	黄浦江、苏州河、川扬河、淀浦河等
江西	赣江、抚河、信江、饶河、修河等
福建	闽江、晋江、九龙江、汀江、赛江、木兰溪等
湖南	湘江、沅江、资水、澧水等
湖北	长江、汉水、清江等
河南	黄河、淮河、卫河、漳河、丹江、唐白河、湍河等
河北	海河（潮白河、永定河、大清河、子牙河、南运河等）、辽河、滦河、滨海（陡河、洋河、戴河等）等
山东	黄河、沂河、徒骇河、京杭大运河等
山西	黄河（汾河、沁河、涑水河、三川河、昕水河等）、海河（桑干河、滹沱河、漳河等）

续表

行政区	河 流 名 称
陕西	渭河、北洛河、嘉陵河、汉江、泾河、无定河、延河、丹江等
天津	海河、北运河、南运河、大清河、永定河、子牙河、马厂减河、独流减河、洪泥河等
北京	永定河、大清河、北运河、潮白河、蓟运河等
四川	长江（嘉陵江、岷江、金沙江、大渡河、沱江、雅砻江、涪江等）
重庆	长江、嘉陵江、乌江、涪江、綦江、大宁河等
云南	澜沧江、怒江、长江、元江、金沙江、礼社江、红河、南盘江、西江、乌江、嘉陵江、芙蓉江等
贵州	长江（乌江、赤水河、清水江、洪州河、阳河、锦江、松桃河、松坎河、牛栏江、横江等）、珠江（南盘江、北盘江、红水河、都柳江、打狗河等）
广东	珠江、韩江、榕江、漠阳江、鉴江、九洲江等
广西	珠江（漓江）、河邕江、浔江、红水河、左江、桂江、融江等
海南	南渡江、昌化江、万泉河等
辽宁	辽河、大凌河、鸭绿江、寇河、碧流河、复州河等
吉林	松花江、图们江、嫩江、鸭绿江等
黑龙江	松花江、牡丹江、黑龙江、乌苏里江、嫩江、呼兰河、穆棱河等
内蒙古	黄河、嫩江、西辽河、乌拉盖河、锡林郭勒河、昌都河、塔布河等
宁夏	黄河、清水河、泾河、渭河等
甘肃	黄河、泾河、渭河、疏勒河、弱水、哈尔腾河、党河、疏勒河、北大河、石羊河、大通河、清水河、葫芦河、马莲河、甸河、白江、白龙江、白水江、祖历河等
青海	黄河、通天河、扎曲、湟水、大通河等
西藏	雅鲁藏布江、怒江、澜沧江、长江等
新疆	塔里木河、伊犁河、额尔齐斯河、玛纳斯河、乌伦古河、开都河等
香港	城门河、梧桐河、林村河、元朗河和锦田河等

续表

行政区	河 流 名 称
台湾	淡水河、花莲溪、浊水溪、大甲溪、大肚溪等

数据来源：各地方水利网站，采集时间：2015 年 12 月 15 日。

2-4　中国河流流域面积简表

流域名称	流域面积（平方千米）	占外流河、内陆河流域面积合计（%）
合计	9506678	100.00
外流河	6150927	64.70
黑龙江及绥芬河	934802	9.83
辽河、鸭绿江及沿海诸河	314146	3.30
海滦河	320041	3.37
黄河	752773	7.92
淮河及山东沿海诸河	330009	3.47
长江	1782715	18.75
浙闽台诸河	244574	2.57
珠江及沿海诸河	578974	6.09
元江及澜沧江	240389	2.53
怒江及滇西诸河	157392	1.66
雅鲁藏布江及藏南诸河	387550	4.08
藏西诸河	58783	0.62
额尔齐斯河	48779	0.51
内陆河	3355751	35.30

续表

流域名称	流域面积（平方千米）	占外流河、内陆河流域面积合计（%）
内蒙古内陆河	311378	3.28
河西内陆河	469843	4.94
准噶尔内陆河	323621	3.40
中亚细亚内陆河	77757	0.82
塔里木内陆河	1079643	11.36
青海内陆河	321161	3.38
羌塘内陆河	730077	7.68
松花江、黄河、藏南闭流区	42271	0.44

资料来源：中华人民共和国国家统计局：《2014 中国统计年鉴》，北京：中国统计出版社，2014 年。

3 中国湖泊概览

3-1 中国各一级行政区划湖泊简表

湖泊代码	湖泊名称	省（直辖市、地区）	行政区域	面积（平方千米）	蓄水量（立方米）	平均水深（米）
340322001	沱湖	安徽	五河	45		
340400002	瓦埠湖	安徽	淮南、长丰、寿县	143		
342121003	西湖	安徽	阜阳			
342423004	城东湖	安徽	霍邱	115		
342423005	城西源	安徽	霍邱	57		
340322006	天井湖	安徽	五河	40		
342522008	南漪湖	安徽	郎溪、宣城	205	65000	4.5
342601009	巢湖	安徽	巢湖、肥东、肥西、庐江	820	360000	
342622010	黄陂湖	安徽	庐江	393		
340223011	奎湖	安徽	南陵	4.3		
340823012	白荡湖	安徽	枞阳	850		
340800013	破岗湖	安徽	安庆、枞阳	140		
340800014	菱湖	安徽	安庆	836		
340821015	菜子湖	安徽	桐城、枞阳	136		
340823016	三寺大湖	安徽	枞阳、怀宁	36		
340822017	七里湖	安徽	怀宁	402.8		

续表

湖泊代码	湖泊名称	省（直辖市、地区）	行政区域	面积（平方千米）	蓄水量（立方米）	平均水深（米）
342901018	升金湖	安徽	贵池	132.8		1–2.5
340827019	青草湖	安徽	望江	120		
340827020	武昌湖	安徽	望江	103		
340826021	黄湖	安徽	宿松	300		
340826022	大官湖	安徽	宿松、望江	261	34000	
340827023	泊湖	安徽	望江	209.2	30000	1.2
340826024	龙湖	安徽	宿松			2.4
340521007	丹阳湖	安徽、江苏	安徽当涂、江苏高淳			
110100001	什刹海	北京	西城	0.34		
110100002	中南海	北京	西城	0.8754		2
110100003	龙潭湖	北京	东城	0.443		2
110100004	福海	北京	海淀	0.344		
110100005	陶然亭湖	北京	西城	0.167		
110100006	昆明湖	北京	海淀	2.049		
350128001	三十六脚湖	福建	平潭	2	1510	
350322002	九鲤湖	福建	仙游			
350522003	龙湖	福建	晋江	1.5		2.5–3.5
350100004	西湖	福建	福州	0.3		
350481005	九龙湖	福建	永安		7.4	
350429006	金湖	福建	泰宁	38.3	70000	
623025001	朵海	甘肃	玛曲	6		

续表

湖泊代码	湖泊名称	省（直辖市、地区）	行政区域	面积（平方千米）	蓄水量（立方米）	平均水深（米）
622101002	哈拉湖	甘肃	玉门、安西、敦煌			
622322003	西马湖	甘肃	民勤	14		
440100001	东湖	广东	广州	0.4		
440100002	流花湖	广东	广州	0.8		
440122003	天湖	广东	从化	10.2	1000	
440100004	荔湾湖	广东	广州			
441200005	星湖	广东	肇庆	6		
441300006	丰湖	广东	惠州			
440300007	石岩湖	广东	深圳			
440421008	白藤湖	广东	斗门	20		
450300001	榕湖	广西	桂林			
522601001	金泉湖	贵州	凯里			
520100002	金华湖	贵州	贵阳			
520100003	阿哈湖	贵州	贵阳	4	7470	
520100004	百花湖	贵州	贵阳	13.5	13000	
522525005	红枫湖	贵州	清镇、平坎	57.2	60000	
522122006	桐梓小西湖	贵州	桐梓	0.1		
130300001	燕塞湖	河北	秦皇岛			
132433002	白洋淀	河北	安新、雄县、高阳、任丘之间	366	24400	
232100001	兴凯湖	黑龙江	密山（中俄共有）	4380		
232100002	小兴凯湖	黑龙江	密山			

续表

湖泊代码	湖泊名称	省（直辖市、地区）	行政区域	面积（平方千米）	蓄水量（立方米）	平均水深（米）
231021003	镜泊湖	黑龙江	宁安	95	163000	
231021004	小北湖	黑龙江	宁安	10		
232328005	西湖	黑龙江	肇源	30		
232603006	五大连池	黑龙江	五大连池	18.47		
230600019	库里泡	黑龙江	大庆	120		2–3
230600020	红旗泡	黑龙江	大庆	75		
230226021	火烧黑泡子	黑龙江	杜尔伯特	150		
230226022	向阳湖	黑龙江	杜尔伯特	60		
230226023	南山泡子	黑龙江	杜尔伯特			
230226024	时雨光	黑龙江	杜尔伯特	24		
230226025	西葫芦泡	黑龙江	杜尔伯特			2
230226026	月饼泡	黑龙江	杜尔伯特	30		
230226027	他拉红诺尔	黑龙江	杜尔伯特	140		2–3
230226028	乌兰诺尔	黑龙江	杜尔伯特	100		2
230226029	阿木塔诺尔	黑龙江	杜尔伯特	95		
230600030	黑鱼泡	黑龙江	大庆	180	10300	1.2
422130002	大源湖	湖北	黄梅	7.8	2800	2
422130003	太白湖	湖北	黄梅、武穴	26	2150	2.8
422102004	武山湖	湖北	武穴	16.7	1190	2
422327005	网湖	湖北	阳新	334	1.78	2.99
422327006	海口湖	湖北	阳新	9		1.3

续表

湖泊代码	湖泊名称	省（直辖市、地区）	行政区域	面积（平方千米）	蓄水量（立方米）	平均水深（米）
420700007	花马湖	湖北	鄂州、黄石	16.5	4950	2.5
420221008	大冶湖	湖北	大冶	64	25000	2–3
420200009	南湖	湖北	黄石	13.1		1.5
422102010	马口湖	湖北	武穴	48		2
422128011	赤东湖	湖北	蕲春	19.5		3.5
422128012	赤西湖	湖北	蕲春	8.6	1700	2–3
422127013	策湖	湖北	浠水	13.1	1508	1.5
422127014	望天湖	湖北	浠水	8	1300	2.5
420700015	三山湖	湖北	鄂州、大冶	77		
420221016	保安湖	湖北	大冶	37		2
420700017	南迹湖	湖北	鄂州	7		
420704018	鸭儿湖	湖北	鄂城、武昌、黄石、咸宁	53.3		2–2.5
420700019	杨桩湖	湖北	鄂州	7.8	2340	2–2.5
420700020	严家湖	湖北	鄂州	10		
420700021	红莲湖	湖北	鄂州	14		
420700022	梧桐湖	湖北	鄂州、武昌	20		
420122023	牛山湖	湖北	武昌、鄂州	100		1
420122024	梁子湖	湖北	武昌	347.4	84100	1
420100025	严东湖	湖北	武汉、鄂州	13		
420100026	严西湖	湖北	武汉	20		
420100027	东湖	湖北	武汉	31.75	8150	2.48

续表

湖泊代码	湖泊名称	省（直辖市、地区）	行政区域	面积（平方千米）	蓄水量（立方米）	平均水深（米）
420100028	莲花湖	湖北	武汉			
420100029	南湖	湖北	武汉	79		2
420122030	汤逊湖	湖北	武昌	27.9		1.4
420122031	青菱湖	湖北	武昌、武汉	10		1.2
420122032	后石湖	湖北	武昌	5		
420122033	鲤湖	湖北	武昌	30		
420122034	团墩湖	湖北	武昌	8		
422301035	斧头湖	湖北	咸宁、嘉鱼、武昌	127.6		1.45
422322036	西梁湖	湖北	嘉鱼、咸宁、赤壁	64		
422322037	大岩湖	湖北	嘉鱼	12.2		2.5
422322038	密泉湖	湖北	嘉鱼	13		
422302039	大罗湖	湖北	赤壁	6		1.2
422302040	沧湖	湖北	赤壁	8		1
422302041	黄盖湖	湖北	赤壁，湖南	87.2		
420124042	涨度湖	湖北	新洲	330	10000	0.96
420124043	陶家大湖	湖北	新洲	7.8	2000	1.5
420124044	七湖	湖北	新洲	5	117	1.5
420124045	安儿湖	湖北	新洲	7.1	212	2.5
420123046	武湖	湖北	黄陂、新洲	21		
420123047	后湖	湖北	黄陂	9.8		
422201048	童家湖	湖北	孝感、黄陂	8.5		

续表

湖泊代码	湖泊名称	省（直辖市、地区）	行政区域	面积（平方千米）	蓄水量（立方米）	平均水深（米）
422201049	野猪湖	湖北	孝感	22.4		
422201050	王母湖	湖北	孝感	9.5		
420100051	西湖	湖北	武汉	10		
422228052	刁汊湖	湖北	汉川、天门、应城、孝感、云梦等	85.8	7700	0.9
422202053	东西汊湖	湖北	应城	26		
422202054	龙赛湖	湖北	应城	18.1		1.2
422202055	大湖	湖北	应城	17		
422404056	张家大湖	湖北	天门	6.17		
422404057	白湖	湖北	天门	2.75		
422921058	大九湖	湖北	神农架	16.6		
420121059	后官湖	湖北	汉阳	34.1		
420121060	小扎湖	湖北	汉阳	8.32	1100	2
420100061	陈湖	湖北	武汉	7.5		
422401062	武湖	湖北	仙桃、武汉	8		
422403063	沙套湖	湖北	洪湖	5		
422403064	大沙湖	湖北	洪湖	16		
422403065	夏庄湖	湖北	洪湖	7		1.2
422403066	肖家湖	湖北	洪湖	7.5		
422403067	里湖	湖北	洪湖	8		
422403068	红旗湖	湖北	洪湖	7		
422425069	洪湖	湖北	监利、沔阳	354.7	93800	1.44

续表

湖泊代码	湖泊名称	省（直辖市、地区）	行政区域	面积（平方千米）	蓄水量（立方米）	平均水深（米）
422403070	后湖	湖北	洪湖	8		
422401071	排湖	湖北	仙桃	23	3220	1.7
422405072	张家湖	湖北	潜江	6.5		1.2–1.6
420400073	长湖	湖北	沙市、江度、潜江	122.5	27100	
420400074	海子湖	湖北	沙市			
422421075	菱角湖	湖北	江陵	13.3	550	1.5
420800076	借粮湖	湖北	荆门	46	1118	1.5
422405077	返湾湖	湖北	潜江	7.5		1.2
422405078	冯湖	湖北	潜江	6		1.1
422431079	南湖	湖北	钟祥	13.3	4000	2.5
422405080	白露湖	湖北	潜江、监利、公安	5.5		
422422081	庆寿寺湖	湖北	松滋	3.9	500	2–3
422422082	小南海	湖北	松滋	11.7	1413	2.5
422422083	马淹死湖	湖北	松滋	1.95	250	1.5
422423084	玉湖	湖北	公安	9		
422423085	重湖	湖北	公安	14.8	2400	1.5
422423086	淤泥湖	湖北	公安	20	2050	3
422423087	陆逊湖	湖北	公安	5.6	750	1.6
422423088	牛浪湖	湖北	公安、湖南	12.6	4900	4
422402089	上津湖	湖北	石首	16	3380	1.5
422402090	中湖	湖北	石首	8.5	2500	2

续表

湖泊代码	湖泊名称	省（直辖市、地区）	行政区域	面积（平方千米）	蓄水量（立方米）	平均水深（米）
422402091	白莲湖	湖北	石首	6.7	1370	2.5
422422092	王家大湖	湖北	松滋	6.7	960	1.2
422422093	蠡田湖	湖北	松滋	1.5	200	1–1.5
422130001	龙感湖	湖北、安徽	湖北黄梅、安徽宿松	326	42000	
430600002	东洞庭湖	湖南	岳阳	1327.8	1323000	
430600003	青草湖	湖南	岳阳	20		
432302004	万子湖	湖南	沅江、泗罗	240		
432302005	鹿湖	湖南	沅江	24		
432302006	大通湖	湖南	沅江	90.7		15
432302007	南洞庭湖	湖南	沅江			
430722008	大连湖	湖南	汉寿、沅江	120		10
430624009	横岭湖	湖南	湘阴	35		
430722010	西洞庭湖	湖南	汉寿			
430722011	目平湖	湖南	汉寿、沅江	350	246000	
430600001	洞庭湖	湖南	岳阳（跨湖南、湖北两省）	2691	1740000	
222303001	背河泡	吉林	扶余	3.6		
222303002	富康泡	吉林	扶余	2.7		0.7
220221003	松花湖	吉林	吉林、永吉、蛟河、桦甸	480	811000	
220000004	长白山天池	吉林	白山（中朝界湖）	9.82	200000	204
222324005	大库里泡	吉林	前郭尔罗斯	14		4
220324006	大哈拉泡	吉林	双辽	2		1.2

续表

湖泊代码	湖泊名称	省（直辖市、地区）	行政区域	面积（平方千米）	蓄水量（立方米）	平均水深（米）
220324007	和亲泡	吉林	双辽	2.5		1.5
222323008	五井泡	吉林	长岭	4.5		1.1
220324009	架树合泡	吉林	双辽	4.5		1.5
222326010	格力吐泡	吉林	镇赉	2		2
222326011	洋沙泡	吉林	镇赉	32		1.5
222304012	月亮泡	吉林	大安	181		3–4
222326013	莫什海泡	吉林	镇赉	25.6		2
222304014	王家泡	吉林	大安	2.5		2.5
222304015	韩福元泡	吉林	大安	2.5		1.5
222326016	四家子泡	吉林	镇赉	30		2
222326017	大雁泡	吉林	镇赉	3.1		1.7
222326018	乌拉草泡	吉林	镇赉	3		1.5
222326019	索龙泡	吉林	镇赉	2		1.5
222326020	苇子沟泡	吉林	镇赉	10		1.7
222326021	大呼拉泡	吉林	镇赉	5		2.5
222326022	六家泡	吉林	镇赉	3.6		1
222326023	乌骡马泡	吉林	镇赉	4		2.5
222326024	腰口泡	吉林	镇赉	3		3
222326025	珠山泡	吉林	镇赉	5		2
222326026	高棉泡	吉林	镇赉	10		2.5
222326027	茨勒泡	吉林	镇赉	9.6		2

续表

湖泊代码	湖泊名称	省（直辖市、地区）	行政区域	面积（平方千米）	蓄水量（立方米）	平均水深（米）
222326028	卧卜泡	吉林	镇赉	5		2.5
222326029	太平山泡	吉林	镇赉	3		2
222326030	郑家泡	吉林	镇赉	3		1.5
222326031	火烧泡	吉林	镇赉	3		2.3
222326032	五家泡	吉林	镇赉	3		2
222326033	大屯泡	吉林	镇赉	5		1.5
222326034	老鸹窝泡	吉林	镇赉	27		5
222326035	哈尔挠泡	吉林	镇赉	40.2		7.9
222326036	张伯川泡	吉林	镇赉	8.1		2
222326037	嘎海后泡	吉林	镇赉	10.3		1.5
222326038	老山头泡	吉林	镇赉	5		1.5
222326039	少力泡	吉林	镇赉	5		2.5
222326040	月牙泡	吉林	镇赉	2		2
222326041	汪洋泡	吉林	镇赉	2.3		2.1
222326042	南园泡	吉林	镇赉	2.5		2.5
222326043	大榆树泡	吉林	镇赉	2.5		2.5
222326044	陈坚泡	吉林	镇赉	3		2.5
222326045	棉西泡	吉林	镇赉	4		2.5
222326046	白家泡	吉林	镇赉	3		2
222326047	河宝吐泡	吉林	镇赉	2		2
222326048	杨家岗泡	吉林	镇赉	5		2.3

续表

湖泊代码	湖泊名称	省（直辖市、地区）	行政区域	面积（平方千米）	蓄水量（立方米）	平均水深（米）
222326049	那什吐泡	吉林	镇赉	8.3		2
222326050	董山湾泡	吉林	镇赉	2.5		2.5
222326051	西二龙泡	吉林	镇赉	20		1.5
222326052	苏台山湾泡	吉林	镇赉	5		3
222326053	弯垅泡	吉林	镇赉	10		1.3
222326054	鹅头泡	吉林	镇赉	20.2		2
222326055	莫莫格泡	吉林	镇赉	20		1.5
222326056	巨力可泡	吉林	镇赉	8		1.6
222304057	牛心套保泡	吉林	大安	36		0.7
222304058	利民泡	吉林	大安	10.6		1
222304059	张家窑泡	吉林	大安	4		0.7
222304060	新荒泡	吉林	大安	43		1.5–2.5
222304061	查干泡	吉林	大安、乾安	228.5		4
222304062	新平安泡	吉林	大安	11.4		1.5
222324063	奈吉泡	吉林	前郭尔罗斯	4.5		3
222304064	巩固泡	吉林	大安	2.6		1.5
222304065	榆树泡	吉林	大安	7.2		1
222304066	叉干泡	吉林	大安	3.6		1.5
222304067	东升泡	吉林	大安	3.76	1000	
222304068	同心泡	吉林	大安	3		1.5
222304069	小西米泡	吉林	大安	14.4	3500	1.5

续表

湖泊代码	湖泊名称	省（直辖市、地区）	行政区域	面积（平方千米）	蓄水量（立方米）	平均水深（米）
222304070	两家泡	吉林	大安	6.2		1.7–2
222304071	核心泡	吉林	大安	6		0.8
222304072	大岗泡	吉林	大安	7.9		1.5
222304073	王焕泡	吉林	大安	3.6		1
222304074	蛤蟆泡	吉林	大安	4.6		2
222304075	东大泡	吉林	大安	2.2		1.5
222304076	长城泡	吉林	大安	2		1
222304077	杨磨房泡	吉林	大安	3.6		1.5
222304078	罗圈泡	吉林	大安	3.2		1.3
222304079	好来宝泡	吉林	大安	3.2		1
222304080	新立堡泡	吉林	大安	2		1
222304081	黑鱼泡	吉林	大安	2		1
222304082	他拉红泡	吉林	大安	8.4		2
222304083	小泡	吉林	大安	2		1.5
222302084	架子台泡	吉林	洮南	5.4		3
222302085	保安泡	吉林	洮南	2		2.5
222302086	小香海泡	吉林	洮南	10		3
222302087	四海泡	吉林	洮南	5.3		2.5
222302088	张家泡	吉林	洮南	3		2
222302089	西郊泡	吉林	洮南	1.9		3
222302090	三家泡	吉林	洮南	2		2.5

续表

湖泊代码	湖泊名称	省（直辖市、地区）	行政区域	面积（平方千米）	蓄水量（立方米）	平均水深（米）
222302091	石灰窑泡	吉林	洮南	2		4
222302092	双扶泡	吉林	洮南	2		2
222302093	郭家泡	吉林	洮南	9		4
222303094	八楞泡	吉林	扶余	8		3
222303095	背河泡	吉林	扶余	3.5		3
222328096	洪字泡	吉林	乾安	3.8		0.9
222328097	珍字泡	吉林	乾安	3.2		0.9
222320898	夜字泡	吉林	乾安	4.9		0.7
222328099	菜字泡	吉林	乾安	6.7		1.1
222328100	迩字泡	吉林	乾安	3.5		0.4
222328101	水字泡	吉林	乾安	2.5		0.5
222328102	及字泡	吉林	乾安	2.4		1
222328103	三王泡	吉林	乾安	2.4		0.9
222328104	女字泡	吉林	乾安	2.2		1.5
222328105	花敖泡	吉林	乾安	12.1		0.5
222328106	大布苏泡	吉林	乾安	40.2		1.5
222328107	道字泡	吉林	乾安	7.8		1
222328108	张家泡	吉林	乾安	12		1.7
222327109	新成泡	吉林	通榆	1.7		1.5
222327110	大肚泡	吉林	通榆	2.6		1.5
222327111	大泥哈嘎泡	吉林	通榆	2.5		0.3

续表

湖泊代码	湖泊名称	省（直辖市、地区）	行政区域	面积（平方千米）	蓄水量（立方米）	平均水深（米）
222327112	粮丰西泡	吉林	通榆	2.4		0.5
222327113	大段泡	吉林	通榆	2.6		1
222327114	民兴泡	吉林	通榆	2.5		1
222327115	拉拉屯泡	吉林	通榆	2.7		1
222326116	金盆泡	吉林	镇赉	3.7		1
222323117	东升泡	吉林	长岭	3.1		1
222323118	十三泡	吉林	长岭	16.5		1
222323119	四十六泡	吉林	长岭	12.7		1
222323120	腰井泡	吉林	长岭	13.3		0.8
222324121	旱龙坑泡	吉林	前郭尔罗斯	4.6		2
222324122	新庙泡	吉林	前郭尔罗斯	30.7		2
222324123	大库里泡	吉林	前郭尔罗斯	14		4
222324124	菱角泡	吉林	前郭尔罗斯	2		2
222324125	嘎不拉涣	吉林	前郭尔罗斯	2		3
222324126	苏家泡	吉林	前郭尔罗斯	2.5		1
222324127	小狼山泡	吉林	前郭尔罗斯	2.5		1.5
222324128	查干花泡	吉林	前郭尔罗斯	7		1.5
220122129	莫波泡	吉林	农安	2.7		1
220122130	广兴店泡	吉林	农安	2.1		0.5
220122131	敖宝图泡	吉林	农安	16		0.5
220122132	波罗泡	吉林	农安	67		1.3

续表

湖泊代码	湖泊名称	省（直辖市、地区）	行政区域	面积（平方千米）	蓄水量（立方米）	平均水深（米）
220122133	元宝洼泡	吉林	农安	9.3		0.8
320825001	洪泽湖	江苏	泗阳、泗洪、盱眙、淮阴、洪泽之间	2069	313000	1.5
320830002	斗湖	江苏	盱眙	34	3570	1.05
320829003	成子湖	江苏	洪泽	280		2
321083004	乌巾荡	江苏	兴化	3	410	1.4
321083005	平旺湖	江苏	兴化	3.5	480	1.4
321023006	射阳湖	江苏	宝应、建湖、淮安			
321023007	大纵湖	江苏	宝应、盐城、兴化	28		
321083008	蜈蚣湖	江苏	兴化	16	1400	0.9
321083009	郭真湖	江苏	兴化	5	540	1.1
321083010	得胜湖	江苏	兴化	9.2	620	0.67
320583001	汪洋荡	江苏	昆山	3.7		
320524012	白岘湖	江苏	苏州	7.6	1900	2.5
320500013	盛泽荡	江苏	苏州	3.8	900	2.4
320524014	长漾	江苏	苏州	6.8	1700	2.5
320583015	澄湖	江苏	昆山、吴江	45	8000	1.8
320500016	独墅湖	江苏	苏州	9.6	1600	1.7
320500017	金鸡湖	江苏	苏州	6.5	1200	1.8
320525018	金鱼漾	江苏	吴江	4.3		1.2
320282020	西轨	江苏	宜兴	10.5		
320282021	团轨	江苏	宜兴	2.6		

续表

湖泊代码	湖泊名称	省（直辖市、地区）	行政区域	面积（平方千米）	蓄水量（立方米）	平均水深（米）
320282022	东轨	江苏	宜兴	8		
320583023	长白荡	江苏	昆山	5.2	800	1.5
320525024	同里湖	江苏	吴江	2.4		
320200025	五里湖	江苏	无锡	7.1	1400	2
320525026	三白荡	江苏	吴江	2.6		
320525027	麻漾	江苏	吴江	10.7	2100	2
320525028	九里湖	江苏	吴江	2.4		0.8–0.4
320525029	雪落漾	江苏	吴江	城东 1.2		
320525030	雪落漾	江苏	吴江	城西 2.3		1.4
320583031	白莲湖	江苏	昆山	6.2	900	
320524032	金沙湖	江苏	苏州	2.4		
320525033	元鹤荡	江苏	吴江	2.5		1.5
320525034	元荡	江苏	吴江	13.7	2100	
320524035	石湖	江苏	吴县	3		
320525036	汾湖	江苏	吴江	7.5	1500	2
320525037	樱桃湖	江苏	吴江	2.4		1.1–1.9
320583038	陈墓漾	江苏	昆山	1.8		
320583039	阳澄湖	江苏	昆山、苏州间	119		
320583040	傀儡湖	江苏	昆山	6.9	800	1.2
320583041	明镜湖	江苏	昆山	3.4		1.4
320581042	昆承湖	江苏	常熟	18	3200	1.8

续表

湖泊代码	湖泊名称	省（直辖市、地区）	行政区域	面积（平方千米）	蓄水量（立方米）	平均水深（米）
320222043	鹅真荡	江苏	无锡	5.2	1200	2.3
320524044	漕湖	江苏	苏州	9	2000	2.2
321028045	鸡雀湖	江苏	姜堰	2	400	2
321181046	练湖	江苏	丹阳	0.8		
320422047	天荒湖	江苏	金坛	2.34	158.1	1
320422048	长荡湖	江苏	金坛、溧阳	86	10000	1.2
320422049	钱资荡	江苏	金坛	4.9	1000	2
320421050	隔湖	江苏	武进、宜兴	166	21000	1.3
320282051	马公荡	江苏	宜兴	3	380	1.25
320282052	都山荡	江苏	宜兴	1.6	180	1.1
320421053	宋剑湖	江苏	武进	0.1		
321000054	瘦西湖	江苏	扬州			
321023055	白马湖	江苏	宝应、淮安、洪泽、金湖	108	10000	0.9
321023056	宝应湖	江苏	宝应、金湖	44	3960	0.9
321022057	高邮湖	江苏	高邮、宝应、金湖、	650	87000	1.34
321023058	氾光湖	江苏	宝应、金湖	12	1300	1.1
321026059	渌洋湖	江苏	江都	10		
321023060	广洋湖	江苏	宝应	8.9	530	0.6
320381062	骆马湖	江苏	新沂、宿迁	235	27000	1.1
320300063	云龙湖	江苏	徐州	14		2
320100064	莫愁湖	江苏	南京	0.37		1

续表

湖泊代码	湖泊名称	省（直辖市、地区）	行政区域	面积（平方千米）	蓄水量（立方米）	平均水深（米）
320100065	玄武湖	江苏	南京	3.7		1.5
320124066	石臼湖	江苏	溧水、高淳	201	34000	1.67
320125067	固城湖	江苏	高淳	24.3	3900	1.9
320524019	太湖	江苏、浙江	跨江苏、浙江两省，北临无锡，南濒湖洲，西依宜义，东近苏州	2292	486000	2.1
360430001	太泊湖	江西	彭泽	22		3.6
360430002	方湖	江西	彭泽			
360429003	造湖	江西	湖口	3		
360428004	戴家湖	江西	都昌	40		3
360428005	柏水湖	江西	都昌	10		3
360428006	老桥湖	江西	都昌	2.2		2–3
360429007	南港湖	江西	湖口	2.2		
360429008	大桥湖	江西	湖口	2.2		
360429009	北港湖	江西	湖口	6.2		2
360429010	鞋山湖	江西	湖口	4.51		9
360428011	鄱阳湖	江西	跨南昌、新建、进贤、余干、鄱阳、九江、星子、德安和永安等	3841	2600000	
360121012	大沙坊湖	江西	南昌、新界间	15.77		2
360121013	瑶湖	江西	南昌	17.77		2.5
360111014	青山湖	江西	南昌	4.5		1.5
360121015	军山湖	江西	南昌、进贤	220	120000	3–5

续表

湖泊代码	湖泊名称	省（直辖市、地区）	行政区域	面积（平方千米）	蓄水量（立方米）	平均水深（米）
360124016	青岚湖	江西	南昌、进贤	36		2.5–5
360121017	外青岚湖	江西	南昌、进贤	42		1.6
360124018	内青岚湖	江西	进贤	19	1000	
360124019	洋坊湖	江西	进贤、余干间	20		2–4
362329020	润溪湖	江西	余干、进贤	6		3
362329021	韩家湖	江西	余干	7		2
362329022	江家湖	江西	余干	2.2		2
362329023	鲫鱼湖	江西	余干	2.2		2
362329024	独州湖	江西	余干	6		1.5
360124025	杨林浆湖	江西	进贤、余干	10		1.4–2.6
360121026	三湖	江西	南昌	3		
362329027	林充湖	江西	余干、南昌	5		1.5–2
360121028	南湖	江西	南昌、余干	5		2
360121029	西湖	江西	南昌	8		2
360124030	陈家湖	江西	进贤	20	12000	
362329031	北口湖	江西	余干	4.8		3
362329032	王罗湖	江西	余干	9		2.5
362124033	金溪湖	江西	进贤、南昌	65		1.3–1.7
362329034	草湾湖	江西	余干	5		1.5
362329035	程家湖	江西	余干、南昌	8.2		2.5
362202036	药湖	江西	丰城、新建、南昌	375	4236	

续表

湖泊代码	湖泊名称	省（直辖市、地区）	行政区域	面积（平方千米）	蓄水量（立方米）	平均水深（米）
362330037	汉池湖	江西	波阳	50		2–3
362329038	南疆湖	江西	余干、波阳	21		4.6
362329039	鳊鱼湖	江西	余干	3		1.5
362329040	筲箕湖	江西	余干	3		1.6–3
362329041	东湖	江西	余干、新建	32		6–8
362330042	企湖	江西	波阳	3		
362330043	珠池湖	江西	波阳	1.4		
362330044	麻叶湖	江西	波阳	1.5		
362330045	上士湖	江西	波阳	2.2		1
362330046	沟子湖	江西	波阳	4		
362330047	竹贡子湖	江西	波阳	0.9		5.5
362330048	七金湖	江西	波阳	0.7		3
362330049	四望湖	江西	波阳	1.6		6
362330050	菱角湖	江西	波阳	1.3		2
362330051	云湖	江西	波阳	4		6
362330052	南尖湖	江西	波阳	2.8		3
362330053	上港湖	江西	波阳	3		
362330054	白池湖	江西	波阳	2		
362330055	青山湖	江西	波阳	3.3		1
362330056	督军湖	江西	波阳	1.6		
362330057	汉子湖	江西	波阳	2		

续表

湖泊代码	湖泊名称	省（直辖市、地区）	行政区域	面积（平方千米）	蓄水量（立方米）	平均水深（米）
362330058	背风湖	江西	波阳	1		
362330059	大船湖	江西	波阳	0.53		1
362330060	大野湖	江西	波阳	1.83		
362330061	大莲子湖	江西	波阳	2		3
362329062	晚湖	江西	余干、波阳	3		9
362329063	湛公湖	江西	余干、波阳	5		2.5
362330064	姣家湖	江西	波阳	1.5		1
362330065	雪湖	江西	波阳	3		1
362329066	泊头湖	江西	余干	3		2.5
362329067	北湖	江西	余干	4		1.5
362329068	大湖	江西	余干	10		8
362329069	官沙湖	江西	余干	3		1.5
360428070	南溪湖	江西	都昌	5		
360428071	泥湖大道	江西	都昌	124		0.7–3
360428072	泥湖	江西	都昌	65		0.7–2
360428073	花庙湖	江西	都昌			
360428074	新妙湖	江西	都昌	36		
360428075	石牌湖	江西	都昌	10		2–4
360428076	沙咀湖	江西	都昌	18		2–3
362330077	焦潭湖	江西	波阳、都昌	100		3
360428078	四坎湖	江西	都昌	10		0.5–3

续表

湖泊代码	湖泊名称	省（直辖市、地区）	行政区域	面积（平方千米）	蓄水量（立方米）	平均水深（米）
360428079	上下套湖	江西	都昌	10		1.5–3
360428080	西湖	江西	都昌	15		2–3
360427081	蓼花池	江西	星子	8		1.6
360427082	蚌湖	江西	星子、德安、永修	80		2–3
360426083	南湖	江西	德安	24		1.6
360425084	沙湖	江西	永修、星子	8		1.5–2
360425085	大湖池	江西	永修	15		1.4
360400086	甘棠湖	江西	九江	3.6		1.4
360402087	如琴湖	江西	庐山	1.2		
360400088	八里湖	江西	九江	6		
360400089	赛湖	江西	九江	30		2.2
360481090	赤湖	江西	瑞昌	91.65		
210500001	本溪湖	辽宁	本溪	0.1		
152522009	察干诺尔	内蒙古	阿巴嘎旗	110	55000	5
152630010	黄旗海	内蒙古	察哈尔右前旗	113	46000	4
152629011	岱海	内蒙古	凉城	165	130000	7.9
152634012	腾格里诺尔	内蒙古	四子王旗	24		
152634013	呼和诺尔	内蒙古	四子王旗	21		
152726014	盐海子盐湖	内蒙古	杭锦旗	23		
150425015	达来诺尔	内蒙古	克什克腾旗	350		
152725016	查干诺尔	内蒙古	鄂托克旗	20		

续表

湖泊代码	湖泊名称	省（直辖市、地区）	行政区域	面积（平方千米）	蓄水量（立方米）	平均水深（米）
152728017	巴格诺尔	内蒙古	伊金霍洛旗	40		
152727018	乌拜诺尔	内蒙古	乌审旗	17		
152727019	浩勒包勒金诺尔	内蒙古	乌审旗	17.3		
152728020	车勒诺尔	内蒙古	伊金霍洛旗	9		
152728021	大淖湖	内蒙古	伊金霍洛旗	12		
152921022	吉兰太盐湖	内蒙古	阿拉善左旗	120		
152725023	陶高延诺尔	内蒙古	鄂托克旗	15		
152728024	浩通查干诺尔	内蒙古	伊金霍洛旗	36		
152725025	巴彦诺尔	内蒙古	鄂托克旗	10		
152724026	乌兰淖	内蒙古	伊金霍洛旗	10		
152724027	北大地	内蒙古	鄂托克前旗	28		
152923028	玛瑙湖	内蒙古	额吉纳旗	6		
152923029	嘎顺诺尔	内蒙古	额吉纳旗	262.2		
152923030	苏古诺尔	内蒙古	额吉纳旗			
152129001	呼伦湖	内蒙古	新巴尔虎右旗、新巴尔虎左旗	2315	1311000	8
152130002	贝尔湖	内蒙古	新巴尔虎左旗	609	540000	9
150121003	哈素海	内蒙古	土默特左旗	27.7		
152824004	乌梁素海	内蒙古	乌拉特前旗	224.36	33600	1.5
152921005	吉兰泰盐池	内蒙古	阿拉善左旗	120		

续表

湖泊代码	湖泊名称	省（直辖市、地区）	行政区域	面积（平方千米）	蓄水量（立方米）	平均水深（米）
152725006	北大盐池湖	内蒙古	鄂托克旗	20.3		
152223007	哈达泡子	内蒙古	扎赉特旗	20		1.5
152223008	图牧吉泡子	内蒙古	扎赉特旗	30		1.5
640122001	洼湖	宁夏	贺兰	5		
640221002	明木湖	宁夏	平罗	6		
632626001	豆错	青海	玛多	50		
632625002	日干错朵玛	青海	久治	4.5		
632625003	希门错	青海	久治	5		
632626004	朵拉拉错	青海	玛多	40		
632626005	冬草阿龙	青海	玛多	28		
632626006	日格错岔玛	青海	玛多	20		
632626007	岗纳格玛错	青海	玛多	30		
632626008	鄂陵湖	青海	玛多	610		17.6
632626009	隆热错	青海	玛多	22		
632626010	阿涌贡玛错	青海	玛多	28		
632626011	阿涌哇玛错	青海	玛多	35		
632626012	阿涌朵玛错	青海	玛多	24		
632723013	阿木错	青海	玛多	10		
632626014	扎陵湖	青海	玛多和曲麻莱间	526		8.9
632726015	星宿海	青海	曲麻莱			
632625016	冬鄂错	青海	久治	3.5		

续表

湖泊代码	湖泊名称	省（直辖市、地区）	行政区域	面积（平方千米）	蓄水量（立方米）	平均水深（米）
632625017	阿尔加错	青海	久治	2.7		
632625018	俄错朵玛	青海	久治	3		
632625019	鄂木错公玛	青海	久治	2.8		
632723020	寇察	青海	称多	22		
632721021	年结错	青海	玉树	14		
632724022	太阳湖	青海	治多			
632724023	勒斜武担错	青海	治多			
632724024	月亮湖	青海	治多	55		
632724025	涟湖	青海	治多	60		
632724026	饮马湖	青海	治多			
632724027	可可西里湖	青海	治多			
632724028	移山湖	青海	治多			
632724029	高台湖	青海	治多			
632724030	错达日玛	青海	治多			
632724031	卓乃湖	青海	治多	160		
632724032	海丁诺尔	青海	治多			
632724033	库赛湖	青海	治多	220		
632724034	特拉什湖	青海	治多			
632724035	苟鲁错	青海	治多	50		
632801036	雀莫错	青海	格尔木	75		
632722037	尼日阿错改	青海	杂多	60		

续表

湖泊代码	湖泊名称	省（直辖市、地区）	行政区域	面积（平方千米）	蓄水量（立方米）	平均水深（米）
632724038	雅西错	青海	治多、格尔木	40		
632724039	特拉什错那克湖	青海	治多	24.6		
632801040	葫芦湖	青海	格尔木			
632801041	豌豆湖	青海	格尔木			
632800042	苏干湖	青海	海西	120		
632800043	小苏干湖	青海	海西	38		
632800044	大柴达木湖	青海	海西	44.2		
632800045	宗马海湖	青海	海西	30		
632821046	诺干诺尔	青海	乌兰	12.3		
632800047	库尔雷克湖	青海	海西	80		
632800048	托素湖	青海	海西	240		
632821049	朵海	青海	乌兰与德令哈间	55		
632800050	巴嘎柴达木湖	青海	海西	51.6		
632800051	阿拉克湖	青海	香日德、海西	47		
632626052	冬给错纳湖	青海	玛多	165		
632801053	黑海	青海	格尔木	85		
632801054	章江斗木错	青海	格尔木	75		
632801055	察尔汗盐湖	青海	格尔木、都兰	1600		
632800056	朵斯库勒湖	青海	海西	300		
632800057	芒崖湖	青海	芒崖	13		

续表

湖泊代码	湖泊名称	省（直辖市、地区）	行政区域	面积（平方千米）	蓄水量（立方米）	平均水深（米）
632801058	甘森泉湖	青海	格尔木	18.6		
632800059	西台吉乃尔湖	青海	海西	165		
632800060	东台吉乃尔湖	青海	海西	160		
632801061	西达布逊湖	青海	格尔木	112		
632801062	东达布逊湖	青海	格尔木	342.8		
632801063	南霍鲁逊湖	青海	香日德、格尔木	73.7		
632801064	北霍鲁逊湖	青海	香日德、格尔木	108.4		
632801065	东阿鄂巴拉错	青海	格尔木			
632801066	小库赛湖	青海	格尔木	36		
632823067	哈拉湖	青海	天峻、乌兰	602		
632821068	柯柯盐湖	青海	乌兰	26.1		
632821069	茶卡盐湖	青海	乌兰	114.5		
632521070	青海湖	青海	共和、刚察、海晏间	4635	10500000	19
632223071	朵海	青海	海晏	70		
632823072	喀隆错	青海	天峻	10		
632724073	西金乌兰湖	青海	治多	530		
632724074	连水胡	青海	治多	30		
632724075	永红湖	青海	治多			
632724076	明镜湖	青海	治多			

续表

湖泊代码	湖泊名称	省（直辖市、地区）	行政区域	面积（平方千米）	蓄水量（立方米）	平均水深（米）
632724077	节约湖	青海	治多	40		
632801078	乌兰乌拉湖	青海	格尔木、治多	610		
632801079	波涛湖	青海	格尔木			
632801080	雪莲湖	青海	格尔木			
632801081	燕子湖	青海	格尔木	30		
632801082	诺多错	青海	格尔木	70		
632801083	赤布张错	青海	格尔木	450		
632801084	日居错	青海	格尔木	48		
632801085	欧错	青海	格尔木	40		
632801086	加木称错	青海	格尔木			
370923001	东平湖	山东	东平、梁山	197	400000	
370322002	大芦湖	山东	高青	3.5		1.2
370122003	白云湖	山东	章丘	7.5		1
370100004	大明湖	山东	济南	0.465		
370827005	独山湖	山东	鱼台			
370800006	南阳湖	山东	济宁			
370827007	昭阳湖	山东	鱼台、微山	602		
370830008	南旺湖	山东	汶上			
370830009	蜀山湖	山东	汶上	0.4		
370826011	南四湖	山东	微山	1375		
370826010	微山湖	山东、江苏	山东微山，江苏沛县	660		

续表

湖泊代码	湖泊名称	省（直辖市、地区）	行政区域	面积（平方千米）	蓄水量（立方米）	平均水深（米）
142722001	伍姓湖	山西	永济			
140100002	晋阳湖	山西	太原	4.4		
610322001	东湖	陕西	凤翔	0.14		
612726002	明水湖	陕西	定边	5		
612301003	东湖	陕西	汉中	5.3		
310100001	淀山湖	上海、江苏	上海青浦，江苏昆山	63	16000	2.5
513232001	错拉坚	四川	若尔盖	5		
513232002	哈丘	四川	若尔盖	9.5		
513232003	莫乌错尔格	四川	若尔盖	3		
513232004	隆岗木错	四川	若尔盖	2.8		
513232005	兴错	四川	若尔盖	7.5		
513523006	小南海	四川	黔江		7020	
513523007	小南海大堰	四川	黔江	2.74	6700	
513321008	本格错	四川	康定	3		3-4
510100009	桂湖	四川	成都、新都			
513223010	叠溪海子	四川	茂汶	3.4	7300	4.5-5.5
522427007	草海	四川	威宁	45.5		
513437011	马湖	四川	雷波	7.32	30000	65.7
513401012	邛海	四川	西昌	31	32000	14
513422013	泸沽湖	四川	盐源，云南	48.5	195000	40.3
513334014	哈日曲翁错	四川	理塘、巴塘间	4		

续表

湖泊代码	湖泊名称	省（直辖市、地区）	行政区域	面积（平方千米）	蓄水量（立方米）	平均水深（米）
513334015	哈日若根错	四川	理塘、巴塘县界	1.8		
513327016	长莎错	四川	炉霍	1.09	3150	
513333017	泥错	四川	色达	10		
513329018	多错那玛	四川	新龙	3.5		
513330019	新路海	四川	德格			
513330020	多积海	四川	德格	4.5		
513332021	错拉北	四川	石渠	3.5		
513334022	擦曲错	四川	理塘	2.4		
513337023	兴伊错	四川	稻城、理塘	4.5		1.4–2.2
513334024	哲如错	四川	理塘	3.5		
513334025	拉合错尼	四川	理塘	8		2
513334026	亚莫错根	四川	巴塘	3.2		
513331027	相阳错	四川	白玉	3		
513331028	纳龙错	四川	白玉	3.1		
710000001	澄清湖	台湾	高雄	1.03		1.4
710000002	日月潭	台湾	南投	7.7		40
710000003	青草湖	台湾	新竹			
120221001	七里海	天津	宁河	118（洪水时）		
542129001	本错	西藏	芒康	20		
542527002	扎日南木错	西藏	措勤	1000		

续表

湖泊代码	湖泊名称	省（直辖市、地区）	行政区域	面积（平方千米）	蓄水量（立方米）	平均水深（米）
542527003	达瓦错	西藏	措勤	260		
542333004	森里错	西藏	仲巴	150		
542333005	塔若错	西藏	仲巴	410		
542524006	红山湖	西藏	日土	24		
542524007	泉水湖	西藏	日土	35		
542524008	松木希错	西藏	日土	75		
542524009	龙角错	西藏	日土	65		
542524010	芒错	西藏	日土	80		
542524011	龙木错	西藏	日土	345		
542524012	心形湖	西藏	日土	33		
542524013	郭礼错	西藏	日土	800		
542524014	邦达错	西藏	日土	140		
542524015	普尔错	西藏	日土	95		
542524016	独立石湖	西藏	日土	135		
542524017	马头湖	西藏	日土	80		
542524018	窝尔巴错	西藏	日土	350		
542524019	清澈湖	西藏	日土	90		
542524020	骆驼湖	西藏	日土	100		
542524021	美马湖	西藏	日土	200		
542524022	恰贡错	西藏	日土	43		
542524023	月牙湖	西藏	日土	45		

续表

湖泊代码	湖泊名称	省（直辖市、地区）	行政区域	面积（平方千米）	蓄水量（立方米）	平均水深（米）
542524024	黑石湖	西藏	日土	30		
542524025	黑石北湖	西藏	日土	26		
542524026	咸水湖	西藏	日土	200		
542526027	拜惹布错	西藏	改则	220		
542524028	小盆湖	西藏	日土	15		
542524029	鸭子湖	西藏	日土	15		
542524030	托和平错	西藏	日土	24		
542524031	温泉湖	西藏	日土	37		
542524032	万泉湖	西藏	日土	90		
542524033	三岛湖	西藏	日土	45		
542524034	玉环湖	西藏	日土	30		
542524035	尖头湖	西藏	日土	38		
542524036	羊湖	西藏	日土	140		
542524037	卧牛湖	西藏	日土	45		
542524038	心湖	西藏	日土	60		
542524039	图中湖	西藏	日土	65		
542524040	拉雄错	西藏	日土	80		
542524041	棉桃错	西藏	日土	10		
542524042	布若错	西藏	日土	120		
542524043	雪源湖	西藏	日土	45		
542524044	班公错	西藏	日土	593.7		17.9

续表

湖泊代码	湖泊名称	省（直辖市、地区）	行政区域	面积（平方千米）	蓄水量（立方米）	平均水深（米）
542524045	泽错	西藏	日土	500		
542524046	大鹏湖	西藏	日土	50		
542524047	月岛湖	西藏	日土	35		
542524048	沉鱼湖	西藏	日土	45		
542524049	涌波错	西藏	日土	137		
542524050	连水湖	西藏	日土	30		
542524051	结则茶卡	西藏	日土	300		
542524052	鲁玛江东错	西藏	日土	520		
542428053	北岛湖	西藏	班戈	33		
542524054	振泉错	西藏	日土	95		
542524055	雪景湖	西藏	日土	120		
542524056	水乡湖	西藏	日土	26		
542526057	达热布错	西藏	改则	76		
542525058	阿鲁错	西藏	革吉	220		
542430059	仙鹤湖	西藏	尼玛	80		
542430060	玉淋湖	西藏	尼玛	57		
542430061	琼浆湖	西藏	尼玛	60		
542430062	玉液湖	西藏	尼玛	185		
542524063	白水湖	西藏	日土	40		
542333064	扎布耶茶卡	西藏	仲巴	170		
542430065	银波湖	西藏	尼玛	75		

续表

湖泊代码	湖泊名称	省（直辖市、地区）	行政区域	面积（平方千米）	蓄水量（立方米）	平均水深（米）
542430066	雪梅湖	西藏	尼玛	90		
542430067	荷花湖	西藏	尼玛	75		
542430068	围山湖	西藏	尼玛	95		
542430069	桃湖	西藏	尼玛	45		
542428070	向阳湖	西藏	班戈	200		
542428071	胜利湖	西藏	班戈	20		
542526072	仓木湖	西藏	改则	160		
542526073	拉果湖	西藏	改则	120		
542521074	拉昂湖	西藏	普兰	280		
542521075	玛旁雍错	西藏	普兰	412		
542521076	公珠错	西藏	普兰	60		
542525077	纳屋错	西藏	革吉	140		
542428078	淡水湖	西藏	班戈	75		
542333079	仁青休布错	西藏	仲巴	150		
542526080	洞错	西藏	改则	130		
542333081	帕龙错	西藏	仲巴	85		
542430082	双泉湖	西藏	尼玛	27		
542430083	玛尔盖茶卡	西藏	尼玛	110		
542430084	黑犬湖	西藏	尼玛	22		
542430085	得雨湖	西藏	尼玛	130		
542430086	朝阳湖	西藏	尼玛	150		

续表

湖泊代码	湖泊名称	省（直辖市、地区）	行政区域	面积（平方千米）	蓄水量（立方米）	平均水深（米）
542430087	江尼茶卡	西藏	尼玛	180		
542327088	许如错	西藏	昂仁	150		
542527089	姆错丙尼	西藏	措勤	140		
542428090	亚克错	西藏	班戈	50		
542428091	叶坡错	西藏	班戈	53		
542428092	错尼	西藏	班戈	115		
542428093	确旦湖	西藏	班戈	85		
542527094	琵琶湖	西藏	措勤	35		
542427095	纳克茶卡	西藏	措勤	80		
542428096	浩波湖	西藏	班戈	45		
542428097	映天湖	西藏	班戈	42		
542428098	雪环湖	西藏	班戈	70		
542428099	若拉错	西藏	班戈	120		
542428100	淡水湖	西藏	班戈	65		
542428101	双莲湖	西藏	班戈	45		
542428102	多格错仁强错	西藏	班戈	280		
542428103	长颈湖	西藏	班戈	40		
542428104	玉盘湖	西藏	班戈	47		
542428105	半岛湖	西藏	班戈	42		
542428106	万安湖	西藏	班戈	45		

续表

湖泊代码	湖泊名称	省（直辖市、地区）	行政区域	面积（平方千米）	蓄水量（立方米）	平均水深（米）
542428107	白滩湖	西藏	班戈	50		
542428108	多格错仁	西藏	班戈	500		
542428109	长湖	西藏	班戈	75		
542428110	中岛湖	西藏	班戈	53		
542428111	恒梁湖	西藏	班戈	57		
542428112	永波湖	西藏	班戈	77		
542428113	月形湖	西藏	班戈	10		
542428114	甘橘湖	西藏	班戈	24		
542428115	依布茶卡	西藏	班戈	100		
542428116	东月湖	西藏	班戈	77		
542527117	杰萨错	西藏	措勤	185		
542428118	太平湖	西藏	班戈	60		
542426119	当惹雍错	西藏	申扎	840		
542426120	格仁错	西藏	申扎	530		
542426121	色林错	西藏	申扎、班戈	1640		
542428122	多尔索洞错	西藏	班戈	441		
542421123	蓬错	西藏	那曲、班戈	160		
542428124	巴木错	西藏	班戈	220		
542425125	兹格塘错	西藏	安多	260		
542430126	昂孜错	西藏	尼玛	400		
542430127	达则错	西藏	尼玛	360		

续表

湖泊代码	湖泊名称	省（直辖市、地区）	行政区域	面积（平方千米）	蓄水量（立方米）	平均水深（米）
540121128	热水湖	西藏	林周	0.0073		1.7
540122129	纳木错	西藏	当雄、班戈	1944		
542425130	那错	西藏	安多	300		
542233131	羊卓雍错	西藏	浪卡子、贡嘎、措美等	678	1590000	30–40
542327132	阿木错	西藏	昂仁	80		
542228133	普莫雍错	西藏	洛扎	280		
542324134	悬湖	西藏	定日	5		
542331135	多庆错	西藏	康马	46		
654301001	阿克库勒湖	新疆	阿勒泰	16		
654301002	喀纳斯湖	新疆	阿勒泰	37.7		
652723003	赛里木湖	新疆	温泉、霍城、博乐等	465		90
632722004	艾比湖	新疆	精河、博乐	1070		
654226055	玛纳斯湖	新疆	布克赛尔	500		6
650100006	鉴湖	新疆	乌鲁木齐			
652322007	柴窝堡湖	新疆	米泉	40		
652101008	艾丁湖	新疆	吐鲁番	35		
652222009	巴里坤湖	新疆	巴里坤	140		
654323010	乌伦克湖	新疆	福海	746		
654323011	吉力湖	新疆	福海	173		
650200012	艾里克湖	新疆	克拉玛依	36		
653131013	塔什库勒	新疆	塔什库尔	24		

续表

湖泊代码	湖泊名称	省（直辖市、地区）	行政区域	面积（平方千米）	蓄水量（立方米）	平均水深（米）
652828014	博斯腾湖	新疆	和硕、博湖、库尔勒	1019	990000	
652827015	天鹅	新疆	和静			
652800016	罗布泊	新疆	巴音郭楞	3006		
652824017	台特马湖	新疆	若羌	140		
653221018	倒腾格湖	新疆	和田	40		
653221019	萨利士勒干南库勒	新疆	和田	50		
653221020	阿克赛饮湖	新疆	和田	400		
653226021	阿其克库勒	新疆	于田	36		
653226022	乌鲁克库勒	新疆	于田	70		
653227023	硝尔库勒湖	新疆	民丰	33		
653227024	昂格提勒克库勒	新疆	民丰	10		
653227025	半边湖	新疆	民丰	8		
653227026	工字湖	新疆	民丰	6		
652825027	丰干湖	新疆	且末	10		
652825028	冰水湖	新疆	且末	15		
652825029	半西湖	新疆	且末	50		
652825030	黄草湖	新疆	且末	16		
652825031	莲藕湖	新疆	且末	8		
652825032	朝勃湖	新疆	且末	15		
652824033	鲸鱼湖	新疆	若羌	370		

续表

湖泊代码	湖泊名称	省（直辖市、地区）	行政区域	面积（平方千米）	蓄水量（立方米）	平均水深（米）
652824034	水丰湖	新疆	若羌	30		
652824035	阿其克库勒湖	新疆	若羌			
652824036	阿牙克库木湖	新疆	若羌			
652824037	硝库尔	新疆	若羌	13		
652824038	依协克帕提湖	新疆	若羌	60		
652824039	库木库勒	新疆	若羌	80		
652824040	克其克库木库勒	新疆	若羌	60		
652824041	贝勒克勒克湖	新疆	若羌	75		
652825042	鲸鱼湖	新疆	且末	26		
652824043	贝力克柯湖	新疆	若羌	22		
532231001	西湖	云南	寻甸			
530100002	翠湖	云南	昆明			
532233003	者海	云南	会泽	2		7.2
530100004	滇池	云南	昆明、呈贡、晋宁、安宁	330	150000	3–5
533222005	程海	云南	永胜	79		15
533421006	纳帕海	云南	中甸	31.26	26000	
533421007	碧塔海	云南	中甸	2		20
533421008	属都错	云南	中甸	1.1		

续表

湖泊代码	湖泊名称	省（直辖市、地区）	行政区域	面积（平方千米）	蓄水量（立方米）	平均水深（米）
532525010	异龙湖	云南	石屏	42	12000	3.5
532522011	长桥湖	云南	蒙自	12	1320	2
532522012	南湖	云南	蒙自	16		
532423013	抚仙湖	云南	澄江、华宁、江川	212	1850000	87
532422014	星云湖	云南	江川	38	23000	4–5
532424015	杞麓湖	云南	通海	42	19000	4
530125016	阳宗海	云南	宜良、呈贡、澄江	31	40200	
532901017	洱海	云南	大理、洱源、下县等	248	300000	12.6
532930018	西湖	云南	洱源	2.2		14
532931019	剑湖	云南	剑川	8		
533421009	嘎尼错	云南、四川	云南中甸，四川稻城			
330422001	当湖	浙江	平湖			
330500002	和孚漾	浙江	湖州	1.7		2–3
330500003	菱湖	浙江	湖州			
330125004	大湖	浙江	余杭	2		
330521005	苎溪漾	浙江	德清	1.7		2–3
330522006	盛家漾	浙江	长兴	1.3		2–5
330522007	大荡漾	浙江	长兴	1.5		2–6
330400008	闻家湖	浙江	嘉兴	3.7		2
330400009	连泗荡	浙江	嘉兴	3.2		1.5–2
330400010	相家漾	浙江	嘉兴	1.2		2

续表

湖泊代码	湖泊名称	省（直辖市、地区）	行政区域	面积（平方千米）	蓄水量（立方米）	平均水深（米）
330421011	夏湖	浙江	嘉善	2.1		4.5
330400012	南湖	浙江	嘉兴	0.35		
330424013	南北湖	浙江	海盐	1.2		
330600014	瓜诸湖	浙江	绍兴	1.3		1.4
330281015	牟山湖	浙江	余姚	4		
330622016	皂李湖	浙江	上虞	1		1–4
330227017	东钱湖	浙江	鄞州	21		2
330282018	杜湖	浙江	慈溪	3	700	
330622019	白马湖	浙江	上虞			
332602020	东湖	浙江	临海			
330323021	雁湖	浙江	乐清	4		
332502022	剑池湖	浙江	龙泉			
330100023	西湖	浙江	杭州	5.66		1.5
330281024	牟山湖	浙江	余姚	3.3	420–450	1.3
330600025	镜湖	浙江	绍兴	3–5		
330600026	央茶湖	浙江	绍兴	4.28		1
330600027	东湖	浙江	绍兴	4.6		
330600028	贺家湖	浙江	绍兴	2.7		1
330181029	湘湖	浙江	萧山	1		
330681030	白塔湖	浙江	诸暨	4		3
330126031	千岛湖	浙江	建德	16.5		

数据来源：人地系统主题数据库 http://www.data.ac.cn/index.asp，采集时间：2015 年 12 月 10 日。

3-2 中国主要湖泊特征简表

湖名	所在流区	北纬	东经	湖泊面积（平方千米）	湖水贮量（亿立方米）	所在湖区		水型
						内流湖区	外流湖区	
青海湖	青海	36° 40'	100° 23'	4200	742	柴达木区		咸
鄱阳湖	江西	29° 05'	116° 20'	3960	259		长江水系	淡
洞庭湖	湖南	29° 02'	112° 50'	2740	178		长江水系	淡
太湖	江苏	31° 20'	120° 16'	2292	48.6		长江水系	淡
呼伦湖	内蒙古	48° 57'	117° 23'	2000	111	内蒙古区		咸
纳木错	西藏	30° 40'	90° 30'	1920	768	藏北区		咸
洪泽湖	江苏	33° 20'	118° 40'	1805	24.4		淮河水系	淡
色林错	西藏	31° 50'	89° 00'	1640	492	藏北区		咸
南四湖	山东	34° 59'	116° 57'	1225	19.6		运河水系	淡
博斯腾湖	新疆	41° 59'	86° 49'	960	77.3	甘新区		咸
巢湖	安徽	31° 35'	117° 35'	753	18.0		长江水系	淡
布伦托海	新疆	47° 13'	87° 18'	730	59.0	甘新区		咸
羊卓雍错	西藏	29° 00'	90° 40'	678	160	藏南区		咸
高邮湖	江苏	32° 50'	119° 15'	650	8.7		淮河水系	淡
鄂陵湖	青海	34° 56'	97° 43'	610	108		黄河水系	淡
哈拉湖	青海	38° 18'	97° 35'	588	161	柴达木区		咸
札陵湖	青海	34° 55'	97° 15'	526	46.7		黄河水系	淡
赛里木湖	新疆	44° 35'	81° 01'	454	210	甘新区		咸
班公错	西藏	33° 45'	79° 30'	412	74.0	藏北区		东淡 西咸
玛旁雍错	西藏	30° 40'	81° 23'	412	202	藏南区		淡

续表

湖名	所在流区	北纬	东经	湖泊面积（平方千米）	湖水贮量（亿立方米）	所在湖区		水型
						内流湖区	外流湖区	
洪湖	湖北	29° 52'	113° 14'	402	7.5		长江水系	淡
滇池	云南	24° 51'	102° 04'	297	12.0		长江水系	淡
梁子湖	湖北	30° 19'	114° 34'	256	6.5		长江水系	淡
洱海	云南	25° 50'	100° 11'	253	26.0		元江澜沧江水系	淡
达里诺尔	内蒙古	43° 15'	116° 40'	214	21.6	内蒙古区		咸
抚仙湖	云南	24° 29'	102° 52'	211	189		珠江水系	咸
月亮泡	吉林	45° 42'	123° 55'	206	4.8		黑龙江水系	咸
波特港湖	新疆	46° 55'	87° 29'	165	12.8	甘新区		咸
岱海	内蒙古	40° 37'	112° 40'	160	13.0	内蒙古区		咸
镜泊湖	黑龙江	43° 56'	128° 56'	95.0	16.3		黑龙江水系	淡
兴凯湖	黑龙江	45° 14'	132° 26'	4380	27.1		黑龙江水系	淡
白头山天池	吉林	42° 00'	128° 05'	9.8	20.0		黑龙江水系	淡

数据来源：王洪道：《中国的湖泊》，北京：商务印书馆，1995 年。

3-3 中国各一级行政区划最大湖泊简表

行政区	湖泊名称	面积（平方千米）	行政区	湖泊名称	面积（平方千米）
台湾	日月潭	9	云南	滇池	330
重庆	汉丰湖	15	河北	白洋淀	336
宁夏	沙湖	22	广东	万绿湖	370
贵州	草海	45	湖北	洪湖	413
北京	密云水库	46	吉林	查干湖	420
四川	泸沽湖	48	安徽	巢湖	770
广西	星岛湖	50	浙江	千岛湖	982
上海	淀山湖	62	新疆	博斯腾湖	1100
辽宁	卧龙湖	64	山东	微山湖	1266
陕西	红碱淖	67	西藏	纳木错	1920
河南	南湾湖	75	内蒙古	呼伦湖	2239
天津	于桥水库	87	江苏	太湖	2250
甘肃	苏干海	120	湖南	洞庭湖	2820
海南	松涛水库	130	江西	鄱阳湖	3150
山西	运城盐湖	132	黑龙江	兴凯湖	4338
福建	三十六脚湖	210	青海	青海湖	4583

数据来源：王洪道：《中国的湖泊》，北京：商务印书馆，1995 年。

3-4 中国10大湖泊简表

名称	简况
青海湖	我国第一大内陆湖泊，也是我国最大的咸水湖。它浩瀚缥缈，波澜壮阔，是大自然赐予青海高原的一面巨大的宝镜。面积达4456平方千米，青海湖，古代称为“西海”，又称“鲜水”或“鲜海”。藏语叫作“错温波”，意思是“青色的湖”；蒙古语称它为“库库诺尔”，即“蓝色的海洋”。由于青海湖一带早先属于卑禾族的牧地，所以又叫“卑禾羌海”，汉代也有人称它为“仙海”。从北魏起才更名为“青海”。青海湖环湖周长360多千米，比著名的太湖大一倍还要多。湖面东西长，南北窄，略呈椭圆形。乍看上去，像一片肥大的白杨树叶。青海湖水平均深约19米多，最大水深为28米，蓄水量达1050亿立方米，湖面海拔为3260米，比两个东岳泰山还要高。
鄱阳湖	世界上7个重要湿地之一，我国最大的吞吐性淡水湖、最大的淡水湖泊。对生物多样性保护、长江洪水的调蓄和长江水资源的管理都具有十分重要的意义。鄱阳湖位于北纬28° 22′至29° 45′，东经115° 47′至116° 45′。地处江西省的北部，长江中下游南岸。南北长173千米，东西最宽处达74千米，平均宽16.9千米，湖岸线长1200千米，湖体面积3283平方千米（湖口水位21.71米），平均水深8.4米，最深处25.1米左右，容积约276亿立方米。它承纳赣江、抚河、信江、饶河、修河5大河。经调蓄后，由湖口注入我国第一大河长江，每年流入长江的水量超过黄、淮、海三河水量的总和，是季节性湖泊。鄱阳湖水系流域面积16.22万平方千米，约占江西省流域面积的97%，占长江流域面积的9%；其水系年均径流量为1525亿立方米，约占长江流域年均径流量的16.3%。
洞庭湖	位于荆江南岸，湖南省的北部，界湘鄂两省之间，是中国五大淡水湖之一，面积3968平方千米。主要由东洞庭湖、万子湖、目平湖、大通湖、横岭湖、漉湖等湖泊组成。湘江、资江、沅江、澧水——湖南四大河流都流入洞庭湖。万子湖和横岭湖一起也合称南洞庭湖，目平湖也称西洞庭湖。曾是中国第一大淡水湖。由于现代的围湖造田，以及自然的泥沙淤积，洞庭湖面积由最大时的6000平方千米骤减到1983年的2625平方千米，成为第二大淡水湖。近年来加强了对湖泊区域的保护，实行退耕还湖。目前天然湖泊面积2625平方千米，蓄洪堤垸和单退堤垸高水还湖可扩大湖泊面积1343平方千米，总共3968平方千米。
太湖	古称震泽，又名五湖，为我国第三大淡水湖，湖面2000多平方千米，有大小岛屿48个，峰72座。山水相依，层次丰富，形成一幅“山外青山湖外湖，黛峰簇簇洞泉布”的自然画卷。在观赏太湖风景同时，还可游览名山、名园，探考历史。太湖流域行政区划分属江苏、浙江、上海、安徽三省一市，其中江苏19399平方千米，占52.6%；浙江12093平方千米，占32.8%；上海5178平方千米，占14%；安徽225平方千米，占0.6%。

续表

名称	简况
洪泽湖	位于江苏省洪泽县西部，发育在淮河中游的冲积平原上，原是泄水不畅的洼地，后潴水成许多小湖。在我国秦汉时代，它们被称为“富陵”诸湖。其中以洪泽湖最大，面积2069平方千米，为我国五大淡水湖中的第四大淡水湖。是一个浅水型湖泊，水深一般在4米以内，最大水深5.5米。湖水的来源，除大气降水外，主要靠河流来水。流注洪泽湖的河流集中在湖的西部，有淮河、濉河、汴河和安河等。出湖河道中三河和苏北灌溉总渠是洪泽湖分泄入长江和入海的主要河道。美丽富饶的洪泽湖畔哺育着淮安的四区（清河、青浦、楚州、淮阴）、四县（涟水、洪泽、盱眙、金湖），宿迁的二区（宿城区、宿豫区）、三县（沭阳、泗阳、泗洪）。
呼伦湖	也称呼伦池、达赉湖，是中国第五大湖，也是内蒙古第一大湖。湖长93千米，最大宽度为41千米，平均宽度为32千米，周长为447千米。当湖水位在545.33米时，湖水为2339平方千米，平均水深为5.7米，最大水深8米左右，蓄水量为138.5亿立方米。呼伦湖还以“大、活、肥、洁”著称全国。“大”是湖的面积2339平方千米，为中国北方第一大湖，相当于呼伦贝尔市1988年耕地总面积的三分之一；“活”是湖内有乌尔逊河、克鲁伦河和水大时的达兰鄂罗木河注入，不是死水湖；“肥”是湖面和注入湖中的各河流位于牧区，湖畔和河岸牧草繁茂，牲畜的粪便多流入湖中，是鱼类的天然饵料；“洁”是湖区各河流基本没有污染，是少有的一池碧水。
纳木错湖	位于西藏当雄县与班戈县之间，湖面面积1940平方千米，湖面海拔4718米，为世界上海拔最高的大湖。纳木错还是西藏著名的佛教圣地，是西藏三大“圣湖”之一。藏历羊年是藏传佛教传统的朝拜纳木错，到纳木错转湖的年头。
色林错湖	是藏北草原仅次于纳木错的第二大咸水湖，面积有1800多平方千米，是申扎、尼玛、班戈三县的交界处。远远望去，湖面碧蓝，远处山形若隐若现。公路就在离湖边十几千米的地方。
博斯腾湖	古称“西海”，唐谓“鱼海”，清代中期定名为博斯腾湖，位于焉耆盆地东南面博湖县境内，是中国最大的内陆淡水吞吐湖。博斯腾淖尔，蒙古语意为“站立”，因三道湖心山屹立于湖中而得名。博斯腾湖距博湖县城14千米，距焉耆县城24千米，湖面海拔1048米，东西长55千米，南北宽25千米，略呈三角形，大湖面积988平方千米。
南四湖	为昭阳、独山、南阳、微山湖四湖的总称，位于苏鲁交界处，南四湖南北总长约120千米，东西平均宽5.2千米，流域面积31700平方千米。上级湖一般湖低高程32.5米，正常蓄水位34.5米，蓄水面积600平方千米，设计洪水位36.5米，相应容积23.1亿立方米。下级湖一般湖低高程31.0米，正常蓄水位32.5米，蓄水面积585平方千米，设计洪水位36.0米，相应容积30.78亿立方米。

数据来源：王洪道：《中国的湖泊》，北京：商务印书馆，1995年。

3-5 中国湖泊分布简表

地区	简况	著名的湖泊
东部平原湖区	共有大小湖泊834个，其中，大于1平方千米的湖泊有696个，总面积为21171.60平方千米；大于10平方千米湖泊有138个，总面积为19587.50平方千米。	洞庭湖、洪湖、鄱阳湖、巢湖、太湖、淀山湖、东钱湖、南四湖、白洋淀、七里海、日月潭等。
蒙新高原湖区	共有大小湖泊879个，其中，大于1平方千米的湖泊有772个，总面积为19700.30平方千米；大于10平方千米湖泊有107个，总面积为18059.43平方千米。	呼伦湖、运城盐湖、红碱淖、文县天池、罗布泊等。
云贵高原湖区	共有大小湖泊73个，其中，大于1平方千米的湖泊有60个，总面积为1199.40平方千米；大于10平方千米湖泊有13个，总面积为1088.20平方千米。	滇池、洱海、泸沽湖、草海、邛海、九寨沟海子群等。
青藏高原湖区	共有大小湖泊1437个，其中，大于1平方千米的湖泊有1091个，总面积为44933.30平方千米；大于10平方千米湖泊有346个，总面积为42816.10平方千米。	纳木错、青海湖、察尔汗盐湖、鄂陵湖等。
东北平原与山地湖区	共有大小湖泊192个，其中，大于1平方千米的湖泊有140个，总面积为3955.30平方千米；大于10平方千米湖泊有52个，总面积为3705.70平方千米。	镜泊湖、五大连池、扎龙湖、白头山天池等。

注：我国湖泊分布，以大兴安岭—阴山—贺兰山—祁连山—昆仑山—冈底斯山一线为界。此线东南为外流湖区，以淡水湖为主，湖泊大多直接或间接与海洋相通，成为河流水系的组成部分，属吞吐型湖泊。此线西北为内陆湖区，以咸水湖或盐湖为主，湖泊位于封闭或半封闭的内陆盆地之中，与海洋隔绝。

数据来源：王洪道：《中国的湖泊》，北京：商务印书馆，1995年。

4 中国森林概览

4-1 中国各一级行政区划森林资源简表

地区	林业用地面积（万公顷）	森林面积（万公顷）	人工林面积（万公顷）	森林覆盖率（%）	活立木总蓄积量（万立方米）	森林蓄积量（万立方米）
全国	31259.00	20768.73	6933.38	21.63	1643280.62	1513729.72
北京	101.35	58.81	37.15	35.84	1828.04	1425.33
天津	15.62	11.16	10.56	9.87	453.98	374.03
河北	718.08	439.33	220.90	23.41	13082.23	10774.95
山西	765.55	282.41	131.81	18.03	11039.38	9739.12
内蒙古	4398.89	2487.90	331.65	21.03	148415.92	134530.48
辽宁	699.89	557.31	307.08	38.24	25972.07	25046.29
吉林	856.19	763.87	160.56	40.38	96534.93	92257.37
黑龙江	2207.40	1962.13	246.53	43.16	177720.97	164487.01
上海	7.73	6.81	6.81	10.74	380.25	186.35
江苏	178.70	162.10	156.82	15.80	8461.42	6470.00
浙江	660.74	601.36	258.53	59.07	24224.93	21679.75
安徽	443.18	380.42	225.07	27.53	21710.12	18074.85
福建	926.82	801.27	377.69	65.95	66674.62	60796.15
江西	1069.66	1001.81	338.60	60.01	47032.40	40840.62
山东	331.26	254.60	244.52	16.73	12360.74	8919.79

续表

地区	林业用地面积（万公顷）	森林面积（万公顷）	人工林面积（万公顷）	森林覆盖率（%）	活立木总蓄积量（万立方米）	森林蓄积量（万立方米）
河南	504.98	359.07	227.12	21.50	22880.68	17094.56
湖北	849.85	713.86	194.85	38.40	31324.69	28652.97
湖南	1252.78	1011.94	474.61	47.77	37311.50	33099.27
广东	1076.44	906.13	557.89	51.26	37774.59	35682.71
广西	1527.17	1342.70	634.52	56.51	55816.60	50936.80
海南	214.49	187.77	136.20	55.38	9774.49	8903.83
重庆	406.28	316.44	92.55	38.43	17437.31	14651.76
四川	2328.26	1703.74	449.26	35.22	177576.04	168000.04
贵州	861.22	653.35	237.30	37.09	34384.40	30076.43
云南	2501.04	1914.19	414.11	50.03	187514.27	169309.19
西藏	1783.64	1471.56	4.88	11.98	228812.16	226207.05
陕西	1228.47	853.24	236.97	41.42	42416.05	39592.52
甘肃	1042.65	507.45	102.97	11.28	24054.88	21453.97
青海	808.04	406.39	7.44	5.63	4884.43	4331.21
宁夏	180.10	61.80	14.43	11.89	872.56	660.33
新疆	1099.71	698.25	94.00	4.24	38679.57	33654.09

注：1. 本表为第八次全国森林资源清查（2009~2013）资料。2. 全国总计数包括台湾省和香港、澳门特别行政区数据。

资料来源：中华人民共和国国家统计局：《2014 中国统计年鉴》，北京：中国统计出版社，2014 年。

4-2 中国造林面积简表（2000~2013）

年份	造林总面积（公顷）	按造林方式分（公顷）			按林种用途分（公顷）				
		人工造林	飞播造林	无林地和疏林地新封山育林	用材林	经济林	防护林	薪炭林	特种用途林
2000	5105138	4345008	760130		1218461	1350277	2430834	82338	23228
2001	4953038	3977324	975714		905518	1068540	2913538	45611	19831
2002	7770971	6896041	874930		898736	964211	5828810	59144	20070
2003	9118894	8432486	686408		1175812	797318	7087319	37070	21374
2004	5598079	5018885	579194		871132	456691	4210768	49966	9522
2005	3647942	3231556	416386		607547	337816	2678214	16074	8291
2006	2717925	2446122	271803		481629	403322	1824687	4837	3450
2007	3907711	2738521	118671	1050519	610367	478417	2790172	7993	20762
2008	5354387	3684913	154065	1515409	782109	850774	3697812	4020	19672
2009	6262330	4156293	226337	1879700	801317	1002555	4407654	23705	27099
2010	5909919	3872762	195948	1841209	809937	1110896	3943432	18887	26767
2011	5996613	4065693	196931	1733989	1019320	1218281	3688827	36805	33380
2012	5595791	3820704	136409	1638678	774398	1101053	3650842	41145	28353
2013	6100057	4209686	154400	1735971	1057558	1233676	3748409	24898	35516

注：2013 年全国合计造林面积中包括军事管理区 20000 公顷退耕还林工程荒山荒地造林。根据造林技术规程（GB/T 15776~2006），自 2006 年起将无林地和疏林地新封山育林面积计入造林总面积。

资料来源：中华人民共和国国家统计局：《2014 中国统计年鉴》，北京：中国统计出版社，2014。

4-3 中国各一级行政区划造林面积简表

地区	造林总面积（公顷）	按造林方式分（公顷）			按林种用途分（公顷）				
		人工造林	飞播造林	无林地和疏林地新封山育林	用材林	经济林	防护林	薪炭林	特种用途林
北京	45813	30871		14942		436	44737		640
天津	5792	5792			618	1116	4058		
河北	318737	238007	20001	60729	31127	45852	240298		1460
山西	298796	240843	1732	56221	2267	83995	202872	9662	
内蒙古	805156	349624	78666	376866	8357	16489	777993		2317
辽宁	237457	134459		102998	16899	26565	193993		
吉林	112446	48448		63998	8255	136	104055		
黑龙江	124122	81512		42610	13491	1409	106778	4	2440
上海	862	862				85	777		
江苏	65258	64925		333	7848	11446	43923		2041
浙江	42362	30310		12052	3266	9690	28856	224	326
安徽	172086	162488		9598	63164	40285	60790	716	7131
福建	100185	100185			72977	9055	15081	272	2800
江西	153368	141041		12327	86665	37867	28207	140	489
山东	220473	219129		1344	32569	63604	122536		1764
河南	253914	201208		52706	55701	41444	156769		
湖北	246858	165652		81206	83439	58163	103083	112	2061
湖南	349772	188680		161092	183884	36111	125879	2161	1737
广东	139058	119083		19975	29986	5143	102917		1012

续表

地区	造林总面积（公顷）	按造林方式分（公顷）			按林种用途分（公顷）				
		人工造林	飞播造林	无林地和疏林地新封山育林	用材林	经济林	防护林	薪炭林	特种用途林
广西	149875	133510		16365	89186	35510	24339		840
海南	12829	12829			1888	8192	2103		646
重庆	227883	152832		75051	60683	28605	133465	3447	1683
四川	126191	67992		58199	31306	23961	70791		133
贵州	340000	256253		83747	100000	144727	90000	4333	940
云南	524334	467658		56676	61336	352109	110010	879	
西藏	69629	30540		39089		1426	68203		
陕西	343981	215732	54001	74248	8371	73744	261866		
甘肃	174470	108377		66093		12514	156923		5033
青海	152755	44397		108358		6868	145887		
宁夏	101145	60695		40450		10118	91027		
新疆	164450	115752		48698	4275	47011	110193	2948	23

注：造林面积包括2000年至2013年数据。

资料来源：中华人民共和国国家统计局：《2014中国统计年鉴》，北京：中国统计出版社，2014年。

5　中国草原概览

5-1　中国各一级行政区划草原基本情况简表

地区	草原总面积（千公顷）	可利用草原面积（千公顷）	累计种草保留面积（千公顷）	当年新增种草（千公顷）	草原鼠害		草原虫害		草原火灾受害面积（千公顷）
					危害面积（千公顷）	治理面积（千公顷）	危害面积（千公顷）	治理面积（千公顷）	
全国	392832.7	330995.4	20867.1	6915.3	36776.0	7585.3	15307.3	4641.3	35.3
北京	394.8	336.3	19.6	18.2					
天津	146.6	135.4	9.0	8.3					
河北	4712.1	4085.3	626.0	147.7	392.0	236.9	443.3	256.0	
山西	4552.0	4552.0	434.9	147.9	412.7	114.7	434.7	100.0	
内蒙古	78804.5	63591.1	4499.4	1926.4	4835.3	1310.2	6103.3	1522.7	30.7
辽宁	3388.8	3239.3	725.5	366.8	277.3	193.0	296.0	143.3	
吉林	5842.2	4379.0	663.6	263.3	396.7	268.7	290.7	125.3	0.8
黑龙江	7531.8	6081.7	462.1	195.9	615.3	128.0	469.3	102.0	0.1
上海	73.3	37.3	47.7	41.3					
江苏	412.7	325.7	115.3	70.5					
浙江	3169.9	2075.2	55.0	30.5					
安徽	1663.2	1485.2	233.0	132.3					
福建	2048.0	1957.1	168.2	68.8					
江西	4442.3	3847.6	235.8	150.4					
山东	1638.0	1329.2	238.5	97.8					0.4

续表

地区	草原总面积（千公顷）	可利用草原面积（千公顷）	累计种草保留面积（千公顷）	当年新增种草（千公顷）	草原鼠害		草原虫害		草原火灾受害面积（千公顷）
					危害面积（千公顷）	治理面积（千公顷）	危害面积（千公顷）	治理面积（千公顷）	
河南	4433.8	4043.3	224.4	42.6					
湖北	6352.2	5071.5	48.4	37.0					
湖南	6372.7	5666.3	89.1	24.2					
广东	3266.2	2677.2	18.3	0.3					
广西	8698.3	6500.3	94.7	42.8					
海南	949.8	843.3	2183.4						
重庆	2158.4	1867.2	620.7	158.7					
四川	20380.4	17753.1	974.9	315.7	3016.0	935.0	868.7	382.0	
贵州	4287.3	3759.7	154.4	64.8					
云南	15308.4	11925.6	856.3	136.9					
西藏	82051.9	70846.8	2828.5	537.3	7410.0	157.3	9.3	5.3	0.2
陕西	5206.2	4349.2	1560.9	826.4	648.0	208.5	352.7	63.3	0.2
甘肃	17904.2	16071.6	732.9	281.9	4596.7	884.7	1390.7	302.7	1.7
青海	36369.7	31530.7	1712.9	731.0	8718.7	1129.3	1654.7	443.3	
宁夏	3014.1	2625.6	233.6	49.7	335.3	589.1	446.0	118.0	0.8
新疆	57258.8	48006.8	1767.6	586.9	5122.0	1429.9	2548.0	1077.3	0.5

资料来源：中华人民共和国国家统计局：《2014 中国统计年鉴》，北京：中国统计出版社，2014 年。

6　中国湿地概览

6-1　中国各一级行政区划湿地基本情况简表

地区	湿地面积（千公顷）	天然湿地	近海与海岸	河流	湖泊	沼泽	人工湿地	湿地面积占辖区面积(%)
全国	53602.6	46674.7	5795.9	10552.1	8593.8	21732.9	6745.9	5.56
北京	48.1	24.2		22.7	0.2	1.3	23.9	2.86
天津	295.6	151.1	104.3	32.3	3.6	10.9	144.5	23.94
河北	941.9	694.6	231.9	212.5	26.6	223.6	247.3	5.04
山西	151.9	108.1		96.9	3.1	8.1	43.8	0.97
内蒙古	6010.6	5878.8		463.7	566.2	4848.9	131.8	5.08
辽宁	1394.8	1077.7	713.2	251.5	2.9	110.1	317.1	9.42
吉林	997.6	862.9		223.5	112.0	527.4	134.7	5.32
黑龙江	5143.3	4953.8		733.5	356.0	3864.3	189.5	11.31
上海	464.6	409.0	386.6	7.3	5.8	9.3	55.6	73.27
江苏	2822.8	1948.8	1087.5	296.6	536.7	28.0	874.0	27.51
浙江	1110.1	843.3	692.5	141.2	8.9	0.7	266.8	10.91
安徽	1041.8	713.6		309.6	361.1	42.9	328.2	7.46
福建	871.0	711.2	575.6	135.1	0.3	0.2	159.8	7.18
江西	910.1	710.7		310.8	374.1	25.8	199.4	5.45
山东	1737.5	1103.0	728.5	257.8	62.6	54.1	634.5	11.07

续表

地区	湿地面积（千公顷）	天然湿地	近海与海岸	河流	湖泊	沼泽	人工湿地	湿地面积占辖区面积 (%)
河南	627.9	380.7		368.9	6.9	4.9	247.2	3.76
湖北	1445.0	764.2		450.4	276.9	36.9	680.8	7.77
湖南	1019.7	813.5		398.4	385.8	29.3	206.2	4.81
广东	1753.4	1158.1	815.1	337.9	1.5	3.6	595.3	9.76
广西	754.3	536.6	259.0	268.9	6.3	2.4	217.7	3.20
海南	320.0	242.0	201.7	39.7	0.6		78.0	9.14
重庆	207.2	87.7		87.3	0.3	0.1	119.5	2.51
四川	1747.8	1665.6		452.3	37.4	1175.9	82.2	3.61
贵州	209.7	151.6		138.1	2.5	11.0	58.1	1.19
云南	563.5	392.5		241.8	118.5	32.2	171.0	1.43
西藏	6529.0	6524.0		1434.5	3035.2	2054.3	5.0	5.35
陕西	308.5	276.2		257.6	7.6	11.0	32.3	1.50
甘肃	1693.9	1642.4		381.7	15.9	1244.8	51.5	3.73
青海	8143.6	8001.0		885.3	1470.3	5645.4	142.6	11.27
宁夏	207.2	169.5		97.9	33.5	38.1	37.7	4.00
新疆	3948.2	3678.3		1216.4	774.5	1687.4	269.9	2.38

资料来源：中华人民共和国国家统计局：《2014 中国统计年鉴》，北京：中国统计出版社，2014 年。

7　中国沙化土地概览

7-1 中国各一级行政区划沙化土地基本情况简表

地区	沙化土地面积（万公顷）	流动沙丘（地）	半固定沙丘（地）	固定沙丘（地）	露沙地	沙化耕地	非生物工程	风蚀残丘	风蚀劣地	戈壁
全国	17310.77	4061.34	1771.57	2779.25	997.62	445.94	0.66	88.98	557.26	6608.15
北京	5.24			5.24						
天津	1.54			0.73		0.8				
河北	212.53		1.43	99.63		111.48				
山西	61.78		3.23	48.87	0.38	9.29				
内蒙古	4146.83	847.99	585.11	1224.15	587.49	19.61		0.43	174.37	707.69
辽宁	54.95	0.11	0.99	38.09	0.11	15.66				
吉林	70.8		1.48	34.52		34.8				
黑龙江	49.57		0.78	41.42		7.37				
上海										
江苏	58.44			8.06		50.38				
浙江	0.01			0.01						
安徽	12.05			5.05		7				
福建	4.15	0.11	0.05	1.48		2.5				
江西	7.25	0.06								
山东	76.76	0.08	0.9	24.35		51.43				

续表

地区	沙化土地面积（万公顷）	流动沙丘（地）	半固定沙丘（地）	固定沙丘（地）	露沙地	沙化耕地	非生物工程	风蚀残丘	风蚀劣地	戈壁
河南	62.86	0.06	0.9	12.62		49.28				
湖北	18.99	0.12	0.13	7	0.01	11.7	0.03			
湖南	5.88	0.02	0.09	5.42		0.36				
广东	10.03	0.34	0.11	4.29		5.29	0.01			
广西	19.49	0.07	0.03	4.4		14.98				
海南	5.99			4.87		1.12				
重庆	0.25	0.01		0.02		0.22				
四川	91.38	1.06	3.76	19.45	61.64	5.42	0.04			
贵州	0.62	0.1	0.03	0.14		0.35				
云南	4.42	0.34	0.11	1.45	0.11	2.41				
西藏	2161.86	39.03	101.24	39.13	144.78	2.07	0.07			1835.54
陕西	141.32	2.83	12.87	122.16		3.46				
甘肃	1192.24	189.48	120.67	175.18	3.81	6.18	0.17	1.63	15.81	679.31
青海	1250.35	120.11								
宁夏	116.23	10.78	11.44	74.03		10.1		0.09		9.8
新疆	7466.97	2848.64								

资料来源：国家林业局：《中国林业统计年鉴 2013》，北京：中国林业出版社，2014。

8　中国自然保护区概览

8-1 中国各一级行政区划自然保护区基本情况简表 *

保护区名称	行政区域	面积（公顷）	主要保护对象	类型	级别	始建时间	主管部门
百花山	北京门头沟	21743.1	温带次生林	森林生态	国家级	19850401	林业
拒马河	北京房山	1125	大鲵等水生野生动物	野生动物	省级	19961101	农业
石花洞	北京房山	3650	岩溶洞穴	地质遗迹	省级	20001201	国土
蒲洼	北京房山	5397	森林生态系统	森林生态	省级	20050314	林业
汉石桥湿地	北京顺义	1615	湿地生态系统及野生动植物	内陆湿地	省级	20050404	林业
怀沙河怀九河	北京怀柔	111	大鲵、中华九刺鱼、鸳鸯等野生动物	野生动物	省级	19961101	农业
喇叭沟门	北京怀柔	18483	森林生态系统	森林生态	省级	19991201	林业
四座楼	北京平谷	19997	森林生态系统	森林生态	省级	20021229	林业
云峰山	北京密云	2233	天然油松林	森林生态	省级	20001201	林业
云蒙山	北京密云	3900	森林生态系统	森林生态	省级	20001201	林业
密云雾灵山	北京密云	4152	森林生态系统及金钱豹等珍稀动植物	森林生态	省级	20001201	林业
金牛湖	北京延庆	1000	鸟类及其生境	野生动物	市级	19991201	林业

* 本表收录国家级、省级保护区。一般县、市级保护区不录。

续表

保护区名称	行政区域	面积（公顷）	主要保护对象	类型	级别	始建时间	主管部门
延庆莲花山	北京延庆	1470	森林植被与人文景观	森林生态	市级	19991201	林业
朝阳寺木化石	北京延庆	2050	木化石	古生物遗迹	省级	20001201	国土
太安山	北京延庆	3470	森林及野生动植物	森林生态	市级	19991201	林业
北京松山	北京延庆	4660	温带森林和野生动植物	森林生态	国家级	19860709	林业
白河堡	北京延庆	8260	水源涵养林	森林生态	市级	19991201	林业
野鸭湖	北京延庆	8700	湿地生态系统及鸟类	内陆湿地	省级	20001201	林业
玉渡山	北京延庆	9820	森林与野生动植物	森林生态	市级	19991201	林业
大滩	北京延庆	12130	天然次生林及野生动植物	森林生态	市级	19991201	林业
北大港湿地	天津大港	34887.13	湿地生态系统	内陆湿地	省级	19990824	环保
大黄堡	天津武清	11200	湿地生态系统	内陆湿地	省级	20040921	林业
青龙湾	天津宝坻	416	防风固沙林	森林生态	省级	20030627	林业
古海岸与湿地	天津宁河、汉沽、塘沽、大港、东丽、津南	35913	贝壳堤、牡蛎滩古海岸遗迹、滨海湿地	古生物遗迹	国家级	19841201	海洋
团泊鸟类	天津静海	6040	珍稀候鸟及其生境	野生动物	省级	19950622	林业
盘山	天津蓟县	710	森林生态系统、风景名胜古迹	森林生态	省级	19841201	住建
蓟县中、上元古界地层剖面	天津蓟县	900	中上元古界地质剖面	地质遗迹	国家级	19841018	环保

续表

保护区名称	行政区域	面积（公顷）	主要保护对象	类型	级别	始建时间	主管部门
八仙山	天津蓟县	1049	森林生态系统	森林生态	国家级	19841201	林业
九段沙湿地	上海浦东新区	42020	河口沙洲地貌和鸟类等	内陆湿地	国家级	20000306	环保
金山三岛	上海金山	46	海岛生态系统及森林	海洋海岸	省级	19911005	海洋
长江口中华鲟	上海崇明	27600	中华鲟等珍稀鱼类	野生动物	省级	20020427	农业
崇明东滩鸟类	上海崇明	24155	候鸟及湿地生态系统	野生动物	国家级	19981116	林业
南寺掌	河北井陉	3058.5	森林生态系统	森林生态	省级	20110301	林业
漫山	河北灵寿	12028	野生动物及其生境	野生动物	省级	20010301	林业
嶂石岩	河北赞皇	23772	嶂石岩地貌及森林	地质遗迹	省级	20050901	林业
驼梁	河北平山	21311.9	森林生态系统	森林生态	国家级	20010331	林业
石臼坨诸岛	河北乐亭	3774.7	海洋生态系统及鸟类	海洋海岸	省级	20020501	海洋
唐海湿地鸟类	河北唐海	10081.4	湿地生态系统及鸟类	内陆湿地	省级	20030401	林业
昌黎黄金海岸	河北昌黎	30000	海滩及近海生态系统	海洋海岸	国家级	19900930	海洋
柳江盆地地质遗迹	河北抚宁	1395	地质遗迹	地质遗迹	国家级	19990501	国土
青崖寨	河北武安	15164	森林及珍稀野生动植物	森林生态	国家级	20060201	林业
三峰山	河北临城	5464.4	珍稀、濒危野生动植物	森林生态	省级	20120120	林业

续表

保护区名称	行政区域	面积（公顷）	主要保护对象	类型	级别	始建时间	主管部门
银河山	河北阜平	36210.9	森林生态系统、珍稀野生动植物	森林生态	省级	20120120	林业
大茂山	河北唐县	1353.33	森林生态系统、珍稀野生动植物	森林生态	省级	20120120	林业
金华山—横岭子褐马鸡	河北涞源、涞水	33940	褐马鸡及其生境	野生动物	省级	19940101	林业
白洋淀湿地	河北安新	29696	湿地生态系统	内陆湿地	省级	20021106	环保
摩天岭	河北易县	31060	华北山地温带森林生态系统	森林生态	省级	20120120	林业
黄羊滩	河北宣化	11035	湿地和鸟类	内陆湿地	省级	20110223	林业
小五台山	河北蔚、涿鹿	21833	温带森林生态系统及褐马鸡	森林生态	国家级	19831101	林业
泥河湾	河北阳原	1015	新生代沉积地层	地质遗迹	国家级	19970218	国土
大海陀	河北赤城	11224.9	森林生态系统	森林生态	国家级	19990701	环保
北大山	河北承德	10185	森林生态系统	森林生态	省级	20091211	林业
河北雾灵山	河北兴隆	14247	温带森林、猕猴分布北限	森林生态	国家级	19880509	林业
六里坪	河北兴隆	14970	温带森林生态系统	森林生态	省级	20071127	林业
辽河源	河北平泉	45225	森林生态系统	森林生态	省级	20030701	林业
白草洼	河北滦平	17680	森林草原	草原草甸	省级	20071127	林业
茅荆坝	河北隆化	40038	森林生态系统和野生动物	森林生态	国家级	20020529	林业
丰宁古生物化石	河北丰宁	5256	古生物化石	古生物遗迹	省级	20080401	国土

续表

保护区名称	行政区域	面积（公顷）	主要保护对象	类型	级别	始建时间	主管部门
滦河源草地	河北丰宁	21500	草原湿地生态	草原草甸	省级	19971028	环保
千鹤山	河北宽城	14038	苍鹭及其生境	野生动物	省级	20030801	环保
都山	河北宽城	19648	森林生态系统	森林生态	省级	20010101	林业
御道口	河北宽城	32620	草原生态系统	草原草甸	省级	20020501	农业
围场红松洼	河北围场	7970	草原生态系统	草原草甸	国家级	19940815	农业
塞罕坝	河北围场	20029.8	森林生态系统	森林生态	国家级	20010801	林业
滦河上游	河北围场	50637.4	森林生态系统和野生动物	森林生态	国家级	20020626	林业
南大港湿地	河北沧州	13380	湿地生态系统及鸟类	内陆湿地	省级	19950301	林业
小山火山	河北海兴	1381	火山遗迹	地质遗迹	省级	20030701	国土
海兴湿地和鸟类	河北海兴	16800	湿地生态系统及鸟类	内陆湿地	省级	20051101	林业
黄骅古贝壳堤	河北黄骅	117	古贝壳堤	古生物遗迹	省级	19950801	国土
衡水湖	河北衡水	18787	湿地生态系统及鸟类	内陆湿地	国家级	20000701	林业
内蒙古大青山	内蒙古呼和浩特	388577	森林生态系统	森林生态	国家级	19961216	林业
南海子湿地	内蒙古包头	1664	湿地生态系统及鸟类	内陆湿地	省级	20011201	其他
梅力更	内蒙古包头	15268	天然侧柏林	森林生态	省级	20001201	林业
巴音杭盖	内蒙古达尔罕茂明安联合旗	49650	荒漠草原生态系统	荒漠生态	省级	20011201	林业

续表

保护区名称	行政区域	面积（公顷）	主要保护对象	类型	级别	始建时间	主管部门
高格斯台罕乌拉	内蒙古阿鲁科尔沁旗	106284	森林、草原、湿地生态系统及珍稀动物	森林生态	国家级	19971127	林业
阿鲁科尔沁	内蒙古阿鲁科尔沁旗	136793.6	草原、湿地及珍稀鸟类	草原草甸	国家级	19980201	环保
平顶山—七锅山	内蒙古巴林左旗	10000	地质遗迹	地质遗迹	省级	19991201	环保
赛罕乌拉	内蒙古巴林左旗	100400	森林生态系统及马鹿等野生动物	森林生态	国家级	19970401	林业
乌兰坝—石棚沟	内蒙古巴林左旗	120000	水源林	森林生态	国家级	19971101	林业
赤峰青山地质遗迹	内蒙古克什克腾旗	9200	冰臼群	地质遗迹	国家级	19980401	环保
白音敖包	内蒙古克什克腾旗	13862	沙地云杉林	森林生态	国家级	19791004	林业
乌兰布统	内蒙古克什克腾旗	30089	草原生态系统	草原草甸	省级	19980701	环保
黄岗梁	内蒙古克什克腾旗	38307	森林生态系统	森林生态	省级	20041201	林业
桦木沟	内蒙古克什克腾旗	41858	森林生态系统	森林生态	省级	20041201	林业
潢源	内蒙古克什克腾旗	45438	水源涵养林	森林生态	省级	20000102	环保
达里诺尔	内蒙古克什克腾旗	119413	珍稀鸟类及其生境	野生动物	国家级	19870908	环保
松树山	内蒙古翁牛特旗	42377	湿地生态系统及野生动植物	内陆湿地	省级	19990401	林业

续表

保护区名称	行政区域	面积（公顷）	主要保护对象	类型	级别	始建时间	主管部门
黑里河	内蒙古宁城	27638	森林生态系统	森林生态	国家级	19961229	林业
小河沿	内蒙古敖汉旗	18000	珍稀鸟类及湿地	野生动物	省级	19980901	环保
大黑山	内蒙古敖汉旗	86799	天然阔叶林	森林生态	国家级	19960901	环保
乌斯吐	内蒙古科尔沁左翼中旗	33823	森林生态系统	森林生态	省级	20011226	林业
大青沟	内蒙古科尔沁左翼后旗	8183	沙地原生森林生态系统和天然阔叶林	森林生态	国家级	19880509	林业
乌旦塔拉	内蒙古科尔沁左翼后旗	23471	沙地原生植被	荒漠生态	省级	20011227	林业
荷叶花湿地珍禽	内蒙古扎鲁特旗	52823	湿地生态系统及水禽	内陆湿地	省级	20000201	林业
特金罕山	内蒙古扎鲁特旗	91333	针阔混交林	森林生态	国家级	19961001	林业
鄂尔多斯遗鸥	内蒙古鄂尔多斯东胜、伊金霍洛旗	14770	遗鸥及湿地生态系统	野生动物	国家级	19910101	林业
准格尔地质遗迹	内蒙古准格尔旗	1740	恐龙化石	古生物遗迹	省级	19990101	国土
毛盖图	内蒙古鄂托克前旗	83246	荒漠植被及野生动植物	荒漠生态	省级	20030101	林业
都斯图河	内蒙古鄂托克旗	38004	荒漠草原、河流湿地及野生动植物	内陆湿地	省级	20031101	林业
鄂托克恐龙遗迹化石	内蒙古鄂托克旗	46410	恐龙足迹化石	古生物遗迹	国家级	19980101	国土

续表

保护区名称	行政区域	面积（公顷）	主要保护对象	类型	级别	始建时间	主管部门
鄂托克甘草	内蒙古鄂托克旗	144800	甘草及荒漠生态系统	野生植物	省级	20030101	林业
西鄂尔多斯	内蒙古鄂托克旗	474688	四合木等濒危植物及荒漠生态系统	野生植物	国家级	19861201	环保
库布其沙漠	内蒙古杭锦旗	15000	柠条及其生境	野生植物	省级	20000928	林业
杭锦淖尔	内蒙古杭锦旗	85750	黄河滩涂湿地及大鸨、大天鹅等珍禽	内陆湿地	省级	20030101	林业
白音恩格尔荒漠	内蒙古杭锦旗	26209.64	四合木、半日花等珍稀植物及其生境	野生植物	省级	20000901	林业
毛乌素沙地柏	内蒙古乌审旗	31250	荒漠生态系统及臭柏林	荒漠生态	省级	20000928	林业
海拉尔西山	内蒙古呼伦贝尔	14667	樟子松林	森林生态	省级	20011201	林业
毕拉河	内蒙古鄂伦春自治旗	56604	森林生态系统	森林生态	国家级	20040701	林业
红花尔基樟子松林	内蒙古鄂温克族自治旗	20085	樟子松林	森林生态	国家级	19980501	林业
维纳河	内蒙古鄂温克族自治旗	125564	草原生态系统及矿泉	草原草甸	省级	19981101	林业
辉河	内蒙古鄂温克族自治旗	346848	湿地生态系统及珍禽、草原	内陆湿地	国家级	19971101	环保
巴尔虎草原黄羊	内蒙古新巴尔虎右旗	528388	黄羊等野生动物及其生境	野生动物	省级	19981201	环保

续表

保护区名称	行政区域	面积（公顷）	主要保护对象	类型	级别	始建时间	主管部门
达赉湖	内蒙古新巴尔虎右旗、满洲里、新巴尔虎左旗	740000	湖泊湿地、草原及野生动物	内陆湿地	国家级	19860710	林业
柴河	内蒙古扎兰屯	19036	森林及野生动物	森林生态	省级	20001201	林业
室韦	内蒙古额尔古纳	102559	森林及野生动植物	森林生态	省级	20030301	林业
额尔古纳	内蒙古额尔古纳	124527	原始寒温带针叶林	森林生态	国家级	19980101	林业
额尔古纳湿地	内蒙古额尔古纳	126000	湿地生态系统	内陆湿地	省级	19971101	林业
阿鲁	内蒙古根河	64386	森林及野生动物	森林生态	省级	20010101	林业
大兴安岭汗马	内蒙古根河	107348	寒温带苔原山地明亮针叶林	森林生态	国家级	19790501	林业
哈腾套海	内蒙古磴口	123600	绵刺及荒漠草原、湿地生态系统	荒漠生态	国家级	19950101	林业
乌梁素海湿地水禽	内蒙古乌拉特前旗	29333	水禽及其生境	野生动物	省级	19930301	林业
乌拉山	内蒙古乌拉特前旗	83159.6	侧柏林及天然次生林	森林生态	省级	20030301	林业
阿尔其山叉子圆柏	内蒙古乌拉特中旗	14787	叉子圆柏及其生境	野生植物	省级	20000901	林业
巴彦满都呼恐龙化石	内蒙古乌拉特后旗	3249	恐龙化石	古生物遗迹	省级	20000101	国土

续表

保护区名称	行政区域	面积（公顷）	主要保护对象	类型	级别	始建时间	主管部门
乌拉特梭梭林—蒙古野驴	内蒙古乌拉特后旗	68000	梭梭林、蒙古野驴及荒漠生态系统	荒漠生态	国家级	19851001	林业
苏木山	内蒙古兴和	16700	次生林及野生动植物	森林生态	省级	19991101	林业
岱海湖泊湿地	内蒙古凉城	12970	湖泊湿地生态系统	内陆湿地	省级	19990701	环保
黄旗海湿地	内蒙古察哈尔右翼前旗	36823	湿地生态系统及珍稀鱼类	内陆湿地	省级	19960801	林业
四子王旗哺乳动物化石	内蒙古四子王旗	48	哺乳动物化石	古生物遗迹	省级	19970502	国土
脑木更第三系剖面遗迹	内蒙古四子王旗	10410	第三系地层剖面	地质遗迹	省级	19970501	国土
杜拉尔	内蒙古阿尔山	38567	天然次生林	森林生态	省级	19970101	林业
内蒙古青山	内蒙古科尔沁右翼前旗	26989	森林生态系统	森林生态	省级	20030301	林业
乌兰河	内蒙古科尔沁右翼前旗	58515	水源涵养林	森林生态	省级	20010101	环保
蒙格罕山	内蒙古科尔沁右翼中旗	20855	森林生态系统	森林生态	省级	20030301	林业
科尔沁	内蒙古科尔沁右翼中旗	126987	湿地珍禽、灌丛及疏林草原	野生动物	国家级	19850209	环保
乌力胡舒	内蒙古科尔沁右翼中旗	38882.01	湿地生态系统及珍禽	内陆湿地	省级	19990101	林业
代钦塔垃五角枫	内蒙古科尔沁右翼中旗	61641.3	草原生态系统及珍禽	草原草甸	省级	20010101	林业

续表

保护区名称	行政区域	面积（公顷）	主要保护对象	类型	级别	始建时间	主管部门
图牧吉	内蒙古扎赉特旗	94830	大鸨等珍禽草原、湿地生态系统	野生动物	国家级	19960801	环保
老头山	内蒙古突泉	31442	野生动物及其生境	野生动物	省级	19970801	林业
二连盆地恐龙化石	内蒙古二连浩特	41200	恐龙化石	古生物遗迹	省级	19960401	国土
白音库伦遗鸥	内蒙古锡林浩特	10415	遗鸥及其生境	野生动物	省级	20020101	林业
锡林郭勒草原	内蒙古锡林浩特	580000	草甸草原、沙地疏林	草原草甸	国家级	19850808	环保
浑善达克沙地柏	内蒙古阿巴嘎旗	191164	天然沙地柏群落、典型草原、河湖湿地	荒漠生态	省级	20070901	林业
苏尼特	内蒙古苏尼特右旗	30594.53	柄扁桃群落、灌丛草原及野生动物	草原草甸	省级	20010101	林业
贺斯格淖尔	内蒙古东乌珠穆沁旗	29769	湿地生态系统	内陆湿地	省级	19950601	林业
乌拉盖湿地	内蒙古东乌珠穆沁旗	612650	湿地生态系统	内陆湿地	省级	20041201	林业
古日格斯台	内蒙古西乌珠穆沁旗	98931	森林、草原生态系统和野生动植物	森林生态	国家级	19981101	林业
蔡木山	内蒙古多伦	42477	草甸草原及次生林	草原草甸	省级	19981201	环保
阿左旗恐龙化石	内蒙古阿拉善左旗	90570	恐龙化石	古生物遗迹	省级	19990601	国土
腾格里沙漠	内蒙古阿拉善左旗	1006450	沙漠生态系统	荒漠生态	省级	20030301	林业

续表

保护区名称	行政区域	面积（公顷）	主要保护对象	类型	级别	始建时间	主管部门
内蒙古贺兰山	内蒙古阿拉善左旗	67710.6	水源涵养林、野生动植物	森林生态	国家级	19920513	林业
东阿拉善	内蒙古阿拉善左旗	1071549	荒漠生态系统	荒漠生态	省级	19961001	林业
巴丹吉林沙漠湖泊	内蒙古阿拉善右旗	717060	荒漠生态系统及湖泊湿地	荒漠生态	省级	19990501	环保
巴丹吉林	内蒙古阿拉善右旗	489011.2	荒漠生态系统及盘羊、梭梭等野生动植物	荒漠生态	省级	19970401	林业
额济纳胡杨林	内蒙古额济纳旗	26253	胡杨林及荒漠生态系统	荒漠生态	国家级	19860601	林业
马鬃山古生物化石	内蒙古额济纳旗	52698	恐龙骨骼、蛋化石、龟鳖类化石	古生物遗迹	省级	19981201	国土
滑石台	辽宁沈阳	260	“陨石”地质遗迹	地质遗迹	省级	20030918	国土
卧龙湖	辽宁康平	12750	湿地生态系统及鸟类	内陆湿地	省级	20010501	林业
大连斑海豹	辽宁大连	672275	斑海豹及其生境	野生动物	国家级	19920920	农业
蛇岛老铁山	辽宁大连	9072	蝮蛇、候鸟及其生境	野生动物	国家级	19800806	环保
成山头海滨地貌	辽宁大连	1350	地质遗迹、海滨喀斯特地貌及珍稀鸟类	地质遗迹	国家级	19890401	环保
长海海洋珍稀生物	辽宁长海	220	刺参、皱纹盘鲍、栉孔扇贝等珍稀水生动物	野生动物	省级	19850401	环保
辽宁仙人洞	辽宁庄河	3574.7	赤松—栎林生态系统及珍稀动植物	森林生态	国家级	19810915	林业

续表

保护区名称	行政区域	面积（公顷）	主要保护对象	类型	级别	始建时间	主管部门
大麦科	辽宁台安	7190	内陆湿地生态系统与野生动植物资源	内陆湿地	省级	20020827	林业
岫岩清凉山	辽宁岫岩	4300	森林生态系统	森林生态	省级	20000801	林业
龙潭湾	辽宁岫岩	5463.8	油松林、栎林和落叶阔叶林生态系统	森林生态	省级	20021201	林业
九龙川	辽宁海城	3400	油松、栎林和落叶阔叶林生态系统	森林生态	省级	19860901	环保
海城白云山	辽宁海城	13300	油松、栎林和落叶阔叶林生态系统	森林生态	省级	20030901	林业
三块石	辽宁抚顺	10434	华北、长白植物区系交汇地带森林生态系统	森林生态	省级	20030901	林业
大伙房水库水源	辽宁抚顺	530000	水源涵养林	森林生态	省级	19900401	水利
龙岗山	辽宁新宾	10259	华北、长白植物区系交汇地带森林生态系统	森林生态	省级	20030915	林业
猴石	辽宁新宾	11090	华北、长白植物区系交汇地带森林生态系统	森林生态	省级	20030915	林业
浑河源	辽宁清原	18127	华北、长白植物区系交汇地带森林生态系统	森林生态	省级	20030915	林业
本溪地质遗迹省级	辽宁本溪	1200.75	地质遗迹	地质遗迹	省级	20010301	环保
和尚帽子	辽宁本溪	10973	红松、冷杉为主的原生针阔混交林生态系统	森林生态	省级	20010301	林业
恒仁老秃顶子	辽宁桓仁、新宾	15219	长白植物区系森林及人参等珍稀物种	森林生态	国家级	19810915	林业

续表

保护区名称	行政区域	面积（公顷）	主要保护对象	类型	级别	始建时间	主管部门
丹东鸭绿江口湿地	辽宁丹东	101000	沿海滩涂湿地及珍稀水禽	海洋海岸	国家级	19870701	环保
白石砬子	辽宁宽甸	7467	原生型红松针阔混交林	森林生态	国家级	19810909	林业
凤城凤凰山	辽宁凤城	2600	红松、黄檗、水曲柳等森林生态系统	森林生态	省级	19811001	林业
义县古生物化石	辽宁义县	23800	晚中生代热河生物群生物化石	古生物遗迹	省级	20021207	国土
医巫闾山	辽宁北镇、义县	11459	天然油松林、华北植物区系针阔混交林	森林生态	国家级	19810909	林业
玉石	辽宁盖州	31915	森林生态系统	森林生态	省级	20010802	林业
老鹰窝山	辽宁阜新	6405	天然针阔混交林	森林生态	省级	20020424	林业
海棠山	辽宁阜新	11002.7	森林生态系统	森林生态	国家级	19861201	林业
关山	辽宁阜新	4835	森林生态系统	森林生态	省级	20051201	林业
章古台	辽宁彰武	10200	沙地森林生态系统	森林生态	国家级	19861201	林业
双台河口	辽宁盘山、大洼	128000	丹顶鹤、黑嘴鸥珍稀水禽及沿海湿地生态系统	野生动物	国家级	19850909	林业
凡河	辽宁铁岭	51205	内陆湿地生态系统及水源涵养林	内陆湿地	省级	20071201	林业
椴木头沟	辽宁朝阳	4857	森林生态系统	森林生态	省级	20090401	林业
清风岭	辽宁朝阳	9010	华北植物区系北缘森林生态系统	森林生态	省级	20021210	林业

续表

保护区名称	行政区域	面积（公顷）	主要保护对象	类型	级别	始建时间	主管部门
北票大黑山	辽宁朝阳	13844	暖温带半湿润向温带半干旱过渡气候条件下的山地落叶阔叶林生态系统；辽梅杏等天然山杏资源；金雕等猛禽	森林生态	国家级	20000619	林业
小凌河中华鳖	辽宁朝阳	484.5	中华鳖、瓦氏雅罗鱼等水生生物及其生境	野生动物	省级	19991108	农业
努鲁儿虎山	辽宁朝阳	13832.1	华北、内蒙古生物系交汇地带的森林生态系统	森林生态	国家级	20001101	林业
天秀山	辽宁建平	2425	暖温带半干旱季风气候条件下的石灰岩山地矮林生态系统	森林生态	省级	20091215	林业
楼子山	辽宁喀喇沁左翼	11150	森林生态系统	森林生态	省级	20010301	林业
北票鸟化石	辽宁北票	4630	中生代晚期鸟化石等古生物化石群	古生物遗迹	国家级	19970518	国土
青龙河	辽宁凌源	69912	野生动物及其生境	野生动物	国家级	20010401	林业
虹螺山	辽宁葫芦岛	10000	森林及水曲柳、狼、黄羊等野生动植物	森林生态	国家级	20060710	林业
五花顶	辽宁绥中	2558	森林及野生动植物	森林生态	省级	20111029	林业
白狼山	辽宁建昌	17440	华北植物区系北缘森林生态系统	森林生态	国家级	20010709	林业
波罗湖	吉林农安	24915	湿地生态系统及鹤、鹳类珍稀濒危鸟类	内陆湿地	国家级	20041025	林业
左家	吉林吉林市	5544	天然次生林	森林生态	省级	19820528	农业

续表

保护区名称	行政区域	面积（公顷）	主要保护对象	类型	级别	始建时间	主管部门
松花江三湖	吉林吉林市、白山	115253.2	森林及水域生态系统	森林生态	国家级	19900213	林业
四平山门中生代火山	吉林四平	1062	中生代白垩流纹岩火山构造及典型火山地貌	地质遗迹	国家级	20000901	国土
伊通河源	吉林伊通	24257	森林生态系统	森林生态	省级	20121221	林业
伊通火山群	吉林伊通	764.8	基性玄武岩“侵出式”火山地质遗迹和火山景观	地质遗迹	国家级	19831022	环保
石湖	吉林通化	1505.7	森林及野生动植物	森林生态	省级	19930312	林业
龙湾	吉林辉南	15061	湿地、森林生态系统及火山湖泊	内陆湿地	国家级	19910801	林业
柳河罗通山	吉林柳河	1033	森林及野生动植物	野生植物	省级	20100514	林业
哈泥	吉林柳河	22230	沼泽湿地生态系统	内陆湿地	国家级	19911206	林业
集安	吉林集安	6658	珍稀濒危野生植物和自然遗迹	野生植物	国家级	19920601	林业
白山原麝	吉林白山	21995	原麝等野生动物及其生境	野生动物	国家级	20061229	林业
抚松野山参	吉林抚松	8315.63	森林及野山参等濒危物种	森林生态	省级	20081031	林业
靖宇	吉林靖宇	15038	火山群地质遗迹	地质遗迹	国家级	20021101	国土
鸭绿江上游	吉林长白	20306	珍稀冷水性鱼类及其生境	野生动物	国家级	19961001	农业
大阳岔	吉林江源	150	寒武纪奥陶系地层剖面	地质遗迹	省级	19850901	国土
查干湖	吉林前郭尔罗斯	50684	湿地生态系统及珍稀鸟类	内陆湿地	国家级	19860802	水利
腰井子羊草草原	吉林长岭	23800	草原草甸生态系统、野生动植物	草原草甸	省级	19861118	农业

续表

保护区名称	行政区域	面积（公顷）	主要保护对象	类型	级别	始建时间	主管部门
大布苏	吉林乾安	11000	泥林、古生物化石及湿地生态系统	地质遗迹	国家级	19930101	国土
扶余洪泛	吉林扶余	61010	湿地生态系统及珍稀鸟类	内陆湿地	省级	20090722	林业
莫莫格	吉林镇赉	144000	珍稀水禽、鹤、鹳类野生动植物及湿地生态系统	内陆湿地	国家级	19810308	林业
包拉温都	吉林通榆	62190	芦苇沼泽为主的天然湿地生态系统及珍稀野生动物栖息地和蒙古山杏林	内陆湿地	省级	20021220	林业
向海	吉林通榆	105467	丹顶鹤等珍稀水禽、蒙古黄榆等稀有动植物及湿地水域生态系统	内陆湿地	国家级	19810309	林业
黄泥河	吉林敦化	41583	北温带森林生态系统及多种珍稀濒危野生动植物	森林生态	国家级	20000401	林业
雁鸣湖	吉林敦化	53940	湿地生态系统	内陆湿地	国家级	19911120	林业
珲春东北虎	吉林珲春	108700	东北虎、远东豹及其生境	野生动物	国家级	20011022	林业
天佛指山	吉林龙井	77317	松茸、赤松及森林生态系统	森林生态	国家级	19960513	林业
汪清	吉林汪清	42756	东北红豆杉及针阔混交林生态系统	森林生态	国家级	20021220	林业
长白松	吉林安图	112	长白松	野生植物	省级	19850130	林业
吉林长白山	吉林安图、抚松、长白	196465	火山地貌景观和森林生态系统	森林生态	国家级	19600401	林业
海兰江源	吉林和龙	13550	森林生态系统	森林生态	省级	20140807	林业
辉南大椅山湿地	吉林辉南	4835	内陆湿地与水域生态系统	内陆湿地	省级	20140807	林业
九台湿地	吉林九台	16224	内陆湿地与水域生态系统	内陆湿地	省级	20131106	林业

续表

保护区名称	行政区域	面积（公顷）	主要保护对象	类型	级别	始建时间	主管部门
双辽白鹤	吉林双辽	6603	内陆湿地与水域生态系统	内陆湿地	省级	20140124	林业
头道松花江上游	吉林抚松	13350	森林生态系统	森林生态	省级	20150105	林业
汪清上屯湿地	吉林汪清	6594	内陆湿地与水域生态系统	内陆湿地	省级	20140807	林业
威虎岭	吉林蛟河	16660	森林生态系统	森林生态	省级	20131018	林业
圆池湿地	吉林安图	17377	内陆湿地与水域生态系统	内陆湿地	省级	20131106	林业
甑峰岭	吉林和龙	17386	野生生物类别、野生植物类型	野生植物	省级	20131105	林业
长岭龙凤湖	吉林长岭	7166	内陆湿地与水域生态系统	内陆湿地	省级	20131119	环保
哈东沿江湿地	黑龙江哈尔滨	10725	湿地生态系统	内陆湿地	省级	20100225	林业
呼兰河口湿地	黑龙江哈尔滨	19262	湿地生态系统及水禽	内陆湿地	省级	20080114	林业
安兴湿地	黑龙江依兰	11000	湿地生态系统及鸟类	内陆湿地	省级	20020304	水利
宾县沿江	黑龙江宾县	10989	湿地生态系统	内陆湿地	省级	20121228	林业
通河龙口	黑龙江通河	10303	红松、蒙古栎及森林生态系统	森林生态	省级	19971112	林业
通河平顶山	黑龙江通河	20241	森林生态系统和野生动物	森林生态	省级	20101229	环保
山河林蛙	黑龙江阿城	870	林蛙及其生境	野生动物	省级	19830101	林业
松峰山	黑龙江阿城	1465	沼泽、滩涂草甸	内陆湿地	省级	19840523	林业

续表

保护区名称	行政区域	面积（公顷）	主要保护对象	类型	级别	始建时间	主管部门
拉林河口湿地	黑龙江双城	17179	湿地生态系统	内陆湿地	省级	20091230	林业
黑龙宫林蛙	黑龙江尚志	3600	林蛙及次生林	野生动物	省级	19820430	林业
龙凤湖	黑龙江五常	15000	湿地生态系统	内陆湿地	省级	20090930	水利
五常大峡谷	黑龙江五常	24998	森林生态系统和野生动物	森林生态	国家级	20101229	林业
仙洞山	黑龙江齐齐哈尔	2450	野生梅花鹿及其栖息地	野生动物	省级	20090407	其他
扎龙	黑龙江齐齐哈尔、大庆	210000	丹顶鹤等珍禽及湿地生态系统	野生动物	国家级	19870418	林业
齐齐哈尔沿江湿地	黑龙江齐齐哈尔	31675	湿地生态系统	内陆湿地	省级	20101102	林业
哈拉海	黑龙江龙江	16564	湿地生态系统及其珍稀动植物	内陆湿地	省级	20070813	林业
龙江哈拉海	黑龙江龙江	23109	湿地水域生态系统	内陆湿地	省级	20110309	林业
讷谟尔河湿地	黑龙江依安	61385	湿地生态系统及其珍稀动植物	荒漠生态	省级	20070813	其他
二龙涛湿地	黑龙江泰来	13262	湿地生态系统及珍稀濒危水鸟	内陆湿地	省级	20100225	林业
乌裕尔河	黑龙江富裕	55423	湿地生态系统及丹顶鹤、老鸨	内陆湿地	国家级	20060301	林业
鹿角湖梅花鹿	黑龙江齐齐哈尔	7678	梅花鹿及栖息地	野生动物	省级	20111223	林业
双阳河	黑龙江齐齐哈尔	19460	湿地水域生态系统	内陆湿地	省级	20110309	林业

续表

保护区名称	行政区域	面积（公顷）	主要保护对象	类型	级别	始建时间	主管部门
乌裕尔河—双阳河	黑龙江讷河	22934	珍稀濒危的野生动植物物种及湿地生态系统	内陆湿地	省级	20070806	其他
尼尔基	黑龙江讷河	43438	湿地生态系统	内陆湿地	省级	20101102	环保
曙光天蚕	黑龙江鸡东	9766	天蚕及柞林生态系统	野生动物	省级	19920801	林业
黑龙江凤凰山	黑龙江鸡东	26570	兴凯松林、东北红豆杉、松茸等野生动植物及森林生态系统	森林生态	国家级	19890403	林业
虎口湿地	黑龙江虎林	15000	内陆湿地生态系统	内陆湿地	省级	19970204	林业
东方红湿地	黑龙江虎林	31516	湿地生态系统和国家级重点保护动植物物种及其栖息地	内陆湿地	国家级	20050419	林业
珍宝岛湿地	黑龙江虎林	44364	湿地生态系统和珍稀濒危动植物	内陆湿地	国家级	20020415	林业
铁西	黑龙江密山	7235	梅花鹿、马鹿、刺五加等珍稀动植物及森林生态系统	森林生态	省级	19961113	其他
兴凯湖	黑龙江密山	222488	湿地生态系统及丹顶鹤等珍稀鸟类	内陆湿地	国家级	19860405	林业
细鳞河	黑龙江鹤岗	20617	森林、湿地生态系统及其珍稀动物	森林生态	省级	20040902	林业
太平沟	黑龙江鹤岗	22199	温带森林生态系统和野生动物	森林生态	国家级	20091230	林业
绥滨两江湿地	黑龙江鹤岗	55490	湿地生态系统	内陆湿地	省级	20070608	林业
水莲	黑龙江萝北	8952	湿地水域生态系统	内陆湿地	省级	20030916	环保

续表

保护区名称	行政区域	面积（公顷）	主要保护对象	类型	级别	始建时间	主管部门
嘟噜河	黑龙江萝北	19967.33	湿地水域生态系统及丹顶鹤、白尾海雕、白头鹤、野生大豆等珍稀动植物	内陆湿地	省级	20000801	林业
安邦河	黑龙江集贤	10295	湿地生态系统及其珍稀水禽	内陆湿地	省级	19930301	其他
七星砬子东北虎	黑龙江集贤	23000	东北虎、马鹿等野生动物及其生境	野生动物	省级	19900101	林业
东升	黑龙江宝清	19244	湿地生态系统	内陆湿地	省级	20040901	其他
宝清七星河	黑龙江宝清	20000	湿地生态系统及其珍稀水禽	内陆湿地	国家级	19911017	环保
乌苏里江	黑龙江饶河	39668	湿地生态系统	内陆湿地	省级	20010111	环保
大佳河	黑龙江饶河	72604	湿地、森林生态系统及珍稀野生动植物	内陆湿地	省级	20040901	其他
饶河东北黑蜂	黑龙江饶河	270000	东北黑蜂蜂种及椴树和毛水苏等蜜源植物	野生动物	国家级	19800508	环保
龙凤湿地	黑龙江大庆	5050.39	湿地水域生态系统	内陆湿地	省级	20030313	其他
肇源沿江湿地	黑龙江肇源	57870	湿地水域生态系统及珍稀濒危野生动植物	内陆湿地	省级	20080512	林业
伊春河源头	黑龙江伊春	78864	森林生态系统和野生动物	森林生态	省级	20090101	林业
友好	黑龙江伊春	60687	森林沼泽生态系统及珍稀动植物	内陆湿地	国家级	20050101	林业
新青白头鹤	黑龙江伊春	62567	白头鹤、驼鹿等珍稀动物及北温带森林生态系统和湿地生态系统	野生动物	国家级	20040427	林业
丰林	黑龙江伊春	18400	为以红松为主的北温带针阔叶混交林生态系统和珍稀的野生动物植物资源	森林生态	国家级	19580614	林业

续表

保护区名称	行政区域	面积（公顷）	主要保护对象	类型	级别	始建时间	主管部门
翠北湿地	黑龙江伊春	27730	森林湿地生态系统及其湿地动植物	内陆湿地	省级	20011015	其他
乌马河紫貂	黑龙江伊春	20730	紫貂小兴安岭亚种及森林生态系统	野生动物	省级	20060313	林业
碧水中华秋沙鸭	黑龙江伊春	2535	中华秋沙鸭及红松林生态系统	野生动物	省级	19970711	林业
凉水	黑龙江伊春	12133	以红松为主的温带针阔叶混交林及其生态系统	森林生态	国家级	19800707	林业
朗乡原麝	黑龙江伊春	31355	原麝等野生动物及红松林生态系统	野生动物	省级	20050101	林业
乌伊岭	黑龙江伊春	43824	温带森林森林生态系统、沼泽湿地生态系统	内陆湿地	国家级	19990101	林业
红星湿地	黑龙江伊春	111995	温带森林湿地生态系统	内陆湿地	国家级	20040913	林业
库尔滨湿地	黑龙江伊春	66964	湿地水域生态系统及冷水鱼类	内陆湿地	省级	20040101	环保
嘉荫恐龙化石	黑龙江嘉荫	3844	恐龙化石	古生物遗迹	省级	19980406	其他
茅兰沟	黑龙江嘉荫	35868	森林生态系统及地质遗迹	地质遗迹	国家级	19991228	其他
平阳河湿地	黑龙江嘉荫	45988	森林生态系统、内陆湿地及栖息的珍稀野生动植物	内陆湿地	省级	20080512	其他
佳木斯沿江湿地	黑龙江佳木斯	11267	湿地生态系统及其珍稀水禽	内陆湿地	省级	20070813	林业
桦川湿地	黑龙江桦川	26199	内陆湿地生态系统及其珍稀水禽	内陆湿地	省级	20040901	其他
汤原黑鱼泡	黑龙江汤原	22401	湿地生态系统及其珍稀水禽	内陆湿地	省级	20070608	林业

续表

保护区名称	行政区域	面积（公顷）	主要保护对象	类型	级别	始建时间	主管部门
三江	黑龙江抚远	198089	湿地生态系统及东方白鹳等珍禽	内陆湿地	国家级	19940919	林业
洪河	黑龙江同江	21835	沼泽湿地生态系统及丹顶鹤、白鹤、白头鹤等珍禽	内陆湿地	国家级	19880111	环保
八岔岛	黑龙江同江	32014	湿地水域生态系统及珍稀动物	内陆湿地	国家级	19991001	环保
勤得利鲟鳇鱼	黑龙江同江	36663	施氏鲟、达氏鳇等珍稀鱼类及其生境	野生动物	省级	19981204	环保
三环泡	黑龙江富锦	25075	湿地生态系统及丹顶鹤、天鹅、小叶樟	内陆湿地	国家级	19910701	其他
富锦沿江湿地	黑龙江富锦	26336	内陆湿地生态系统及珍稀水禽	内陆湿地	省级	20080512	其他
挠力河	黑龙江富锦、饶河	160595.4	沼泽湿地生态系统及水禽	内陆湿地	国家级	19981204	环保
倭肯河	黑龙江七台河	7363	湿地水域生态系统	内陆湿地	省级	20111223	林业
西大圈	黑龙江勃利	11290	天然次生林及野生动物	森林生态	省级	19970107	林业
老爷岭东北虎	黑龙江牡丹江	71278	东北虎及栖息地	野生动物	国家级	20111223	林业
牡丹峰	黑龙江牡丹江	19648	原始森林	森林生态	国家级	19810505	林业
海林莲花湖	黑龙江海林	190000	水域、森林生态系统和野生动植物	内陆湿地	省级	19971226	其他
小北湖	黑龙江宁安	20834	红松林生态系统及原麝、紫貂等珍稀动植物	森林生态	国家级	20061226	林业

续表

保护区名称	行政区域	面积（公顷）	主要保护对象	类型	级别	始建时间	主管部门
镜泊湖	黑龙江宁安	126000	水域、森林生态系统及火山口、溶洞、熔岩台地等地质地貌	内陆湿地	省级	19801101	其他
六峰湖	黑龙江穆棱	6591	水域生态系统及野生动植物	内陆湿地	省级	19961113	环保
穆棱东北红豆杉	黑龙江穆棱	35648	东北红豆杉及其森林生态系统	野生植物	国家级	20060313	林业
公别拉河	黑龙江黑河	50180	湿地生态系统及珍稀动植物	内陆湿地	省级	20051018	林业
山口	黑龙江黑河	99489.9	内陆湿地生态系统	内陆湿地	省级	20021018	水利
刺尔滨河	黑龙江黑河	37790	湿地生态系统	内陆湿地	省级	20101229	林业
胜山	黑龙江黑河	60000	我国最北端的温带森林生态系统和红松、驼鹿等珍稀濒危动植物	森林生态	国家级	20030211	林业
门鲁河	黑龙江嫩江	26312	湿地生态系统	内陆湿地	省级	20060703	环保
中央站黑嘴松鸡	黑龙江嫩江	46743	黑嘴松鸡及其生境	野生动物	国家级	20061226	林业
干岔子	黑龙江逊克	21374	湿地水域生态系统	内陆湿地	省级	20111223	林业
都尔滨河	黑龙江逊克	22375	湿地水域生态系统	内陆湿地	省级	20111223	林业
逊别拉河	黑龙江逊克、孙吴	45000	哲罗鲑、细鳞鱼、茴鱼、大麻哈鱼等冷水性鱼类及其生境	野生动物	省级	19821203	农业
红旗湿地	黑龙江孙吴	21283	湿地水域生态系统	内陆湿地	省级	20080512	林业
平山	黑龙江黑河	21394	湿地水域生态系统	内陆湿地	省级	20111223	林业
北安	黑龙江北安	36505	湿地生态系统及其珍稀动植物	内陆湿地	省级	20061025	林业

续表

保护区名称	行政区域	面积（公顷）	主要保护对象	类型	级别	始建时间	主管部门
引龙河	黑龙江五大连池	24217	湿地水域生态系统	内陆湿地	省级	20110714	林业
五大连池	黑龙江五大连池	100800	火山地质遗迹及矿泉水资源	地质遗迹	国家级	19800329	国土
大沾河湿地	黑龙江五大连池	211618	小兴安岭林区森林湿地生态系统，白头鹤等水禽及其栖息地及温带森林生态系统	内陆湿地	国家级	20060127	林业
双岔河	黑龙江绥化	10360	湿地水域生态系统	内陆湿地	省级	19890101	林业
西洼荒湿地	黑龙江望奎	10201	湿地生态系统及丹顶鹤等珍稀水禽	内陆湿地	省级	19900401	环保
兰远草原	黑龙江绥化	15874	草原与草甸生态系统	草原草甸	省级	20111223	农业
双宝山马鹿	黑龙江庆安	21229	野生动物	野生动物	省级	20080512	林业
明水湿地	黑龙江明水	30840	湿地生态系统及其珍稀动植物	内陆湿地	国家级	20070608	林业
绥棱努敏河	黑龙江绥棱	50025	湿地生态系统	内陆湿地	省级	20070112	林业
东湖湿地	黑龙江安达	14600	湿地生态系统及丹顶鹤等珍禽	内陆湿地	省级	20001205	环保
四方山草原	黑龙江肇东	12000	草原生态系统	草原草甸	县级	19920201	其他
宋站草原	黑龙江肇东	14666	羊草草原生态系统	草原草甸	县级	19990817	环保
肇东沿江湿地	黑龙江肇东	36700	湿地生态系统及其珍稀动植物	内陆湿地	省级	20030312	林业
育新林场	黑龙江海伦	3361	森林、沼泽及野生动植物	森林生态	县级	19970101	林业
扎音河湿地	黑龙江海伦	21953	内陆湿地生态系统及丹顶鹤、中华秋沙鸭等珍稀动植物	内陆湿地	省级	19940101	环保

续表

保护区名称	行政区域	面积（公顷）	主要保护对象	类型	级别	始建时间	主管部门
绰纳河	黑龙江大兴安岭	105580	寒温带针叶林与温带针阔叶混交林	内陆湿地	国家级	20050316	林业
多布库尔	黑龙江大兴安岭	128959	寒温带湿地生态系统及野生动植物	内陆湿地	国家级	20060125	林业
呼中	黑龙江大兴安岭	167213	寒温带针叶落叶林生态系统及野生动植物	森林生态	国家级	19840509	林业
南瓮河	黑龙江大兴安岭	229523	森林、沼泽、草甸和水域生态系统以及珍稀动植物	内陆湿地	国家级	19991215	林业
呼玛河	黑龙江呼玛	52050	施氏鲟、细鳞鱼、哲罗鱼、大马哈鱼等冷水鱼类	野生动物	省级	19821203	农业
盘中	黑龙江塔河	55074	森林生态系统	森林生态	省级	20060125	林业
黑龙江双河	黑龙江塔河	88849	寒温带森林生态系统、森林沼泽系统及濒危物种	森林生态	国家级	20050316	林业
岭峰	黑龙江漠河	68373	寒温带针叶林及紫貂、原麝、貂熊等濒危动物	森林生态	省级	20060125	林业
北极村	黑龙江漠河	137553	寒温带森林生态系统、森林湿地生态系统	森林生态	国家级	20060125	林业
龙池山	江苏宜兴	123	常绿落叶阔叶混交林及金钱松、天目玉兰等野生植物	森林生态	省级	19810812	其他
泉山	江苏徐州	323	森林及野生动植物	森林生态	省级	19841204	林业
上黄水母山	江苏溧阳	40	中华曙猿及其伴生哺乳动物化石	古生物遗迹	省级	19981113	国土
光福	江苏苏州	61	北亚热带常绿阔叶林	森林生态	省级	19810812	林业

续表

保护区名称	行政区域	面积（公顷）	主要保护对象	类型	级别	始建时间	主管部门
启东长江口北支	江苏启东	21491	典型河口湿地生态系统、濒危鸟类、珍稀水生动物及其他经济鱼类	野生动物	省级	20021105	环保
云台山森林	江苏连云港	67	暖温带针叶落叶阔叶混交林、红楠	森林生态	省级	19810812	林业
涟漪湖黄嘴白鹭	江苏涟水	3433	黄嘴白鹭等鸟类	野生动物	省级	19930101	环保
洪泽湖东部湿地	江苏洪泽、淮安、盱眙	54000	湖泊湿地生态系统及珍禽	内陆湿地	省级	20041124	其他
盐城湿地珍禽	江苏盐城	284179	丹顶鹤等珍禽及沿海滩涂湿地生态系统	野生动物	国家级	19830225	环保
大丰麋鹿	江苏大丰	2666.7	麋鹿、丹顶鹤及湿地生态系统	野生动物	国家级	19860208	林业
镇江长江豚类	江苏镇江	5730	淡水豚类及其生境	野生动物	省级	20020830	农业
宝华山	江苏句容	133	森林及野生动植物	森林生态	省级	19810812	林业
泗洪洪泽湖湿地	江苏泗洪	49365	湿地生态系统、大鸨等鸟类、鱼类产卵场及地质剖面	内陆湿地	国家级	19850701	环保
浙江天目山	浙江临安	4284	银杏、连香树、金钱松等珍稀植物及森林生态系统	野生植物	国家级	19860709	林业
临安清凉峰	浙江临安	10800	梅花鹿、香果树等野生动植物及森林生态系统	森林生态	国家级	19850801	林业
象山韭山列岛	浙江象山	48478	大黄鱼、曼氏无针乌贼、江豚、鸟类及岛礁生态系统	海洋海岸	国家级	20030418	海洋

续表

保护区名称	行政区域	面积（公顷）	主要保护对象	类型	级别	始建时间	主管部门
南麂列岛	浙江平阳	19600	海洋贝藻类、海洋性鸟类、野生水仙花及其生境	海洋海岸	国家级	19890110	海洋
承天氡泉	浙江泰顺	2249	含氡硅氟复合型热矿泉	地质遗迹	省级	19920929	其他
乌岩岭	浙江泰顺	18861.5	中亚热带森林生态系统及黄腹角雉、猕猴等珍稀动植物	森林生态	国家级	19740401	林业
长兴地质遗迹	浙江长兴	275	全球二叠—三叠系界限层剖面和点 (GSSP)、长兴阶标准底层剖面	地质遗迹	国家级	19800314	国土
尹家边扬子鳄	浙江长兴	122.67	扬子鳄及其生境	野生动物	省级	19790606	林业
龙王山	浙江安吉	1242.47	落叶阔叶林	森林生态	省级	19850807	林业
东白山	浙江诸暨	5071.5	香榧种质资源	野生植物	省级	20031217	林业
大盘山	浙江磐安	4558	野生药用植物资源	野生植物	国家级	19930420	环保
常山奥陶系石灰岩地质剖面	浙江常山	2012	地质地貌、地层	地质遗迹	省级	19830801	国土
古田山	浙江开化	8108	白颈长尾雉、黑麂、南方红豆杉及常绿阔叶林森林生态系统	野生动物	国家级	19750301	林业
五峙山	浙江舟山	500	黄嘴白鹭、黑嘴端凤头燕鸥等鸟类	野生动物	省级	19990523	其他
仙居括苍山	浙江仙居	2701	低海拔沟谷常绿阔叶林和珍稀野生动植物	森林生态	省级	19910121	林业
青田鼋	浙江青田	360.84	鼋及其生境	野生动物	省级	20001211	水利

续表

保护区名称	行政区域	面积（公顷）	主要保护对象	类型	级别	始建时间	主管部门
浙江九龙山	浙江遂昌	5525	黑麂、黄腹角雉、伯乐树、南方红豆杉等野生动植物	森林生态	国家级	19830903	林业
凤阳山—百山祖	浙江庆元、龙泉	26051.5	百山祖冷杉、华南虎等珍稀物种及森林生态系统	森林生态	国家级	19750101	林业
望东洋高山湿地	浙江景宁	1194.8	高山湿地生态系统、珍稀动物资源、次生常绿阔叶林	内陆湿地	省级	20020204	林业
沱湖	安徽五河	4200	湿地生态系统及鸟类	内陆湿地	省级	19940701	环保
石臼湖	安徽当涂	10667	珍稀水禽及其生境	内陆湿地	省级	20010406	农业
铜陵淡水豚	安徽铜陵、贵池、枞阳、无为等	31518	淡水豚类、珍稀鱼类	野生动物	国家级	19850915	环保
安庆沿江湿地	安徽安庆、桐城、望江、枞阳、宿松、太湖	120000	珍稀水禽及湿地生态系统	内陆湿地	省级	19951221	林业
板仓	安徽潜山	1523.2	森林生态、珍稀动植物、水源涵养林	森林生态	省级	19951221	林业
枯井园	安徽岳西	4000	北亚热带常绿阔叶林、原麝、白冠长尾雉、兰科植物	森林生态	省级	20000318	林业
鹞落坪	安徽岳西	12300	北亚热带常绿阔叶林及濒危动植物	森林生态	国家级	19911229	环保
十里山	安徽黄山	1936	中亚热带常绿阔叶林及其珍稀动植物	森林生态	省级	19951221	林业
九龙峰	安徽黄山	2720	森林生态系统	森林生态	省级	20010406	林业

续表

保护区名称	行政区域	面积（公顷）	主要保护对象	类型	级别	始建时间	主管部门
天湖	安徽黄山	4500	阔叶林及野生动植物	森林生态	省级	20000318	林业
六股尖	安徽休宁	2747	森林与野生动植物	森林生态	省级	20060417	林业
岭南	安徽休宁	2771	森林及野生动植物	森林生态	省级	19951221	林业
五溪山	安徽黟县	4050	森林及珍稀动植物	森林生态	省级	20000318	林业
查湾	安徽祁门	1600	森林及珍稀动植物	森林生态	省级	20010406	林业
古牛绛	安徽祁门、石台	6713.3	森林生态系统及珍稀动植物	森林生态	国家级	19821028	林业
皇甫山	安徽滁州	3600	北亚热带落叶阔叶林和鸟类资源	森林生态	省级	19820601	林业
女山湖	安徽明光	21000	湿地生态系统及水生动植物	内陆湿地	省级	20060417	林业
颍州西湖	安徽阜阳	11000	湿地及水生生物	内陆湿地	省级	20020422	林业
八里河	安徽颍上	14600	白鹳、白头鹤、大鸨、琵琶、鸳鸯等珍稀鸟类	野生动物	省级	20010406	林业
大方寺	安徽宿州	2080	落叶阔叶次生林	森林生态	省级	20060401	林业
砀山酥梨	安徽砀山	8892	砀山酥梨种质资源	野生植物	省级	20001222	环保
砀山黄河故道	安徽砀山	2180	湿地生态系统和越冬水禽	内陆湿地	省级	20101015	林业
皇藏峪	安徽萧县	2067	银杏、黄檀、小叶朴等	森林生态	省级	19820601	林业
萧县黄河故道	安徽萧县	6316	湿地生态系统	内陆湿地	省级	20040202	林业
沱河	安徽泗县	2463	珍稀水禽及其生境	内陆湿地	省级	20090101	林业
东西湖	安徽霍邱	14200	水鸟及其生境	野生动物	省级	20010406	林业

续表

保护区名称	行政区域	面积（公顷）	主要保护对象	类型	级别	始建时间	主管部门
舒城万佛山	安徽舒城	2000	北亚热带常绿阔叶林及珍稀动植物	森林生态	省级	19870801	林业
金寨天马	安徽金寨	28913.7	北亚热带常绿落叶阔叶混交林	森林生态	国家级	19820601	林业
霍山佛子岭	安徽霍山	6667	水源涵养林、珍稀野生动植物	森林生态	省级	20001222	林业
十八索	安徽池州	7500	白鹳、小天鹅等珍稀鸟类及湿地生态系统	野生动物	省级	20010406	林业
老山	安徽池州	16909	亚热带常绿阔叶林森林生态系统及金钱松、云豹、珍稀鸟类	森林生态	省级	20010406	林业
升金湖	安徽东至、池州	33400	白鹳等珍稀鸟类及湿地生态系统	野生动物	国家级	19860204	林业
盘台	安徽青阳	540	森林生态系统及动植物	森林生态	省级	20060417	林业
安徽扬子鳄	安徽宣城、郎溪、广德、泾县、南陵	18565	扬子鳄及其生境	野生动物	国家级	19820101	林业
安徽清凉峰	安徽绩溪、歙县	7811.2	中亚热带常绿阔叶林及珍稀濒危动植物	森林生态	国家级	19790101	林业
板桥	安徽宁国	5000	北中亚热带常绿阔叶林及珍稀动植物	森林生态	省级	19951221	林业
雄江黄楮林	福建闽清	12513.3	福建青冈、中亚热带南缘常绿阔叶林及两栖爬行动物	森林生态	国家级	19850802	林业

续表

保护区名称	行政区域	面积（公顷）	主要保护对象	类型	级别	始建时间	主管部门
藤山	福建永泰	17617.6	南亚热带季雨林	森林生态	省级	19971101	林业
三十六脚湖	福建平潭	1340	淡水湖泊及海蚀地貌	内陆湿地	省级	19970703	水利
长乐海蚌	福建长乐	12999	海蚌及其生境	海洋海岸	省级	19850212	海洋
闽江河口湿地	福建长乐、福州	3129	河口湿地及水禽	内陆湿地	国家级	20030820	林业
厦门珍稀海洋物种	福建厦门	33088	中华白海豚、白鹭、文昌鱼等珍稀动物	海洋海岸	国家级	19910101	海洋
老鹰尖	福建莆田	2827.5	南亚热带北缘森林生态系统	森林生态	省级	20020226	林业
木兰溪源	福建仙游	18025	中、南亚热带过渡区山地森林生态系统、丰富的物种及其珍稀濒危野生动植物资源、木兰溪源头的水源涵养林	森林生态	省级	20121224	林业
三明格氏栲	福建三明	1105.7	格氏栲、米槠等野生植物	野生植物	省级	19640801	林业
君子峰	福建明溪	18060.5	中亚热带原生性常绿阔叶林、南方红豆杉	森林生态	国家级	19951220	林业
清流莲花山	福建清流	1721.9	野大豆、南方红豆杉古树群、与黑锥林等濒危野生动植物，中亚热带常绿阔叶林，水源涵养林	森林生态	省级	20051230	林业
牙梳山	福建宁化	5249.7	中亚热带常绿阔叶林生态系统	森林生态	省级	19960501	林业
大仙峰	福建大田	6886.1	中亚热带常绿阔叶林生态系统	森林生态	省级	20010301	林业
九阜山	福建尤溪	2308.3	中亚热带常绿阔叶林	森林生态	省级	19960101	林业

续表

保护区名称	行政区域	面积（公顷）	主要保护对象	类型	级别	始建时间	主管部门
罗卜岩楠木	福建沙县	340.93	闽楠林	野生植物	省级	19830328	林业
龙栖山	福建将乐	15693	中亚热带森林生态系统，金钱豹、云豹、黄腹角雉、白颈长尾雉、南方红豆杉等珍稀物种	森林生态	国家级	19840911	林业
峨眉峰	福建泰宁	5418.16	中亚热带山地森林生态系统及中山沼泽湿地	森林生态	省级	19951101	林业
闽江源	福建建宁	13022	大面积的钟萼木和南方红豆杉原生种群、福建闽江源头森林	森林生态	国家级	20011008	林业
天宝岩	福建永安	11015	长苞铁杉林、猴头杜鹃林、南方山间盆地泥炭藓沼泽、野生兰科植物及中亚热带常绿阔叶林生态系统	森林生态	国家级	19881226	林业
泉州湾河口湿地	福建惠安、洛江、丰泽、晋江、石狮	7008.84	湿地、红树林、珍稀鸟类、中华白海豚和中华鲟等	海洋海岸	省级	20020226	林业
安溪云中山	福建安溪	4095	晋江源头、九龙江支流源头森林及黄腹角雉、南方红豆杉	森林生态	省级	20011008	林业
牛姆林	福建永春	249.6	森林及候鸟	森林生态	省级	19840729	林业
戴云山	福建德化	13472.4	南方红豆杉、长苞铁杉及东南沿海典型的山地森林生态系统	森林生态	国家级	19850516	林业
深沪湾海底古森林遗迹	福建晋江	3100	海底古森林遗迹和古牡蛎海滩岩及地质地貌	古生物遗迹	国家级	19911009	海洋

续表

保护区名称	行政区域	面积（公顷）	主要保护对象	类型	级别	始建时间	主管部门
漳江口红树林	福建云霄	2360	红树林生态系统和东南沿海水产种质资源	海洋海岸	国家级	19920701	林业
东山珊瑚礁	福建东山	3630	珊瑚礁生态系统	海洋海岸	省级	19970703	海洋
虎伯寮	福建南靖	2650	南亚热带雨林森林生态系统	森林生态	国家级	19990209	林业
龙海九龙江口红树林	福建龙海	420.2	红树林生态系统	海洋海岸	省级	19880212	林业
茫荡山	福建南平	9442.3	杉木原生种群和典型的中亚热带沟谷森林生态系统	森林生态	国家级	19880205	林业
松溪白马山	福建松溪	3250.2	中亚热带森林植被及珍稀濒危动植物	森林生态	省级	20030211	林业
将石	福建邵武	1222.1	长叶榧、喜树、典型的硬叶栎常绿阔叶林、丹霞地貌	森林生态	省级	19860327	林业
福建武夷山	福建武夷山、建阳、光泽、邵武	56527	中亚热带森林生态系统	森林生态	国家级	19790703	林业
万木林	福建建瓯	189	中亚热带常绿阔叶林和珍贵树种	森林生态	省级	19570607	林业
汀江源	福建长汀	10380.5	中亚热带森林生态系统	森林生态	国家级	20010609	林业
梅花山	福建上杭、连城、新罗	22168	以华南虎为代表的珍稀动植物和典型森林生态系统	森林生态	国家级	19850402	林业
梁野山	福建武平	14365	南方红豆杉林和钩栲林、观光木林生态系统及珍稀动植物	森林生态	国家级	19950101	林业
官井洋大黄鱼	福建宁德	19000	大黄鱼及其生境	海洋海岸	省级	19851026	海洋

续表

保护区名称	行政区域	面积（公顷）	主要保护对象	类型	级别	始建时间	主管部门
屏南鸳鸯猕猴	福建屏南	1457.3	鸳鸯、猕猴及其生境	野生动物	省级	19840807	林业
福安杪椤	福建福安	1438	刺杪椤及其生境	野生植物	省级	19970325	林业
鄱阳湖河蚌	江西新建、南昌、进贤、星子、都昌、余干、鄱阳、永修、德安、湖口	15533	三角河蚌、皱纹蚌	野生动物	省级	19800101	农业
鄱阳湖南矶湿地	江西新建	33300	天鹅、大雁等越冬珍禽和湿地生境	内陆湿地	国家级	19970106	林业
峤岭	江西安义	4490	虎纹蛙、白鹇、伯乐树	森林生态	省级	19991230	林业
青岚湖	江西进贤	1000	白鹳、小天鹅等珍禽和湿地生态系统	野生动物	省级	19970106	林业
瑶里	江西浮梁	3627	森林生态系统	森林生态	省级	20010330	林业
黄字号黑麂	江西浮梁	17356.2	黑麂	野生动物	省级	20010412	林业
高天岩	江西莲花	4780	中亚热带常绿阔叶林	森林生态	省级	19990510	林业
羊狮幕	江西芦溪	7006	亚热带常绿阔叶林生态系统	森林生态	省级	19950301	林业
庐山	江西九江	30452	中亚热带森林生态系统	森林生态	国家级	19810306	林业
伊山	江西武宁	11340	中亚热带常绿阔叶林	森林生态	省级	20051020	林业
修河源五梅山	江西修水	14485	红豆杉、红腹角雉、白颈长尾雉、云豹等野生动植物	森林生态	省级	20060809	林业

续表

保护区名称	行政区域	面积（公顷）	主要保护对象	类型	级别	始建时间	主管部门
云居山	江西永修	2480	中亚热带常绿阔叶林生态系统	森林生态	省级	19970106	其他
鄱阳湖候鸟	江西永修、星子、新建	22400	白鹤等越冬珍禽及其栖息地	野生动物	国家级	19880509	林业
鄱阳湖鲤、鲫鱼产卵场	江西永修、南昌、新建、余干、鄱阳、星子	30600	鲤、鲫、鲚鱼产卵场	野生动物	省级	19800101	农业
都昌候鸟	江西都昌	41100	湿地生态系统及越冬候鸟	内陆湿地	省级	20031001	林业
桃红岭梅花鹿	江西彭泽	12500	野生梅花鹿南方亚种及其栖息地	野生动物	国家级	19810816	林业
瑞昌南方红豆杉	江西瑞昌	2500	南方红豆杉及森林生态系统	野生植物	省级	20060618	林业
阳际峰	江西贵溪	10946	华南湍蛙组和棘胸蛙组等两栖纲动物及亚热带常绿阔叶林	野生动物	国家级	19961101	林业
阳岭	江西崇义	1880	亚热带常绿阔叶林	森林生态	省级	19850101	林业
齐云山	江西崇义	17105	亚热带常绿阔叶林及长苞铁杉、福建柏、五列木、天目紫茎、舟柄茶、伯乐树、兰科植物等	森林生态	国家级	19970920	林业
章江源	江西崇义	10452	南亚热带向中亚热带过渡带常绿阔叶林生态系统	森林生态	省级	20040920	林业
九连山	江西龙南	13411.6	亚热带常绿阔叶林	森林生态	国家级	19810306	林业
桃江源	江西全南	11560	中亚热带常绿阔叶林	森林生态	省级	20060919	林业
凌云山	江西宁都	11342.64	亚热带常绿阔叶林	森林生态	省级	19920920	林业

续表

保护区名称	行政区域	面积（公顷）	主要保护对象	类型	级别	始建时间	主管部门
赣江源	江西石城、瑞金	16100.85	中亚热带常绿阔叶林	森林生态	国家级	20011001	林业
水浆	江西永丰	2000	森林生态系统及野生动植物	森林生态	省级	19820101	林业
南风面	江西遂川	4205	资源冷杉等原生种群和遂川鸟道	森林生态	省级	20020125	林业
铁丝岭	江西安福	1694.7	野生动植物及其生境	野生动物	省级	19971231	林业
七溪岭	江西永新	10500	中亚热带森林生态系统	森林生态	省级	19991226	林业
井冈山	江西井冈山	21499	亚热带常绿阔叶林及珍稀动物	森林生态	国家级	19810301	林业
井冈山大鲵	江西井冈山	56000	大鲵及其栖息地	野生动物	省级	19930101	农业
玉京山落叶木莲	江西宜春	1199	落叶木莲及森林生态系统	野生植物	省级	20070116	林业
三十把	江西万载	2100	天然阔叶混交林及野生动物	森林生态	省级	19960709	林业
官山	江西宜丰、铜鼓	11500.5	中亚热带常绿阔叶林及白颈长尾雉等珍稀野生动植物	森林生态	国家级	19810306	林业
潦河大鲵	江西靖安	3733	大鲵及其生境	野生动物	省级	20110101	农业
江西九岭山	江西靖安	11541	中亚热带常绿阔叶林及野生动植物	森林生态	国家级	19970106	林业
铜鼓棘胸蛙	江西铜鼓	3070	棘胸蛙及其栖息地	野生动物	省级	20061201	农业
南城芙蓉山	江西南城	3600	森林生态系统	森林生态	省级	20091226	林业
岩泉	江西黎川	2460	中亚热带常绿阔叶林	森林生态	省级	19850101	林业
老虎脑	江西乐安	22000	华南虎栖息地	野生动物	省级	20000830	林业
宜黄华南虎	江西宜黄	58300	华南虎栖息地	野生动物	省级	19920606	林业

续表

保护区名称	行政区域	面积（公顷）	主要保护对象	类型	级别	始建时间	主管部门
江西马头山	江西资溪	13866.53	亚热带常绿阔叶林及珍稀植物	森林生态	国家级	19940101	林业
抚河源头	江西广昌	8187.7	水源涵养林	森林生态	省级	20041216	林业
铜钹山	江西广丰	10800	森林生态系统及野生动植物	森林生态	国家级	20040820	林业
信江源	江西玉山	7337	森林生态系统	森林生态	省级	20030531	林业
江西武夷山	江西铅山	16007	中亚热带常绿阔叶林及珍稀动植物	森林生态	国家级	19810306	林业
鄱阳湖银鱼	江西鄱阳	2000	银鱼	野生动物	省级	19860101	农业
鄱阳湖长江江豚	江西鄱阳、都昌	6800	江豚及其生境	野生动物	省级	20040430	农业
婺源鸳鸯湖	江西婺源	917	鸳鸯等珍禽	野生动物	省级	19931206	林业
五府山	江西上饶	5104.17	保护野生动植物、湿地和生物多样性	森林生态	省级	20140317	林业
宁都大龙山	江西宁都	6105.1	珍稀动植物物种	森林生态	省级	20140317	林业
宜黄中华秋沙鸭	江西宜黄	1700	中华秋沙鸭及其生境	野生动物	省级	2010	林业
长清寒武纪地质遗迹	山东济南	262	寒武纪地层结构	地质遗迹	省级	20010429	国土
大寨山	山东平阴	1200	侧柏、落叶阔叶林	森林生态	省级	20011031	林业
胶南灵山岛	山东青岛	766	海洋生态系统及海珍品	海洋海岸	省级	20010301	其他
大公岛	山东青岛	1603	海洋生态系统及鸟类	海洋海岸	省级	20011224	海洋
大泽山	山东青岛	9645	森林生态系统	森林生态	省级	20000401	林业

续表

保护区名称	行政区域	面积（公顷）	主要保护对象	类型	级别	始建时间	主管部门
崂山	山东青岛	44855	温带森林、植被、花岗岩	森林生态	省级	20001101	住建
胶州艾山	山东胶州	860	地质遗迹	地质遗迹	省级	20011024	住建
马山	山东即墨	774	柱状节理石柱、硅化木等地质遗迹	地质遗迹	国家级	19930113	环保
鲁山	山东淄博	4000	森林生态系统	森林生态	省级	19860826	林业
原山	山东淄博	13914	侧柏、栎类、油松森林植被	森林生态	省级	19860826	林业
石榴园	山东枣庄	4642	青檀树、石榴树林	野生植物	省级	20020117	其他
枣庄抱犊崮	山东枣庄	3500	森林生态系统	森林生态	省级	19860301	其他
黄河三角洲	山东东营	153000	黄河口湿地和珍稀濒危鸟类	海洋海岸	国家级	19901227	林业
烟台沿海防护林	山东烟台	23407.3	黑松、刺槐、赤松、栎类森林植被及河口湿地生态系统	森林生态	省级	19980625	林业
崆峒列岛	山东烟台	7690	蝮蛇、刺参、紫石房蛤、皱纹盘鲍等海洋水产资源、岛礁地貌	海洋海岸	省级	20030304	海洋
银湖	山东烟台	6043.4	湿地、森林生态系统和鸟类	内陆湿地	省级	20030601	林业
鹊山	山东烟台	1485.2	森林生态系统	森林生态	省级	20010901	林业
昆嵛山	山东烟台	15416.5	赤松天然林	森林生态	国家级	19990101	林业
围子山	山东烟台	2509	赤松天然次生林和楸树	森林生态	省级	20051201	林业
庙岛群岛海豹	山东长岛	173100	斑海豹及其生境	野生动物	省级	19960401	环保
长岛	山东长岛	5300	鹰、隼等猛禽及候鸟栖息地	野生动物	国家级	19880509	林业
大飘山	山东龙口	2326	天然赤松林	森林生态	省级	20060101	林业
之莱山	山东龙口	10227	天然赤松林、鸟类	森林生态	省级	19971003	林业

续表

保护区名称	行政区域	面积（公顷）	主要保护对象	类型	级别	始建时间	主管部门
依岛	山东龙口	85.49	火山岩砾石潮间带地质景观	地质遗迹	省级	20080901	其他
黄水河河口湿地	山东龙口	1027.9	河口湿地生态系统及珍禽	内陆湿地	省级	20060203	林业
莱阳老寨山	山东莱阳	2908.5	天然赤松林及水源地	森林生态	省级	20021205	林业
大基山	山东莱州	8753	赤松天然次生林及针阔混交林、石刻	森林生态	省级	19980501	林业
蓬莱艾山	山东蓬莱	10046.2	森林生态系统	森林生态	省级	19890301	林业
招远罗山	山东招远	10094	赤松林、大沽河发源地	森林生态	省级	20010301	林业
牙山	山东栖霞	17900	森林生态系统	森林生态	省级	19920920	林业
千里岩岛	山东海阳	1823	岛屿与海洋生态系统	海洋海岸	省级	19991201	海洋
招虎山	山东海阳	7061	赤松天然次生林和刺楸	野生动物	省级	19960610	林业
仰天山	山东青州	2000	次生林及黄栌、野大豆、槲寄生、金雕、秃鹫、苍鹰等	森林生态	省级	19920101	林业
南四湖	山东微山	127547	大型草型湖泊湿地生态系统及雁、鸭等珍稀鸟类	野生动物	省级	19940401	林业
山旺古生物化石	山东临朐	120	古生物化石	古生物遗迹	国家级	19800117	国土
徂徕山	山东泰安	10915	油松林和暖温带阔叶林	森林生态	省级	19991101	林业
泰山	山东泰安	11892	森林生态系统	森林生态	省级	20060201	林业
太平山	山东新泰	3733.3	森林生态系统	森林生态	省级	20020226	林业
荣成大天鹅	山东荣成	1675	大天鹅等珍禽和湿地生态系统	野生动物	国家级	19920530	林业

续表

保护区名称	行政区域	面积（公顷）	主要保护对象	类型	级别	始建时间	主管部门
荣成成山头	山东荣成	6015.39	海洋生态系统	海洋海岸	省级	19921130	海洋
前三岛	山东日照	10000	青岛文昌鱼、海参、鲍鱼、海胆等海洋生物	野生动物	市级	19921228	海洋
浮来山	山东莒县	490	震旦纪浮来山层型剖面、三叶虫化石带	地质遗迹	省级	20011101	国土
临沂大青山	山东费县	4000	中华结缕草、鹅掌楸、喜树	森林生态	省级	20000501	林业
马谷山	山东无棣	20	地质遗迹	地质遗迹	省级	19991001	国土
滨州贝壳堤岛与湿地	山东无棣	43541.54	贝壳堤岛、湿地、珍稀鸟类、海洋生物	海洋海岸	国家级	19990101	海洋
郑州黄河湿地	河南巩义、荥阳、惠济、金水、中牟	36574	湿地生态系统及珍稀鸟类	内陆湿地	省级	20041119	林业
开封柳园口	河南开封金明、龙亭、开封	16148	湿地及冬候鸟	内陆湿地	省级	19940609	林业
青要山	河南新安	4000	大鲵及其生境	野生动物	省级	19881120	林业
熊耳山	河南嵩县、洛宁、宜阳、栾川	32524.6	森林生态系统	森林生态	省级	20041119	林业
白龟山湿地	河南平顶山	6600	湿地及野生动物	内陆湿地	省级	20071120	林业
万宝山	河南林州	8667	森林生态系统	森林生态	省级	20040226	林业
新乡黄河湿地鸟类	河南新乡	22780	天鹅、鹤类等珍禽及湿地生态系统	内陆湿地	国家级	19880727	环保

续表

保护区名称	行政区域	面积（公顷）	主要保护对象	类型	级别	始建时间	主管部门
濮阳黄河湿地	河南濮阳	3300	珍稀濒危鸟类等野生动植物及湿地	内陆湿地	省级	20071120	林业
河南黄河湿地	河南三门峡、洛阳、焦作、济源	68000	湿地生态、珍稀鸟类	内陆湿地	国家级	19950818	林业
卢氏大鲵	河南卢氏	1000	大鲵及其生境	野生动物	省级	19820703	农业
小秦岭	河南灵宝	15160	暖温带森林生态系统及珍稀动植物	森林生态	国家级	19820624	林业
南阳恐龙蛋化石群	河南南阳	78015	恐龙蛋化石	古生物遗迹	国家级	19980101	国土
西峡大鲵	河南西峡	1000	大鲵及其生境	野生动物	省级	19820703	农业
南阳恐龙蛋省级	河南西峡	14652	恐龙蛋化石	古生物遗迹	省级	20001201	国土
伏牛山	河南西峡、内乡、南召	56024	过渡带森林生态系统	森林生态	国家级	19820624	林业
湍河湿地	河南内乡	4547	湿地生态系统	内陆湿地	省级	20010810	林业
宝天曼	河南内乡	5412.5	过渡带森林生态系统、珍稀动植物	森林生态	国家级	19800430	林业
丹江湿地	河南淅川	64027	湿地生态系统	内陆湿地	国家级	20010810	林业
太白顶	河南桐柏	4924	水源涵养林、珍稀动物	森林生态	省级	19820624	林业
高乐山	河南桐柏	9060	水源涵养林	森林生态	省级	20040226	林业
鸡公山	河南信阳	2917	森林生态系统、野生动物	森林生态	国家级	19820624	林业
四望山	河南信阳	14000	森林生态系统	森林生态	省级	20040226	林业
信阳天目山	河南信阳	6750	森林生态系统	森林生态	省级	20011205	林业

续表

保护区名称	行政区域	面积（公顷）	主要保护对象	类型	级别	始建时间	主管部门
董寨	河南罗山	46800	珍稀鸟类及其栖息地	野生动物	国家级	19820624	林业
连康山	河南新县	10580	常绿阔叶与落叶阔叶混交林	森林生态	国家级	19820624	林业
信阳黄缘闭壳龟	河南新县	109930	黄缘闭壳龟及其生境，森林生态系统	森林生态	省级	20040226	农业
大别山	河南商城	10600	过渡带森林生态系统、珍稀动植物	森林生态	国家级	19820624	林业
固始淮河湿地	河南固始	4387.78	湿地生态系统	内陆湿地	省级	20071120	林业
淮滨淮南湿地	河南淮滨	3400	湿地生态系统	内陆湿地	省级	20011205	林业
宿鸭湖湿地	河南汝南、驻马店	16700	湿地生态系统	内陆湿地	省级	20010606	林业
太行山猕猴	河南济源、焦作、新乡	56600	猕猴及森林生态系统	野生动物	国家级	19820624	林业
沉湖湿地	湖北武汉	11579.1	淡水湖泊生态系统及其珍稀水禽	野生动物	省级	19940113	林业
上涉湖湿地	湖北武汉	4148.75	淡水湖泊生态系统	内陆湿地	省级	20060320	林业
网湖湿地	湖北黄石	20495	淡水湖泊生态系统及珍稀水禽	内陆湿地	省级	20010101	林业
赛武当	湖北十堰	21203	北亚热带森林生态系统及巴山松、铁杉群落	森林生态	国家级	19870101	林业
青龙山恐龙蛋化石群	湖北十堰	205.25	恐龙蛋化石群	古生物遗迹	国家级	19970113	国土

续表

保护区名称	行政区域	面积（公顷）	主要保护对象	类型	级别	始建时间	主管部门
郧西五龙河	湖北十堰	15121	中亚热带森林生态系统及珍稀物种	森林生态	省级	20040501	林业
堵河源	湖北十堰	47173	林麝及北亚热带森林生态系统	野生动物	国家级	19870101	林业
万江河大鲵	湖北十堰	780	大鲵及其生境	野生动物	省级	19890701	农业
十八里长峡	湖北十堰	25604.95	北亚热带森林生态系统及珍稀野生动植物	森林生态	国家级	19881001	林业
野人谷	湖北房县	28517	北亚热带森林生态系统及珍稀树种	森林生态	省级	20030805	林业
丹江口库区	湖北十堰丹江口、郧、郧西	45103	湿地生态系统、水源涵养林	内陆湿地	省级	20030318	林业
长江宜昌中华鲟	湖北宜昌	8000	中华鲟及其生境	野生动物	省级	19960401	农业
西陵峡震旦纪地质剖面	湖北宜昌	300	震旦纪地质剖面	地质遗迹	省级	19860901	国土
大老岭	湖北宜昌	14225	森林生态系统	森林生态	省级	20011121	林业
三峡万朝山	湖北兴山	20986	中亚热带森林生态系统及珍稀物种	森林生态	省级	20001201	林业
崩尖子	湖北长阳	13500	中亚热带森林生态系统及珍稀物种	森林生态	省级	19880101	林业
五峰后河	湖北五峰	10340	中亚热带森林生态系统及珙桐等珍稀动植物	森林生态	国家级	19850101	林业
漳河源	湖北南漳	10265.6	中亚热带森林生态系统及珍稀物种	森林生态	省级	20020701	林业

续表

保护区名称	行政区域	面积（公顷）	主要保护对象	类型	级别	始建时间	主管部门
南河	湖北谷城	14834	北亚热带森林生态系统及野生动植物	森林生态	国家级	20030928	林业
五道峡	湖北保康	23816	亚热带森林生态系统及香果树、大鲵等珍稀野生动植物	森林生态	省级	19900213	林业
梁子湖湿地	湖北鄂州	37946	淡水湖泊生态系统及珍稀水禽	内陆湿地	省级	20010101	林业
石首麋鹿	湖北石首	1567	野生麋鹿及其生境	野生动物	国家级	19911101	环保
长江天鹅洲白鱀豚	湖北石首	2000	白鱀豚、江豚及其生境	野生动物	国家级	19901201	农业
长江新螺段白鱀豚	湖北洪湖、赤壁、嘉鱼	13500	白鱀豚、江豚、中华鲟及其生境	野生动物	国家级	19870101	农业
洪湖湿地	湖北洪湖	37088	湿地生态系统	内陆湿地	国家级	19960101	林业
大别山	湖北罗田	16048.2	北亚热带森林生态系统及珍稀物种	森林生态	国家级	20030928	林业
龙感湖	湖北黄梅	22322	淡水湖泊生态系统、湿地生态系统及白头鹤等珍禽	内陆湿地	国家级	19880101	林业
九宫山	湖北通山	16608.7	中亚热带阔叶林生态系统及珍稀动植物	森林生态	国家级	19810201	林业
星斗山	湖北利川、咸丰、恩施	68339	中亚热带森林生态系统珙桐、水杉等珍稀植物	森林生态	国家级	19811218	林业
神农溪	湖北巴东	10150	中亚热带森林生态系统及珍金丝猴等珍稀物种	森林生态	省级	20020101	林业
七姊妹山	湖北宣恩	34550	中亚热带森林生态系统、珙桐等珍稀植物及其生境	森林生态	国家级	19900301	林业

续表

保护区名称	行政区域	面积（公顷）	主要保护对象	类型	级别	始建时间	主管部门
二仙岩湿地	湖北咸丰	5404	湖泊湿地和亚高山沼泽湿地	内陆湿地	省级	20040101	林业
咸丰忠建河大鲵	湖北咸丰	1043.3	大鲵及其生境	野生动物	国家级	19940801	农业
木林子	湖北鹤峰	20838	中亚热带森林生态系统及珙桐、香果树等珍稀植物	森林生态	国家级	19830101	林业
大九湖湿地	湖北神农架	9320	北亚热带亚高山沼泽湿地生态系统及珍稀物种	内陆湿地	省级	20030101	林业
神农架	湖北神农架	70467	亚热带森林生态系统及金丝猴、珙桐等珍稀动植物	森林生态	国家级	19860709	林业
大崎山	湖北团风	1745.9	野生动植物	森林生态	省级	20130705	林业
八卦山	湖北竹溪	20551.79	野生动植物	森林生态	省级	20130705	林业
大西沟	湖北张湾	7154.84	北亚热带典型的森林生态系统及其丰富的生物多样性，珍稀濒危动植物种群及其栖息地，南水北调中线工程重要水源涵养区	森林生态	省级	20150107	林业
中华山	湖北广水	3523.29	以白冠长尾雉为主的山区森林珍稀鸟类及其栖息地，其他珍稀濒危动植物资源	森林生态	省级	20150107	林业
京山对节白蜡	湖北京山	3043.7	对节白蜡原生种群及其原生生境	森林生态	省级	20150107	林业
狮子峰	湖北麻城	10451.3	北亚热带森林生态系统及生物多样性，国家珍稀濒危野生动植物资源及其栖息地，稀有古树群落	森林生态	省级	20150107	林业

续表

保护区名称	行政区域	面积（公顷）	主要保护对象	类型	级别	始建时间	主管部门
大梁	湖北郧西	3357	农业近缘种资源，中国特有植物蚂蚱腿子，以及红豆杉、珙桐、巴山榧树等 50 多种珍稀濒危及国家重点保护野生植物	森林生态	省级	20150107	林业
五峰兰科植物	湖北宜昌	3124.07	珍稀兰科植物资源及其生境	野生植物	省级	20150107	环保
监利何王庙长江江豚	湖北荆州	2606	长江江豚，兼顾保护经济鱼类和其他水生动植物及其自然生境	野生动物	省级	20150107	水利
五朵峰	湖北丹江口	20422.3	野生动植物	森林生态	省级	20130705	林业
浏阳大围山	湖南浏阳	5220	南亚热带中山、中低山植被群落及珍稀濒危动植物	森林生态	省级	19820409	林业
云阳山	湖南茶陵	10180	次生常绿阔叶林、珍稀野生动植物	森林生态	省级	20060809	林业
炎陵桃源洞	湖南炎陵	23786	资源冷杉、银杉、云豹、藏酋猴及森林生态系统	森林生态	国家级	19820101	林业
南岳衡山	湖南衡阳	11991.6	野生动植物、濒危动植物	森林生态	国家级	19840509	林业
江口鸟洲	湖南衡南	210	鸟类及栖息环境	野生动物	省级	19840509	林业
天光山	湖南衡东	12020	中亚热带森林生态系统	森林生态	省级	20090316	林业
大义山	湖南常宁	11431	森林及野生动植物	森林生态	省级	20010621	林业
黄桑	湖南绥宁	12590	森林生态系统及红豆杉、伯乐树、铁杉、大鲵等珍稀动植物	森林生态	国家级	19820403	林业

续表

保护区名称	行政区域	面积（公顷）	主要保护对象	类型	级别	始建时间	主管部门
湖南舜皇山	湖南新宁	21719.8	亚热带常绿阔叶林及银杉、资源冷杉等动植物	森林生态	国家级	19820401	林业
金童山	湖南城步	18466	次生常绿阔叶林、野生动植物	森林生态	国家级	20091222	林业
武冈云山	湖南武冈	952	森林生态系统及珍稀野生动植物	森林生态	省级	19820409	林业
东洞庭湖	湖南岳阳	190000	湿地生态系统及珍稀水禽	内陆湿地	国家级	19841101	林业
集成麋鹿	湖南华容	2460	麋鹿及其生境	野生动物	省级	20001027	环保
横岭湖	湖南湘阴	43000	湿地生态系统及珍稀鸟类	内陆湿地	省级	20020815	环保
幕阜山	湖南平江	7733.8	森林生态系统	森林生态	省级	19950101	林业
花岩溪	湖南常德	955	森林及珍贵动物	森林生态	省级	20001201	林业
西洞庭湖	湖南汉寿	35680	湿地生态系统及野生动植物	内陆湿地	国家级	19980114	林业
乌云界	湖南桃源	33818	森林生态系统及大型猫科动物	森林生态	国家级	19980501	环保
壶瓶山	湖南石门	40847	森林及云豹等珍稀动物	森林生态	国家级	19820405	林业
索溪峪	湖南张家界	3931	森林及珙桐、猕猴、砂岩峰林地貌	森林生态	省级	19820409	林业
张家界	湖南张家界	4800	森林及珙桐、猕猴、砂岩峰林地貌	森林生态	省级	19820409	林业
天子山	湖南张家界	5500	森林及珙桐、猕猴、砂岩峰林地貌	森林生态	省级	19840509	林业
张家界大鲵	湖南张家界	14285	大鲵及其栖息生境	野生动物	国家级	19961129	农业
杨家界	湖南张家界	3400	森林生态系统	森林生态	省级	20010101	林业

续表

保护区名称	行政区域	面积（公顷）	主要保护对象	类型	级别	始建时间	主管部门
八大公山	湖南桑植	20000	亚热带森林及南方红豆杉、伯乐树等珍稀濒危野生动植物	森林生态	国家级	19860709	林业
南洞庭湖湿地	湖南益阳	168000	湿地生态系统及水禽	内陆湿地	省级	19910714	林业
安化红岩	湖南安化	8960	森林及野生动植物	森林生态	省级	19990108	水利
六步溪	湖南安化	14239	中亚热带中低山阔叶林、青檀、榉木及白颈长尾雉	森林生态	国家级	19990426	林业
莽山	湖南宜章	19833	南亚热带常绿阔叶林及珍稀动植物	森林生态	国家级	19820101	林业
八面山	湖南桂东	10974	森林及银杉、水鹿、黄腹角雉等珍稀动植物	森林生态	国家级	19820409	林业
顶辽银杉	湖南资兴	953	银杉群落及其生境	野生植物	省级	19860101	林业
祁阳小鲵	湖南祁阳	6060	小鲵等珍稀野生动物	野生动物	省级	20040320	林业
东安舜皇山	湖南东安	14311	亚热带常绿阔叶林及资源冷杉、伯乐树、南方红豆杉、华南五针松、林麝、黄腹角雉等珍稀物种	森林生态	国家级	19840509	林业
阳明山	湖南双牌	12795	森林及黄杉、红豆杉等珍贵植物	森林生态	国家级	19840101	林业
永州都庞岭	湖南道县	20066.4	森林生态系统、林麝、白颈长尾雉等野生动植物	森林生态	国家级	19820101	林业
大远源口	湖南江永	5527	森林生态系统	森林生态	省级	19840509	林业
九嶷山	湖南宁远	3648	斑竹林及森林生态系统	森林生态	国家级	19820427	林业
康龙森林	湖南中方	6700	珍稀野生动植物	野生动物	省级	19961011	林业

续表

保护区名称	行政区域	面积（公顷）	主要保护对象	类型	级别	始建时间	主管部门
借母溪	湖南沅陵	13041	森林生态系统及榉木、楠木等珍稀植物	森林生态	国家级	19980101	林业
鹰嘴界	湖南会同	15900	亚热带森林植被及南方红豆杉、野生动物	森林生态	国家级	19980101	林业
三道坑	湖南芷江	13768	森林及野生动植物	森林生态	省级	20001130	林业
地理冲	湖南靖州	362	次生林阔叶林群落及穿山甲、娃娃鱼等珍稀物种	森林生态	省级	19980921	林业
通道万佛山	湖南通道	9435	丹霞地貌	地质遗迹	省级	19981025	环保
天桥山	湖南泸溪	13878	白颈长尾雉、白冠长尾雉、榉木等濒危物种	森林生态	省级	19980917	林业
九重岩	湖南凤凰	8500	常绿阔叶林生态系统	森林生态	省级	20020408	林业
两头羊	湖南凤凰	8838	森林生态系统及国家重点保护野生动植物	森林生态	省级	20020408	林业
保靖白云山	湖南保靖	17555	野生动物	森林生态	国家级	19980902	林业
高望界	湖南古丈	17169.8	常绿阔叶林生态系统	森林生态	国家级	19930901	林业
小溪	湖南永顺	24800	珙桐、南方红豆杉等珍稀植物	森林生态	国家级	19820101	林业
印家界	湖南龙山	10795	森林生态系统	森林生态	省级	19990818	林业
洛塔	湖南龙山	4333.3	水杉及其生境	野生植物	省级	19840509	林业
陈禾洞	广东从化	2219	常绿阔叶林及野生动植物	森林生态	省级	19991201	林业
北江特有珍稀鱼类	广东韶关	2820	斑鳠等珍稀鱼类	野生动物	省级	20060801	海洋

续表

保护区名称	行政区域	面积（公顷）	主要保护对象	类型	级别	始建时间	主管部门
南岭	广东韶关、清远	50000	中亚热带常绿阔叶林	森林生态	国家级	19840401	林业
沙溪	广东韶关	9040	中亚热带常绿阔叶林	森林生态	省级	19960201	林业
罗坑鳄蜥	广东韶关	20424	鳄蜥及中亚热带常绿阔叶林	野生动物	国家级	19981201	林业
粤北华南虎	广东韶关	16360.8	华南虎生境	野生动物	省级	19900101	林业
始兴南山	广东始兴	7113	野生动植物及其生境	野生动物	省级	20010601	林业
车八岭	广东始兴	7545	中亚热带常绿阔叶林及珍稀动植物	森林生态	国家级	19880509	林业
仁化高坪	广东仁化	3585	中亚热带常绿阔叶林	森林生态	省级	19990301	林业
丹霞山	广东仁化	28000	丹霞地貌	地质遗迹	国家级	19951106	国土
翁源青云山	广东翁源	7359	森林生态系统	森林生态	省级	20021201	林业
云髻山	广东新丰	2700	亚热带常绿阔叶林	森林生态	省级	19900101	林业
杨东山十二度水	广东乐昌	2670	阔叶林、珍稀动植物	森林生态	省级	19980301	林业
乐昌大瑶山	广东乐昌	7913.9	阔叶林、珍稀动植物	森林生态	省级	20000301	林业
南雄恐龙化石群	广东南雄	4221	恐龙化石地质遗迹	古生物遗迹	省级	19950501	国土
小流坑－青嶂山	广东南雄	7874	中亚热带常绿阔叶林	森林生态	省级	19950101	林业
内伶仃岛－福田	广东深圳	815	猕猴、鸟类、红树林湿地生态系统	海洋海岸	国家级	19840409	林业
珠江口中华白海豚	广东珠海	46000	中华白海豚及其生境	野生动物	国家级	19910101	农业

续表

保护区名称	行政区域	面积（公顷）	主要保护对象	类型	级别	始建时间	主管部门
淇澳—担杆岛	广东珠海	7363	红树林	海洋海岸	省级	19891101	农业
南澎列岛	广东南澳	35679	海洋生态系统及海洋生物	海洋海岸	国家级	19910101	海洋
南澳岛	广东南澳	256	候鸟及其栖息环境	野生动物	省级	19900101	林业
江门台山中华白海豚	广东台山	10748	中华白海豚及其生境	野生动物	省级	20031201	海洋
上川岛猕猴	广东台山	2232	猕猴及其生境	野生动物	省级	19900101	林业
古兜山	广东台山	11567	天然次生林	森林生态	省级	19990701	林业
七星坑	广东恩平	8060	亚热带原始次生林	森林生态	省级	20030101	林业
湛江红树林	广东湛江	19300	红树林生态系统	海洋海岸	国家级	19900108	林业
徐闻珊瑚礁	广东徐闻	14378.5	珊瑚礁生态系统	海洋海岸	国家级	19990801	海洋
雷州珍稀海洋生物	广东雷州	46864.67	白蝶贝等珍稀海洋生物及其生境	野生动物	国家级	19830101	海洋
林洲顶	广东信宜	6064.8	森林及野生动植物	森林生态	省级	20050201	林业
云开山	广东信宜	12511.3	南亚热带常绿阔叶林及野生动植物	森林生态	国家级	20100618	林业
鼎湖山	广东肇庆	1133	南亚热带常绿阔叶林、珍稀动植物	森林生态	国家级	19560101	其他
怀集桥头燕岩	广东怀集	923	燕岩地质地貌	地质遗迹	省级	20050706	国土
大稠顶	广东怀集	3761	南亚热带常绿阔叶林及珍稀动植物	森林生态	省级	20000101	林业

续表

保护区名称	行政区域	面积（公顷）	主要保护对象	类型	级别	始建时间	主管部门
三岳	广东怀集	6762	南亚热带常绿阔叶林及珍稀动植物	森林生态	省级	20040101	林业
西江珍稀鱼类	广东封开	1914	水生野生动物	野生动物	省级	20040101	农业
黑石顶	广东封开	4186	南亚热带常绿阔叶林	森林生态	省级	19790801	林业
西江烂柯山	广东高要	7962	南亚热带常绿阔叶林及珍稀动植物	森林生态	省级	20040101	林业
大亚湾水产资源	广东惠州	98500	海洋水产资源	野生动物	省级	19830401	海洋
罗浮山	广东博罗	9828	森林生态系统和野生动物	森林生态	省级	19851101	林业
象头山	广东博罗	10696.9	森林生态及野生动植物	森林生态	国家级	19981201	林业
惠东港口海龟	广东惠东	800	海龟及其产卵繁殖地	野生动物	国家级	19921027	农业
莲花山白盆珠	广东惠东	4127	湿地生态系统及珍稀动植物	内陆湿地	省级	19991201	林业
古田	广东惠东	2189.2	亚热带常绿阔叶林及珍稀动植物	森林生态	省级	19840404	林业
南昆山	广东龙门	6666	南亚热带季风常绿阔叶林、珍稀动植物	森林生态	省级	19840404	林业
阴那山	广东梅县	2566	森林及桫椤等濒危野生动植物	森林生态	省级	19851101	林业
丰溪	广东大埔	10590	森林及珍稀濒危动植物	森林生态	省级	19840404	林业
七目嶂	广东五华	5850	亚热带常绿阔叶林及桫椤等珍稀动植物	森林生态	省级	19900701	农业

续表

保护区名称	行政区域	面积（公顷）	主要保护对象	类型	级别	始建时间	主管部门
龙文—黄田	广东平远	7960.5	中亚热带常绿阔叶林及珍稀动植物	森林生态	省级	19850301	林业
长潭	广东蕉岭	5586	常绿阔叶林	森林生态	省级	20020101	林业
铁山渡田河	广东兴宁	17826.7	常绿阔叶林及珍稀动植物	森林生态	省级	19991101	林业
海丰鸟类	广东海丰	11591	鸟类及其生境	野生动物	省级	19980811	林业
南万红树林	广东陆河	2486	红树林	海洋海岸	省级	19991101	林业
陆河花鳗鲡	广东陆河	1865.6	广东省最大的花鳗鲡自然分布区，唐鱼、金钱龟、山瑞鳖等野生动物及其生境	野生动物	省级	20041201	农业
新港	广东河源	7513	森林及珍稀动物	森林生态	省级	19760501	林业
河源恐龙蛋化石	广东河源	1002	恐龙蛋化石	古生物遗迹	省级	20000101	国土
白溪	广东紫金	5755.5	森林及动物、珍稀树种	森林生态	省级	19950301	林业
枫树坝	广东龙川	15671	常绿阔叶林、珍稀动物	森林生态	省级	19981201	林业
黄牛石	广东连平	4334	森林及野生动植物	森林生态	省级	19990901	林业
黄石坳	广东和平	8097	森林及野生动植物	森林生态	省级	20000301	林业
康禾	广东东源	6484.8	次生阔叶林	森林生态	省级	19990801	林业
南鹏列岛	广东阳江	20000	海洋水产资源	野生动物	省级	20040316	海洋
百涌	广东阳春	4060	森林生态系统及珍稀动植物	森林生态	省级	19900101	林业
鹅凰嶂	广东阳春	14621.1	森林及猪血木、虎颜花等珍稀植物	森林生态	省级	20001002	林业
龙牙峡	广东清远	8500	水产种质资源	野生动物	省级	20080901	农业

续表

保护区名称	行政区域	面积（公顷）	主要保护对象	类型	级别	始建时间	主管部门
佛冈观音山	广东佛冈	2792.13	亚热带森林及珍稀动物	森林生态	省级	19851101	林业
笔架山	广东连山	10728	天然阔叶林及野生动植物	森林生态	省级	20000601	林业
连南大鲵	广东连南	1046.6	大鲵及其生境	野生动物	省级	20041201	农业
连南板洞	广东连南	10195.8	森林、珍稀动植物	森林生态	省级	20000901	林业
清新白湾	广东清新	7219	森林生态系统	森林生态	省级	20000201	林业
石门台	广东英德	33555	天然阔叶林及珍稀濒危动植物	森林生态	国家级	19980528	林业
田心	广东连州	11968.6	森林生态系统	森林生态	省级	20020101	林业
潮安海蚀地貌	广东潮安	405	古海蚀群和海蚀地貌	地质遗迹	省级	19991101	国土
潮安凤凰山	广东潮安	2812	森林及珍稀野生动植物	森林生态	省级	20000401	林业
海山海滩岩	广东饶平	2875	海滩岩	地质遗迹	省级	19990702	国土
桑浦山—双坑	广东揭东	6809.1	珍稀动植物	森林生态	省级	20050101	林业
同乐大山	广东郁南	6353	亚热带常绿阔叶林珍稀动物	森林生态	省级	19851101	林业
三十六弄—陇均	广西武鸣	12822	森林及苏铁、林麝等珍稀动植物	森林生态	省级	20041108	林业
大明山	广西武鸣、马山、上林、宾阳	16994	常绿阔叶林、水源涵养林及珍稀野生动植物	森林生态	国家级	19810801	林业
龙虎山	广西隆安	2255.7	猕猴、石山苏铁、毛瓣金花茶等珍稀动植物	野生动物	省级	19801119	林业

续表

保护区名称	行政区域	面积（公顷）	主要保护对象	类型	级别	始建时间	主管部门
弄拉	广西马山	8481	南亚热带岩溶森林生态系统	森林生态	省级	20080619	林业
上林龙山	广西上林	10749	常绿阔叶林、典型山地森林生态系统	森林生态	省级	20031101	林业
六景泥盆系地质	广西横县	5	泥盆系地质剖面	地质遗迹	省级	19830101	国土
元宝山	广西融水	4159	元宝山冷杉、珍稀动物及水源涵养林	森林生态	国家级	19820608	林业
泗涧山大鲵	广西融水	10384	大鲵及其生境	野生动物	省级	20041001	农业
九万山	广西融水、罗城、环江	25212.8	中亚热带常绿阔叶林森林生态系统，伯乐树、合柱金莲木、南方红豆杉、蟒蛇、金钱豹等珍稀濒危动植物	森林生态	国家级	19820601	林业
南边村地质剖面	广西桂林	25	泥盆—石炭系地质剖面	地质遗迹	省级	19890101	国土
青狮潭	广西灵川	44282.6	水源涵养林	森林生态	省级	19820608	林业
五福宝顶	广西全州	8567	水源涵养林	森林生态	省级	19820608	林业
海洋山	广西全州、灌阳、恭城、灵川、阳朔、兴安	90400	水源涵养林	森林生态	省级	19820608	林业
寿城	广西永福、临桂	75900	水源涵养林	森林生态	省级	19820608	林业
猫儿山	广西兴安、资源、龙胜	17008.5	典型常绿阔叶林生态系统及珍稀野生动植物	森林生态	国家级	19760501	林业
架桥岭	广西永福、荔浦、阳朔	67000	水源涵养林	森林生态	省级	19820608	林业

续表

保护区名称	行政区域	面积（公顷）	主要保护对象	类型	级别	始建时间	主管部门
千家洞	广西灌阳	12231	亚热带原生性常绿阔叶林森林生态系统及野生动植物	森林生态	国家级	19820601	林业
建新鸟类	广西龙胜	4860	迁徙候鸟及其生境	野生动物	省级	19820608	林业
花坪	广西龙胜、临桂	17400	银杉、典型常绿阔叶林生态系统及珍稀野生动植物	森林生态	国家级	19611018	林业
银竹老山	广西资源	28670	资源冷杉和水源涵养林、珍稀动物	森林生态	省级	19820608	林业
银殿山	广西恭城	48000	水源涵养林及野生动植物	森林生态	省级	19820608	林业
古修	广西蒙山	8546	鳄蜥和野生雉类等野生动植物	野生动物	省级	19820608	林业
涠洲岛鸟类	广西北海	2382.1	候鸟和旅鸟	野生动物	省级	19820608	林业
合浦营盘港—英罗港儒艮	广西合浦	35000	儒艮、中华白海豚等珍稀水生动物、海草床	野生动物	国家级	19860427	环保
山口红树林	广西合浦	8000	红树林生态系统	海洋海岸	国家级	19900930	海洋
北仑河口	广西防城港、东兴	3000	红树林生态系统、滨海过渡带生态系统、海草床生态系统	海洋海岸	国家级	19900304	海洋
防城金花茶	广西防城港	9195.1	金花茶及森林生态系统	野生植物	国家级	19860405	环保
十万大山	广西防城港、钦州、上思	58277.1	水源涵养林和季雨林	森林生态	国家级	19820601	林业
茅尾海红树林	广西钦州	2784	红树林生态系统	海洋海岸	省级	20050117	林业

续表

保护区名称	行政区域	面积（公顷）	主要保护对象	类型	级别	始建时间	主管部门
大平山	广西桂平	1867	圆籽荷、桫椤、瑶山鳄蜥和亚热带季风常绿阔叶林生态系统	森林生态	省级	19820608	林业
玉林天堂山	广西容县	2817	森林生态系统及水源涵养林	森林生态	省级	20080620	林业
那林	广西博白	19890	森林生态系统	森林生态	省级	19820608	林业
北流大风门泥盆系	广西北流	8	泥盆系地质剖面	地质遗迹	省级	19830101	国土
大容山	广西北流、玉林、兴业	20817.6	森林生态系统及水源涵养林	森林生态	省级	20090120	林业
百东河	广西田阳	41600	水源涵养林	森林生态	市级	19820608	林业
大王岭	广西百色	55010	德保苏铁、森林生态系统	森林生态	省级	19820608	林业
黄连山—兴旺	广西德保	21035.5	黑叶猴、德保苏铁等珍稀濒危野生动植物及其栖息地	森林生态	省级	19820608	林业
底定	广西靖西	4824	水源涵养林	森林生态	省级	19860101	林业
邦亮长臂猿	广西靖西	6530	东部黑冠长臂猿及北热带岩溶山地季雨林	野生动物	国家级	20090716	林业
老虎跳	广西那坡	27008	北热带岩溶森林及印支虎、望天树、兰科植物等野生动植物	森林生态	省级	19820608	林业

续表

保护区名称	行政区域	面积（公顷）	主要保护对象	类型	级别	始建时间	主管部门
凌云洞穴	广西凌云	684	凌云金线鲃、鸭嘴金线鲃、凌云南鳅、凌云平鳅、小眼金线鲃及凌云盲米虾等珍稀洞穴水生生物及其生境	野生动物	省级	20080314	其他
泗水河	广西凌云	20950	天然阔叶林	森林生态	省级	19870101	林业
雅长兰科植物	广西乐业	22062	兰科植物	野生植物	国家级	20050422	林业
岑王老山	广西田林、凌云	18994	季风常绿阔叶林及珍稀野生动植物	森林生态	国家级	19820601	林业
那佐苏铁	广西西林	12458	水源涵养林及叉孢苏铁、贵州苏铁和多裂苏铁	森林生态	省级	19820608	林业
王子山雉类	广西西林	32209	黑颈长尾雉等雉类及栖息地、南亚热带森林生态系统	森林生态	省级	19820608	林业
大哄豹	广西隆林	2035	岩溶森林生态系统及黑叶猴、隆林苏铁等珍稀野生动植物资源	森林生态	省级	20040101	林业
金钟山黑颈长尾雉	广西隆林	20924.4	黑颈长尾雉、隆林苏铁、贵州苏铁、野生动植物资源及其生境	森林生态	国家级	19820601	林业
姑婆山	广西贺州	6550	中亚热带常绿阔叶林，黄腹角雉、鳄蜥、花榈木、福建柏等野生动植物	森林生态	省级	19820608	林业
大桂山鳄蜥	广西贺州	3780	鳄蜥等珍稀野生动物及其生境	野生动物	国家级	20050422	林业
滑水冲	广西贺州	9929	水源涵养林	森林生态	省级	19820608	林业

续表

保护区名称	行政区域	面积（公顷）	主要保护对象	类型	级别	始建时间	主管部门
七冲	广西昭平	13023.7	常绿阔叶林、典型山地森林生态系统	森林生态	国家级	20021018	林业
西岭山	广西富川	17560	水源涵养林及黄腹角雉等野生动植物	森林生态	省级	19820608	林业
罗富泥盆系剖面	广西南丹	12	泥盆系地质剖面	地质遗迹	省级	19830101	国土
三匹虎	广西南丹、天峨	3105	水源涵养林及珍稀动植物	森林生态	省级	19820608	林业
龙滩	广西天峨	42848.4	季风常绿阔叶林；南方红豆杉、黑颈长尾雉、林麝等濒危野生动植物和水源涵养林	森林生态	省级	19820608	林业
木论	广西环江、罗城	8969	中亚热带石灰岩常绿阔叶混交林生态系统及单性木兰	森林生态	国家级	19960101	林业
红水河来宾段	广西来宾	582	珍稀鱼类及其栖息地、产卵场	野生动物	省级	20050908	农业
大乐泥盆纪	广西象州	12	泥盆系地质剖面	地质遗迹	省级	19830101	国土
金秀老山	广西金秀	8875	南亚热带常绿阔叶林及珍稀动植物	森林生态	省级	20070121	林业
大瑶山	广西金秀、荔浦、蒙山	24907.3	中亚热带向南亚热带过渡的常绿阔叶林生态系统及瑶山鳄蜥、银杉等珍稀动植物	森林生态	国家级	19820601	林业
崇左白头叶猴	广西崇左、扶绥	25578	白头叶猴、黑叶猴、猕猴等野生动物及喀斯特石山森林生态系统	野生动物	国家级	19800101	林业

续表

保护区名称	行政区域	面积（公顷）	主要保护对象	类型	级别	始建时间	主管部门
左江佛耳丽蚌	广西崇左、龙州	417.4	佛耳丽蚌等淡水贝类及其栖息地	野生动物	省级	20050908	其他
西大明山	广西扶绥、隆安、大新、崇左	60100	水源涵养林、冠斑犀鸟	森林生态	省级	19820608	林业
弄岗	广西龙州、宁明	10080	北热带石灰岩季雨林和白头叶猴、黑叶猴等珍稀野生动植物	森林生态	国家级	19780101	林业
下雷	广西大新	27185	水源涵养林及猕猴	森林生态	省级	19820608	林业
恩城	广西大新	25819.6	黑叶猴、猕猴等珍稀动物	野生动物	国家级	19820608	林业
东寨港	海南海口	3337	红树林生态系统及珍稀水禽	海洋海岸	国家级	19800103	林业
三亚珊瑚礁	海南三亚	8500	珊瑚礁及其生态系统	海洋海岸	国家级	19900930	海洋
甘什岭	海南三亚	1715.46	无翼坡垒等珍稀植物	野生植物	省级	19851101	林业
琼海麒麟菜	海南琼海	2500	麒麟菜、江蓠、拟石花菜及其生境	野生植物	省级	19830428	海洋
会山	海南琼海	4462.4	热带季雨林生态系统	森林生态	省级	19810925	林业
儋州白蝶贝	海南儋州	29900	白蝶贝及海洋生态系统	野生动物	省级	19830428	海洋
番加	海南儋州	3100	热带季雨林生态系统	森林生态	省级	19810925	林业
文昌麒麟菜	海南文昌	6500	麒麟菜、江蓠、拟石花菜、珊瑚及其生境	野生植物	省级	19830428	海洋
清澜	海南文昌	2948	红树林生态系统	海洋海岸	省级	19810925	林业

续表

保护区名称	行政区域	面积（公顷）	主要保护对象	类型	级别	始建时间	主管部门
铜鼓岭	海南文昌	4400	珊瑚礁、热带季雨矮林及野生动物	海洋海岸	国家级	19830101	环保
大洲岛	海南万宁	7000	金丝燕及其生境、海洋生态系统	野生动物	国家级	19870801	海洋
茄新	海南万宁	7588	热带季雨林	森林生态	省级	19810925	林业
礼纪青皮林	海南万宁	991.93	青皮林	森林生态	省级	19800716	林业
六连岭	海南万宁	2745.47	热带季雨林	森林生态	省级	19810925	林业
南林	海南万宁	5775.26	热带季雨林	森林生态	省级	19810925	林业
尖岭	海南万宁	10898.73	热带季雨林	森林生态	省级	19810925	林业
上溪	海南万宁	11662.2	热带季雨林	森林生态	省级	19810925	林业
大田	海南东方	1314	海南坡鹿及其生境	野生动物	国家级	19761009	林业
东方黑脸琵鹭	海南东方	1429	黑脸琵鹭及其生境	野生动物	省级	20060518	林业
猕猴岭	海南东方	12215.33	热带雨林、溶洞	森林生态	省级	20040723	林业
海南白蝶贝	海南临高	34300	白蝶贝及其生境、珊瑚礁生态系统	野生动物	省级	19830428	海洋
鹦哥岭	海南白沙、琼中、五指山、乐东、保亭	50464	热带季雨林生态系统	森林生态	国家级	20040723	林业
邦溪坡鹿	海南白沙	361.8	海南坡鹿及其生境	野生动物	省级	19761009	林业

续表

保护区名称	行政区域	面积（公顷）	主要保护对象	类型	级别	始建时间	主管部门
霸王岭	海南昌江、白沙	29980	黑冠长臂猿及其生境	野生动物	国家级	19800129	林业
保梅岭	海南昌江	3844.3	热带雨林	森林生态	省级	20060518	林业
尖峰岭	海南乐东、东方	20170	热带雨林和珍稀野生动植物	森林生态	国家级	19761009	林业
佳西	海南乐东	8326.67	热带季雨林及海南粗榧、广东松、坡垒、青梅；蛇周雕、海南山鹧鸪、灰孔雀雉、山皇鸠	森林生态	省级	19810925	林业
南湾猕猴	海南陵水	1026	猕猴及其生境	野生动物	省级	19761009	林业
吊罗山	海南陵水、保亭、琼中	18389	热带雨林	森林生态	国家级	19840401	林业
黎母山	海南琼中	11701	热带季雨林	森林生态	省级	20040723	林业
五指山	海南琼中、五指山	13435.9	热带原始森林	森林生态	国家级	19851101	林业
西南中沙群岛	海南西沙群岛、南沙群岛、中沙群岛的岛礁及其海域	2400000	海龟、玳瑁、虎斑贝、珊瑚礁、海鸟等	野生动物	省级	19830101	农业
西沙东岛白鲣鸟	海南西沙群岛	100	白鲣鸟及其生境	野生动物	省级	19800101	海洋
长江上游珍稀特有鱼类	四川、贵州、云南、重庆	33174.2	珍稀鱼类及河流生态系统	野生动物	国家级	19971208	农业
黑水河	四川大邑	31790	大熊猫及森林生态系统	野生动物	省级	19930601	林业

续表

保护区名称	行政区域	面积（公顷）	主要保护对象	类型	级别	始建时间	主管部门
龙溪—虹口	四川都江堰	31000	亚热带山地森林生态系统、大熊猫、珙桐等珍稀动植物	森林生态	国家级	19930424	林业
白水河	四川彭州	30150	森林生态系统、大熊猫、金丝猴等珍稀野生动植物	森林生态	国家级	19960101	林业
鞍子河	四川崇州	10141	大熊猫、川金丝猴及森林生态系统	野生动物	省级	19930801	林业
金花桫椤	四川荣县	53	桫椤及其生境	野生植物	省级	19861001	林业
攀枝花苏铁	四川攀枝花	1400	攀枝花苏铁等珍稀濒危动植物及其生境	野生植物	国家级	19830101	林业
白坡山	四川米易	16300	森林及野生动植物	森林生态	省级	20030301	林业
二滩鸟类	四川盐边	10321	鸟类及湿地生态系统	野生动物	省级	20020101	林业
画稿溪	四川叙永	23827	桫椤等珍稀植物及地质遗迹	野生植物	国家级	19980101	环保
古蔺黄荆	四川古蔺	36522	森林生态系统	森林生态	省级	20020301	环保
九顶山	四川绵竹	61640	大熊猫等珍稀动物	野生动物	省级	19990101	林业
天台山	四川安县	5230	海绵生物礁遗迹	古生物遗迹	省级	19990701	环保
千佛山	四川安县、北川	17710	大熊猫、川金丝猴、扭角羚及其生境	野生动物	国家级	19930401	林业
小寨子沟	四川北川	44391	大熊猫、扭角羚及森林生态系统	野生动物	国家级	19940501	林业
片口	四川北川	82930	大熊猫、金丝猴、森林生态系统	野生动物	省级	19940501	林业

续表

保护区名称	行政区域	面积（公顷）	主要保护对象	类型	级别	始建时间	主管部门
平武小河沟	四川平武	28227	大熊猫、川金丝猴、扭角羚及其生境	野生动物	省级	19930801	林业
王朗	四川平武	32297	大熊猫、金丝猴等珍稀动物及森林生态系统	野生动物	国家级	19630402	林业
雪宝顶	四川平武	63615	大熊猫、川金丝猴、扭角羚及其生境	野生动物	国家级	19930801	林业
观雾山	四川江油	21033.7	森林及野生动植物	森林生态	省级	19920201	林业
水磨沟	四川广元	7337	森林及珍稀动植物	野生动物	省级	20011001	林业
米仓山	四川旺苍	23400	森林及野生动物	森林生态	国家级	19990101	林业
毛寨	四川青川	14150	金丝猴及森林生态系统	野生动物	省级	20011001	林业
东阳沟	四川青川	30760	大熊猫及森林生态系统	野生动物	省级	20011001	林业
唐家河	四川青川	40000	大熊猫等珍稀野生动物及森林生态系统	野生动物	国家级	19860709	林业
翠云廊古柏	四川剑阁、元坝、梓潼	27155	古柏及森林生态系统	野生植物	省级	20000301	林业
苍溪九龙山	四川苍溪	8048	森林及野生动植物	森林生态	省级	20030501	林业
黑竹沟	四川峨边	29643	水源涵养林	森林生态	国家级	19970101	林业
马边大风顶	四川马边	30164	大熊猫等珍稀野生动物及森林生态系统	野生动物	国家级	19781215	林业
瓦屋山	四川洪雅	36490.1	大熊猫、川金丝猴、扭角羚等珍稀动物	野生动物	省级	19931201	林业
长宁竹海	四川长宁	28719	竹类生态系统	森林生态	国家级	19961001	环保
老君山	四川屏山	3500	四川山鹧鸪及森林生态系统	野生动物	国家级	20000229	林业

续表

保护区名称	行政区域	面积（公顷）	主要保护对象	类型	级别	始建时间	主管部门
百里峡	四川宣汉	26259.5	水生野生动物	野生动物	省级	19990101	环保
花萼山	四川万源	48203.39	森林生态系统及野生动物	森林生态	国家级	19960101	环保
周公河	四川雅安	419.37	水生野生动物	野生动物	省级	19990501	农业
大相岭	四川荥经	233	大熊猫及其生境	野生动物	省级	20030401	林业
栗子坪	四川石棉	40903	森林生态系统	森林生态	国家级	20010101	林业
天全河珍稀鱼类	四川天全	3618.61	水生野生动物	野生动物	省级	20000101	农业
喇叭河	四川天全	23437.3	大熊猫、扭角羚等珍稀动物	野生动物	省级	19630402	林业
蜂桶寨	四川宝兴	39039	大熊猫等珍稀野生动物及森林生态系统	野生动物	国家级	19750320	林业
诺水河珍稀水生动物	四川通江	9220	大鲵及其生境	野生动物	国家级	20020101	农业
诺水河	四川通江	63000	河流生态系统	内陆湿地	省级	19860101	环保
五台山猕猴	四川通江	27900	猕猴为主的珍稀濒危野生动物，野生兰科植物和北亚热带常绿与落叶阔叶混交林生态系统	野生动物	省级	20010201	林业
光雾山	四川南江	34984	自然地质地貌	地质遗迹	省级	19960101	住建
大小兰沟	四川南江	40155	巴山水青冈及其生境	野生植物	省级	19910102	林业
驷马河流域湿地	四川平昌	12162	湿地及珍稀动物	内陆湿地	省级	20031001	林业
安岳恐龙化石群	四川安岳	5000	恐龙化石	古生物遗迹	省级	19971201	环保

续表

保护区名称	行政区域	面积（公顷）	主要保护对象	类型	级别	始建时间	主管部门
龙泉湖	四川简阳	552	水域生态系统	内陆湿地	省级	19980901	环保
卧龙	四川汶川	200000	大熊猫等珍稀野生动物及森林生态系统	野生动物	国家级	19630402	林业
草坡	四川汶川	55678.4	大熊猫及其生境	野生动物	省级	20001202	林业
米亚罗	四川理县	160731.7	高山森林资源、藏羌古建筑	森林生态	省级	19950101	林业
宝顶沟	四川茂县	19560	森林及野生动物	野生动物	省级	19850101	林业
白羊	四川松潘	76710	大熊猫、川金丝猴、扭角羚及其生境	野生动物	省级	19930801	林业
黄龙寺	四川松潘	55050.5	大熊猫及森林生态系统	野生动物	省级	19830101	林业
白河金丝猴	四川九寨沟	16204	金丝猴等野生动物	野生动物	省级	19630402	林业
九寨沟	四川九寨沟	64297	大熊猫等珍稀野生动物及森林生态系统	野生动物	国家级	19781215	林业
贡杠岭	四川九寨沟	147844	大熊猫及其栖息地	野生动物	省级	20090918	林业
勿角	四川九寨沟	36280.21	大熊猫、川金丝猴、扭角羚及其生境	野生动物	省级	19930101	林业
小金四姑娘山	四川小金	56000	野生动物及高山生态系统	野生动物	国家级	19950301	环保
三打古	四川黑水	62300	野生动物、珍稀植物	野生动物	省级	20010608	林业
南莫且湿地	四川壤塘	82834	湿地生态系统	内陆湿地	省级	20020901	林业
曼则塘	四川阿坝	365874.5	湿地及珍稀野生动植物	内陆湿地	省级	20010608	林业
铁布	四川若尔盖	20000	梅花鹿等珍稀动物	野生动物	省级	19650101	林业
若尔盖湿地	四川若尔盖	166570.6	高寒沼泽湿地及黑颈鹤等野生动物	内陆湿地	国家级	19941118	林业

续表

保护区名称	行政区域	面积（公顷）	主要保护对象	类型	级别	始建时间	主管部门
金汤孔玉	四川康定	23574	珍稀动物及其生境	野生动物	省级	19950101	林业
贡嘎山	四川泸定、康定、九龙	400000	高山森林生态系统及珍稀动物	森林生态	国家级	19960301	林业
莫斯卡	四川丹巴	13700	白唇鹿、雪豹、玉带海雕等珍稀动物	野生动物	省级	19951101	林业
墨尔多山	四川丹巴	62163	亚高山针叶林	森林生态	省级	19980504	环保
洪坝	四川九龙	6029	扭角羚、豹、绿尾虹雉等野生动物	野生动物	省级	19990101	林业
瓦灰山	四川九龙	84300	珍稀动物及冰川	野生动物	省级	19950601	林业
湾坝	四川九龙	120100	森林生态系统	森林生态	省级	19970401	环保
格西沟	四川雅江	22896.8	四川雉鹑、绿尾虹雉以及大紫胸鹦鹉等珍稀鸟类	野生动物	国家级	19950101	林业
泰宁玉科	四川道孚	141474	森林植被、地形地貌	森林生态	省级	19980301	环保
亿比措湿地	四川道孚、康定、雅江	27275.73	高寒湿地生态系统	内陆湿地	省级	20050101	林业
卡莎湖	四川炉霍	22300	湿地及珍稀鸟类	内陆湿地	省级	19870101	林业
雄龙西	四川新龙	171065	野生动植物	野生动物	省级	20000102	林业
新路海	四川德格	16875	白唇鹿、雪豹、黑颈鹤等珍稀野生动物	野生动物	省级	19960101	林业
火龙沟	四川白玉	140600	森林及珍稀野生动植物	森林生态	省级	19950301	环保
察青松多白唇鹿	四川白玉	143682.6	白唇鹿、雪豹等野生动物	野生动物	国家级	19950101	林业
洛须	四川石渠	155350	白唇鹿、藏野驴、野牦牛等野生动物	野生动物	省级	19950101	林业

续表

保护区名称	行政区域	面积（公顷）	主要保护对象	类型	级别	始建时间	主管部门
长沙贡玛	四川石渠	669800	高寒湿地生态系统和藏野驴、雪豹、野牦牛等珍稀动物	野生动物	国家级	19971208	林业
海子山	四川理塘、稻城	459161	高寒湿地生态系统及白唇鹿、马麝、藏马鸡等珍稀动物	内陆湿地	国家级	19951108	林业
竹巴笼	四川巴塘	28198	野生动物及其生境	野生动物	省级	19950101	林业
亚丁	四川稻城	145750	森林生态系统、野生动植物、冰川	森林生态	国家级	19960320	环保
下拥	四川得荣	23693	野生动植物	森林生态	省级	20000101	林业
螺髻山	四川西昌	20912	白唇鹿、高山草原及其生态系统	野生动物	省级	19860101	农业
木里鸭嘴	四川木里	10000	马鹿等野生动物	野生动物	省级	19630402	林业
百草坡	四川金阳	44128	森林及野生动植物	森林生态	省级	20010101	林业
冶勒	四川冕宁	24293	大熊猫、川金丝猴、扭角羚等珍稀动物	野生动物	省级	19930101	林业
申果庄大熊猫	四川越西	33700	大熊猫等野生动物及其生境	野生动物	省级	20020101	林业
甘洛马鞍山	四川甘洛	40826	森林及野生动植物	森林生态	省级	20010101	林业
美姑大风顶	四川美姑	50655	大熊猫等珍稀野生动物及森林生态系统	野生动物	国家级	19781215	林业
雷波麻咪泽	四川雷波	38800	野生动植物及其生境	森林生态	省级	20010301	林业
芹菜坪	四川沐川	3662	四川山鹧鸪	森林生态	省级	2005	林业

续表

保护区名称	行政区域	面积（公顷）	主要保护对象	类型	级别	始建时间	主管部门
宽阔水	贵州绥阳	26231	中亚热带常绿阔叶林	森林生态	国家级	19891201	林业
大沙河	贵州道真	26990	银杉、珙桐、黑叶猴等野生动植物	野生植物	省级	19841010	林业
湄潭百面水	贵州湄潭	18500	黄杉等森林生态系统	野生植物	省级	20011201	林业
习水中亚热带常绿阔叶林	贵州习水	48666	中亚热带常绿阔叶林及野生动植物	森林生态	国家级	19940908	林业
赤水桫椤	贵州赤水	13300	桫椤、小黄花茶等野生植物	野生植物	国家级	19840911	环保
梵净山	贵州江口、印江、松桃	41900	森林生态系统及黔金丝猴珍稀动植物	森林生态	国家级	19860709	林业
石阡佛顶山	贵州石阡	12634.54	鹅掌楸等珍稀动植物	森林生态	省级	19921001	林业
麻阳河	贵州沿河、务川	31113	黑叶猴等珍稀动物及其生境	野生动物	国家级	19870801	林业
百里杜鹃	贵州大方	12580	杜鹃林	野生植物	省级	20011101	林业
威宁草海	贵州威宁	12000	高原湿地生态系统及黑颈鹤等	内陆湿地	国家级	19850101	林业
革东古生物化石	贵州剑河	4760	古生物化石	古生物遗迹	省级	20010101	国土
雷公山	贵州雷山、台江、剑河、榕江	47300	中亚热带森林及秃杉等珍稀植物	森林生态	国家级	19820601	林业
茂兰	贵州荔波	20000	喀斯特森林生态系统	森林生态	国家级	19860409	林业

续表

保护区名称	行政区域	面积（公顷）	主要保护对象	类型	级别	始建时间	主管部门
纳雍珙桐	贵州纳雍	11398.2	光叶珙桐、云贵水韭和十齿花等国家一级保护珍稀植物及其生境为主要对象的野生生物类	野生植物	省级	20130906	林业
都柳江源湿地	贵州独山	21265.7	原生性泥炭藓沼泽湿地生物资源、森林资源与生态环境	森林生态	省级	20130906	林业
轿子山	云南昆明	16456	针叶林、中山湿性常绿阔叶林及珍稀动植物	森林生态	国家级	19940331	林业
梅树村	云南晋宁	58	中国震旦系寒武系界线层剖面	地质遗迹	省级	19811101	环保
十八连山	云南富源	1212	云南山茶种质基地及野山茶群落	野生植物	省级	19850701	林业
驾车华山松	云南会泽	8282	华山松种质资源	野生植物	省级	19840101	林业
会泽黑颈鹤	云南会泽	12910.64	黑颈鹤及湿地生态系统	野生动物	国家级	19940301	环保
海峰	云南沾益	26610	喀斯特地貌、森林及野生动植物	内陆湿地	省级	20010401	林业
珠江源	云南沾益、宣威	133149.6	河流及森林生态系统	森林生态	省级	19880602	林业
帽天山	云南澄江	450	寒武纪古生物化石	地质遗迹	省级	19971201	国土
哀牢山	云南新平、楚雄、南华、双柏、景东、镇沅	67700	中山湿性常绿阔叶林及黑冠长臂猿等野生动植物	森林生态	国家级	19880509	林业
元江	云南元江	22378.9	干热河谷稀树灌木草丛、亚热带森林及野生动物	森林生态	国家级	19891001	林业

续表

保护区名称	行政区域	面积（公顷）	主要保护对象	类型	级别	始建时间	主管部门
北海湿地	云南腾冲	1629	湿地生态系统	内陆湿地	省级	20000601	环保
龙陵小黑山	云南龙陵、保山	6293.4	热带、亚热带低中山湿性常绿阔叶林	森林生态	省级	19951012	林业
大山包黑颈鹤	云南昭通	19200	黑颈鹤等珍禽及其生境	野生动物	国家级	19900101	林业
药山	云南巧家	20141	高山水源林及多种药用植物	森林生态	国家级	19840405	林业
乌蒙山	云南永善、彝良、大关、盐津	26186.65	森林生态系统，天然毛竹林群落、天麻原生地	森林生态	国家级	19840101	林业
拉市海高原湿地	云南玉龙	6523	高原湿地生态系统、特有珍稀濒危动植物	内陆湿地	省级	19971008	林业
玉龙雪山	云南玉龙	26000	冰川遗迹、高山森林、珍稀动植物	森林生态	省级	19840501	林业
宁蒗泸沽湖	云南宁蒗	8133	高原湖泊、高山森林及水禽	内陆湿地	省级	19860301	林业
菜阳河	云南普洱	14892	野牛等珍稀动物及森林生态系统	森林生态	省级	19811101	林业
糯扎渡	云南普洱	18997	森林及野生动植物	森林生态	省级	19971001	林业
普洱松山	云南宁洱	2700	水源林及动植物	森林生态	县级	19941101	林业
墨江桫椤	云南墨江	6222	桫椤及其生境	野生植物	省级	20010101	环保
无量山	云南景东、南涧、大理	30938.1	亚热带常绿阔叶林、黑冠长臂猿等珍稀动物及栖息地	森林生态	国家级	19860320	林业
威远江	云南景谷	7653	思茅松原始林及懒猴等野生动物	森林生态	省级	19811001	林业
孟连竜山	云南孟连	54	小花龙血树及其生境	野生植物	省级	19860301	环保

续表

保护区名称	行政区域	面积（公顷）	主要保护对象	类型	级别	始建时间	主管部门
临沧澜沧江	云南凤庆、临沧、云、双江、耿马	89504	森林植被、珍稀动植物	森林生态	省级	19990612	林业
永德大雪山	云南永德	17541	亚热带常绿阔叶林及野生动物	森林生态	国家级	19860320	林业
南捧河	云南镇康	36970	森林生态系统	森林生态	省级	19960501	林业
南滚河	云南沧源、耿马	50887	亚洲象、孟加拉虎及森林生态系统	野生动物	国家级	19800316	林业
紫溪山	云南楚雄	16000	森林生态系统及珍稀动植物	森林生态	省级	19940331	林业
雕翎山	云南禄丰	613	森林生态系统及珍稀动植物	森林生态	省级	19811201	林业
云南大围山	云南屏边、河口、个旧、蒙自	43992.6	南亚热带常绿阔叶林及珍稀动物	森林生态	国家级	19860320	林业
建水燕子洞	云南建水	1601	白腰雨燕繁殖种群及其生境、溶洞景观	野生动物	省级	20020501	其他
元阳观音山	云南元阳	16187	亚热带中山苔藓常绿阔叶林	森林生态	省级	19940527	林业
阿姆山	云南红河	14756	森林及野生动物	森林生态	省级	19951201	林业
金平分水岭	云南金平	42027	南亚热带山地苔藓常绿阔叶林及珍稀动植物	森林生态	国家级	19860601	林业
黄连山	云南绿春	65058	亚热带常绿阔叶林、野生动植物	森林生态	国家级	19830427	林业
文山	云南文山、西畴	26867	岩溶中山南亚热带季风常绿阔叶林、亚热带山地苔藓常绿阔叶林以及野生动植物	森林生态	国家级	19800605	林业

续表

保护区名称	行政区域	面积（公顷）	主要保护对象	类型	级别	始建时间	主管部门
麻栗坡老君山	云南麻栗坡、马关	4509	季风常绿阔叶林、山地苔藓常绿阔叶林	森林生态	省级	19811101	林业
麻栗坡老山	云南麻栗坡	20500	滇东南热带山地季风常绿阔叶林、珍稀动植物	森林生态	省级	20050101	林业
古林箐	云南马关	6832.6	热带季雨林、雨林、石灰山季雨林及热带野生动物	森林生态	省级	19821001	林业
普者黑	云南丘北	10746	野生动植物、高原湖泊	森林生态	省级	20000901	环保
广南八宝	云南广南	5232	河谷峰丛峰林及岩溶地貌	地质遗迹	省级	19880101	环保
富宁驮娘江	云南富宁	15725	水域湿地及岩溶山地热区森林生态系统	森林生态	省级	20000901	林业
西双版纳	云南景洪、勐海、勐腊	241776	热带森林生态系统及珍稀野生动植物	森林生态	国家级	19581009	林业
纳板河流域	云南景洪、勐海	26600	热带季雨林及野生动植物	森林生态	国家级	19910705	环保
苍山洱海	云南大理	79700	断层湖泊、古代冰川遗迹、苍山冷杉、杜鹃林	内陆湿地	国家级	19811106	环保
青华绿孔雀	云南巍山	1000	绿孔雀等珍稀动物	野生动物	省级	19880905	环保
云龙天池	云南云龙	14475	云南松林、高原湖泊及珍稀动物	森林生态	国家级	19830401	林业
剑湖湿地	云南剑川	4630.28	湿地生态系统及候鸟	内陆湿地	省级	20010201	环保
铜壁关	云南盈江、陇川、瑞丽	51650.5	印缅季雨林及亚洲象、长臂猿	森林生态	省级	19860320	林业

续表

保护区名称	行政区域	面积（公顷）	主要保护对象	类型	级别	始建时间	主管部门
高黎贡山	云南保山、腾冲、泸水、福贡、景东、镇西、楚雄、双柏、南华	405200	森林植被垂直带谱、珍稀动植物	森林生态	国家级	19830101	林业
云岭	云南兰坪	75894	寒温性原始森林生态及滇金丝猴	森林生态	省级	19980101	林业
纳帕海	云南香格里拉	2400	黑颈鹤等珍禽及其栖息地	野生动物	省级	19850101	林业
碧塔海	云南香格里拉	14133	高山针叶林、高原湖泊及野生动物	森林生态	省级	19820101	林业
哈巴雪山	云南香格里拉	21908	高山森林生及珍稀动物滇金丝猴	森林生态	省级	19850101	林业
白马雪山	云南德钦、维西	276400	高山针叶林、滇金丝猴	森林生态	国家级	19840101	林业
拉鲁湿地	西藏拉萨	1220	湿地生态系统	内陆湿地	国家级	19990525	环保
雅鲁藏布江中游河谷黑颈鹤	西藏林周、达孜、浪卡子、拉孜、日喀则、南木林等	614350	黑颈鹤及其生境	野生动物	国家级	19930101	林业
纳木错	西藏当雄	1099796	野生动物及湖泊、沼泽湿地生态系统	内陆湿地	省级	20010705	环保
类乌齐马鹿	西藏类乌齐	120614.6	马鹿、白唇鹿等及其栖息地	野生动物	国家级	19930101	林业
然乌湖湿地	西藏八宿	6978	野生植物	野生植物	省级	19960101	林业
芒康滇金丝猴	西藏芒康	185300	滇金丝猴及其生态系统	野生动物	国家级	19930101	林业

续表

保护区名称	行政区域	面积（公顷）	主要保护对象	类型	级别	始建时间	主管部门
日喀则群让	西藏江孜	140	岩溶地貌	地质遗迹	省级	20000102	国土
珠穆朗玛峰	西藏定日、聂拉木、定结、吉隆	3381000	高山森林、荒漠生态系统及雪豹等野生动物	森林生态	国家级	19880405	林业
搭格架喷泉群	西藏昂仁、萨嘎	400	地热喷泉群	地质遗迹	省级	20000102	国土
桑桑湿地	西藏昂仁	5644	湿地生态系统	内陆湿地	省级	20100210	林业
麦地卡湿地	西藏嘉黎	89541.01	湿地生态系统	内陆湿地	省级	20081029	林业
羌塘	西藏安多、尼玛、改则、双湖、革吉、日土、噶尔	29800000	藏羚羊等有蹄类动物及高原荒漠生态系统	荒漠生态	国家级	19930709	林业
色林错	西藏申扎、尼玛、班戈、安多、那曲	2032380	黑颈鹤繁殖地、高原湿地生态系统	野生动物	国家级	19930101	林业
昂孜错—马尔下错湿地	西藏尼玛	94040.5	湿地生态系统	内陆湿地	省级	20100210	林业
玛旁雍错湿地	西藏普兰	97498.74	湿地生态系统	内陆湿地	省级	20081029	林业
札达土林	西藏札达、噶尔、普兰	560000	土林	地质遗迹	省级	20000102	国土
班公错湿地	西藏日土	56303.22	湿地生态系统	内陆湿地	省级	20081029	林业
洞错湿地	西藏改则、尼玛	41173.23	湿地生态系统	内陆湿地	省级	20081029	林业
扎日南木错湿地	西藏措勤、尼玛、昂仁	142981.7	湿地生态系统	内陆湿地	省级	20081029	林业

续表

保护区名称	行政区域	面积（公顷）	主要保护对象	类型	级别	始建时间	主管部门
巴结巨柏	西藏林芝	8	巨柏及其森林生态系统	野生植物	省级	19850101	林业
工布	西藏工布江达、林芝、米林、朗县	2014981	森林生态系统	森林生态	省级	20030101	林业
雅鲁藏布大峡谷	西藏墨脱、林芝、波密、米林	916800	山地垂直带带谱及野生动植物	森林生态	国家级	19850709	林业
察隅慈巴沟	西藏察隅	101400	山地亚热带森林生态系统及扭角羚、孟加拉虎等濒危动物	森林生态	国家级	19850923	林业
泾渭湿地	陕西西安	6353	湿地及水禽	内陆湿地	省级	20011101	林业
老县城	陕西周至	12611	大熊猫及其生境	野生动物	国家级	19930101	林业
周至黑河湿地	陕西周至	13126	湿地生态系统	内陆湿地	省级	20060101	林业
周至	陕西周至	56393	金丝猴等野生动物及其生境	野生动物	国家级	19880509	林业
黑河珍稀水生野生动物	陕西周至	4619	秦岭细鳞鲑、大鲵、水獭等珍稀野生动物及其栖息地	野生动物	省级	20120101	农业
铜川香山	陕西铜川	14196	黑鹳、林麝等野生动物	野生动物	省级	20040101	林业
太安	陕西宜君	25872	金钱豹、金雕、林麝等野生动物	野生动物	省级	20040101	林业
野河	陕西扶风	10996	金钱豹、金雕等珍稀野生动物	野生动物	省级	20040101	林业
陇县秦岭细鳞鲑	陕西陇县	6559	细鳞鲑及其生境	野生动物	国家级	20011101	农业

续表

保护区名称	行政区域	面积（公顷）	主要保护对象	类型	级别	始建时间	主管部门
千湖湿地	陕西千阳	7156	湿地生态系统及珍稀水禽	内陆湿地	省级	20060101	林业
安舒庄	陕西宝鸡	11016	渭北黄土丘陵沟壑区典型森林系统及其野生动植物	森林生态	省级	20110101	林业
紫柏山	陕西凤县	17472	扭角羚、云豹等珍稀动物	野生动物	国家级	20030101	林业
太白湑水河	陕西太白	5343	大鲵、细鳞鲑、哲罗鲑等水生动物	野生动物	国家级	19901126	农业
牛尾河	陕西太白	13492	大熊猫、金丝猴等野生动物	野生动物	省级	20040101	林业
黄柏塬	陕西太白	21865	大熊猫为主的野生动物资源	野生动物	国家级	20060101	林业
太白山	陕西太白、眉县、周至	56325	森林生态系统、大熊猫、金丝猴、扭角羚等濒危动物	森林生态	国家级	19650909	林业
石门山	陕西旬邑	30049	森林生态系统	森林生态	省级	20000702	环保
合阳黄河湿地	陕西合阳、韩城、大荔、华阴、潼关	57348	湿地生态系统、珍禽	内陆湿地	省级	19960201	林业
韩城黄龙山褐马鸡	陕西韩城	37756	褐马鸡及其生境	野生动物	国家级	20031021	林业
劳山	陕西甘泉	20317	森林生态系统	森林生态	省级	20091216	林业
柴松	陕西富县	17640	金钱豹、金雕、黑鹳等野生动物	野生动物	省级	20040101	林业
陕西子午岭	陕西富县	40621	森林生态系统及豹、黑鹳、金雕等濒危动物	森林生态	国家级	19990101	林业
桥山	陕西富县	24650.8	森林生态系统	森林生态	省级	20091216	林业
黄龙山	陕西黄龙	35563	金钱豹、金雕等珍稀野生动物	野生动物	省级	20040101	林业

续表

保护区名称	行政区域	面积（公顷）	主要保护对象	类型	级别	始建时间	主管部门
延安黄龙山褐马鸡	陕西黄龙、宜川	81753	褐马鸡及其生境	野生动物	国家级	20010825	林业
长青	陕西洋县	29906	大熊猫、扭角羚、林麝等珍稀动物及其生境	野生动物	国家级	19940101	林业
汉中朱鹮	陕西洋县、城固	37549	朱鹮及其生境	野生动物	国家级	19830101	林业
陕西米仓山	陕西西乡	34192	森林生态系统及珍稀动植物	森林生态	国家级	20030820	林业
汉江湿地	陕西勉、汉中、城固、西乡	33605	湿地生态系统	内陆湿地	省级	20091216	林业
青木川	陕西宁强	10200	金丝猴、扭角羚、大熊猫等珍稀动物	野生动物	国家级	20030521	林业
略阳大鲵	陕西略阳	5600	大鲵及其生境	野生动物	国家级	20060101	林业
宝峰山	陕西略阳	29485	扭角羚为主的珍稀动植物	野生动物	省级	20020801	林业
留坝摩天岭	陕西留坝	8520	大熊猫、扭角羚等珍稀动物及栖息地	野生动物	省级	20020801	林业
桑园	陕西留坝	13806	大熊猫及栖息生境	野生动物	国家级	20020826	林业
佛坪观音山	陕西佛坪	13534	大熊猫等珍稀动物及其生境	野生动物	国家级	20020801	林业
佛坪	陕西佛坪	29240	大熊猫、金丝猴、扭角羚等野生动物及森林生态系统	野生动物	国家级	19781215	林业
无定河	陕西横山	11480	湿地生态系统	内陆湿地	省级	20091216	林业
瀛湖湿地	陕西安康	19800	湿地生态系统	内陆湿地	省级	20020101	林业
皇冠山	陕西宁陕	12372	大熊猫及其栖息地	野生动物	省级	20010401	林业

续表

保护区名称	行政区域	面积（公顷）	主要保护对象	类型	级别	始建时间	主管部门
宁陕平河梁	陕西宁陕	15578	大熊猫、扭角羚、金丝猴、林麝等野生动物	野生动物	国家级	20060101	林业
天华山	陕西宁陕	25485	大熊猫、金丝猴、扭角羚等野生动物及其生境	野生动物	国家级	20020801	林业
化龙山	陕西镇坪、平利	28103	森林植物、野生动物	森林生态	国家级	20010801	林业
黄龙铺—石门地质剖面	陕西洛南、蓝田	100	远古界岩相地质剖面	地质遗迹	省级	19870101	国土
洛南大鲵	陕西洛南	5715	大鲵及其生境	野生动物	省级	19990401	其他
丹江武关河	陕西丹凤	9029	大鲵、水獭等珍稀野生动物及其生境	野生动物	省级	20100101	农业
新开岭	陕西商南	14963	豹、云豹、珙桐等野生动植物	森林生态	省级	20040101	林业
天竺山	陕西山阳	21685	金钱豹、金雕、白肩雕等野生动物	森林生态	省级	20040101	林业
鹰嘴石	陕西镇安	11462	扭角羚、云豹等野生动物	野生动物	省级	20040101	林业
东秦岭地质剖面	陕西柞水、镇安、周至	25	泥盆系地质剖面	地质遗迹	省级	19900101	国土
牛背梁	陕西柞水、西安、宁陕	16418	扭角羚等珍稀动物及其栖息地	野生动物	国家级	19880509	林业
连城	甘肃永登	47930	森林生态系统及祁连柏、青杆等物种	森林生态	国家级	20010401	林业

续表

保护区名称	行政区域	面积（公顷）	主要保护对象	类型	级别	始建时间	主管部门
兴隆山	甘肃榆中	33301	森林生态系统及马麝等野生动物	森林生态	国家级	19860111	林业
芨芨泉	甘肃金昌	51070	荒漠生态系统及野生动植物	荒漠生态	省级	20050806	林业
崛吴山	甘肃白银	3715	天然次生林	森林生态	省级	20020114	林业
哈思山	甘肃靖远	8400	森林及云杉、油松	森林生态	省级	20020114	林业
铁木山	甘肃会宁	749	森林生态系统、灰雁	森林生态	省级	19920401	林业
黄河石林	甘肃景泰	3040	石林地貌	地质遗迹	省级	20010305	国土
寿鹿山	甘肃景泰	10875	森林生态系统及林麝等物种	森林生态	省级	19800101	林业
秦州大鲵	甘肃天水	2350	大鲵及其生境	野生动物	国家级	20100719	农业
民勤连古城	甘肃民勤	389882.5	荒漠生态系统及黄羊等野生动物	荒漠生态	国家级	19820101	林业
昌岭山	甘肃古浪	3679	云杉及水源涵养林	森林生态	省级	19870501	林业
东大山	甘肃张掖	5045	森林生态系统	森林生态	省级	19800101	林业
张掖黑河湿地	甘肃高台、张掖、临泽	41164.56	湿地及珍稀鸟类	内陆湿地	国家级	19921210	环保
太统—崆峒山	甘肃平凉	16283	温带落叶阔叶林及野生动植物	森林生态	国家级	19820101	林业
甘肃祁连山	甘肃武威、张掖、酒泉	230000	水源涵养林及珍稀动物	森林生态	国家级	19870101	林业
沙枣园子	甘肃金塔	163404	森林生态系统	森林生态	省级	20020114	林业
疏勒河中下游	甘肃瓜州	324200	湿地生态系统及野生动植物	内陆湿地	省级	20020114	林业

续表

保护区名称	行政区域	面积（公顷）	主要保护对象	类型	级别	始建时间	主管部门
安西极旱荒漠	甘肃瓜州	800000	荒漠生态系统及珍稀动植物	荒漠生态	国家级	19870602	环保
马鬃山	甘肃肃北	480000	岩羊等野生动物	野生动物	省级	20010410	林业
盐池湾	甘肃肃北	1360000	白唇鹿、野牦牛、野驴等珍稀动物及其生境	野生动物	国家级	19820401	林业
小苏干湖	甘肃阿克塞	2400	天鹅、黑颈鹤等候鸟及湖泊湿地	野生动物	省级	19821011	林业
大苏干湖	甘肃阿克塞	9640	天鹅、黑颈鹤等珍禽及其生境	野生动物	省级	19821011	林业
安南坝野骆驼	甘肃阿克塞	396000	野骆驼、野驴等野生动物及荒漠草原	野生动物	国家级	19821211	林业
干海子候鸟	甘肃玉门	300	鸟类及其生境	野生动物	省级	19820101	林业
昌马河	甘肃玉门	68250	高山荒漠	荒漠生态	省级	19960321	林业
玉门南山	甘肃玉门	152900	野生动物及其生境	野生动物	省级	20020114	林业
敦煌雅丹	甘肃敦煌	39840	雅丹地貌	地质遗迹	省级	20011214	国土
敦煌西湖	甘肃敦煌	660000	野生动物及荒漠湿地	野生动物	国家级	19921214	林业
敦煌阳关	甘肃敦煌	88177.71	湿地生态系统及候鸟	内陆湿地	国家级	19941008	环保
合水子午岭	甘肃华池、合水、正宁、宁县	242106	水源涵养林及野生动植物	森林生态	省级	20050202	林业
仁寿山	甘肃陇西	520	森林生态系统	森林生态	省级	19970711	环保
贵清山	甘肃漳县	1114	野生动植物资源	野生动物	省级	19920601	林业
漳县秦岭细鳞鲑	甘肃漳县	25330	细鳞鲑及其生境	野生动物	国家级	20050202	农业

续表

保护区名称	行政区域	面积（公顷）	主要保护对象	类型	级别	始建时间	主管部门
岷县双燕	甘肃岷县	64000	森林、自然景观	森林生态	省级	20020114	林业
裕河金丝猴	甘肃陇南	74944	金丝猴及森林生态系统	野生动物	省级	20020114	林业
鸡峰山	甘肃成县	52441	梅花鹿及其生境	野生动物	省级	20050101	林业
尖山	甘肃文县	10040	大熊猫及森林生态系统	野生动物	省级	19921216	林业
文县大鲵	甘肃文县	13579	大鲵及其生境	野生动物	省级	20040509	农业
博峪河	甘肃文县、舟曲	91712	大熊猫及其生境	野生动物	省级	20061121	林业
白水江	甘肃文县	183799	大熊猫、金丝猴、扭角羚等野生动物	野生动物	国家级	19630101	林业
康县大鲵	甘肃康县	10247	湿地生态系统和野生动物	野生动物	省级	20091021	农业
礼县香山	甘肃礼县	11330	森林生态系统	森林生态	省级	19920703	林业
小陇山	甘肃徽县、两当	31938	扭角羚、红腹锦鸡等野生珍稀动植物	野生动物	国家级	19821103	林业
黑河	甘肃两当	3495	扭角羚等珍稀动物及自然生态系统	野生动物	省级	19821103	林业
太子山	甘肃临夏、甘南	84700	水源涵养林及野生动植物	森林生态	国家级	20050101	林业
甘肃莲花山	甘肃康乐、临潭、卓尼、渭源、临洮	11691	森林生态系统	森林生态	国家级	19821203	林业
刘家峡恐龙足迹群	甘肃永靖	1500	恐龙足迹化石	古生物遗迹	省级	20011123	国土

续表

保护区名称	行政区域	面积（公顷）	主要保护对象	类型	级别	始建时间	主管部门
黄河三峡湿地	甘肃永靖	19500	湿地生态系统及水生动植物	内陆湿地	省级	19950210	林业
洮河	甘肃卓尼、临潭	287759	森林生态系统	森林生态	国家级	20050202	林业
插岗梁	甘肃舟曲	114361	野生动物及其生境	野生动物	省级	20050609	林业
多儿	甘肃迭部	55275	大熊猫及其生境	野生动物	省级	20041012	林业
白龙江阿夏	甘肃迭部	135536	大熊猫及其生境	野生动物	省级	20040912	林业
玛曲青藏高原土著鱼类	甘肃玛曲	27416	土著鱼类	野生动物	省级	20050202	农业
黄河首曲湿地候鸟	甘肃玛曲	37500	珍稀鸟类	野生动物	国家级	19951123	林业
尕海—则岔	甘肃碌曲	247431	黑颈鹤等野生动物、高寒沼泽湿地森林生态系统	森林生态	国家级	19820902	林业
大通北川河源区	青海大通	198300	森林生态系统	森林生态	国家级	20051001	林业
循化孟达	青海循化	17290	森林生态系统及珍稀生物物种	森林生态	国家级	19800403	林业
海北祁连山	青海海北	834700	森林生态系统及高寒湿地、冰川、珍稀野生动植物	森林生态	省级	20051201	林业
青海湖	青海刚察、共和、海晏	495200	黑颈鹤、斑头雁、棕头鸥等水禽及湿地生态系统	野生动物	国家级	19750808	林业
三江源	青海玉树、果洛、海南、海西、黄南	15230000	珍稀动物及湿地、森林、高寒草甸等	内陆湿地	国家级	20000523	林业

续表

保护区名称	行政区域	面积（公顷）	主要保护对象	类型	级别	始建时间	主管部门
隆宝	青海玉树	10000	黑颈鹤、天鹅等水禽及草甸生态系统	野生动物	国家级	19860709	林业
可可西里	青海治多、曲麻莱	4500000	藏羚羊、野牦牛等动物及高原生态系统	野生动物	国家级	19951008	林业
格尔木胡杨林	青海格尔木	4200	胡杨林及荒漠植被等生态系统	野生植物	省级	20000501	林业
克鲁克湖—托素湖	青海德令哈	41120	水禽鸟类与湿地生态系统	野生动物	省级	20000501	林业
柴达木梭梭林	青海德令哈	373391	梭梭林、鹅喉羚及荒漠植被等生态系统	荒漠生态	国家级	20000501	林业
诺木洪	青海都兰	118000	荒漠生态系统、地质遗迹、野生动植物等	荒漠生态	省级	20051001	环保
宁夏贺兰山	宁夏银川、永宁、贺兰、石嘴山	193535.7	森林生态系统、野生动植物资源	森林生态	国家级	19820701	林业
灵武白芨滩	宁夏灵武	74843	天然柠条母树林及沙生植被	荒漠生态	国家级	19850101	林业
沙湖	宁夏平罗	5580	湿地生态系统及珍禽	内陆湿地	省级	19970101	农业
哈巴湖	宁夏盐池	84000	荒漠生态系统、湿地生态系统	荒漠生态	国家级	19980701	林业
宁夏罗山	宁夏同心	33710	珍稀野生动植物及森林生态系统	森林生态	国家级	19820701	林业
青铜峡库区	宁夏青铜峡	19500	湿地生态系统	内陆湿地	省级	20020701	其他
云雾山	宁夏固原	4000	森林及野生动物	森林生态	国家级	19820401	农业

续表

保护区名称	行政区域	面积（公顷）	主要保护对象	类型	级别	始建时间	主管部门
西吉火石寨	宁夏固原	9795	地质遗迹、野生动植物	地质遗迹	国家级	20021201	其他
党家岔	宁夏西吉	4100	湿地生态系统及野生动植物	内陆湿地	省级	20021201	其他
六盘山	宁夏泾源、隆德、固原	26784	水源涵养林及野生动物	森林生态	国家级	19820501	林业
六盘山省级	宁夏泾源、隆德、固原	41079	水源涵养林及野生动物	森林生态	省级	19820501	林业
沙坡头	宁夏中卫	14043.09	自然沙生植被及人工治沙植被	荒漠生态	国家级	19840901	环保
石峡沟泥盆系剖面	宁夏中宁	4500	泥盆系、第三系地质剖面及古生物群	地质遗迹	省级	19900201	国土
海原南华山	宁夏海原	20100	水源涵养林、野生动植物	森林生态	国家级	20041201	林业
天池	新疆阜康	38069	森林生态系统、高山湖泊	森林生态	省级	19800601	林业
卡拉麦里山	新疆阜康、吉木萨尔、奇台、福海、富蕴、青河	1423558	野驴等有蹄类野生动物及其生境	野生动物	省级	19820408	林业
奇台荒漠类草地	新疆奇台	38600	荒漠生态系统及荒漠草原生态系统	荒漠生态	省级	19860705	农业
夏尔希里	新疆博乐	31400	森林及野生动物资源	森林生态	省级	20000616	林业
艾比湖湿地	新疆精河	267085	湿地及珍稀野生动植物	内陆湿地	国家级	20000616	林业

续表

保护区名称	行政区域	面积（公顷）	主要保护对象	类型	级别	始建时间	主管部门
罗布泊野骆驼	新疆巴音郭楞、吐鲁番和哈密地区	7800000	野骆驼及其生境	野生动物	国家级	19860901	环保
温泉北鲵	新疆温泉	694.5	新疆北鲵及其生境	野生动物	省级	19971229	林业
塔里木胡杨	新疆尉犁、轮台	395420	胡杨、灰杨林	荒漠生态	国家级	19830101	林业
阿尔金山	新疆若羌	4500000	有蹄类野生动物及高原生态系统	荒漠生态	国家级	19830101	环保
中昆仑	新疆且末	3200000	藏羚羊等野生动物	野生动物	省级	20010101	林业
巴音布鲁克	新疆和静	100000	天鹅等珍稀水禽、沼泽湿地	野生动物	国家级	19800509	林业
托木尔峰	新疆温宿	237600	森林及野生动植物	森林生态	国家级	19800601	林业
帕米尔高原湿地	新疆阿克陶	125600	典型高原湿地生态系统	内陆湿地	省级	20050101	林业
塔什库尔干野生动物	新疆塔什库尔干塔吉克	1500000	雪豹、盘羊等高山野生动物	野生动物	省级	19840508	林业
伊犁小叶白蜡	新疆伊宁	405	小叶白蜡树及其生境	野生植物	省级	19830101	林业
霍城四爪陆龟	新疆霍城	27000	四爪陆龟及其生境	野生动物	省级	19830101	林业
巩留野核桃	新疆巩留	1180	野核桃及其生境	野生植物	省级	19830101	林业
西天山	新疆巩留	31217	雪岭云杉林	森林生态	国家级	19831002	林业
新源山地草甸类草地	新疆新源	65300	草原草甸、野生牧草近缘种	草原草甸	省级	19860705	农业
甘家湖梭梭林	新疆乌苏、精河	54667	梭梭林及其生境	荒漠生态	国家级	19830901	林业

续表

保护区名称	行政区域	面积（公顷）	主要保护对象	类型	级别	始建时间	主管部门
塔城巴尔鲁克山	新疆裕民	115000	野巴旦杏及其生境	野生植物	国家级	19800101	林业
克科苏湿地	新疆阿勒泰	30667	湿地及动植物资源	内陆湿地	省级	20010901	林业
额尔齐斯河科克托海湿地	新疆阿勒泰	99040	河流湿地、湖泊湿地、沼泽湿地动植物资源	内陆湿地	省级	20050201	林业
两河源头	新疆阿勒泰	1130000	森林和湿地生态系统	森林生态	省级	20010901	林业
哈纳斯	新疆布尔津、哈巴河	220162	森林生态系统及自然景观	森林生态	国家级	19800501	林业
金塔斯山地草原	新疆福海	56700	山地草原生态系统	草原草甸	省级	19860503	农业
布尔根河狸	新疆青河	5000	河狸及其生境	野生动物	国家级	19800601	林业
王二包	重庆万州	7496	常绿阔叶林	森林生态	省级	20011201	林业
江东桫椤	重庆涪陵	2500	桫椤及其生境	森林生态	县级	20030801	林业
大木山	重庆涪陵	14480.1	常绿阔叶林	森林生态	省级	20010301	林业
缙云山	重庆北碚、沙坪坝、璧山	7600	亚热带常绿阔叶林	森林生态	国家级	19790401	林业
华蓥山	重庆渝北	4555.8	森林植被等	森林生态	省级	20020601	林业
安澜鹭类	重庆巴南	1004	鹭类及其生境	野生动物	省级	19990801	林业
武陵山	重庆黔江	7011	珙桐、金丝猴、云豹等珍稀动植物	野生植物	省级	20000701	林业
小南海	重庆黔江	15000	地震遗迹	地质遗迹	省级	19990301	环保

续表

保护区名称	行政区域	面积（公顷）	主要保护对象	类型	级别	始建时间	主管部门
四面山	重庆江津	22433	亚热带常绿阔叶林	森林生态	省级	19920401	林业
金佛山	重庆南川	41850	银杉、珙桐、黑叶猴等珍稀野生动植物及森林生态系统	野生植物	国家级	19790701	林业
老瀛山	重庆綦江	3414	亚热带常绿阔叶林	森林生态	省级	20000301	林业
大巴山	重庆城口	136017	森林生态系统及崖柏等珍稀野生植物	森林生态	国家级	19790501	林业
南天湖	重庆丰都	18136.5	高山湿地及珍稀野生动植物	内陆湿地	省级	20020316	林业
武隆白马山	重庆武隆	7200	亚热带常绿阔叶林	森林生态	省级	19981001	林业
雪宝山	重庆开	23452	森林及珍稀动植物	森林生态	国家级	20000401	林业
七曜山	重庆云阳	10174.79	森林生态系统	森林生态	省级	20050401	林业
天坑地缝	重庆奉节	26458	地质遗迹	地质遗迹	省级	19981201	环保
五里坡	重庆巫山	35276.6	亚热带常绿阔叶林	森林生态	国家级	20000901	林业
江南	重庆巫山	37051.9	亚热带常绿阔叶林	森林生态	省级	20000901	林业
阴条岭	重庆巫溪	22423.1	珙桐等珍稀植物	野生植物	国家级	20000801	林业
大风堡	重庆石柱	22043.2	水杉及其生境	野生植物	省级	19901101	林业
大板营	重庆酉阳	21246.4	森林及红腹锦鸡、水杉等珍稀动植物	森林生态	省级	19991001	林业
乌江彭水长溪河	重庆彭水	83	特有鱼类及其生境	野生动物	省级	20070201	农业
天龙山	山西太原	2867	森林生态系统及金雕、褐马鸡	森林生态	省级	19930120	林业

续表

保护区名称	行政区域	面积（公顷）	主要保护对象	类型	级别	始建时间	主管部门
凌井沟	山西阳曲	24920	森林生态系统及褐马鸡、金钱豹	森林生态	省级	20020620	林业
汾河上游	山西娄烦	27000	森林生态系统及褐马鸡、金钱豹	森林生态	省级	20020620	林业
云顶山	山西娄烦	23029	森林生态系统及褐马鸡、金钱豹	森林生态	省级	20020620	林业
六棱山	山西大同、阳高、浑源、广灵	12000	落叶阔叶林、针阔混交林	森林生态	省级	20051206	林业
壶流河湿地	山西广灵	12918	黑鹳繁殖地及湿地生态系统	内陆湿地	省级	20071228	林业
灵丘黑鹳	山西灵丘	134667	黑鹳及森林生态系统	野生动物	省级	20020620	林业
恒山	山西浑源	11497	森林生态系统	森林生态	省级	20051206	林业
药林寺冠山	山西平定	11017	金钱豹及森林生态系统	野生动物	省级	20020620	林业
中央山	山西黎城	32671	森林生态系统及金钱豹	森林生态	省级	20020620	林业
浊漳河	山西沁县	14200	森林生态系统及泉源	森林生态	省级	20020620	林业
灵空山	山西沁源	1334	森林及野生动植物	森林生态	国家级	19930120	林业
崦山	山西阳城	10009	森林生态系统	森林生态	省级	20020620	林业
阳城莽河猕猴	山西阳城	5600	猕猴等珍稀野生动植物	野生动物	国家级	19831226	林业
陵川南方红豆杉	山西陵川	21440	南方红豆杉及其生境	野生植物	省级	20020620	林业
泽州猕猴	山西泽州	93775	猕猴及森林生态系统	野生动物	省级	20020620	林业

续表

保护区名称	行政区域	面积（公顷）	主要保护对象	类型	级别	始建时间	主管部门
桑干河	山西朔州、怀仁、大同、阳高、天镇	69583	迁徙水禽及其生境	野生动物	省级	20020620	林业
紫金山	山西朔州	11420	天然次生林	森林生态	省级	20020620	林业
应县南山	山西应县	27426	华北落叶松林	森林生态	省级	20020620	林业
八缚岭	山西晋中	15267	森林生态系统及金钱豹	森林生态	省级	20020620	林业
孟信垴	山西左权	39047	森林生态系统及金钱豹	森林生态	省级	20020620	林业
铁桥山	山西和顺	35352	油松次生林及金钱豹	森林生态	省级	20020620	林业
四县垴	山西祁县	16000	森林生态系统及金钱豹、黄羊	森林生态	省级	20020620	林业
超山	山西平遥	18560	森林生态系统	森林生态	省级	20020620	林业
韩信岭	山西灵石	16054	森林生态系统及珍稀动植物	森林生态	省级	20020620	林业
绵山	山西介休	17827	天然油松林及金钱豹等珍稀动植物	森林生态	省级	19930120	林业
运城湿地	山西运城	86861	天鹅等珍禽及其越冬栖息地	野生动物	省级	19930120	林业
涑水河源头	山西绛县	23144	森林生态系统	森林生态	省级	20020620	林业
太宽河	山西夏县	23947	森林生态系统及金钱豹、金雕	森林生态	省级	20020620	林业
忻州云中山	山西忻州	39800	森林生态系统及褐马鸡	森林生态	省级	20020620	林业
忻州五台山	山西五台	3333	亚高山草甸生态系统	草原草甸	省级	19861201	农业
繁峙臭冷杉	山西繁峙	25049	臭冷杉林	森林生态	省级	20020620	林业

续表

保护区名称	行政区域	面积（公顷）	主要保护对象	类型	级别	始建时间	主管部门
芦芽山	山西宁武、岢岚、五寨	21453	褐马鸡及华北落叶松、云杉次生林	野生动物	国家级	19801218	林业
贺家山	山西保德	18642	森林生态系统及褐马鸡	森林生态	省级	20051206	林业
翼城翅果油树	山西翼城	10116	翅果油树及其生境	野生植物	省级	20051206	林业
红泥寺	山西安泽	20700	落叶阔叶林和针阔混交林	森林生态	省级	20051206	林业
管头山	山西吉县	10140	天然白皮松林	森林生态	省级	20051206	林业
人祖山	山西吉县	15940	森林生态系统及褐马鸡、原麝	森林生态	省级	20020620	林业
五鹿山	山西蒲县、隰县	20617	褐马鸡及其生境	野生动物	国家级	19930120	林业
霍山	山西霍州、古县、洪洞	17852	森林生态系统及金钱豹、金雕	森林生态	省级	20020620	林业
薛公岭	山西吕梁	19977	森林生态系统及褐马鸡	森林生态	省级	20020620	林业
庞泉沟	山西交城、方山	10466	褐马鸡及华北落叶松、云杉等森林生态系统	野生动物	国家级	19801201	林业
黑茶山	山西兴县	25741	森林生态系统及褐马鸡	森林生态	国家级	20020620	林业
尉汾河	山西兴县	16890	森林生态系统及褐马鸡、原麝	森林生态	省级	20020620	林业
团圆山	山西石楼	16477	森林及褐马鸡、金钱豹等野生动植物	森林生态	省级	20020620	林业

数据来源：国家林业局自然保护区研究中心 http://www.fnrrc.com/、中华人民共和国环境保护部自然生态司 http://sts.mep.gov.cn/zrbhq/zrbhq/，采集时间：2015 年 12 月 10 日。

9　中国海洋环境概览

9-1　中国海洋基本情况

中国东南两面临海，是一个陆海兼具的国家。毗邻中国大陆边缘及台湾岛的海洋有黄海、东海、南海及台湾以东的太平洋，渤海是伸入中国大陆的内海。渤海、黄海、东海、南海四海，东西横跨经度 32 度，南北纵越纬度 44 度。

名称	基本情况
渤海	中国内海，不存在与邻国划分海域疆界问题。是深入中国大陆的近封闭型的一个浅海，仅东面的渤海海峡与黄海相沟通；其北、西、南三面均被陆地所包围，即分别邻接辽宁、河北、山东三省和天津市。渤海海峡北起辽东半岛南端的老铁山角(老铁山头)，南至山东半岛北端的蓬莱角(登州头)，宽度约 106km。渤海的形状大致呈三角形，凸出的三个角分别对应于辽东湾、渤海湾和莱州湾。北面的辽东湾，位于长兴岛与秦皇岛连线以北。西边的渤海湾和南边的莱州湾，则由黄河三角洲分隔开。
黄海	位于大陆架上的一个半封闭的浅海，因古黄河在苏北入海携运大量泥沙使水色呈黄褐色而得名。其北界辽宁，西傍山东、江苏，东临朝鲜、韩国，西北经渤海海峡与渤海沟通，南边以长江口北岸的启东嘴至济州岛西南角的连线，东面至济州海峡。习惯上又常将黄海分为南、北二部分，其间以山东半岛的成山角(成山头)至朝鲜半岛的长山(串)一线为界。北黄海的形状近似为一椭圆形，南黄海则可大致视为六边形。
东海	位于中国岸线中部的东方，是西太平洋的一个边缘海，东海西有广阔的大陆架，东有深海槽，兼有深海和浅海的特征。东海西邻上海市和浙江、福建二省，北界是启东嘴至济州岛西南角的连线。东北部经朝鲜海峡、对马海峡与日本海相通，分界线一般取为济州岛东端—五岛列岛—长崎半岛野母崎角的连线。东面以九州岛、琉球群岛和台湾连线为界，与太平洋相邻接。南界至台湾海峡的南端。
南海	属于西太平洋的一个边缘海，位于中国大陆南方，纵跨热带，亚热带，以热带海洋性气候为主要特征。南海西南面经马六甲海峡与印度洋相通，东南经民都洛海峡、巴拉巴克海峡与苏禄海相接，西临中南半岛和马来半岛，北靠中国的广东、广西和海南，东临菲律宾群岛，海域广阔。

资料来源：王焱平：《中国的海洋国土》，北京：海洋出版社，1998 年。

9-2　2015年中国海洋环境状况公报（节录）

概　述

为全面掌握我国管辖海域生态环境状况，2015年国家海洋局组织各级海洋部门，切实履行海洋环境监督管理职责，落实党中央、国务院关于加强生态文明建设的战略部署，深入推进海洋生态环境监测工作。重点开展管辖海域海水质量、沉积物质量、生物多样性状况趋势监测，加强各类海洋保护区及18个典型生态系统生态监测，强化77条主要入海河流及445个陆源入海排污口监督监测，深化海洋倾倒区、油气区、重要增养殖区和滨海休闲娱乐区等区域环境监测，密切跟踪赤潮、绿潮等海洋环境灾害发生发展态势；共布设监测站位约11 000个，派出监测人员约56 200人次，船舶监测约9 200艘次，获取监测数据约200万条。

监测结果表明，2015年我国海洋生态环境状况基本稳定。符合第1类海水水质标准的海域面积约占我国管辖海域面积的94%，海洋沉积物质量总体良好，浮游生物和底栖生物主要优势类群无明显变化，河口、海湾、滩涂湿地和海岛等类型保护区生态系统基本稳定，赤潮灾害影响面积较上年明显减少，海洋功能区环境状况基本满足使用要求。[1]

我国近岸局部海域污染依然严重，冬季、春季、夏季和秋季劣于第四类海水水质标准的海域面积分别为67 150、51 740、40 020和63 230平方千米。河流排海污染物总量居高不下，枯水期、丰水期和平水期，77条河流入海监测断面水质劣于第Ⅴ类地表水水质标准的比例分别为58%、56%和45%。陆源入海排污口达标率为50%。监测的河口、海湾、珊瑚礁等生态系统86%处于亚健康和不健康状态。绿潮灾害影响面积较上年有所增加。渤海、黄海和东海局部滨海地区海水入侵和土壤盐渍化加重，砂质海岸和粉砂淤泥质海岸侵蚀严重。

综合2011～2015年监测结果，“十二五”期间，我国海洋环境质量总体基本稳定，污染主要集中在近岸局部海域，典型海洋生态系统多处于亚健康状态，局部海域赤潮仍处于高发期，绿潮影响范围有所增大。

公报中涉及的全国性统计数字，均未包括香港、澳门特别行政区和台湾省。

[1] 依据《海水水质标准》（GB3097-1997），按照海域的不同使用功能和保护目标，海水水质分为4类：第1类：适用于海洋渔业水域，海上自然保护区和珍稀濒危海洋生物保护区。第2类：适用于水产养殖区，海水浴场，人体直接接触海水的海上运动或娱乐区，以及与人类食用直接有关的工业用水区。第3类：适用于一般工业用水区，滨海风景旅游区。第4类：适用于海洋港口水域，海洋开发作业区。

1　海洋环境状况

1.1　海水

1.1.1　海水质量状况

2015 年我国管辖海域开展了冬季、春季、夏季和秋季 4 个航次的海水质量监测，海水中无机氮、活性磷酸盐、石油类和化学需氧量等要素的综合评价结果显示，近岸局部海域海水环境污染依然严重，近岸以外海域海水质量良好。

冬季、春季、夏季和秋季，劣于第四类海水水质标准的海域面积分别为 67 150、51 740、40 020 和 63 230 平方千米，分别占我国管辖海域面积的 2.2%、1.7%、1.3% 和 2.1%。污染海域主要分布在辽东湾、渤海湾、莱州湾、江苏沿岸、长江口、杭州湾、浙江沿岸、珠江口等近岸海域，主要污染要素为无机氮、活性磷酸盐和石油类。

与上年夏季同期相比，渤海和东海劣于第 4 类海水水质标准的海域面积分别减少了 1 690 和 1 660 平方千米，黄海和南海劣于第 4 类海水水质标准的海域面积分别增加了 1 710 和 520 平方千米。

表 1　2015 年我国管辖海域未达到第一类海水水质标准的各类海域面积（平方千米）

海区	季节	第 2 类水质海域面积	第 3 类水质海域面积	第 4 类水质海域面积	劣于第 4 类水质海域面积	合计
渤海	冬季	23160	10300	6430	7200	47090
	春季	12910	8540	5090	4680	31220
	夏季	12010	8090	4750	4060	28910
	秋季	24810	5490	3910	7330	41540
黄海	冬季	23600	7750	4730	6110	42190
	春季	13900	8490	5940	8190	36520
	夏季	15570	9490	8020	4680	37760
	秋季	19750	6450	8930	8660	43790
东海	冬季	19180	13290	19750	50520	102740
	春季	21400	11430	10330	33980	77140
	夏季	22050	9410	9000	26670	67130
	秋季	16080	14480	12880	40770	84210

续表

海区	季节	第 2 类水质海域面积	第 3 类水质海域面积	第 4 类水质海域面积	劣于第 4 类水质海域面积	合计
南海	冬季	6500	8690	1380	3320	19890
	春季	5870	6130	1850	4890	18740
	夏季	4490	9910	1800	4610	20810
	秋季	6330	9740	3650	6470	26190
全海域	冬季	72440	40030	32290	67150	211910
	春季	54080	34590	23210	51740	163620
全海域	夏季	54120	36900	23570	40020	154610
	秋季	66970	36160	29370	63230	195730

无机氮。冬季、春季、夏季和秋季，无机氮含量超第 1 类海水水质标准的海域面积分别为 184 860、146 840、117 650 和 161 900 平方千米，其中劣于第 4 类海水水质标准海域的面积分别为 65 750、49 520、36 560 和 57 750 平方千米，主要分布在辽东湾、渤海湾、莱州湾、江苏沿岸、长江口、杭州湾、浙江沿岸、珠江口等近岸海域。

活性磷酸盐。冬季、春季、夏季和秋季，活性磷酸盐含量超第 1 类海水水质标准的海域面积分别为 160 700、73 120、95 870 和 144 130 平方千米，其中劣于第 4 类海水水质标准海域的面积分别为 22 900、13 130、23 630 和 28 180 平方千米，主要分布在长江口、杭州湾、浙江沿岸、珠江口等近岸海域。

石油类。冬季、春季、夏季和秋季，石油类含量超第 1 类、第 2 类海水水质标准的海域面积分别为 14 930、9 410、19 560 和 15 580 平方千米，主要分布在辽东湾、广东沿岸等近岸海域。

1.1.2 海水富营养化状况

冬季、春季、夏季和秋季，呈富营养化状态[1]的海域面积分别为 120 370、69 110、77 750 和 109 910 平方千米。夏季呈富营养化状态的海域面积较上年增加 13 350 平方千米，重度、中度和轻度富营养化海域面积分别为 20 190、21 170 和 36 390 平方千米。重度富营养化海域主要集中在辽东湾、长江口、杭州湾、珠江口等近岸海域。

[1] 富营养化状态依据富营养化指数（E）计算结果确定。该指数计算公式为 E=[化学需氧量]×[无机氮]×[活性磷酸盐]×10^6/4500，其中 E ≥ 1 为富营养化，1 ≤ E ≤ 3 为轻度富营养化，3<E ≤ 9 为中度富营养化，E>9 为重度营养化。

表2　2015年我国管辖海域富营养化海域面积（平方千米）

海区	季节	轻度富营养化海域面积	中度富营养化海域面积	重度富营养化海域面积	合计
渤海	冬季	16610	3530	970	21110
	春季	7450	3210	650	11310
	夏季	7720	2310	510	10540
	秋季	13130	6180	1320	20630
黄海	冬季	10560	4300	130	14990
	春季	8000	3690	480	12170
黄海	夏季	12850	4880	1150	18880
	秋季	13120	9700	2370	25190
东海	冬季	34810	22830	19860	77500
	春季	13650	10460	14780	38890
	夏季	12870	12150	16340	41360
	秋季	17840	19750	16720	54310
南海	冬季	3920	1600	1250	6770
	春季	3730	1310	1700	6740
	夏季	2950	1830	2190	6970
	秋季	3720	3610	2450	9780
全海域	冬季	65900	32260	22210	120370
	春季	32830	18670	17610	69110
	夏季	36390	21170	20190	77750
	秋季	47810	39240	22860	109910

1.1.3 海洋水文状况

在我国管辖海域开展了海洋表层水温监测，并在部分海域开展了海流监测。

海洋表层水温。渤海、黄海和东海月均海洋表层水温2月最低，8月最高，南海月均表层水温1月最低，6月最高；渤海和黄海的海洋表层水温季节变化最为明显，年内月温差最高可达25℃以上，东海次之，南海变化最小。2015年我国管辖海域平均海洋表层水温较上年略有升高。

表3 2015年各月份平均海洋表层水温(℃)

海区	月均海洋表层水温											
	1月	2月	3月	4月	5月	6月	7月	8月	9月	10月	11月	12月
渤海	1.4	1.3	3.7	8.4	14.6	20.5	24.3	26.4	23.3	17.9	10.8	4.1
黄海	9.0	7.6	8.8	11.9	16.4	20.9	23.8	26.7	24.9	21.1	17.2	12.6
东海	16.6	15.2	16.6	18.8	21.5	25.2	26.9	28.5	27.2	25.3	22.9	19.4
南海	24.4	24.7	26.0	27.4	29.6	30.2	29.1	29.6	29.6	28.8	28.3	26.5

海流。在辽东湾口、渤海湾口、莱州湾口、渤海中部、渤海海峡、北黄海中部、山东半岛东南沿岸、江苏吕四沿岸、浙江舟山和台州近岸、珠江口、钦州湾湾口等海域开展了海流监测。

珠江口近岸以外监测海域表层潮流呈全日潮流特征，其他监测海域表层潮流均呈半日潮流特征。各监测海域中，江苏吕四沿岸潮流较强，山东半岛东南沿岸次之，南海潮流较弱；南海监测海域的余流最强，渤海监测海域次之，东海监测海域最弱。

与上年同期相比，表层余流流向基本一致，渤海和珠江口近岸以外监测海域月均余流流速较上年略有减小；黄海监测海域与上年基本持平，近5年变化不大。

1.2 海洋沉积物

我国管辖海域沉积物质量状况总体良好。近岸海域沉积物中铜和硫化物含量符合第1类海洋沉积物质量标准的站位比例均为93%，其余监测要素含量符合第1类海洋沉积物质量标准的站位比例均在96%以上。[1] 南海近岸以外海域个别站位砷含量超第1类海洋沉积物质量标准，渤海湾中部个别站位多氯联苯含量超第一类海洋沉积物质量标准。

辽东湾和珠江口近岸海域沉积物质量状况一般，其余重点海域沉积物质量状况良好。其中辽东湾东侧局部海域石油类含量超第3类海洋沉积物质量标准；珠江口海域沉积物的主要超标要素为铜、砷、锌、

[1]（1）单个监测站位沉积物质量。良好：最多一项指标超第1类海洋沉积物质量标准，且没有一项指标超第3类海洋沉积物质量标准；一般：一项以上指标超第1类海洋沉积物质量标准，且没有一项指标超第3类海洋沉积物质量标准；较差：有一项或者更多项指标超第3类海洋沉积物质量标准。（2）区域沉积物综合质量。良好：有不到5%的站位沉积物质量等级为较差，且70%以上的站位沉积物质量等级为良好；一般：有5%～15%的站位沉积物质量等级为较差，或不到5%的站位沉积物质量等级为较差，30%以上的站位沉积物质量等级为一般和较差；较差：有15%以上的站位沉积物质量等级为较差。

铅等，超第 1 类海洋沉积物质量标准的站位比例分别为 48%、37%、18% 和 15%。

表 4　2015 年全国重点海域沉积物综合质量评价结果

重点海域	综合质量
辽东湾	一般
渤海湾	良好
莱州湾	良好
黄海北部近岸	良好
长江口－杭州湾	良好
东海中部近岸	良好
东海南部近岸	良好
奥东近岸	良好
珠江口	一般
奥西近岩	良好
北部湾	良好
海南近岸	良好

1.3　海湾环境状况

面积大于 100 平方千米的 44 个海湾中，21 个海湾四季均出现劣于第 4 类海水水质标准的海域，主要污染要素为无机氮、活性磷酸盐和石油类。辽东湾和汕头湾沉积物质量状况一般，其余海湾沉积物质量状况良好。其中辽东湾个别站位石油类含量超第 3 类海洋沉积物质量标准，汕头湾的主要污染要素是石油类和铜。

1.4　海洋环境放射性水平

我国管辖海域海水放射性水平和海洋大气 γ 辐射空气吸收剂量率未见异常。辽宁红沿河、江苏田湾、浙江秦山、福建宁德核电站邻近海域海水、沉积物和海洋生物中放射性核素含量处于我国海洋环境放射性本底范围之内。广东阳江和广东大亚湾核电站邻近海域海水中氚含量略高于本底水平，其余放射性核素含量处于我国海洋环境放射性本底范围之内。在建的山东海阳、广西防城港、广东台山和海南昌江核电站邻近海域的放射性背景监测数据未见异常。

日本福岛以东及东南方向的西太平洋海域仍受到 2011 年的日本福岛核泄漏事故的显著影响。该海域海水样品中仍可检出福岛核事故特征核素铯 -134，铯 -137 活度仍明显超出核事故前日本近岸海域背景水平；鱿鱼（巴特柔鱼）样品中锶 -90 的活度平均值高于事故前的背景值。

2 海洋生态状况

2.1 海洋生物多样性

海洋生物多样性监测内容包括浮游生物、底栖生物、海草、红树植物、珊瑚等生物的种类组成和数量分布。在监测区域内共鉴定出浮游植物 752 种，浮游动物 682 种，大型底栖生物 1 505 种，海草 6 种，红树植物 10 种，造礁珊瑚 76 种。浮游生物和底栖生物物种数从北至南呈增加趋势。

渤海鉴定出浮游植物 223 种，主要类群为硅藻和甲藻；浮游动物 103 种，主要类群为桡足类和水母类；大型底栖生物 360 种，主要类群为环节动物、软体动物和节肢动物。

黄海鉴定出浮游植物 286 种，主要类群为硅藻和甲藻；浮游动物 121 种，主要类群为桡足类和水母类；大型底栖生物 544 种，主要类群为环节动物、软体动物和节肢动物。

东海鉴定出浮游植物 422 种，主要类群为硅藻和甲藻；浮游动物 358 种，主要类群为桡足类和水母类；大型底栖生物 725 种，主要类群为软体动物、节肢动物和环节动物。

南海鉴定出浮游植物 536 种，主要类群为硅藻和甲藻；浮游动物 510 种，主要类群为桡足类和水母类；大型底栖生物 955 种，主要类群为软体动物、节肢动物和环节动物；海草 6 种；红树植物 10 种；造礁珊瑚 76 种。

表 5 夏季重点监测区域浮游生物和大型底栖生物种数、密度、多样性指数及主要优势种

监测区域	浮游生物				浮游动物 大型浮游动物				大型底栖生物			
	物种数（种）	丰度（$\times 10^4$ 个细胞 / 立方米）	多样性指数	主要优势种	物种数（种）	密度（个 / 立方米）	多样性指数	主要优势种	物种数（种）	密度（个 / 平方米）	多样性指数	主要优势种
双台子河口	38	66	2.72	中肋骨条藻 圆柱角毛藻	26	306	1.55	强壮箭虫 火腿许水蚤	/	/	/	/
滦河口—北戴河	67	7234	2.66	旋链角毛藻 双孢角毛藻	27	293	1.49	强壮箭虫 薮枝水母	39	43	1.5	豆形短眼蟹 细鳌虾
黄河口	67	1285	2.76	垂缘角毛藻 窄面角毛藻	17	94	0.96	强壮箭虫 太平洋纺锤水蚤	75	378	2.31	心形海胆 薄云母蛤

续表

监测区域	浮游生物				浮游动物 大型浮游动物				大型底栖生物			
	物种数（种）	丰度（$\times 10^4$ 个细胞/立方米）	多样性指数	主要优势种	物种数（种）	密度（个/立方米）	多样性指数	主要优势种	物种数（种）	密度（个/平方米）	多样性指数	主要优势种
长江口	108	859	2.18	尖刺伪菱形藻洛氏角毛藻	109	300	2.41	背针胸刺水蚤双生水母	143	97	1.33	丝异须虫短叶索沙蚕
珠江口	88	2195	2.23	柔弱角毛藻柔弱伪菱形藻	119	125	3.95	鸟喙尖头溞中华异水蚤	208	92	1.36	光滑河篮蛤丝异须虫
苏北浅滩	85	302	3.40	中肋骨条藻浮动弯角藻	48	161	1.86	真刺唇角水蚤锡兰和平水母	32	66	1.67	托氏虫昌螺文蛤
锦州湾	37	622	2.39	远距角毛藻中肋骨条藻	15	510	1.06	强壮箭虫小拟哲水蚤	/	/	/	/
渤海湾	57	379	3.04	旋链角毛藻尖刺伪菱形藻	30	154	2.26	强壮箭虫太平洋纺锤水蚤	85	333	2.86	含糊拟刺虫凸壳肌蛤
莱州湾	55	110	2.11	丹麦细柱藻洛氏角毛藻	23	196	1.48	太平洋纺锤水蚤强壮箭虫	99	939	2.10	丝异须虫独指虫
杭州湾	36	30	1.75	中肋骨条藻虹彩圆筛藻	46	288	1.33	虫肢歪水蚤太平洋纺锤水蚤	11	16	0.27	西方拟蛰虫不倒翁虫
乐清湾	48	57	1.87	中肋骨条藻琼氏圆筛藻	46	158	2.82	百陶箭虫刺尾纺锤水蚤	39	150	1.58	寡鳃齿吻沙蚕双形拟单指虫

续表

监测区域	浮游生物				浮游动物 大型浮游动物				大型底栖生物			
	物种数（种）	丰度（$\times 10^4$ 个细胞/立方米）	多样性指数	主要优势种	物种数（种）	密度（个/立方米）	多样性指数	主要优势种	物种数（种）	密度（个/平方米）	多样性指数	主要优势种
闽东沿岸	91	4956	1.63	中肋骨条藻	71	200	2.85	齿形海萤双生水母	122	81	2.53	不倒翁虫双鳃齿吻沙蚕
大亚湾	38	787	2.01	优美伪菱形藻菱形海线藻	90	473	2.90	鸟喙尖头溞小齿海樽	151	78	1.92	鳞片帝纹蛤克氏三齿蛇尾

图例说明：/ 无监测数据或数据不完整。

2.2 典型海洋生态系统健康状况

实施监测的河口、海湾、滩涂湿地、珊瑚礁、红树林和海草床等海洋生态系统中，处于健康、亚健康和不健康状态的海洋生态系统分别占 14%、76% 和 10%。

表 6　2015 年典型海洋生态系统基本情况

生态系统类型	生态监控区名称	所属经济发展规划区	生态监控面积（平方千米）	健康状况
河口	双台子河口	辽宁沿海经济带	3000	亚健康
	滦河口—北戴河	北戴河新区	900	亚健康
	黄河口	黄河三角洲高效生态经济区	2600	亚健康
	长江口	长江三角洲经济区	13668	亚健康
	珠江口	珠江三角洲经济区	3980	亚健康
海湾	锦州湾	辽宁沿海经济带	650	不健康
	渤海湾	天津滨海新区	3000	亚健康

续表

生态系统类型	生态监控区名称	所属经济发展规划区	生态监控面积（平方千米）	健康状况
海湾	莱州湾	黄河三角洲高效生态经济区	3770	亚健康
	杭州湾	长江三角洲经济区，浙江海洋经济发展示范区	5000	不健康
	乐清湾	浙江海洋经济发展示范区	464	亚健康
	闽东沿岸	海峡西岸经济区	5063	亚健康
	大亚湾	珠江三角洲经济区	1200	亚健康
滩涂湿地	苏北浅滩	江苏沿海经济区	15400	亚健康
珊瑚礁	雷州半岛西南沿岸	广东海洋经济综合试验区	1150	亚健康
	广西北海	广西北部湾经济区	120	亚健康
	海南东海岸	海南国际旅游岛	3750	亚健康
	西沙珊瑚礁	海南国际旅游岛	400	亚健康
红树林	广西北海	广西北部湾经济区	120	健康
	北仑河口	广西北部湾经济区	150	健康
海草床	广西北海	广西北部湾经济区	120	亚健康
	海南东海岸	海南国际旅游岛	3750	健康

海洋生态系统的健康状况分为健康、亚健康和不健康三个级别：

健康：生态系统保持其自然属性。生物多样性及生态系统结构基本稳定，生态系统主要服务功能正常发挥。环境污染、人为破坏、资源的不合理开发等生态压力在生态系统的承载能力范围内。

亚健康：生态系统基本维持其自然属性。生物多样性及生态系统结构发生一定程度变化，但生态系统主要服务功能尚能发挥。环境污染、人为破坏、资源的不合理开发等生态压力超出生态系统的承载能力。

不健康：生态系统自然属性明显改变。生物多样性及生态系统结构发生较大程度变化，生态系统主要服务功能严重退化或丧失。环境污染、人为破坏、资源的不合理开发等生态压力超出生态系统的承载能力。

2.2.1 河口生态系统

监测的河口生态系统均呈亚健康状态。80%的河口生态系统海水呈富营养化状态，浮游植物密度偏高。

双台子河口浮游动物密度偏低；滦河口－北戴河浮游动物生物量偏低，大型底栖生物密度和生物量偏低；黄河口大型底栖生物密度和生物量偏高；长江口大型底栖生物密度偏高，生物体内总汞、镉和砷残留水平较高；珠江口浮游动物密度偏低。滦河口－北戴河、黄河口、长江口鱼卵仔鱼密度较低。近5年来，河口生态系统均呈亚健康状态。

2.2.2 海湾生态系统

监测的海湾生态系多数呈亚健康状态，锦州湾和杭州湾生态系统呈不健康状态。57%的海湾生态系统海水呈富营养化状态，无机氮含量劣于第4类海水水质标准；部分海湾生物体内镉、铅和石油烃残留水平较高。多数海湾生态系统浮游植物密度偏高。锦州湾浮游动物生物量偏高；渤海湾浮游动物密度、大型底栖生物密度和生物量偏高；莱州湾大型底栖生物密度和生物量偏高；杭州湾浮游动物密度和生物量偏高，大型底栖生物生物量偏低；乐清湾浮游动物密度和生物量偏低，大型底栖生物密度偏高、生物量偏低；闽东沿岸浮游动物密度和生物量偏高，大型底栖生物生物量偏低；大亚湾浮游动物密度、大型底栖生物密度和生物量偏低。鱼卵仔鱼密度总体偏低。近5年来，锦州湾和杭州湾生态系统均呈不健康状态，其余海湾生态系统均呈亚健康状态。

2.2.3 滩涂湿地生态系统

苏北浅滩滩涂湿地生态系统呈亚健康状态。部分区域海水中营养盐含量劣于第4类海水水质标准，大型底栖生物密度和生物量异常偏高。互花米草、碱蓬和芦苇是苏北浅滩湿地的主要植被类型，现有滩涂植被233平方千米，与上年相比，滩涂湿地植被面积略有减少。近5年来，苏北浅滩滩涂湿地生态系统均呈亚健康状态。

2.2.4 珊瑚礁生态系统

珊瑚礁生态系统均呈亚健康状态。近5年来，珊瑚礁生态系统呈现较为明显的退化趋势，造礁珊瑚盖度维持在较低水平并不断下降，由2011年的20.5%下降为2015年的16.8%；硬珊瑚补充量较低，5年来均低于0.5个/平方米。海南东海岸造礁珊瑚种类由2011年的52种下降为2015年的36种。

2.2.5 红树林生态系统

广西北海和北仑河口红树林生态系统均呈健康状态。近5年来，红树林生态系统总体保持健康状态，红树林面积和群落类型基本稳定，红树林底栖生物密度和生物量保持较高水平。2015年9月，广西山口和北仑河口红树林区发生了较大面积的柚木驼蛾虫害，受害树种为白骨壤，经防治已得到较好恢复。

2.2.6 海草床生态系统

海南东海岸海草床生态系统呈健康状态，广西北海海草床生态系统呈亚健康状态。近5年来，海南东海岸海草状况基本稳定，海草密度明显增加，由2011年的647株/平方米增加至2015年的1 033株/平方米。广西北海海草床处于退化状态，海草密度明显下降，由2011年的278株/平方米下降为2015年的181株/平方米。

2.3 海洋保护区生态状况

截至2015年底，国家海洋局共建有国家级海洋自然/特别保护区68个，保护对象200余种。2015年，在35个保护区开展了保护对象监测，红树植物、海岸沙丘、贝壳堤以及海洋和海岸生态系统等类型的保护对象基本保持稳定；珊瑚和文昌鱼等类型的保护对象下降趋势得到减缓。

表 7　2015 年国家级海洋保护区部分重点保护对象状况

重点保护对象	名称	所在保护区	变化状况
海洋生物物种类	珊瑚	广东徐闻珊瑚礁国家级自然保护区	活湖盖度较上面略有上升
		广西涠洲岛珊瑚礁国家级海洋公园	活珊瑚盖度较上年略有上升
		海南三亚珊瑚礁国家自然保护区	活珊瑚盖度上年略有上升
		海南万宁大洲岛国家级海洋生态自然保护区	活珊瑚盖度上年略有降低
	文昌鱼	河北昌黎黄金海岸国家级自然保护区	栖息密度较上年有所增加；生物量较上年降低
	鸟类	广西北仑河口国家级自然保护区	种类数较上年有所增加
		广西山口国家级红树林生态自然保护区	种类数较上年有所增加
	中华白海豚	厦门珍稀海洋生物物种国家级自然保护区	出现频次和头次增加
	红树	广东特呈岛国家级海洋公园	种类和密度基本保持稳定
		广西山口国家级红树林生态自然保护区	密度较上年有所增加
	红树	广西北仑河口国家级自然保护去	密度基本保持稳定
	沙蚕	东营广饶沙蚕类国家级海洋特别保护区	密度和生物量较上年明显增加
	贝、藻类	东营河口浅海贝类生态国家级海洋特别保护区	贝类种类数保持稳定；密度和生物量较上年有所下降
		南麂列岛国家级海洋自然保护区	贝类种类数基本保持稳定；藻类种类数基本保持稳定
		广东雷州珍稀海洋生物国家级自然保护区	放流约 500 万粒白蝶贝苗
海洋自然景观和遗迹类	海岸沙丘	河北昌黎黄金海岸国家级自然保护区	地貌无明显变化
	贝壳堤	滨州贝壳堤岛与湿地国家级自然保护区	基本保持稳定

续表

重点保护对象	名称	所在保护区	变化状况
海洋和海岸生态系统类	河口	东营黄河口生态国家级海洋特别保护区	基本保持稳定
		龙口黄水河口海洋生态国家级海洋特别保护区	基本保持稳定
		莱阳五龙河口滨海湿地国家级海洋特别保护区	基本保持稳定
	海湾	大乳山国家级海洋公园	基本保持稳定
		福建长乐国家级海洋公园	基本保持稳定
	滩涂湿地	莱州浅滩海洋生态国家级海洋特别保护区	基本保持稳定
		蓬莱登州浅滩国家级海洋生态特别保护区	基本保持稳定
		江苏小洋口国家级海洋公园	基本保持稳定
	海岛	长岛国家级海洋公园	基本保持稳定
海洋和海岸生态系统类	海岛	烟台芝罘岛岛群国家级海洋特别保护区	基本保持稳定
		威海刘公岛国家级海洋特别保护区	基本保持稳定
		浙江洞头国家级海洋公园	基本保持稳定
		福建湄洲岛国家级海洋公园	基本保持稳定
		福建城洲岛国家级海洋公园	基本保持稳定

2.3.1 海洋生物物种类保护区

河北昌黎黄金海岸国家级海洋自然保护区文昌鱼栖息密度为 39 ~ 70 个 / 平方米，平均为 43 个 / 平方米；生物量变化范围为 0.36 ~ 4.71 克 / 平方米，平均为 2.97 克 / 平方米。2004 年以来，文昌鱼的栖息密度和生物量整体呈下降趋势，文昌鱼栖息地沙含量变化及沉积物类型改变是导致文昌鱼种群退化的主要原因。

广东徐闻珊瑚礁国家级自然保护区活珊瑚盖度为 1.7 ~ 44.3%，平均为 15.1%，较上年增加 6.9%，但仍处于较低水平；石珊瑚的死亡率为 4 ~ 15%，平均为 8.8%。

厦门珍稀海洋生物物种国家级自然保护区共发现中华白海豚326次，合计发现847头次，均较上年明显增多。其中，火烧屿观测点监测头次最多，达到351头次。

2015年，广西山口国家级红树林生态自然保护区内清除了326株外来物种无瓣海桑。广西北仑河口国家级自然保护区和广西山口国家级红树林生态自然保护区爆发了大面积（白骨壤）柚木驼蛾虫害，受害面积达149.9公顷。目前，虫害已得到有效控制，受害红树已经全部长出新芽。

2.3.2 海洋自然景观和遗迹类保护区

河北昌黎黄金海岸国家级自然保护区的海岸沙丘最大高程较上年略有上升，无明显的地貌变化。

滨州贝壳堤岛与湿地国家级自然保护区贝壳堤基本保持稳定。保护区内的贝壳堤属于新老并存的类型，新的贝壳堤不断生成，老贝壳堤受风暴潮影响面积有所减少，贝壳堤面积处于动态变化中，但总体保持稳定。

2.3.3 海洋和海岸生态系统类保护区

河口、海湾、滩涂湿地和海岛等类型保护区生态系统基本保持稳定。大连长山群岛国家级海洋公园岛陆植被物种多样性总体较低，植被群落处于自然生长状态，人为干扰较小。长岛国家级海洋公园草本植物物种繁多，分布广泛，植物多样性丰富。

3 主要入海污染源状况

3.1 主要入海河流污染物排放状况

3.1.1 河流入海断面水质状况

枯水期、丰水期和平水期，77条河流入海监测断面水质劣于第Ⅴ类地表水水质标准的比例分别为58%、56%和45%，与上年相比，枯水期和丰水期比例分别增加7%和3%，平水期比例减少8%。劣于第Ⅴ类地表水水质标准的污染要素主要为化学需氧量（CODCr）、总磷、氨氮和石油类。

表8 河流入海监测断面水质类别统计（条）

检测时段	Ⅰ～Ⅲ类水质	Ⅳ类水质	Ⅴ类水质	劣Ⅴ类水质	合计
枯水期	14	9	9	45	77
丰水期	17	12	5	43	77
平水期	18	21	3	35	77

2011～2015年，51条连续实施监测的河流，枯水期、丰水期和平水期劣Ⅴ类水质断面所占比例平均分别为52%、48%和45%。

3.1.2 主要河流污染物排海状况

77条河流入海的污染物量分别为：CODCr 1 459万吨，氨氮（以氮计）28万吨，硝酸盐氮（以氮计）224万吨，亚硝酸盐氮（以氮计）5.5万吨，总磷（以磷计）26万吨，石油类5.9万吨，重金属2.1万吨（其中锌16 243吨、铜3 318吨、铅858吨、镉83吨、汞49吨），砷3 188吨。

表 9　2015 年部分河流携带入海的污染物量（吨）

河流名称	化学需氧量（CODCr）	化学需氧量（CODCr）	氨氮（以氮计）	硝酸盐氮（以氮计）	总磷（以磷计）	石油类	重金属	砷
长江	6658663	131744	1402836	7792	122643	35990	12061	2093
珠江	1913316	38379	423300	26724	18823	12699	2923	621
闽江	1009976	7622	51125	1960	6639	796	1328	42
黄河	283097	9950	14854	1820	1549	619	316	28
南流江	174833	3588	3390	608	5619	422	131	8
临洪河	181544	2554	2272	200	16044	276	221	10
甬江	97214	4126	9651	241	1440	151	53	7
双台子河	71735	952	105	175	107	55	18	2
大风河	66463	434	410	55	169	101	30	1
小清河	54008	407	650	205	291	219	46	2
敖江	44120	366	1355	114	190	123	31	2
霍童溪	43793	253	1297	21	54	52	24	1
晋江	39856	3206	12132	1145	662	135	64	4
防城江	26105	980	907	22	181	109	47	1
大辽河	17056	1691	6151	158	742	26	13	6
钦江	13653	514	1493	51	87	51	9	0.3
木兰溪	6951	1096	2133	174	522	147	8	1
碧流河	2839	14	119	9	12	6	3	1
龙江	2113	1289	973	206	221	37	8	0.4

3.2　入海排污口及邻近海域环境质量状况

3.2.1　入海排污口排污状况

实施监测的 445 个陆源入海排污口中，工业排污口占 32%，市政排污口占 41%，排污河占 21%，其他类排污口占 6%。3 月、5 月、7 月、8 月、10 月和 11 月监测的入海排污口达标排放比率分别为 44%、

47%、52%、51%、52% 和 52%，全年入海排污口达标排放次数占监测总次数的 50%，较上年有所降低。98 个入海排污口全年各次监测均达标，114 个入海排污口全年各次监测均超标。入海排污口排放的主要污染物为总磷、CODCr、悬浮物和氨氮。

不同类型入海排污口中，工业和市政排污口达标排放次数比率分别为 59% 和 42%，排污河和其他类排污口达标排放次数比率分别为 46% 和 63%。2011 ~ 2015 年，工业排污口达标排放率较高，市政和排污河达标排放率较低。

入海排污口排污状况综合等级评价结果显示，全年被评为 A 级、B 级、C 级、D 级、E 级的排污口比例分别为 3%、15%、44%、33% 和 5%。其中，市政类排污口排污状况最差，A 级、B 级和 C 级排污口所占比例之和达 68%。[1]

3.2.2 入海排污口邻近海域环境质量状况

入海排污口邻近海域环境质量状况总体较差，88% 以上无法满足所在海域海洋功能区的环境保护要求。

水质状况。5 月和 8 月，分别对 101 个和 93 个入海排污口邻近海域水质进行监测。5 月，66 个排污口邻近海域水质劣于第 4 类海水水质标准，占监测总数的 65%；8 月，67 个排污口邻近海域水质劣于第 4 类海水水质标准，占监测总数的 72%。排污口邻近海域水体中的主要污染要素为无机氮、活性磷酸盐、化学需氧量和石油类，个别排污口邻近海域水体中重金属、粪大肠菌群等含量超标。82% 的排污口邻近海域的水质不能满足所在海洋功能区水质要求。

沉积物质量状况。8 月，对 93 个入海排污口邻近海域沉积物质量进行监测，其中 32 个排污口邻近海域沉积物质量不能满足所在海洋功能区沉积物质量要求，主要污染要素为石油类、铜、铬、汞、镉、硫化物和粪大肠菌群。

生物质量状况。58% 的排污口邻近海域贝类生物质量不能满足所在海洋功能区生物质量要求，主要污染要素为粪大肠菌群、铅、镉、锌和石油烃，个别排污口生物体中滴滴涕含量超标。

邻近海域环境质量变化趋势。2011 ~ 2015 年监测结果显示，历年均有 78% 以上的排污口邻近海域水质等级为第 4 类和劣于第 4 类，邻近海域水质无明显改善，水体中的主要污染要素为无机氮和活性磷酸盐。排污口邻近海域沉积物质量等级为第 3 类和劣于第 3 类的比例减小，主要污染物为石油类和重金属。

3.3 海洋大气污染物沉降状况

海洋大气气溶胶污染物含量 在大连老虎滩、大连大黑石、营口仙人岛、盘锦、葫芦岛、秦皇岛、塘沽、东营、蓬莱、北隍城、青岛小麦岛、舟山嵊山和珠海大万山等监测站开展了海洋大气气溶胶污染物含量监测。气溶胶中硝酸盐和铵盐含量最高值均出现在东营监测站，分别为 24.7 微克 / 立方米和 8.3 微克 / 立方米；硝酸盐含量最低值出现在舟山嵊山监测站，为 6.7 微克 / 立方米；铵盐含量最低值出现在珠海大万山监测站，为 3.1 微克 / 立方米。气溶胶中铜含量最高值出现在舟山嵊山监测站，最低值出现在盘锦监测站，分别为 472.8 纳克 / 立方米和 5.8 纳克 / 立方米。气溶胶中铅含量最高值出现在大连老虎滩监测站，最低值出现在营口仙人岛监测站，分别为 89.7 纳克 / 立方米和 15.7 纳克 / 立方米。

---

[1] 根据入海排污口邻近海域功能区的环境保护要求，综合考虑污染物的排放量、超标情况、污染程度和综合毒性等，将入海排污口排污状况综合等级分为五级，并赋予不同的颜色标识：A：红色对海洋环境造成的危害或潜在危害很大，B：橙色对海洋环境造成的危害或潜在危害较大，C：黄色对海洋环境有一定的危害或潜在危害，D：蓝色对海洋环境造成的危害或潜在危害较小，E：绿色对海洋环境基本未造成危害。

表 10　2011 ~ 2015 年全国各监测站气溶胶中污染物含量变化趋势

监测站	铜	铅	硝酸盐	铵盐
大连老虎滩	⇔	⇔	⇔	⇔
大连大黑石	⇔	⇔	⇔	⇔
营口仙人岛	⇔	⇔	⇔	⇔
盘锦	?	?	⇔	⇔
葫芦岛	⇔	⇔	⇔	⇔
秦皇岛	⇔	?	⇔	⇔
塘沽	⇔	⇔	⇔	⇔
东营	⇔	⇔	⇔	?
蓬莱	⇔	⇔	⇔	⇔
北隍城	⇔	⇔	⇔	⇔
青岛小麦岛	⇔	⇔	⇔	⇔
舟山嵊山	⇔	⇔	⇔	?
珠海大万山	⇔	⇔	⇔	⇔
图例：	↗显著升高	? 升高	⇔无明显变化趋势	? 降低? 显著降低

渤海大气污染物湿沉降。在大连大黑石、营口仙人岛、盘锦、葫芦岛、秦皇岛、塘沽、东营、蓬莱、北隍城监测站开展了大气污染物湿沉降通量监测。硝酸盐和铵盐湿沉降通量最高值均出现在葫芦岛监测站，分别为 9.8 吨 / 平方千米 · 年和 2.2 吨 / 平方千米 · 年；硝酸盐湿沉降通量最低值出现在东营监测站，为 1.1 吨 / 平方千米 · 年；铵盐湿沉降通量最低值出现在蓬莱监测站，为 1.0 吨 / 平方千米 · 年。铜和铅湿沉降通量最高值均出现在葫芦岛监测站，分别为 10.8 千克 / 平方千米 · 年和 3.6 千克 / 平方千米 · 年；铜和铅湿沉降通量最低值均出现在东营监测站，分别为 0.9 千克 / 平方千米 · 年和 0.2 千克 / 平方千米 · 年。

3.4　海洋垃圾分布状况

在 41 个区域开展了海洋垃圾监测，监测内容包括海面漂浮垃圾、海滩垃圾和海底垃圾的种类、数量和来源。海洋垃圾密度较高的区域主要分布在旅游休闲娱乐区、农渔业区、港口航运区及邻近海域，旅游休闲娱乐区。海洋垃圾多为塑料袋、塑料瓶等生活垃圾；农渔业区内塑料类、聚苯乙烯泡沫类等生产生活垃圾数量较多。

海面漂浮垃圾。海面漂浮垃圾主要为聚苯乙烯泡沫塑料碎片、塑料袋和塑料瓶等。大块和特大块漂浮垃圾平均个数为 38 个 / 平方千米；中块和小块漂浮垃圾平均个数为 2 281 个 / 平方千米，平均密度为 18 千克 / 平方千米。聚苯乙烯泡沫塑料类垃圾数量最多，占 43%，其次为塑料类和木制品类，分别占 36% 和 11%。79% 的海面漂浮垃圾来源于陆地，21% 来源于海上活动。

海滩垃圾。海滩垃圾主要为塑料袋、聚苯乙烯泡沫塑料碎片和烟头等。平均个数为 69 203 个 / 平方千米，平均密度为 1 105 千克 / 平方千米。塑料类垃圾数量最多，占 56%，其次为聚苯乙烯泡沫塑料类和纸类，分别占 19% 和 7%。96% 的海滩垃圾来源于陆地，4% 来源于海上活动。

海底垃圾。海底垃圾主要为塑料袋等，平均个数为 1 325 个 / 平方千米，平均密度为 34 千克 / 平方千米。其中塑料类垃圾数量最多，占 87%。

4　部分海洋功能区环境状况

4.1　海洋倾倒区环境状况

2015 年全国海洋倾倒量 13 616 万立方米，较上年减少 6%，倾倒物质主要为清洁疏浚物。监测结果显示，2015 年所使用的倾倒区及其周边海域水深保持稳定，满足倾倒使用需求；海水水质和沉积物质量均满足海洋功能区环境保护要求。与上年相比，倾倒区海水水质和沉积物质量基本保持稳定。本年度倾倒区的倾倒活动未对周边海域生态环境及其他海上活动产生明显影响。

2011 ~ 2015 年，全国海洋倾倒量呈现平稳且略有下降的态势，主要分布在长江口邻近海域和广东近岸海域；监测倾倒区水深及其周边海域生态环境质量基本保持稳定。

4.2　海洋油气区环境状况

2015 年，全国海洋油气平台生产水、生活污水、钻井泥浆和钻屑的排海量分别为 17 837 万立方米、53 万立方米、21 543 立方米和 45 201 立方米，其中，生产水和生活污水排海量分别较上年增加 11% 和 8%，钻井泥浆和钻屑排海量分别较上年减少 46% 和 33%。油气区及邻近海域水质和沉积物质量基本符合海洋功能区的环境保护要求。

2011 ~ 2015 年，全国海洋油气平台的生产水和生活污水年均排海量分别为 14 984 万立方米和 46 万立方米，逐年略有增加；钻井泥浆和钻屑的排海量在 2013 年达到最高值后，连续两年明显下降，年均排海量分别为 49 063 立方米和 55 425 立方米。监测的海洋油气区环境质量总体保持稳定，基本符合海洋功能区的环境保护要求。

4.3　海水增养殖区环境状况

58 个开展监测的海水增养殖区环境质量状况基本满足增养殖活动要求。其中，增养殖区综合环境质量等级为优良，较好和及格的比例分别为 91%，7% 和 2%，未出现等级为较差的增养殖区。影响海水增养殖区环境质量状况的主要因素是部分增养殖区水体呈富营养化状态以及沉积物中粪大肠菌群、铜和石油类含量超标。

2011 ~ 2015 年，增养殖区环境综合质量等级为优良的比例呈增加趋势。

表 11 2015 年海水增养殖区综合环境质量等级[1]

增养殖区名称	综合环境质量等级	增养殖区域名称	综合环境质量等级
辽宁丹东海水增养殖区	优良	辽宁大连庄河滩贝类增养殖区	优良
辽宁大连长海海水增养殖区	优良	辽宁大连大李家浮筏养殖区	优良
辽宁营口近海增养殖区	优良	辽宁盘锦大洼蛤蜊岗增养殖区	优良
辽宁锦州海水增养殖区	优良	辽宁葫芦岛海水增养殖区	优良
辽宁葫芦岛兴城邴家湾海水增养殖区	优良	辽宁绥中海水增养殖区	优良
河北昌黎新开口前海扇贝养殖区	较好	河北乐亭滦河口贝类增养殖区	优良
河北黄骅李家堡养殖区	优良	天津汉沽海水增养殖区	优良
山东滨州区片近海贝类养殖区	优良	山东东营河口区片近海养殖区	优良
山东垦利广饶区片近海养殖区	优良	山东潍坊区片近海养殖区	优良
山东莱州招远区片近海养殖区	优良	山东龙口区片近海养殖区	优良
山东长岛区片近海养殖区	优良	山东蓬莱区片近海养殖区	优良
山东牟平区片近海养殖区	优良	山东威海区片近海养殖区	优良
山东荣成区片近海养殖区	优良	山东文登区片近海养殖区	优良
山东乳山区片近海养殖区	优良	山东海阳莱阳区片近海养殖区	优良
山东日照区片近海养殖区	优良	山东青岛灵山湾海水增养殖区	优良
山东青岛鳌山湾海水增养殖区	优良	江苏海州湾海水增养殖区	优良
江苏启东贝类海水增养殖区	优良	江苏如东紫菜增养殖区	优良
浙江普陀中街山海水增养殖区	优良	浙江三水湾海水增养殖区	优良

[1] 综合环境质量等级：根据海水增养殖区的环境质量要求，综合各环境介质中的超标物质种数、超标频次和超标程度等，将海水增养殖区的综合环境质量等级分为四级。优良：养殖环境质量优良，满足功能区环境质量要求。较好：养殖环境质量较好，一般能满足功能区环境质量要求。及格：养殖环境质量及格，个别时段不能满足功能区环境质量要求。较差：养殖环境质量较差，不能满足功能区环境质量要求。

续表

增养殖区名称	综合环境质量等级	增养殖区域名称	综合环境质量等级
浙江象山港海水增养殖区	优良	浙江三门浦坝港海水增养殖区	优良
浙江嵊泗海水增养殖区	优良	福建三沙湾海水增养殖区	优良
福建罗源湾海水增养殖区	优良	福建黄岐半岛海水增养殖区	优良
福建南日岛海水增养殖区	优良	福建东山湾海水增养殖区	优良
福建诏安海湾海水养殖区	优良	广东柘林湾海水增养殖区	优良
广东深圳东山海增养殖区	优良	广东深圳南澳海水增养殖区	优良
广东桂山港网箱养殖区	优良	广东流沙湾海水增养殖区	优良
广西北海廉州湾对虾养殖区	优良	广西钦州茅尾海大蚝养殖区	优良
广西防城港红沙大蚝养殖区	优良	广西防城港珍珠湾养殖区	优良
海南口东寨港海水增养殖区	优良	海南临高后水湾海水增养殖区	优良
海南陵水新村海水增养殖区	优良	海南陵水黎安港增养殖区	优良

4.4　旅游休闲娱乐区环境状况

在游泳季节和旅游时段，23 个重点海水浴场和 17 个滨海旅游度假区环境状况总体良好。

4.4.1　海水浴场

水质状况 23 个海水浴场水质为优和良的天数占 91%，水质为差的天数占 9%。葫芦岛绥中等 7 个海水浴场每日水质等级均为优或良，其中葫芦岛绥中、阳江闸坡和三亚亚龙湾等 3 个海水浴场每日水质等级均为优。

健康风险。23 个海水浴场健康指数为优和良的天数分别占 84% 和 9%，健康指数为差的天数占 7%。个别海水浴场水体中粪大肠菌群含量偏高、出现漂浮藻类和垃圾等是影响海水浴场健康指数的主要因素；部分海水浴场水体出现水母，对游泳者健康存在潜在危害。

游泳适宜度。23 个海水浴场适宜和较适宜游泳的天数比例占 76%，不适宜游泳的天数比例占 24%。天气不佳、风浪较大、水质一般等是影响海水浴场游泳适宜度的主要原因。

近 5 年水质状况。23 个海水浴场近 5 年水质状况总体良好，91% 的海水浴场粪大肠菌群含量满足第二类综合水质标准。温州南麂大沙岙、舟山朱家尖、江门飞沙滩、南澳青澳湾、三亚亚龙湾等海水浴场水质近 5 年水质综合等级为优。

表 12　2015 年海水浴场综合环境状况

浴场名称	水质等级天数比例(%)			健康指数*	适宜和较适宜游泳天数比例(%)	不适宜游泳的主要因素
	优	良	差			
葫芦岛绥中海水浴场	100	0	0	92	89	天气不佳
大连金石滩海水浴场	67	25	8	86	71	能见度一般
北戴河老虎石海水浴场	44	27	29	77	67	水质一般
烟台金沙滩海水浴场	97	1	2	92	89	天气不佳
威海国际海水浴场	96	0	4	95	85	天气不佳
青岛第一海水浴场	44	34	22	74	60	水质一般/漂浮浒苔
山东日照海水浴场	78	22	0	99	82	天气不佳
连云港连岛海水浴场	0	85	15	84	64	天气不佳/漂浮浒苔
舟山朱家尖海水浴场	26	67	7	97	69	风浪较大/天气不佳
温州南麂大沙岙海水浴场	61	30	9	92	59	风浪较大/天气不佳
福建平潭龙王头海水浴场	48	49	3	88	54	风浪较大/天气不佳
厦门黄厝海水浴场	0	72	28	77	66	水质一般/天气不佳
福建东山马銮湾海水浴场	40	42	18	82	71	天气不佳
广东南澳青澳湾海水浴场	96	4	0	98	81	天气不佳
广东汕尾红海湾海水浴场	79	15	6	90	72	风浪较大/天气不佳
深圳大小梅沙海水浴场	78	7	15	88	77	天气不佳
广东江门飞沙滩海水浴场	93	7	0	98	80	风浪较大/天气不佳
广东阳江闸坡海水浴场	100	0	0	95	91	天气不佳
湛江东海岛龙海天海水浴场	88	12	0	87	88	天气不佳

续表

浴场名称	水质等级天数比例（%）			健康指数＊	适宜和较适宜游泳天数比例（%）	不适宜游泳的主要因素
	优	良	差			
北海银滩海水浴场	44	48	8	96	86	天气不佳
防城港金滩海水浴场	25	57	18	83	59	风浪较大
海口假日海滩海水浴场	69	19	12	79	84	天气不佳
三亚亚龙湾海水浴场	100	0	0	97	87	风浪较大 / 天气不佳

“*”健康指数不低于 80 时，指数等级为优，海水浴场环境对人体健康产生的潜在危害低；健康指数低于 80 且不低于 60 时，指数等级为良，海水浴场环境对人体健康有一定的潜在危害；健康指数低于 60 时，指数等级为差，海水浴场环境对人体健康产生的潜在危害高。游泳适宜度是根据海水浴场的水质、水文和气象等要素，对海水浴场环境状况进行的综合性评价。

4.4.2 滨海旅游度假区

水质状况。17 个滨海旅游度假区的平均水质指数为 4.2，水质为良好及以上的天数占 94%，水质为一般和较差的天数占 6%。烟台金沙滩、浙江嵊泗列岛和海南三亚亚龙湾滨海旅游度假区水质极佳的天数比例达 100%。

海面状况。17 个滨海旅游度假区的平均海面状况指数为 3.9，海面状况优良。降雨导致的天气不佳是影响滨海旅游度假区海面状况的主要原因。

专项休闲（观光）活动指数。17 个滨海旅游度假区平均休闲（观光）活动指数为 3.9，很适宜开展休闲（观光）活动。其中，湛江东海岛和海南三亚亚龙湾滨海旅游度假区平均休闲（观光）活动指数极佳，非常适宜开展海上观光、海滨观光和沙滩娱乐等多种休闲（观光）活动。

表 13 2015 年滨海旅游度假区环境状况指数 *

度假区名称	环境状况指数		休闲（观光）活动指数 **								影响开展观光活动的主要因素
	水质	海面状况	海底观光	海上观光	海滨观光	游泳适宜度	海上休闲	沙滩娱乐	海钓	平均指数	
营口月牙湾	3.8	3.9	–	4.7	4.7	1.1	–	4.3	–	3.7	天气不佳 / 水母
大连金石滩	4.3	3.1	–	3.7	3.8	2.5	–	3.7	–	3.4	能见度一般
秦皇岛亚运村	3.3	3.7	–	3.0	3.1	1.9	2.7	3.7	4.7	3.2	漂浮大型藻类

续表

度假区名称	环境状况指数		休闲（观光）活动指数 **								影响开展观光活动的主要因素
	水质	海面状况	海底观光	海上观光	海滨观光	游泳适宜度	海上休闲	沙滩娱乐	海钓	平均指数	
山东蓬莱阁	4.7	4.0	–	4.6	4.6	3.2	3.4	4.6	4.8	4.2	天气不佳
烟台金沙滩	5.0	4.3	–	4.7	4.7	3.9	3.9	4.5	–	4.3	天气不佳
青岛石老人	3.5	3.2	–	3.6	3.6	2.1	2.6	3.8	4.5	3.4	漂浮浒苔
连云港东西连岛	4.6	3.5	–	3.7	3.8	3.0	3.2	3.4	4.0	3.5	天气不佳/漂浮浒苔
上海金山城市沙滩	4.0	3.8	–	4.0	4.3	3.2	3.5	3.7	–	3.7	风力较大/天气不佳
上海奉贤碧海金沙	3.6	3.8	–	4.1	4.3	3.4	3.5	3.7	–	3.8	风力较大/天气不佳
浙江嵊泗列岛	5.0	3.4	–	3.8	3.9	3.0	3.0	3.6	4.0	3.6	天气不佳
福建平潭	4.4	2.9	–	3.2	4.2	2.5	2.7	3.0	3.1	3.1	风浪较大/天气不佳
厦门环岛路东部海域	3.5	4.5	–	4.5	4.5	3.2	4.0	4.2	–	4.1	天气不佳
厦门鼓浪屿	3.1	4.5	–	4.5	4.5	2.8	4.0	4.2	–	4.0	天气不佳

续表

度假区名称	环境状况指数	休闲（观光）活动指数 **									影响开展观光活动的主要因素
	水质	海面状况	海底观光	海上观光	海滨观光	游泳适宜度	海上休闲	沙滩娱乐	海钓	平均指数	
广东湛江东海岛	4.8	4.5	4.8	4.4	4.5	4.4	4.5	4.5	4.5	4.5	天气不佳
深圳大小梅沙	4.7	4.5	—	4.4	4.4	4.0	4.3	4.4	—	4.3	天气不佳
广西北海银滩	4.8	4.7	2.4	4.7	4.7	4.5	—	4.6	—	4.2	天气不佳
海南三亚亚龙湾	5.0	4.7	4.8	4.7	4.7	4.3	4.7	4.6	4.5	4.6	天气不佳

* 环境状况指数包括水质数、海面状况指数和各类休闲（观光）指数的赋分分级说明，满分为 5.0。5.0~4.5：极佳，非常适宜开展休闲（观光）活动；4.4~3.5：优良，很适宜开展休闲（观光）活动；3.4~2.5：良好，适宜开展休闲（观光）活动；2.4~1.5：一般，适宜开展休闲（观光）活动；1.4~1.0：较差，不适宜开展休闲（观光）活动。

** 休闲（观光）活动指数是根据水质、水文和气象等要素对滨海旅游度假区开展各类休闲（观光）活动的适宜度进行的综合性评价。—：表示未开展该项休闲娱乐活动。

5 海洋环境灾害

5.1 赤潮和绿潮

赤潮。2015 年我国管辖海域共发现赤潮 35 次，累计面积约 2 809 平方千米。东海发现赤潮次数最多，为 15 次；渤海赤潮累计面积最大，为 1 522 平方千米。赤潮高发期主要集中在 5 ~ 6 月份。2015 年是近 5 年来赤潮发现次数和累计面积最少的一年，与近 5 年平均值相比，赤潮发现次数减少 18 次，累计面积减少 2 835 平方千米。

引发赤潮的优势藻类共 11 种。其中，夜光藻作为第一优势种引发的赤潮次数最多，为 9 次；中肋骨条藻次之，为 8 次；东海原甲藻 4 次，米氏凯伦藻和球形棕囊藻各 3 次，多环旋沟藻和赤潮异弯藻各 2 次，抑食金球藻、针胞藻、多纹膝沟藻和锥状斯克里普藻各 1 次。甲藻类、鞭毛藻类等引发赤潮共计 25 次，占 71%，为近 5 年来最低。

表 14　2015 年全国各海区赤潮情况

海区	赤潮发现次数	赤潮累计面积（平方千米）
渤海	7	1522
黄海	1	48
东海	15	1098
南海	12	141
合计	35	2809

绿潮。2015 年 5 ~ 8 月黄海沿岸海域发生浒苔绿潮。5 月，浒苔绿潮主要分布于江苏沿岸海域，首先在江苏射阳、如东海域发现有零星漂浮浒苔，逐渐向北漂移并不断扩大，最大分布面积为 42 000 平方千米，最大覆盖面积为 166 平方千米。6 月，漂浮浒苔进入山东黄海沿岸海域，继续向北漂移并迅速扩大，影响至海阳、乳山及荣成南部等沿岸海域，最大分布面积约为 52 700 平方千米。7 月初漂浮浒苔覆盖面积达到最大，约为 594 平方千米，尔后漂浮浒苔范围开始逐渐缩小，至 8 月中旬，在山东黄海沿岸海域未发现漂浮浒苔。

2015 年黄海沿岸海域浒苔绿潮分布面积是近 5 年来最大的一年，较近 5 年平均值增加了 48%；最大覆盖面积比近 5 年平均值略大。

表 15　2011 ~ 2015 年黄海浒苔绿潮规模

年份	最大分布面积（平方千米）	最大覆盖面积（平方千米）
2011 年	26400	560
2012 年	19610	267
2013 年	29733	790
2014 年	50000	540
2015 年	52700	594
5 年平均	35689	550

5.2　海水入侵和土壤盐渍化

渤海滨海平原地区海水入侵和土壤盐渍化严重。黄海、东海滨海地区海水入侵和土壤盐渍化范围较小，但个别监测区近岸站位氯离子含量明显升高。南海滨海地区海水入侵范围小，土壤盐渍化较轻。

海水入侵状况。海水入侵严重地区主要分布于渤海滨海平原地区，近岸站位氯离子含量高，海水入侵范围大，46% 以上监测区海水入侵距离距岸 10 ~ 43 千米，主要分布在河北、山东沿岸；黄海和东海滨海地区海水入侵范围总体较小，约 86% 监测区海水入侵距离距岸 5 千米以内；南海滨海地区海水入侵范围小、程度低，90% 监测区海水入侵距离距岸 0.5 千米以内。

2011 ~ 2015 年，渤海滨海地区辽宁盘锦和葫芦岛部分监测区海水入侵距离有所增加；黄海滨海地区江苏连云港监测区海水入侵范围逐渐扩大；东海滨海地区福建长乐漳港镇近岸站位氯离子含量明显升高，海水入侵距离逐渐增加；南海滨海地区广东茂名龙山监测区海水入侵距离呈缓慢上升趋势。

土壤盐渍化状况。土壤盐渍化严重地区主要分布于渤海平原地区的辽宁盘锦、河北唐山和沧州、天津、山东潍坊监测区，盐渍化距离一般距岸 10 ~ 43 千米，主要盐渍化类型为硫酸盐 - 氯化物型盐土和氯化物 - 硫酸盐型中盐渍化土和盐土；黄海滨海地区盐渍化总体较轻，大部分监测区盐渍化距离距岸 5 千米以内，盐渍化主要类型为硫酸盐 - 氯化物型中盐渍化土和氯化物 - 硫酸盐型重盐渍化土；东海和南海滨海地区土壤盐渍化范围较小，约 91% 监测区盐渍化距离距岸 1.2 千米以内。

2011 ~ 2015 年渤海滨海地区辽宁盘锦，河北秦皇岛和唐山部分监测区近岸站位土壤含盐量上升明显，盐渍化范围有所扩大，山东潍坊部分监测区发生盐渍化现象；黄海滨海地区江苏盐城监测区自 2014 年出现一定范围的盐渍化区域；东海和南海滨海地区盐渍化范围基本稳定。

表 16　2015 年渤海和黄海滨海地区海水入侵和土壤盐渍化范围及变化

海区	监测断面位置	海水入侵		土壤盐渍化	
		入侵距离（千米）	近 5 年变化	距岸距离（千米）	近 5 年变化
渤海	辽宁大连甘井子区	—	⇔	/	/
	辽宁大连金州区	＞ 0.30	⇔	/	/
	辽宁营口盖州团山乡西河口	3.78	?	/	/
	辽宁营口盖州团山乡西崴子	0.39	?	＞ 1.95	
	辽宁营口盖州田崴村	/	/	＞ 0.64	
	辽宁盘锦荣兴现代社区	—	?	16.67	?
	辽宁盘锦清水乡永红村	＞ 17.81	?	9.56	?
	辽宁锦州小凌河东侧何屯村	＞ 0.60	⇔	—	?
渤海	辽宁锦州小凌河西侧娘娘宫镇	＞ 5.36	⇔	—	?

续表

海区	监测断面位置	海水入侵		土壤盐渍化	
		入侵距离（千米）	近 5 年变化	距岸距离（千米）	近 5 年变化
	辽宁葫芦岛龙港区北港镇	1.29	?	0.11	?
	辽宁葫芦岛龙港区连湾镇	3.38	?	1.81	?
	河北秦皇岛抚宁洋河口	8.51	?	8.93	?
	河北秦皇岛昌黎黄金海岸	4.80	?	—	?
	河北秦皇岛昌黎团林乡东村	4.60	/	6.80	/
	河北唐山市王滩镇梨树园村	20.07	?	5.15	?
	河北唐山市滦南县冯庄子村	—	?	> 33.04	?
	河北唐山市黑沿子	17.07	/	26.73	/
	河北黄骅南排河镇赵家堡	> 21.31	⬄	> 21.31	⬄
	河北沧州渤海新区冯家堡	> 18.08	⬄	18.08	⬄
	河北黄骅南排河镇西高头	> 42.52	/	> 42.52	/
	天津北部断面（蔡家堡—大神堂）	/	/	24.16	⬄
	天津南部断面（马棚口）	/	/	13.91	⬄
	山东滨州无棣县	> 13.05	⬄	6.20	?
	山东滨州沾化区	> 22.48	⬄	10.66	?
	山东潍坊寿光市	>21.66	⬄	>21.69	?
	山东潍坊滨海经济技术开发区	20.22	?	—	?
	山东潍坊寒亭区央子镇	> 15.97	⬄	7.19	?
	山东潍坊昌邑柳疃	> 13.77	⬄	> 13.78	?

续表

海区	监测断面位置	海水入侵		土壤盐渍化	
		入侵距离（千米）	近 5 年变化	距岸距离（千米）	近 5 年变化
渤海	山东潍坊昌邑卜庄镇西峰村	> 15.91	⇔	0.48	?
	山东烟台莱州朱旺村	> 1.99	⇔	—	⇔
	山东烟台莱州海庙村	> 4.80	⇔	—	?
黄海	辽宁丹东东港西	3.76	?	/	/
	辽宁丹东东港常山镇	0.93	?	—	
	辽宁丹东东港北井子镇	/	/	—	?
	山东威海初村镇	1.46	?	> 3.61	
	山东威海张村镇	2.07	?	> 6.37	
	江苏盐城大丰市裕华镇Ⅰ	7.55	?	—	?
	江苏盐城大丰市裕华镇Ⅱ	—	?	> 10.56	?
	江苏连云港赣榆海头镇海后村	4.91	?	/	/
	江苏连云港赣榆石桥镇大沙村	2.11	?	/	/

图例说明：? 增加 ? 减少 ⇔基本稳定 —未发生 / 无监测数据

> 表示海水入侵距离或盐渍化距离超过监测断面布设长度

表 17　2015 年东海和南海滨海地区海水入侵和土壤盐渍化范围及变化

海区	监测断面位置	海水入侵		土壤盐渍化	
		入侵距离（公里）	近 5 年变化	距岸距离（千米）	近 5 年变化
东海	上海崇明岛Ⅰ	—	⇔	5.86	?
	上海崇明岛Ⅱ	—	⇔	—	⇔
	宁波象山贤庠镇Ⅰ	1.04	?	/	/
	宁波象山贤庠镇Ⅱ	1.81	?	/	/

续表

海区	监测断面位置	海水入侵		土壤盐渍化	
		入侵距离（公里）	近5年变化	距岸距离（千米）	近5年变化
东海	浙江台州临海杜桥	14.50	⇔	/	/
	浙江台州椒江三甲	9.06	⇔	/	/
	浙江温州温瑞平原龙湾区	—	?	—	?
	浙江温州温瑞平原瑞安区	—	?	0.60	⇔
	福建省长乐市文岭镇	1.21	?	/	/
	福建省长乐市漳港镇	3.91	?	/	/
	福建泉州泉港后龙镇	0.94	?	/	/
	福建泉州泉港界山镇	0.19	⇔	/	/
	福建漳浦梅宅村	＞2.68	⇔	0.57	?
南海	广东潮州饶平碧洲	—	?	/	/
	广东潮州饶平大埕	—		/	/
	广东茂名龙山	0.41	?	/	/
	广东茂名电白县陈村	0.33	?	/	/
	广东湛江世乔	2.41	/	1.12	/
	广东湛江岭山	—	/	—	/
	广西北海西海岸	0.31	?	0.61	?
	广西北海大王埠	—	?	0.37	?
	海南三亚榆林湾	0.50	⇔	0.30	?
	海南三亚海棠湾	—	⇔	—	?

图例说明：? 增加　? 减少　⇔基本稳定　—未发生　/ 无监测数据

> 表示海水入侵距离或盐渍化距离超过监测断面布设长度

5.3 重点岸段海岸侵蚀状况

我国海岸侵蚀依然严重，与上年相比，砂质海岸侵蚀状况基本保持稳定，粉砂淤泥质海岸侵蚀加重。辽宁绥中岸段和盖州岸段侵蚀海岸长度减少，局部海岸侵蚀速度增加；广东雷州市赤坎村岸段和海南海口市镇海村岸段侵蚀海岸长度有所减少，侵蚀速度减慢；江苏振东河闸至射阳河口粉砂淤泥质岸段侵蚀海岸长度增加，局部海岸侵蚀速度加大；上海崇明东滩粉砂淤泥质岸段侵蚀海岸长度有所减少，但侵蚀速度加大。

2011 ~ 2015 年由于加强了海砂开采管理、人工护岸建设和海岸整治修复等工作，监测岸段的海岸侵蚀长度有所减少，但海岸侵蚀依然严重，局部地区侵蚀速度加大。

表 18　2015 年重点岸段海岸侵蚀监测结果

重点岸段	侵蚀海岸	监测海岸长度（千米）	侵蚀海岸长度（千米）	最大侵蚀速度（米 / 年）	平均侵蚀速度（米 / 年）
绥中	砂质	112.2	34.2	5.0	2.3
盖州	砂质	12.8	3.5	3.3	3.0
振东河闸至射阳河口	粉砂淤泥质	60.4	37.9	175.0	14.0
崇明东滩南侧	粉砂淤泥质	48.0	2.7	24.0	7.9
雷州市赤坎	砂质	0.7	0.6	6.0	3.7
海口市镇海村	砂质	1.2	0.6	4.5	2.6

6　海洋二氧化碳源汇状况

在渤海、黄海、东海和南海北部海域开展了春、夏、秋、冬 4 个航次的海 - 气二氧化碳（CO2）交换通量断面走航监测。

综合 2014 年和 2015 年的监测结果，监测海域全年表现为大气氧化碳的弱汇。渤海冬、秋季从大气吸收氧化碳，春、夏季向大气释放氧化碳；黄海冬、春季从大气吸收氧化碳，夏、秋季向大气释放氧化碳；渤海、黄海全年对大气氧化碳的吸收 / 释放接近平衡。东海冬、春和秋季从大气吸收氧化碳，夏季则向大气释放氧化碳，全年表现为大气氧化碳的显著的汇；东海冬季水温低、春季初级生产力高是该海域从大气净吸收氧化碳的重要原因。南海北部冬、秋季从大气吸收氧化碳，春、夏季向大气释放氧化碳；受制于水温较高、初级生产力低等因素，南海北部在各个季节与大气交换氧化碳的强度都不大。

海水温度、生物活动以及水体垂直混合作用等是影响监测海域海 - 气氧化碳交换通量变动的重要因素，不同海域氧化碳的源汇格局取决于不同季节各影响因素的强弱变化。

资料来源：国家海洋局 http://www.soa.gov.cn/，采集时间：2016 年 8 月 2 日。

10 中国生态学教育概览

10-1 中国高等教育生态学本科教育高校名录

省（自治区、直辖市）	数量	高校名称
北京	4	北京大学
		中国农业大学
		北京科技大学
		中央民族大学
河北	1	河北农业大学
山西	1	山西农业大学
内蒙古	2	内蒙古大学
		内蒙古师范大学
辽宁	3	辽宁大学
		沈阳建筑大学
		沈阳农业大学
吉林	1	东北师范大学
湖北	1	三峡大学
安徽	2	安徽农业大学
		安徽师范大学
云南	1	云南大学
福建	4	厦门大学

续表

省（自治区、直辖市）	数量	高校名称
		福建农林大学
		福建师范大学
		武夷学院
贵州	1	贵州大学
河南	2	河南师范大学
		平顶山学院
广西	3	广西大学
		广西师范大学
		北京航空航天大学北海学院
江苏	4	南京林业大学
		南京信息工程大学
		南京农业大学
		扬州大学
上海	1	华东师范大学
浙江	1	浙江农林大学
黑龙江	2	东北农业大学
		哈尔滨师范大学
广东	3	中山大学
		暨南大学
		华南农业大学
江西	1	南昌大学
海南	1	琼州学院

续表

省（自治区、直辖市）	数量	高校名称
湖北	2	湖南农业大学
		中南林业科技大学
甘肃	1	兰州大学
山东	5	山东大学
		中国海洋大学
		山东农业大学
		青岛农业大学
		滨州学院
新疆	2	新疆大学
		新疆农业大学
四川	3	四川大学
		四川农业大学
		宜宾学院
西藏	1	西藏大学

资料来源：阳光高考——教育部高校招生阳光工程指定平台 http://gaokao.chsi.com.cn/zyk/zybk/specialityDetail.action、中国学位与研究生教育信息网（学位网）http://www.cdgdc.edu.cn/，采集时间：2015 年 12 月 14 日。

10-2　中国高等教育生态学硕士学位授予单位名录

省（自治区、直辖市）	数量	单位名称	中国科学院院士、工程院院士
北京	13	北京大学	方精云、傅伯杰
		中国人民大学	李文华
		清华大学	

省（自治区、直辖市）	数量	单位名称	中国科学院院士、工程院院士
		中国农业大学	
		北京林业大学	沈国舫、张新时、李文华、蒋有绪
		北京师范大学	孙濡泳、郑光美、张新时
		首都师范大学	
		中央民族大学	
		中国地质大学（北京）	
		中国科学院大学	方精云、冯宗炜、傅伯杰、康乐、李文华、山仑、王如松、孙鸿烈
		中国农业科学院	
		中国林业科学研究院	蒋有绪
		中国环境科学研究院	
天津	2	南开大学	
		天津师范大学	
河北	3	河北大学	康乐
		河北农业大学	
		河北师范大学	
山西	3	山西大学	
		山西农业大学	
		山西师范大学	
内蒙古	3	内蒙古大学	
		内蒙古农业大学	

续表

省（自治区、直辖市）	数量	单位名称	中国科学院院士、工程院院士
		内蒙古师范大学	
辽宁	6	辽宁大学	
		沈阳农业大学	
		大连海洋大学	
		辽宁师范大学	
		沈阳师范大学	
		沈阳大学	
新疆	3	新疆大学	
		新疆农业大学	
		石河子大学	
黑龙江	4	黑龙江大学	
		东北农业大学	
		东北林业大学	冯宗炜
		哈尔滨师范大学	
上海	6	复旦大学	
		上海交通大学	
		上海海洋大学	
		华东师范大学	
		上海师范大学	
		上海大学	
江苏	9	南京大学	

续表

省（自治区、直辖市）	数量	单位名称	中国科学院院士、工程院院士
		苏州大学	
		南京林业大学	
		江苏大学	
		南京信息工程大学	
		南京农业大学	
		南京师范大学	
		江苏师范大学	
		扬州大学	
安徽	4	安徽大学	
		安徽师范大学	
		安徽农业大学	
		中国科学技术大学	
浙江	5	浙江大学	
		浙江理工大学	
		浙江农林大学	
		浙江师范大学	
		杭州师范大学	
福建	3	厦门大学	
		福建农林大学	
		福建师范大学	
江西	3	南昌大学	

续表

省（自治区、直辖市）	数量	单位名称	中国科学院院士、工程院院士
		江西农业大学	
		江西师范大学	
山东	7	山东大学	
		中国海洋大学	
		山东农业大学	山仑
		山东师范大学	
		曲阜师范大学	
		鲁东大学	
		青岛大学	
河南	5	郑州大学	
		河南科技大学	
		河南农业大学	
		河南大学	山仑
		河南师范大学	
湖北	8	武汉大学	
		华中科技大学	
		长江大学	
		中国地质大学（武汉）	
		华中农业大学	
		华中师范大学	
		湖北大学	

续表

省（自治区、直辖市）	数量	单位名称	中国科学院院士、工程院院士
		三峡大学	
湖南	5	吉首大学	
		中南大学	
		湖南师范大学	
		湖南农业大学	
		中南林业科技大学	
广东	5	中山大学	
		暨南大学	
		华南农业大学	
		华南师范大学	孙濡泳
		深圳大学	
广西	2	广西大学	
		广西师范大学	
海南	2	海南大学	
		海南师范大学	
重庆	3	重庆大学	
		西南大学	
		重庆师范大学	
四川	5	四川农业大学	
		四川师范大学	
		西华师范大学	

续表

省（自治区、直辖市）	数量	单位名称	中国科学院院士、工程院院士
		西南民族大学	
		四川大学	
贵州	2	贵州大学	
		贵州师范大学	
云南	4	云南大学	
		昆明理工大学	
		西南林业大学	
		云南师范大学	
西藏	1	西藏大学	
陕西	4	西北大学	
		西北农林科技大学	山仑、蒋有绪
		陕西师范大学	
		延安大学	
甘肃	4	兰州大学	
		兰州交通大学	
		甘肃农业大学	
		西北师范大学	
青海	1	青海师范大学	
宁夏	2	宁夏大学	
		北方民族大学	
吉林	2	吉林农业大学	

续表

省（自治区、直辖市）	数量	单位名称	中国科学院院士、工程院院士
		东北师范大学	

资料来源：中国学位与研究生教育信息网（学位网）http://www.cdgdc.edu.cn/、中国研究生招生信息网——全国硕士研究生报名和调剂指定网站 http://yz.chsi.com.cn/，采集时间：2016 年 1 月 30 日。

10–3　中国高等教育生态学博士学位授予单位名录

省（自治区、直辖市）	数量	单位名称
北京	9	北京大学
		清华大学
		北京林业大学
		北京师范大学
		首都师范大学
		中国科学院大学
		中国林业科学研究院
		中国农业大学
		中国农业科学院
吉林	1	东北师范大学
黑龙江	1	东北林业大学
贵州	1	贵州大学
浙江	1	浙江大学
安徽	4	安徽大学
		安徽师范大学
		中国科学技术大学
		安徽农业大学
河南	1	河南大学

续表

省（自治区、直辖市）	数量	单位名称
山西	1	山西大学
广东	3	华南农业大学
		暨南大学
		华南师范大学
湖北	2	华中科技大学
		华中农业大学
天津	1	南开大学
云南	2	昆明理工大学
		云南大学
江苏	4	南京大学
		南京林业大学
		南京农业大学
		南京师范大学
福建	3	厦门大学
		福建师范大学
		福建农林大学
湖南	4	湖南师范大学
		中南林业科技大学
		湖南农业大学
		中南大学
上海	3	复旦大学
		上海交通大学
		华东师范大学
甘肃	2	甘肃农业大学

续表

省（自治区、直辖市）	数量	单位名称
		兰州大学
广西	1	广西大学
海南	2	海南师范大学
		海南大学
河北	2	河北农业大学
		河北师范大学
新疆	1	新疆大学
四川	2	四川农业大学
		四川大学
西藏	1	西藏大学
重庆	1	重庆大学
陕西	3	西北大学
		西北农林科技大学
		陕西师范大学
江西	1	江西农业大学
山东	3	山东大学
		中国海洋大学
		山东农业大学
内蒙古	2	内蒙古大学
		内蒙古农业大学

资料来源：中国学位与研究生教育信息网（学位网）http://www.cdgdc.edu.cn/、中国研究生招生信息网——全国硕士研究生报名和调剂指定网站 http://yz.chsi.com.cn/，采集时间：2016 年 1 月 30 日。